"十二五"江苏省高等学校重点教材（编号：2015－1－082）

普通高等教育电气工程与自动化（应用型）系列教材

单片机原理及应用

第 3 版

主　编　张兰红　邹　华

副主编　刘纯利

参　编　陆广平

机　械　工　业　出　版　社

本书系统地介绍了80C51系列单片机的结构原理和应用技术，内容包括单片机基础知识、单片机应用系统的开发环境、80C51系列单片机的硬件与软件基础知识、并行口及应用、中断系统及应用、定时器/计数器及应用、串行口及应用、80C51单片机系统扩展技术、80C51单片机的测控接口、单片机应用系统的开发与设计等。

书中列举了大量的实例，均采用C51编程，实用性强。实例全部在Keil μVision3集成开发环境与Proteus仿真软件中调试通过，可以在课堂教学中进行现场演示，还提供了实验板电路，读者可以据此方便地自行制作实验板，进行书中绝大部分实例的实验，做到单片机学习的理论、仿真与实践同步进行。本书具有较强的"理论紧密结合实践"的特色，可使读者在实践中掌握单片机的硬件结构、设计语言与控制系统开发方法。本书提供免费电子课件、实例仿真模型、实验板电路图与习题解答。

本书可作为应用型工科院校本、专科学生单片机课程的教材，也可作为从事单片机项目开发与应用的工程技术人员的参考书。

图书在版编目（CIP）数据

单片机原理及应用/张兰红，邹华主编．—3版．—北京：机械工业出版社，2023.11（2025.1重印）

"十二五"江苏省高等学校重点教材　普通高等教育电气工程与自动化（应用型）系列教材

ISBN 978-7-111-74391-0

Ⅰ.①单…　Ⅱ.①张…②邹…　Ⅲ.①单片微型计算机-高等学校-教材
Ⅳ.①TP368.1

中国国家版本馆CIP数据核字（2023）第233260号

机械工业出版社（北京市百万庄大街22号　邮政编码100037）
策划编辑：王雅新　　　责任编辑：王雅新　刘琴琴
责任校对：李　杉　　　封面设计：张　静
责任印制：任维东
河北鹏盛贤印刷有限公司印刷
2025年1月第3版第2次印刷
184mm×260mm · 23.5印张 · 579千字
标准书号：ISBN 978-7-111-74391-0
定价：69.80元

电话服务　　　　　　　　　　网络服务
客服电话：010-88361066　　机　工　官　网：www.cmpbook.com
　　　　　010-88379833　　机　工　官　博：weibo.com/cmp1952
　　　　　010-68326294　　金　书　网：www.golden-book.com
封底无防伪标均为盗版　机工教育服务网：www.cmpedu.com

前　　言

随着电子技术和计算机技术的飞速发展，单片机技术已应用到社会生产、生活的各个领域，单片机技术大大加快了自动化与智能化的进程。对单片机技术的应用是电类专业学生及相关领域工程技术人员必备的一项能力，单片机课程因而成为高校电类专业重要的专业基础课程。

单片机是一门涉及计算机硬件与软件的综合性课程，内容抽象繁杂、知识点多且分散。很多学生反映在学习单片机课程时总是感到很困难，有些学生在课程学完后连基本概念都建立不起来。究其原因，最重要的一点是因为单片机是一门实践性极强的课程，传统的先理论后实验、理论和实践分离的教学方式容易导致问题积累，不利于学生对课程内容的理解和吸收。

为解决单片机课程边学边实践的问题，本书在第 1 章单片机基础知识中，就介绍了与课程内容配套的单片机实验板；第 2 章则介绍了单片机的开发环境——Keil C51 集成开发环境、支持微处理器芯片仿真的 Proteus VSM 软件和在系统编程软件 ISP；在后续内容的讲解中，列举了大量生动、实用的单片机应用系统实例，只要有计算机，这些实例既可以随时随地用仿真进行验证，又可以下载到实验板中进行调试验证，还可以自行设计项目进行仿真与实验，以此来帮助学生及时理解抽象复杂的概念和知识点，消除问题积累，激发学习热情，提高学习兴趣。

本书第 1 章对单片机进行概述，介绍单片机的基础知识；第 2 章介绍单片机应用系统的开发环境；第 3、4 章介绍 80C51 系列单片机的硬件与软件基础；第 5 ~ 8 章介绍单片机片内功能部件：并行口、中断系统、定时器/计数器、串行口及其应用；第 9 章介绍 80C51 单片机系统扩展技术；第 10 章介绍 80C51 单片机的测控接口；第 11 章介绍单片机应用系统的开发过程及几个典型的设计实例。

本书具有以下特点：

1) 所有例题均可在 Keil C 或 Proteus 软件（或两者联调）中仿真，使单片机课堂教学可以现场演示，学生课后可以及时调试验证。

2) 提供了配套的实验板电路，学生可据此电路方便地做出实验板，在实验板上完成书中大部分实例的实验，实现理论、仿真和实践紧密结合，达到提高学习效果的目的。

3) 大量的实例取材于生产、生活实际，是完整的单片机应用系统，学生可以仿制，以此来深刻体会单片机应用系统硬件与软件的设计方法，锻炼开发单片机应用系统的能力。

4) 采用实用性强的 C51 作为单片机的编程语言，使程序设计具有模块化的特点，便于阅读与编写。

5) 对课程内容主要知识点提供了教学视频，通过课程视频的图文声像，多角度调动学生的学习兴趣和学习热情，提高学习效果。

6）增加了课程思政练习，加强学生的思政素养，培养学生具有推动我国智能控制技术发展的社会责任感。

本书第 1 版于 2012 年首次出版，此次为第 2 次修订，期间于 2017 年被审定为江苏省高等学校重点教材，同时是 2019 年江苏省高校在线开放课程、2021 年江苏省省级一流课程——盐城工学院"单片机原理与接口技术"课程的配套教材。

本书由盐城工学院张兰红、陆广平，潍坊学院邹华，安徽科技学院刘纯利完成。张兰红完成第 1~3 章、第 5~7 章及第 11 章内容的修改与编写；邹华完成第 4 章内容的修改与编写；刘纯利完成第 8 章内容的修改与编写；陆广平完成第 9、10 章内容的修改与编写；张兰红负责全书的统稿工作。

本书成书与视频录制过程中，盐城工学院教务处、电气工程学院的领导给予了大力支持并提供了资助，在此表示衷心的感谢。此外，本书成书过程中，编者参阅了大量的文献，其中有一些资料来源于互联网和非正式出版物，未在参考文献处列出，在此对有关作者表示衷心的感谢！

为方便教师备课和读者学习，本书提供了配套的教辅资料，内容包括教学课件、习题解答，还包括各章基于 Proteus 软件的仿真模型、相应源程序和工程文件，实验板电路原理图与 PCB 图。

本书一定还有许多不完善之处，误漏在所难免，恳请各位读者批评指正（请发邮件至 zlhycit@ 126. com）。

张兰红

目　录

第1章　单片机基础知识

单片机自 20 世纪 70 年代问世以来，以其极高的性能价格比受到人们的重视和关注，应用很广，发展很快。单片机体积小，重量轻，抗干扰能力强，环境要求不高，价格低廉，可靠性高，灵活性好，开发较为容易。由于具有上述优点，单片机已广泛应用于工业自动化控制、自动检测、智能仪器仪表、家用电器、电力电子控制和机电一体化设备等各个方面。

1.1　单片机概述

1.1.1　什么是单片机

单片机全称是单片微型计算机，它是指在一块半导体芯片上，集成了微处理器、存储器、输入/输出接口、定时器/计数器以及中断系统等功能部件，构成一台完整的微型计算机。通俗地讲，单片机就是一块集成电路芯片，图 1-1 所示是两种不同封装类型的单片机，它们均呈现出集成电路特有的外观，黑色的硬塑料或其他材料制成的外壳，两侧或四周有整齐排列的金属引脚。

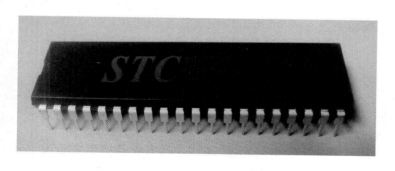

图 1-1　单片机实物

单片机这种集成电路芯片具有特殊功能，即可通过执行使用者编写的程序，控制芯片的各个引脚在不同的时间输出不同的电平，从而控制与单片机各个引脚相连的外围电路的电气状态，所以它又被称为微控制器。单片机之所以可以根据程序实现灵活的运算及控制，全依赖于内部精妙的电路结构设计。将单片机的外壳撬开，可以看到图 1-2 所示的内部结构。在塑料基底的中央有一个微型的芯片，还有连接芯片和单片机引脚的细导线。单片机起主要作用的是芯片部分，细导线只是起到了在芯片和引脚之间传递信号的作用。

1.1.2　单片机与微型计算机的关系

计算机的发展经历了从电子管、晶体管、集成电路到大规模集成电路四代的演变。微型计算机是大规模集成电路技术发展的产物，它属于第四代电子计算机。

图 1-2　单片机的内部结构

微型计算机的发展以微处理器的发展为特征，主要表现在芯片集成度的提高（从最初的约 2000 个晶体管/片发展到目前的几百万个晶体管/片），处理器位数的增加（从 4 位增加到 64 位），时钟频率的加快（从 1MHz 到约几个 GHz），以及价格的逐渐降低等方面。

随着大规模集成电路技术的进一步发展，微型计算机向两个主要方向发展：一是向高速度、高性能、大容量的高档微型计算机及其系列化的方向发展；二是向稳定可靠、小而廉、能适应各种控制领域需要的单片机方向发展，因此单片机是微型计算机发展的一个重要分支。单片机在一片集成芯片上除了包含具有数据处理能力的 CPU 外，还包含存储器与多种功能的接口芯片，目的是使单个芯片实现更多的功能，应用更方便、体积更小巧，尽可能不用或者少用外部扩展电路，以适合各类控制电路。

1.1.3　常用的单片机系列

1. 8051 单片机

8051 单片机最早是由美国 Intel 公司在 1980 年生产的，它是一个系列单片机，即 MCS - 51 系列，包括许多型号，如 8051、8751、8031、8032、8052 等，其中 8051 是最典型的产品，其他单片机都是在 8051 的基础上进行功能的增、减改变而来的，所以人们习惯用 8051 来称呼 MCS - 51 系列单片机。

20 世纪 80 年代中期 Intel 公司对 8051 内核采取了扩散政策，将 MCS - 51 的内部核心技术以专利转让或互换的形式逐步授权给了很多其他厂商，使得 8051 单片机发展为数十种系列，上百种产品。各种具有 8051 内核的单片机与 MCS - 51 系列单片机的指令系统完全兼容，内部核心结构也相同，都采用了低功耗的 CHMOS 工艺，统称为 80C51 单片机，内部程序存储器大多为 OTP ROM 和 FLASH ROM，功能或强或弱，使其更有特点、市场竞争力更强。

不同制造厂商的 80C51 单片机型号列表如表 1-1 所示，由于厂商及芯片型号太多，此处不能一一列举。表 1-1 中都是 8051 内核扩展出来的单片机，也就是只要学会一种 8051 单片机的操作，这些单片机便全都会操作了。会操作 8051 单片机，其他内核的单片机，可以触类旁通，很快上手。

表 1-1 不同制造厂商的 80C51 单片机型号列表

制造厂商	单片机型号
AT（Atmel）	AT89C51，AT89C52，AT89C53，AT89C55，AT89LV52，AT89S51，AT89S52，AT89LS53 等
Philips（飞利浦）	P80C54，P80C58，P87C54，P87C58，P87C524，P87C528 等
STC	STC89C51RC，STC89C52RC，STC89C53RC，STC89LE51RC，STC89LE52RC，STC12C5412AD 等
Winbond（华邦）	W78C54，W78C58，W78E54，W78C58 等
Intel（英特尔）	i87C54，i87C58，i87L54，i87C51FB，i87C51FC
Siemens（西门子）	C501 - 1R，C501 - 1E，C513A - H，C503 - 1R，C504 - 2R

下面以图 1-1 中左边的双列直插式 STC 单片机为例来说明单片机芯片的命名规则，各部分含义如图 1-3 所示。其他厂家的产品大同小异。

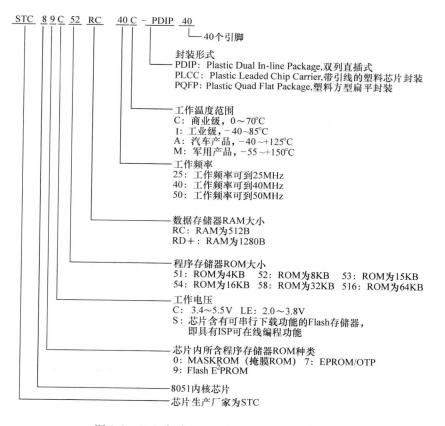

图 1-3 STC 公司 80C51 内核单片机命名规则

Intel 公司的 MCS - 51 及与之兼容的 80C51 系列单片机（以下统称为 80C51 系列单片机）是目前国内应用最为广泛的单片机，也是最多地被电子设计工程师掌握的单片机。市场上关于单片机的书籍资料有很大一部分是基于 80C51 系列的，各种 80C51 系列单片机的开发工具如编译器、仿真器和编程器等也很容易找到。大量熟练的用户群、充足的支持工具与充沛的货源，是 80C51 兼容系列单片机的市场优势；80C51 单片机厂商众多，由于激烈的竞争关系，各兼容生产厂家不断推出性价比更高的产品，选用该系列的用户可获得更大的价值。因此自从 80C51 系列单片机推出以来，虽然其他的公司也推出许多新的单片机系列，但是 80C51 系列单片机及其兼容产品仍然占据了国内市场的很大份额。因此本书重点将讲解 80C51 系列单片机及其应用，对其他公司的单片机仅在本节做简单介绍。

2. Atmel 公司 AVR 系列单片机

AVR 系列单片机是 1997 年 Atmel 公司为了充分发挥其 Flash 的技术优势，而推出的全新配置的精简指令集（Reduced Instruction Set Computer，RISC）单片机。该系列单片机一进入市场，就以其卓越的性能而大受欢迎。通过这几年的发展，AVR 单片机已形成系列产品，其 Attiny 系列、AT90S 系列与 Atmega 系列分别对应为低、中、高档产品（高档产品含 JTAG ICE 仿真功能）。

AVR 系列单片机的主要优点如下：

1）程序存储器采用 Flash 结构，可擦写 1000 次以上。新工艺的 AVR 器件，其程序存储器擦写可达 1 万次以上。

2）有多种编程方式。AVR 程序写入时，可以并行写入，也可用串行 ISP 在线编程擦写。

3）多累加器型、数据处理速度快，超功能精简指令。

4）功耗低，具有休眠省电功能及闲置低功耗功能。一般耗电在 1 ~ 2.5mA 之间，WDT 关闭时为 100nA，更适用于电池供电的应用设备。

5）I/O 口功能强、驱动能力大。AVR 系列单片机的 I/O 口是真正的 I/O 口，能正确反映 I/O 口输入、输出的真实情况。它既可以作三态高阻输入，又可设定内部拉高电阻作输入端，便于为各种应用特性所需。它具有大电流（灌电流）10 ~ 40mA，可直接驱动晶闸管 SSR 或继电器，节省了外围驱动器件。

6）具有 A/D 转换电路，可作数据采集闭环控制。AVR 系列单片机内带模拟比较器，I/O 口可作 A/D 转换用，可以组成廉价的 A/D 转换器。

7）有功能强大的计数器/定时器。计数器/定时器有 8 位或 16 位，可作比较器、计数器、外部中断，也可作 PWM，用于控制输出。有的 AVR 单片机有 3 ~ 4 个 PWM，是作电机无级调速的理想器件。

3. Microchip 公司 PIC 系列单片机

Microchip 单片机是市场份额增长最快的单片机，它的主要产品是 PIC 系列 8 位单片机。"PIC" 的含义是可编程界面控制器（Programmable Interface Controller）。PIC 单片机的 CPU 是采用了精简指令集（RISC）结构的嵌入式微控制器，其高速度、低电压、低功耗、大电流 LCD 驱动能力和低价位 OTP 技术等都体现出单片机产业的新趋势。

PIC 8 位单片机产品共有 3 个系列，即基本级、中级和高级。用户可根据需要选择不同档次和不同功能的芯片。

基本级系列产品的特点是低价位，如 PIC16C5X，适用于各种对成本要求严格的家电产品。又如 PIC12C5XX 是世界上第一个 8 脚的低价位单片机，因其体积很小，完全可以应用在以前不能使用单片机的家电产品中。

中级系列产品是 PIC 最丰富的品种系列。它是在基本级产品上进行了改进，并保持了很高的兼容性。外部结构也有很多种，有从 8 引脚到 68 引脚的各种封装，如 PIC12C6XX。该级产品的性能很高，如内部带有 A/D 变换器、E^2PROM 数据存储器、比较器输出、PWM 输出、I^2C 和 SPI 等接口。PIC 中级系列产品适用于各种高、中和低档的电子产品的设计。

高级系列产品如 PIC17CXX 单片机的特点是速度快，所以适用于高速数字运算的应用场合，加之它具备一个指令周期内（160ns）可以完成 8×8（位）二进制乘法运算能力，所以可取代某些 DSP 产品。再有 PIC17CXX 单片机具有丰富的 I/O 控制功能，并可外接扩展 EPROM 和 RAM，使它成为目前 8 位单片机中性能最高的机种之一，所以适合于高、中档的电子设备中使用。

4. TI 公司 MSP430 系列单片机

TI 公司 MSP430 系列单片机是超低功耗 Flash 型单片机，有"绿色微控制器（Green MCUs）"称号，是目前单片机业界所有内部集成闪速存储器（Flash ROM）产品中功耗最低的，消耗功率仅为其他闪速微控制器（Flash MCUs）的 1/5。在 3V 工作电压下其耗电电流低于 350μA/MHz，待机模式仅为 1μA/MHz，具有 5 种节能模式。该系列产品的工作温度范围为 -40~85℃，可满足工业应用要求。MSP430 微控制器可广泛地应用于煤气表、水表、电子电度表、医疗仪器、火警智能探头、通信产品、家庭自动化产品、便携式监视器及其他低耗能产品。由于 MSP430 微控制器的功耗极低，可设计出只需一块电池就可以使用长达 10 年的仪表应用产品。MSP430 Flash 系列的确是不可多得的高性价比单片机。

5. 基于 ARM 核的 32 位单片机

ARM（Advanced RISC Machine）是一种通用的 32 位 RISC 处理器。32 位是指处理器的外部数据总线是 32 位的，与 8 位和 16 位的相同主频处理器相比性能更强大。ARM 是一种功耗很低的高性能处理器，如 ARM7 TDMI 具有每瓦生产 690MIPS（Millions Instruction Per Second，百万条指令/秒）的能力，已被证明在工业界处于领先水平。ARM 公司并不生产芯片，而是将 ARM 的技术授权其他公司生产。ARM 本质并不是一种芯片，而是一种芯片结构技术，不涉及芯片生产工艺。被授权生产 ARM 结构芯片的公司采用不同的半导体技术，面对不同的应用进行扩展和集成，标有不同的系列号。目前可以提供含 ARM 核 CPU 芯片的著名半导体公司有：Intel、TI、三星半导体、摩托罗拉、飞利浦半导体、意法半导体、亿恒半导体、科胜讯、ADI 公司、安捷伦、高通公司、Atmel、Intersil、Alcatel、Altera、Cirrus Logic、Linkup、Parthus、LSI Logic、Micronas 等。ARM 的应用范围非常广泛，如嵌入式控制——汽车、电子设备、保安设备、大容量存储器、调制解调器、打印机，数字消费产品——数码相机、数字式电视机、游戏机、GPS、机顶盒，便携式产品——手提式计算机、移动电话、PDA、灵巧电话。

1.1.4　单片机的应用

目前，个人计算机、笔记本电脑的使用已非常普遍，连小学生都懂得如何上网、发邮件、打游戏等，还学习单片机干什么？而且与计算机相比，单片机的功能少得多，那学它究竟有什么用呢？

在计算机出现以前，有不少能工巧匠做出了不少精巧的机械。进入电气时代后，人们借助于电气技术实现了自动控制机械、自动生产线甚至自动工厂，并且大大地发展了控制理论。然而，在一些大中型系统中自动化结果并不理想。只有在计算机出现后，人们才见到了希望的曙光，如今借助计算机逐渐实现了人类的梦想。但是，在之后相当长的时间里，计算机作为科学武器，在科学的神圣殿堂里默默地工作，但在工业现场的测控领域并没有得到真正的应用。实际上，随着自动化程度的提高，工业和现实生活中许多需要计算机控制的场合并不要求计算机有很高的性能，因为这些应用场合对数据量和处理速度要求不高，如果使用计算机将增加成本。单片机凭借体积小、重量轻、价格便宜等优势，成为计算机的替代品。如空调温度的控制，冰箱温度的控制等都不需要很复杂、很高级的计算机。应用的关键在于是否满足需求，是否有很好的性能价格比，在这方面单片机就充分显示出其优越性。单片机出现后，计算机才真正地从科学的神圣殿堂走入寻常百姓家，成为广大工程技术人员现代化技术革新，技术革命的有利武器。

单片机属于控制类数字芯片，目前其应用领域已非常广泛，典型应用如下：

1）工业自动化。如数据采集、测控技术。

2）智能仪器仪表。如数字示波器、数字信号源、数字万用表、感应电流表等。

3）消费类电子产品。如洗衣机、电冰箱、空调机、电视机、微波炉、IC卡、汽车电子设备等。

4）通信方面。如调制解调器、程控交换技术、手机、小灵通等。

5）武器装备。如飞机、军舰、坦克、导弹、航天飞机、鱼雷制导、智能武器等。

这些电子器件内部无一不用到单片机，而且大多数电器内部的主控芯片就是由一块单片机来控制的。可以说，凡是与控制或简单计算有关的电子设备都可以用单片机来实现。当然需要根据实际情况选择不同性能的单片机。

初识单片机控制系统

1.1.5　初识单片机控制系统

下面通过一个单片机应用最简单的项目——使一个发光二极管闪烁的控制系统的设计与制作，引导大家认识单片机控制系统，初步了解单片机控制系统的设计流程。

1. 项目分析

项目分析是分析项目功能、确定参数要求的过程。无论现在学习单片机系统设计或是将来设计一些解决实际问题的项目，明确最终要达到的功能非常重要。

本项目使单片机控制一个发光二极管点亮500ms，熄灭500ms，再点亮500ms，再熄灭500ms，如此循环，如图1-4所示。根据项目分析，可以设计系统框图，如图1-5所示。

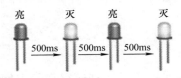

图1-4　单片机控制一个发光二极管闪烁的项目分析　　图1-5　单片机控制一个发光二极管闪烁的系统框图

2. 硬件电路设计

使一个发光二极管闪烁的单片机控制系统的硬件电路原理图如图1-6所示，其组成主要有：①单片机——STC89C52（80C51中的一种）；②+5V电源电路；③晶振电路；④复位电路；⑤1 个发光二极管 D1；⑥330Ω 与 2kΩ 电阻各一个。发光二极管 D1 的阳极直接接 +5V 电源，阴极通过 330Ω 限流电阻连接在单片机的 P1.0 引脚上，如果 P1.0 引脚输出低电平，发光二极管 D1 就被点亮，如果 P1.0 引脚输出高电平，发光二极管 D1 就被熄灭。

　　单片机将计算机的主要功能部件都集成到一块芯片上，理应独立作为计算机使用，更好地发挥其体积小、重量轻、耗电少、价格低的优点，但有些功能电路是无法集成到芯片内部的，例如要使单片机系统工作，必须有电源电路为单片机提供电能，必须有晶振电路为单片机提供其工作所需要的脉冲信号（单片机是时序电路，必须要有脉冲信号才能正常工作），还必须有复位电路使单片机内部部件都处于一个确定的初始状态，并从这个状

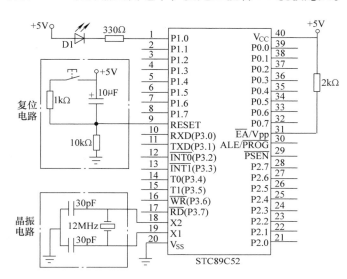

图 1-6　使一个发光二极管闪烁的单片机控制系统硬件电路原理图

态开始工作。电源电路、晶振电路和复位电路必须在单片机的外面单独设计，由单片机、电源、晶振与复位电路就构成了真正可使用的单片机最小应用系统。

　　使用单片机的目的是控制外部设备，LED 发光二极管是一种最常用的外设。图 1-6 中 330Ω 限流电阻的作用是防止流过发光二极管的电流过大而将其烧毁。限流电阻阻值的计算方法为 $R = (5 - 1.75)/I_d$，式中 I_d 为流过发光二极管的电流，一般从 2～20mA，由设计者根据所希望的发光亮度选择电流的大小，电流值越大，发光二极管越亮，但不能太大，当流过二极管的电流超过 20mA 时，容易将其烧坏。

3. 软件程序设计

　　图 1-6 所示的电路搭建出来之后，即硬件全部连接好之后，二极管 D1 并不能亮灭闪烁，就像一台没有软件的计算机，接通电源后各个元器件正常工作，但是对外并不表现任何功能。要让二极管 D1 实现亮灭闪烁，还要让单片机运行程序，使单片机 P1.0 引脚先输出低电平 500ms，再输出高电平 500ms，再输出低电平 500ms，再输出高电平 500ms，不断循环，从而使 D1 以 500ms 的时间间隔不断地亮灭闪烁。

　　程序设计如下：

```
# include  < reg52. h >        //52 系列单片机头文件
sbit D1 = P1^0;               //声明单片机 P1 口的第一位
unsigned int i,j;            //声明无符号整型变量 i, j
void main( )                 //主函数
   {
      while(1)               //大循环
        {
```

```
D1 = 0;                          //点亮发光二极管 D1
for (i = 50;i > 0;i − −)         //延时 500ms
    for (j = 125;j > 0;j − −);
D1 = 1;//关闭发光二极管 D1
for (i = 50;i > 0;i − −)             延时 500ms
    for (j = 125;j > 0;j − −);
    }
}
```

　　上述软件程序需通过专用软件（如第 2 章 2.2 节介绍的 Keil 软件）在 PC 上进行编辑、调试，编译后生成二进制代码程序，再采用 USB 转串口转换器及 ISP 软件（第 2 章 2.4 节详细介绍）完成二进制代码程序从 PC 到单片机的下载，下载示意图如图 1-7 所示。然后程序在单片机中运行，就会得到二极管 D1 亮灭闪烁的效果。

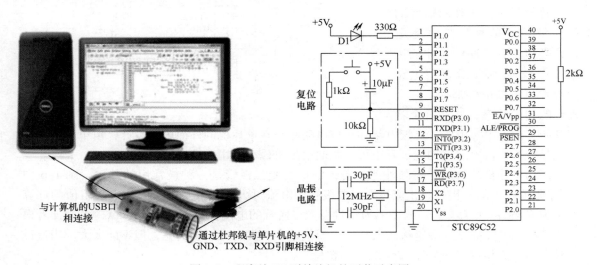

图 1-7　程序从 PC 到单片机的下载示意图

4. 实物制作过程

　　下面介绍在万用电路板上制作点亮一个发光二极管的单片机控制系统的过程，整个制作过程如图 1-8 所示。

　　1）首先准备好万用板和与 STC89C52 单片机配套的 40 脚集成芯片插座，将 40 脚 IC 插座焊接到万用板上，如图 1-8a 所示。

　　2）按照图 1-6 所示硬件原理图焊接好电路中各个器件，如图 1-8b、c 所示，同时将 40 脚集成芯片的引脚与单排插针相连，以方便扩展。

　　3）插上单片机芯片到 40 脚集成芯片插座上，如图 1-8c 所示。

　　4）如图 1-8d、e 所示，用购买的 USB 下载线将单片机的电源引脚、串行口引脚与 PC 相连，直接从 PC 的 USB 口取 +5V 电源，再从 PC 将调试、编译好的程序下载到单片机中去。

　　5）运行单片机系统，LED 发光二极管亮灭闪烁，如图 1-8f 所示，满足设计要求。

　　使发光二极管亮灭闪烁的控制系统是一个最简单的单片机控制系统，通过对它的设计及制作过程的介绍，读者会发现单片机控制系统并不神秘。

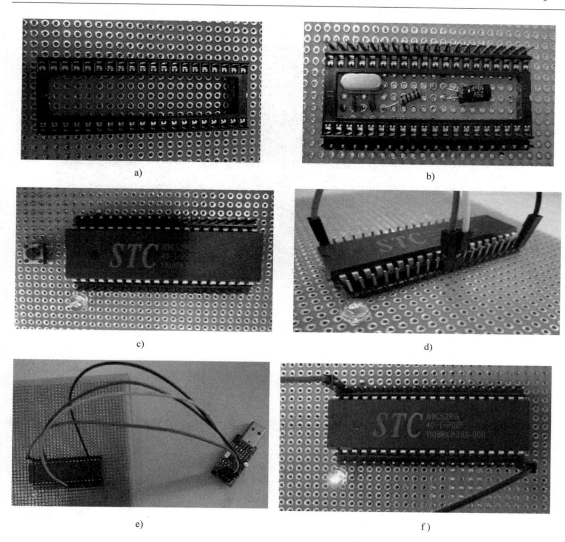

图 1-8　使一个发光二极管闪烁的单片机控制系统制作过程
a）焊接好 40 脚 IC 插座　b）焊接好晶振、复位电路及与 IC 插座引脚相连的单排插针
c）焊好复位按键，在 P1.0 口焊好电阻和发光二极管，在 IC 座上插上单片机　d）将下载线一端与单片机连接
e）下载线另一端通过 USB 口与 PC 连接　f）单片机系统通电运行，LED 灯亮灭闪烁

1.1.6　单片机实验板

　　1.1.5 节介绍了单片机控制一个发光二极管闪烁的系统的设计和制作过程，这是一个最简单的单片机控制系统，各类复杂的单片机控制系统都可以看成是在这个系统上扩展而成的。本书后续各章还介绍了许多单片机控制系统实例，如 LED 流水灯、数码管控制、交通灯、键盘控制、液晶显示等，为了看到单片机的真实运行效果，提高学习效率，本书作者开发了可以完成各章实例的印制电路实验板，实验板的电路原理图见附图 B-1，实物见附图 B-2。将 1.1.5 节中控制发光二极管闪烁的程序下载到实验板单片机中，实验效果如图 1-9 所示。本书大部分实例都可以在学习板上运行，课后操作类习题也可以用实验板完成。

图 1-9　在实验板上运行一个发光二极管闪烁的效果图

1.2　微型计算机系统组成

1.2.1　计算机的基本结构

　　计算机的基本结构如图 1-10 所示，它由运算器、控制器、存储器、输入设备和输出设备五大部分组成。

　　运算器是计算机处理信息的主要部件。控制器产生一系列控制命令，控制计算机各部件自动地、协调一致地工作。存储器是存放程序与数据的部件。输入设备用来输入程序与数据，常用的输入设备有键盘、鼠标、光电输入机、扫描仪等。输出设备将计算机的处理结果用数字、图形等形式表示出来。常用的输出设备有显示终端、数码管、打印机、绘图仪等。

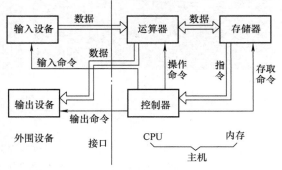

图 1-10　计算机的基本结构

　　由于运算器、控制器是计算机处理信息的关键部件，所以常将它们合称为中央处理单元（Central Processing Unit，CPU）。通常把运算器、控制器、存储器这三部分称为计算机主机，输入、输出设备称为计算机的外围设备（简称外设）。

1.2.2　微型计算机的结构

　　随着大规模集成电路技术的发展，已经将运算器、控制器集成在一块芯片上，成为独立的器件，该芯片称为微处理器或微处理机（Micro-processor）。存储器（Memory）也已经成为一块独立的芯片。微处理器芯片、存储器芯片与输入/输出（Input/Output，I/O）接口电路芯片构成了微型计算机（Micro-computer），芯片之间用总线（Bus）连接，微型计算机结构如图 1-11 所示。

1. 微处理器

微处理器是微型计算机的核心，它通常包括 3 个基本部分：

1）算术逻辑部件（Arithmetic Logic Unit，ALU）。ALU 是对传送到微处理器的数据进行算术运算或逻辑运算的电路，如执行加法、减法运算，逻辑与、逻辑或运算等。

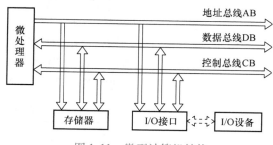

图 1-11　微型计算机结构

2）工作寄存器组。CPU 中有多个工作寄存器，用来存放操作数及运算的中间结果等。

3）控制部件。控制部件包括时钟电路和控制电路。时钟电路产生时钟脉冲，用于计算机各部分电路的同步定时。控制电路产生完成各种操作所需的控制信号。

2. 存储器

存储器是微型计算机的重要组成部分，计算机有了存储器才具备记忆功能。在介绍存储器的有关概念之前，先介绍微型计算机中的几个常用术语：

（1）位（bit）　是计算机所能表示的最小的数据单位，即 1 位二进制数，它有两种状态：0 和 1。

（2）字节（Byte）　一个连续的 8 位二进制数称为一个字节，即 1Byte = 8bit。

（3）字（Word）　通常把 16 位二进制数称为一个字，32 位二进制数称为一个双字。

（4）字长　CPU 一次能够处理二进制信息的位数称为字长，通常也指 CPU 与输入/输出设备或内存储器之间一次传送二进制数据的位数。

计算机的字长与处理能力和计算精度有关。字长越长，计算精度越高，处理能力越强，但计算机的结构也变得更复杂。CPU 的字长有 1 位、4 位、8 位、16 位、32 位和 64 位，对应的计算机就是 1 位机、4 位机、8 位机、16 位机、32 位机和 64 位机。目前单片机大多是 8 位机或 16 位机，本书所介绍的 80C51 系列单片机就是 8 位机，这意味着如果要处理 16 位数据就应分两次处理。

存储器由许多存储单元组成，在 8 位字长的微机中，每个存储单元存放 8 位二进制代码，即存放一个字节（Byte）。存储器示意图如图 1-12 所示，每个方格表示一个存储单元。

存储单元地址	存储单元内容
0000 0000B	0011　1100B
0000 0001B	1010　0011B
0000 0010B	1110　0101B
0000 0011B	××××　××××B
0000 0100B	××××　××××B
⋮	××××　××××B
1111 1110B	××××　××××B
1111 1111B	××××　××××B

图 1-12　存储器示意图

存储器的一个重要指标是容量。假如存储器有 256 个单元，每个单元存放 8 位二进制数，那么该存储器容量为 256 字节，或 256 × 8 位。在容量较大的存储器中，存储容量还以"KB"、"MB"、"GB"为单位。

$$1KB = 1024B = 2^{10}B，1MB = 1024KB = 2^{20}B，1GB = 1024MB = 2^{30}B。$$

计算机工作时，将数据存入存储器的过程称为"写"操作，CPU 从存储器中取数据的过程为"读"操作。写入存储单元的数据取代了原有的数据，而且在下一个新的数据写入之前一直保留着，即存储器具有记忆数据的功能。在执行读操作后，存储单元中原有的内容不变，即存储器的读出是非破坏性的。

为了便于读、写操作，要对存储器所有单元按顺序编号，这种编号就是存储单元的地址。每个单元都拥有相应的唯一地址，如图 1-12 中所示。地址用二进制数表示，地址的二进制位数 N 与存储容量 Q 之间的关系是：$Q = 2^N$。表 1-2 是这种关系的例子。

表 1-2　地址二进制位数和存储容量的对应关系

地址二进制位数 N	存储容量 Q	地址二进制位数 N	存储容量 Q
8	$2^8 = 256$	12	$2^{12} = 4096 = 4\text{KB}$
10	$2^{10} = 1024 = 1\text{KB}$	16	$2^{16} = 65536 = 64\text{KB}$
11	$2^{11} = 2048 = 2\text{KB}$		

3. 输入/输出（I/O）接口电路

I/O 接口是沟通 CPU 与外围设备不可缺少的重要部件。外围设备种类繁多，其运行速度、数据形式、电平等各不相同，常常与 CPU 不一致，所以要用 I/O 接口作桥梁，I/O 接口起到信息转换与协调的作用。例如打印机打印一行字符约需 1s，而计算机输出一行字符仅需 1ms 左右，要使打印机与计算机同步工作，必须采用相应的接口电路芯片来协调和衔接。

4. 总线

总线（Bus）是在微型计算机各芯片之间或芯片内部各部件之间传输信息的一组公共通信线。图 1-13 所示为各芯片之间的一组 8 位总线，该总线由 8 根传输导线组成，可以在芯片 1、2、…、N 之间并行传送 8 位二进制数构成的信息。

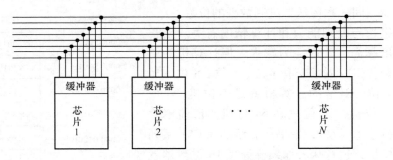

图 1-13　各芯片之间的一组 8 位总线

微型计算机采用总线结构后，芯片之间无须单独走线，这就大大减少了连接线的数量。挂在总线上的芯片不能同时发送信息，否则多个信息同时出现在总线上将发生冲突而造成出错。这就是说，如果有多块芯片需要输出信息，就必须分时传送，为了实现这个要求，挂在总线上的各芯片必须通过缓冲器与总线相连。三态门是常用缓冲器的一种。

根据传递信息种类，总线分为地址总线、数据总线和控制总线。

1）地址总线（Address Bus，AB）是 CPU 用于给存储器或输入/输出接口发送地址信息的单向通信总线，以选择相应的存储单元或寄存器。地址总线的宽度（根数）决定了 CPU 的寻址范围（即 CPU 所能访问的存储单元的个数）。

2）数据总线（Data Bus，DB）是用于实现 CPU、存储器及 I/O 接口之间数据信息交换的双向通信总线。

3）控制总线（Control Bus，CB）是传输各种控制信号的单向总线，其中有的用于传送从 CPU 发出的信息；有的是其他部件发给 CPU 的信息。

有的计算机用一组总线分时传送地址和数据信息，称为地址/数据分时复用总线。在微处理器内部往往只使用一组总线，称为单总线结构。

1.2.3　微型计算机系统

上面介绍的微型计算机称为硬件。计算机仅有硬件结构，即仅有一个躯壳，是无法进行工作的，要使计算机能够脱离人的直接控制而自动地操作与运算，还必须要有软件，由硬件和软件构成微型计算机系统才能运行。

微型计算机系统组成如图 1-14 所示。微型计算机与外围设备、电源一起构成硬件，由软件与硬件结合构成微型计算机系统。图 1-14 反映了微处理器、微型计算机、微型计算机系统三者的关系。

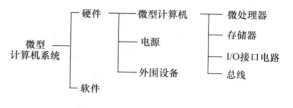

图 1-14　微型计算机系统

1.2.4　微型计算机软件

硬件是在执行任务过程中相对固定的一种物质体现，软件则是在执行任务过程中比较灵活的信息的体现，即指使用和管理计算机的各种程序（Program）。程序是由一条条汇编语言的指令（Instruction）或一条条高级语言的语句组成的。

1. 指令

控制计算机进行各种操作的命令称为指令。

例：将数 29 传送到累加器 A 的指令称为数据传送指令，书写形式为

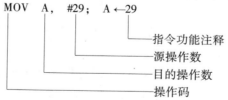

指令分成操作码和操作数两大部分。操作码表示该指令执行何种操作，操作数表示参加运算的数据或数据所在的地址。在上述指令中，操作码 MOV 表示该指令执行数据传送操作。操作数#29 表示参加运算的一个数据是其本身，#29 称为立即数。操作数 A 表示指令提供了另一个数据所在的地址，即该数据在累加器 A 中。该指令的功能是将数 29 送到累加器 A 中。

2. 程序

为了实现一个控制，需要事先制定计算机的操作步骤。操作步骤是由一条条指令或语句来实现的，这种一系列指令或语句的有序集合称为程序，编制程序的过程称为程序设计。1.1.5 节已介绍了使一个发光二极管闪烁的 C 语言程序，用汇编语言编写的使一个发光二极管闪烁的程序如下：

```
ORG 0000H          ;设置起始地址
```

```
START：  CLR P1.0        ；P1.0 引脚输出低电平，点亮发光二极管 D1
         NOP             ；空操作指令延时
         SETB P1.0       ；P1.0 引脚输出高电平、熄灭发光二极管 D1
         NOP             ；空操作指令延时
         SJMP START      ；无条件跳转到 START 处，执行指令 CLR P1.0
         END             ；结束汇编指令
```

为了使机器能自动进行计算，要预先用输入设备将上述程序输入到存储器存放。计算机启动后，在控制器的控制下，CPU 按照顺序依次取出程序的一条条指令，加以译码和执行。

因此微型计算机的工作是由硬件和软件紧密结合，共同完成的。

3. 机器语言、汇编语言和高级语言

编制程序可使用汇编语言或高级语言。

（1）汇编语言　上面介绍的用助记符（通常是指令功能的英文缩写）表示操作码、用字符（字母、数字、符号）表示操作数的指令称为汇编指令。用汇编指令编制的程序称为汇编语言程序。这种程序占用存储单元少，执行速度较快，能够准确掌握执行时间，可实现精细控制，特别适用于实时控制。然而汇编语言是面向机器的语言，各种计算机的汇编语言是不同的，必须对所用机器的结构、原理和指令系统比较清楚，才能编写出它的各种汇编语言程序，而且不能通用于其他机器，这是汇编语言的不足之处。

（2）高级语言　为使用户编程容易，程序中所用的语句与实际更接近，而且使用户不必了解具体的机器，就能编程，使编出的程序通用性更强，于是产生了高级语言。常用的高级语言有 BASIC、FORTRAN、C 语言等。

高级语言是面向过程的语言，用高级语言编写程序时主要着眼于算法，不必了解计算机的硬件结构和指令系统，因此易学易用。高级语言是独立于机器的，一般地说，同一个程序可在任何种类的机器中使用。

（3）机器语言　计算机中只能存放和处理二进制信息，所以，无论高级语言程序还是汇编语言程序，都必须转换成二进制代码形式后才能送入计算机。这种二进制代码形式的程序就是机器语言程序。二进制代码形式的指令又称机器指令或机器码。汇编语言程序与高级语言程序统称为源程序；机器语言程序又称为目标程序。

机器语言只有 0、1 两个符号，用它来直接编写程序十分困难。因此，往往先用汇编语言或高级语言编写程序，然后再转换成目标程序。将汇编语言程序翻译成目标程序的过程称为汇编。实现汇编有两种方法。第一种是由编程人员对照指令表，一条一条查找，这种方法称为人工汇编；第二种是由计算机自动将汇编语言转换为机器语言，这种方法称为机器汇编。机器汇编时所用的软件称为汇编程序。将高级语言转换成机器语言的工作只能由计算机完成，转换时所用的软件为编译程序或解释程序。这两种程序都远比汇编程序复杂，占用存储器单元多，这是应用高级语言的缺点。

4. 程序分类

计算机软件（即程序系统）所包括的内容如图 1-15 所示。

用来解决用户各种实际问题的程序称为应用程序。应用程序标准化、模块化后，形成解决各种典型问题的应用程序的组合，称为软件包。

语言翻译程序包括汇编程序、编译程序和解释程序。

计算机应用于信息处理、情报检索以及各种管理系统时要处理大量数据，并建立大量的表格。这些数据、表格应按一定规律组织起来，使检索更迅速，处理更方便，于是就建立了数据库。相应地出现了数据库管理程序。

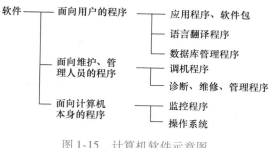

图 1-15　计算机软件示意图

调机程序是测试计算机性能的程序。调机程序、诊断、维修、管理程序都由计算机生产厂家提供，用于计算机的维护及管理。

监控程序固化于内部存储器中，上电后能自动担负起管理整个计算机的工作，包括机器正常启动、调用磁盘操作系统、调用汇编程序或编译程序、扫描键盘、输入用户程序并运行等。

在一些较大的计算机系统中，硬件与软件都很繁杂。如果由人通过控制台直接参与硬件、软件的管理调度，不仅效率很低，而且非常困难，必须让计算机自己管理自己。操作系统就是指挥计算机管理自己的软件。操作系统能根据任务和设备情况，按照使用者的意图，合理分配硬件和软件的工作，实现多个程序成批地在计算机中自动运行，充分发挥计算机系统的效率。

1.3　微型计算机的运算基础知识

在数字电子计算机中，无论是大型计算机还是单片微型计算机，都是将所有的信息作为数值进行处理的，包括数字（如 7、-8、4），英文字符（如 A、B、k、m），各种符号（如 +、-、%、@、>、<）。本节将学习这些信息的表示方法以及二进制数的加减运算方法。

1.3.1　数制的概念

一个数值，可以用不同进制的数表示。人们经常使用十进制数，日常生活中，我们还经常使用十二进制数（1 年 = 12 个月），六十进制（1 分 = 60 秒）等。

在计算机中运行的各种信息均是用二进制数表示的，这是因为计算机的硬件基础为数字电路，数字电路为二值电路，只能表示 0 和 1 两种不同的状态。但是如果直接以二进制数来编写程序，既麻烦又容易出错，所以在编程时，常常用到十六进制数，因为十六进制和二进制间转换很方便。

为了表示不同的数制，可以在数的后面放一个英文字母作为标识符。二进制数用 B（Binary），十六进制数用 H（Hexdecimal），十进制数用 D（Decimal），D 可以省略不写，即不带标识符的数是十进制数。还可以在数的右下方加一个小数字说明，例：$(1011011)_2$，$(896)_{10}$，$(896)_{16}$。

计数制中所具有的数码的个数称为数制的基，如十进制数的基为十；计数制中每一位所具有的值称为数制的权，十进制数的权是以十为底的幂，二进制数的权是以二为底的幂。

1.3.2　与计算机有关的数制

1. 十进制数

特点：

1）有 10 个不同的数字符号：0、1、2、3、…、9。

2）逢十进位，即各位的权是以十为底的幂。

任意一个十进制数可以表示为

$$D = D_{n-1} \times 10^{n-1} + D_{n-2} \times 10^{n-2} + \cdots + D_1 \times 10^1 + D_0 \times 10^0 + D_{-1} \times 10^{-1} +$$

$$D_{-2} \times 10^{-2} + \cdots + D_{-m} \times 10^{-m} = \sum_{i=n-1}^{-m} D_i \times 10^i$$

式中，m、n 为正整数；i 表示数字符号所在的位；D_i 是第 i 位的数码；10^i 表示第 i 位的位权。

例如：$398.6 = 3 \times 10^2 + 9 \times 10^1 + 8 \times 10^0 + 6 \times 10^{-1}$。

2. 二进制数

特点：

1）有两个不同的数字符号：0、1。

2）逢二进位，即各位的权是以 2 为底的幂。

任意一个二进制数可以表示为

$$B = B_{n-1} \times 2^{n-1} + B_{n-2} \times 2^{n-2} + \cdots + B_1 \times 2^1 + B_0 \times 2^0 + B_{-1} \times 2^{-1} +$$

$$B_{-2} \times 2^{-2} + \cdots + B_{-m} \times 2^{-m} = \sum_{i=n-1}^{-m} B_i \times 2^i$$

式中，m、n 为正整数；i 表示数字符号所在的位；B_i 是第 i 位的数码；2^i 表示第 i 位的位权。

例如：$111.1B = 1 \times 2^2 + 1 \times 2^1 + 1 \times 2^0 + 1 \times 2^{-1}$。

3. 十六进制数

特点：

1）有 16 个不同的数字符号：0、1、2、3、…、9、A、B、C、D、E、F。

2）逢十六进位，即各位的权是以十六为底的幂。

任意一个十六进制数可以表示为

$$H = H_{n-1} \times 16^{n-1} + H_{n-2} \times 16^{n-2} + \cdots + H_1 \times 16^1 + H_0 \times 16^0 + H_{-1} \times 16^{-1} +$$

$$H_{-2} \times 16^{-2} + \cdots + H_{-m} \times 16^{-m} = \sum_{i=n-1}^{-m} H_i \times 16^i$$

式中，m、n 为正整数；i 表示数字符号所在的位；H_i 是第 i 位的数码；16^i 表示第 i 位的位权。

例如：$18AF.CBH = 1 \times 16^3 + 8 \times 16^2 + A \times 16^1 + F \times 16^0 + C \times 16^{-1} + B \times 16^{-2}$。

表 1-3 列出了十、二、十六进制数之间的对应关系。

表 1-3 十、二、十六进制数之间的对应关系

十进制数	二进制数	十六进制数	十进制数	二进制数	十六进制数
0	0000	0	8	1000	8
1	0001	1	9	1001	9
2	0010	2	10	1010	A
3	0011	3	11	1011	B
4	0100	4	12	1100	C
5	0101	5	13	1101	D
6	0110	6	14	1110	E
7	0111	7	15	1111	F

1.3.3　数制之间的相互转换

1. 二进制、十六进制数转换为十进制数

二进制数和十六进制数转换为十进制数的方法是：将二进制数或十六进制数写成按权展开式，然后各项相加，则得相应的十进制数。

例 1-1　把二进制数 10101.1011B 转换成相应的十进制数。

$$10101.1011B = 1 \times 2^4 + 1 \times 2^2 + 1 \times 2^0 + 1 \times 2^{-1} + 1 \times 2^{-3} + 1 \times 2^{-4}$$
$$= 21.6875D$$

例 1-2　把十六进制数 0F3DH 转换为相应的十进制数。

$$0F3DH = F \times 16^2 + 3 \times 16^1 + D \times 16^0 = 15 \times 256 + 3 \times 16 + 13 \times 1 = 3901D$$

2. 十进制数转换为二进制数

十进制数转换为二进制数时，其整数部分和小数部分是分别转换的，规律如下：

整数部分采用除 2 取余法：十进制数的整数部分第一次除以 2 所得的余数，就是对应二进制数的“个”位；其商再除以 2 所得的余数就是对应二进制数的“十”位，依此类推，即可获得对应二进制数的整数部分。

小数部分采用乘 2 取整法：十进制数的小数部分乘以 2 所得的整数就是对应二进制数小数部分的小数点后第 1 位，乘积中的小数部分再乘以 2 得到的整数就是对应二进制数小数部分的小数点后第 2 位，依此类推，即可得到对应二进制数的小数。

例 1-3　把十进制数 19.625 转换成为对应二进制数。

解: 先采用除 2 取余法将 19 转换为二进制数，计算过程如图 1-16a 所示；再采用乘 2 取整法将 0.625 转换为十进制数，计算过程如图 1-16b 所示

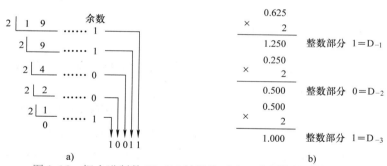

图 1-16　把十进制数 19.625 转换为对应二进制数的计算过程
a）整数部分的转换　b）小数部分的转换

所以 19 = 10011B，0.625 = 0.101B，19.625 = 10011.101B。

十六进制数转换为二进制数的方法类似，只是将基数 2 换成 16 即可。

3. 二进制数与十六进制数间的相互转换

4 位二进制数与 1 位十六进制数一一对应，因此两者之间的转换极为方便。

二进制整数转换为十六进制数时，方法是从右（最低位）向左将二进制数分为每 4 位一组，最高位一组不足 4 位时应在左边加 0，以凑成 4 位一组，每一组用 1 位十六进制数表示即可；二进制小数转换为十六进制数，方法是从小数点起从左至右将二进制数分为每 4 位一组，

最低位一组不足 4 位时应在右边加 0，以凑成 4 位一组，每一组用 1 位十六进制数表示。

例 1-4　将二进制数 1111000111.100101B 转换成为十六进制数。

$$1111000111.100101B = 0011\ 1100\ 0111.1001\ 0100B = 3C7.94H$$

十六进制数转换成为二进制数，只需将 1 位十六进制数用 4 位二进制数代替即可。

例 1-5　将十六进制数 2FB5H 转换成为二进制数。

$$2FB5H = 0010\ 1111\ 1011\ 0101B = 10111110110101B$$

1.3.4　码制的概念

1. 计算机中带符号数的表示与运算

在字长为 8 位的微型计算机中，一个数用 8 位二进制数表示。如果计算机处理的是无符号数，8 位二进制数的 8 位数符都表示数值，即 0000 0000B、0000 0001B、…、1111 1111B，所表示的无符号数数值为 0、1、…、255，故 8 位二进制数表示的无符号数范围是 0 ~ 255。

在很多场合，数有正负之分，这时的数就是带符号数。在计算机中，符号"+"、"-"要用 1 位二进制数表示。8 位微型计算机中约定：最高位 D_7 表示符号，其他 7 位表示数值，8 位微机中的带符号数表示方法如图 1-17 所示。$D_7 = 1$ 表示负数，$D_7 = 0$ 表示正数。

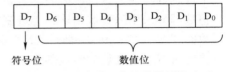

图 1-17　8 位微机中的带符号数表示

连同符号位一起数值化了的数，称为机器数。机器数所表示的真实的数值，称为真值。例如：

真值	机器数
+1001B （+9）	01001B
-1001B （-9）	11001B

计算机中的机器数有原码、反码与补码三种表示方法。

（1）原码　对于带符号数来说，用最高位表示带符号数的正负，其余各位表示该数的绝对值，这种表示法称为原码表示法。例如：

$$+74 = +1001010B，[+74]_{原} = 01001010B$$

$$-74 = -1001010B，[-74]_{原} = 11001010B$$

8 位二进制数原码表示范围为 -127 ~ +127。0 的原码表示有如下两种，不是唯一的。

$$[+0]_{原} = 0000\ 0000B$$

$$[-0]_{原} = 1000\ 0000B$$

（2）反码　带符号数也可以用反码表示，仍规定最高位为符号位，反码与原码的关系是：正数的反码与原码相同，负数的反码是原码符号位不变，其余各位按位取反。例如：

$$+74 = +1001010B，[+74]_{反} = 01001010B$$

$$-74 = -1001010B，[-74]_{反} = 10110101B$$

8 位二进制数反码表示范围为 -127 ~ +127。0 的反码有如下两种，不是唯一的。

$$[+0]_{反} = 0000\ 0000B$$

$$[-0]_{反} = 1111\ 1111B$$

（3）补码 在计算机中，为了易于算术运算，带符号数并不用原码或反码表示，而是用补码表示的。补码仍然用最高位来表示符号位，正数的补码与反码、原码表示相同；负数的补码是原码符号位不变，其余各位按位求反后再加 1。例如：

$$+74 = +1001010B，[+74]_补 = 01001010B = 4AH$$

$$-74 = -1001010B，[-74]_补 = 10110110B = B6H$$

微型计算机中所有带有符号的数均是以补码形式来存放的，对于 8 位二进制数来说，补码表示的范围为 $-128 \sim +127$（其中 80H ~ FFH 对应 $-128 \sim -1$，00H ~ 7FH 对应 $0 \sim +127$）。

已知一个数的补码，求其原码时，应将其补码再求补。即

$$[[x]_补]_补 = [x]_原$$

对于正数，从定义即可以证明。下面来看负数的情况：

$$[-3]_补 = 1111\ 1101B$$

$$[[-3]_补]_补 = 1000\ 0011B = [-3]_原$$

对于 0：$[+0]_补 = [-0]_补 = 0000\ 0000B$，即 0 的补码表示是唯一的。

x、y 无论是正数还是负数，都有

$$[x \pm y]_补 = [x]_补 + [\pm y]_补$$

即引入补码的概念后，可将减法变为加法运算。因此微机中带符号数采用补码表示后可只设置加法器，简化了硬件结构。

例 1-6 用补码运算 $99 - 58 = ?$

将 99 与 -58 用补码表示，在执行了 $[99]_补 + [-58]_补$ 的加法运算后会得到 $99 - 58$ 的补码

$$
\begin{aligned}
[99]_补 &= \quad 0110\ 0011B \\
+[-58]_补 &= \quad 1100\ 0110B \\
\hline
[99-58]_补 &= \quad 10010\ 1001B
\end{aligned}
$$

在 8 位字长的计算机中，第九位进位自然丢失。

所以 $[99-58]_补 = [99]_补 + [-58]_补 = 0010\ 1001B$，$[99-58]_原 = 0010\ 1001B$，因此 $99 - 58 = 41$。

例 1-7 用补码运算 $-99 - 58 = ?$

$$
\begin{aligned}
[-99]_补 &= \quad 1001\ 1101B \\
+[-58]_补 &= \quad 1100\ 0110B \\
\hline
[-99-58]_补 &= \quad 1\ 0110\ 0011B
\end{aligned}
$$

在 8 位字长的计算机中，第九位进位自然丢失。所以，$[-99-58]_补 = [-99]_补 + [-58]_补 = 0110\ 0011B$，因符号位为正，所以，$[-99-58]_原 = 0110\ 0011B$，则 $-99 - 58 = 99$，这个结果显然是错误的，问题出在哪里呢？

由于受计算机字长的限制，补码所能表示的数值范围也有一定的限制，如 8 位字长的计算机补码所能表示的范围是 $-128 \sim +127$。因此，当运算结果超出此范围时，将得到错误的结果，这就是溢出现象。

　　溢出是指运算时数值超过了机器内存部件所能表示的最大值时发生数据丢失的现象。当两个同符号数相加或两个异号数相减时，结果会超出 8 位二进制补码所能表示的范围，会发生溢出。上面用补码运算 −99 −58 时，就发生了溢出，于是出现了错误的结果。

　　溢出的判别方法：两个 8 位带符号数（用补码表示）相加（或相减），设最高位 D_7 位向上的进位（或借位）为 C，次高位 D_6 向 D_7 位的进位（或借位）为 C'，则当 $C \oplus C' = 1$ 时，产生溢出，否则无溢出。在计算机中有硬件用此法来判断是否溢出。

　　例 1-8　判别下列两个 8 位带符号数相加是否溢出。

1）1001 1001B + 1100 1101B

2）1000 0001B + 0111 0011B

　　解：1）

$$
\begin{array}{r}
1001\ 1001B \\
+\quad 1100\ 1101B \\
\hline
10110\ 0110B
\end{array}
$$

C = 1，$C' = 0$，$C \oplus C' = 1$，有溢出，结果错误。

　　2）

$$
\begin{array}{r}
1000\ 0001B \\
+\quad 0111\ 0011B \\
\hline
1111\ 0100B
\end{array}
$$

C = 0，$C' = 0$，$C \oplus C' = 0$，无溢出，结果正确。

2. 二进制编码

　　（1）二进制编码的十进制数（BCD 码）　有些场合，计算机输入、输出数据时仍使用十进制数，以适应人们的习惯。然而，计算机中只能采用二进制数，只有 0、1 两种状态。为此，十进制数的数符必须用二进制码表示，这就形成了二进制编码的十进制数，简称二—十进制数，又称 BCD 码（Binary Coded Decimal），用标识符 $[\cdots]_{BCD}$ 表示。

　　4 位二进制数可以表示 16 种状态，而十进制数只有 0 ~ 9 十个数符，所以在 4 位二进制数中舍去 1010 ~ 1111 六种状态，用余下的 10 种状态来表示 0 ~ 9，就是 BCD 码，它们之间的对应关系如表 1-4 所示。

表 1-4　十进制数、BCD 码、二进制数的对应关系

十进制数	BCD 码	二进制数	十进制数	BCD 码	二进制数
0	$[0000]_{BCD}$	0000B	8	$[1000]_{BCD}$	1000B
1	$[0001]_{BCD}$	0001B	9	$[1001]_{BCD}$	1001B
2	$[0010]_{BCD}$	0010B	10	$[0001\ 0000]_{BCD}$	1010B
3	$[0011]_{BCD}$	0011B	11	$[0001\ 0001]_{BCD}$	1011B
4	$[0100]_{BCD}$	0100B	12	$[0001\ 0010]_{BCD}$	1100B
5	$[0101]_{BCD}$	0101B	13	$[0001\ 0011]_{BCD}$	1101B
6	$[0110]_{BCD}$	0110B	14	$[0001\ 0100]_{BCD}$	1110B
7	$[0111]_{BCD}$	0111B	15	$[0001\ 0101]_{BCD}$	1111B

BCD 码的特点：BCD 码形式上是二进制数，实质上为十进制数，因为它是逢十进一的，只是数符 0 ~ 9 用 4 位二进制数 0000 ~ 1001 表示而已。

十进制数与 BCD 码之间的转换十分方便，只要把数符 0 ~ 9 与对应的 0000 ~ 1001 互换就行了。例如：

$$[0100\ 1001\ 0001.0101\ 1000]_{BCD} = 491.58$$

BCD 码与二进制数之间不能直接转换，通常要先经过十进制数。例如：

$$0100\ 0011B = 67 = [0110\ 0111]_{BCD}$$

说明：计算机的运算器总是按二进制运算。在计算机输入 BCD 码时，由于标识符不能进入计算机，故运算器依然按二进制运算。然而，4 位二进制数逢 16 进一，对应的 1 位 BCD 码逢 10 进一，这将产生差错。为此，计算机执行 BCD 码运算时，对运算结果需进行调整。

加法运算的调整方法是：

1）两个 BCD 码相加后，如和的高 4 位（或低 4 位）出现非法码 1010 ~ 1111，则高 4 位（或低 4 位）要加 6 修正。

2）如果和的高 4 位（或低 4 位）的 D_7（或 D_3）位出现向高位的进位，则高 4 位（或低 4 位）要加 6 修正。

例 1-9　计算 48 + 69。

由于 48 = $[0100\ 1000]_{BCD}$，69 = $[0110\ 1001]_{BCD}$，计算机中先进行二进制运算，然后再进行二—十进制调整。过程如下：

$$
\begin{array}{ccc}
 & \text{高 4 位} & \text{低 4 位} \\
\text{进位 0} & 1 & \\
 & 0100 & 1000 \\
+ & 0110 & 1001 \\
\hline
\text{非法和 } 1011 & & 0001 \\
\text{调整 } +0110 & & 0110 \\
\hline
10001 & & 0111 \rightarrow 117 \\
\end{array}
$$

上列运算中，和的高 4 位出现了非法码，低 4 位出现了进位，均要加 6 进行调整。调整后的结果才是正确的运算结果。

减法运算的调整方法是差的高 4 位（或低 4 位）的 D_7（或 D_3）位出现了非法码，或出现向高位的借位，则高 4 位（或低 4 位）要减 6 修正。

（2）ASCII 码　除了数值数据以外，计算机还常常处理大量非数值数据，如字母、专用符号等，这些数据也必须编写为二进制代码。

目前应用最广泛的是 ASCII 码（American Standard Code for Information Interchange，美国标准信息交换代码）。ASCII 码用 7 位二进制数表示数字、字母和符号，共 128 个。包括英文 26 个大写字母、26 个小写字母、0 ~ 9 十个数字，还有一些专用符号（如 "："　"！"　"%"）及控制符号（如换行、换页、回车）。ASCII 编码表示见表 1-5。

在字长 8 位的微型计算机中，用低 7 位表示 ASCII 码，最高位 D_7 位可用做奇偶校验位。例如字母 "C" 的 ASCII 码为 1000011，假如采用偶校验，因原有 3 个 "1"，则 D_7 应置 1，以形成偶数个 1，即 1100 0011。假如采用奇校验，则 D_7 应清 0，形成奇数个 1，即 0100 0011。在串行通信中，发送端与接收端事先协定校验方式。如果采用偶校验，则信息从发送端发送时，已形成偶数个"1"。接收端接收信息时，经校验如发现"1"的个数为奇，说明信息在传送过程中发生了差错，计算机就可进行相应的出错处理。奇偶校验所用的硬件与软件都较简单，所以这种方法在计算机通信中得到了广泛的应用。

表 1-5　ASCII 码字符表

低位 $D_3D_2D_1D_0$ \ 高位 $D_6D_5D_4$		0	1	2	3	4	5	6	7
		000	001	010	011	100	101	110	111
0	0000	NUL	DLE	SP	0	@	P	、	p
1	0001	SOH	DC1	!	1	A	Q	a	q
2	0010	STX	DC2	"	2	B	R	b	r
3	0011	ETX	DC3	#	3	C	S	c	s
4	0100	EOT	DC4	$	4	D	T	d	t
5	0101	ENQ	ANK	%	5	E	U	e	u
6	0110	ACK	SYN	&	6	F	V	f	v
7	0111	BEL	ETB	'	7	G	W	g	w
8	1000	BS	CAN	(	8	H	X	h	x
9	1001	HT	EM	)	9	I	Y	i	y
10	1010	LF	SUB	*	:	J	Z	j	z
11	1011	VT	ESC	+	;	K	[	k	{
12	1100	FF	FS	,	<	L	\	l	|
13	1101	CR	GS	-	=	M	]	m	}
14	1110	SO	RS	.	>	N	^	n	~
15	1111	SI	US	/	?	O	—	o	DEL

本 章 小 结

通用计算机包括运算器、控制器、存储器、输入设备和输出设备五大组成部分。

将运算器、控制器集成在一块硅片上，称为微处理器。由微处理器芯片配上存储器芯片、输入/输出接口电路芯片，便构成了微型计算机。

微型计算机与外围设备、电源一起构成硬件，由硬件与软件结合构成微型计算机系统。

若在一块半导体芯片上，集成了微处理器、存储器、输入/输出接口、定时器/计数器以及中断系统等微型计算机的主要功能部件，构成一台完整的微型计算机，就是单片机。单片机具有稳定可靠、小而廉、能适应各种控制领域需要的特点，是微型计算机发展的一个重要分支。

计算机的硬件基础为数字电路，数字电路为二值电路，因此在计算机中运行的各种信息均是用二进制数表示的。与计算机有关的计数制有二进制、十进制、十六进制。

习　题　1

1. 微型计算机由哪几部分组成？每部分各有什么作用？
2. 什么是单片机？单片机与微型计算机有什么关系？
3. 什么是微型计算机系统？
4. 微型计算机为什么要采用总线结构？芯片为什么要通过缓冲器才能挂在总线上？
5. 单片机通常用于哪些场合？
6. 请解释下列名词：
   （1）字长，字，字节，BCD 码，ASCII 码。
   （2）指令，指令地址，指令系统，程序。
7. 计算机中常用的计数制有哪些？
8. 什么是机器码？什么是真值？
9. 完成下列数制的转换。
   （1）10100110B =（　　　）D =（　　　）H
   （2）0.11B =（　　　）D
   （3）253.25 =（　　　）B =（　　　）H
   （4）1011011.101B =（　　　）H =（　　　）BCD
10. 写出下列真值对应的原码和补码的形式。
    （1）X = −1110011B
    （2）X = −71D
    （3）X = +1001001B
11. 写出符号数 10110101B 的反码和补码。
12. 已知 X 和 Y 的真值，求 [X + Y] 的补码
    （1）X = −1110111B　　Y = +1011010B
    （2）X = 56D　　　　　　Y = −21D
13. 已知 X = −1101001B，Y = −1010110B. 用补码求 X − Y 的值。
14. 请写出下列字符的 ASCII 码。
    4A3 = !
15. 若给字符 4 和 9 的 ASCII 码加奇校验，其 ASCII 码应是多少？
16. 上题中若加偶校验，结果如何？
17. 计算下列表达式：
    （1）（4EH + 10110101B）×（0.0101）BCD =（　　　）D
    （2）4EH −（24/08H + 'B'/2）=（　　　）B
18. 找出 5 个以上古今中外有趣的控制类发明故事，它们和当今的单片机控制相比有什么优缺点？
19. 根据日常生产和生活中接触到的智能控制类产品，写一篇单片机应用技术调研报告。

第 2 章　单片机应用系统的开发环境

单片机本身只是将微机的主要功能部件集成在一起的一块集成芯片，内部无任何程序，只有当它和其他器件、设备有机地组合在一起，并配置适当的工作程序后，才能构成一个单片机应用系统，完成规定的操作，具有特定的功能。因此与通用微机不同，单片机本身没有自主开发能力，必须借助于开发工具编制、调试、下载程序或对器件编程。开发工具的优劣，直接影响开发工作效率。本章介绍 80C51 单片机开发环境，主要介绍目前最常用的 Keil C51 集成开发环境——µVision3 IDE 和支持微处理器芯片仿真的 Proteus VSM 软件。

2.1　单片机应用系统的开发工具

在第 1 章 1.1.5 节介绍了最简单的单片机控制系统：使一个发光二极管闪烁的实例，从例中可见单片机应用系统和一般的计算机应用系统一样，也是由硬件和软件所组成。对较复杂的单片机应用系统，硬件除了单片机外，还包括外部扩展的存储器、输入/输出设备、控制设备、执行部件等，软件则是各种控制程序。只有硬件和软件紧密结合，协调一致，才能组成高性能的单片机应用系统。在系统的开发与研制过程中，软硬件的功能总是在不断地调整，以便相互适应、相互配合，达到最佳的性能价格比。

单片机开发
系统组成

一个单片机应用系统从提出任务到正式投入运行的过程称为开发过程。单片机开发过程中所用的各种设备称为开发工具。

由于单片机本身不具有开发功能，因此必须借助开发工具来排除开发过程中的各种硬件故障和程序错误。单片机的开发工具通常是一个特殊的计算机系统，也称单片机仿真系统，它与通用计算机系统及用户系统的连接示意图如图 2-1 所示。

单片机仿真系统硬件包括在线仿真器、编程器、仿真插头等部件，软件包括汇编和调试程序等。

仿真器通过串行口与 PC 相连，用户可以利用仿真软件在 PC 上编辑、修改源程序，然后通过汇编软件生成目标

图 2-1　单片机仿真系统连接示意图

代码，传送给仿真器，由仿真器通过仿真插头传送到用户系统，之后就可以进行调试了。通常单片机仿真软件都集成有调试功能，能够设置/清除断点、单步运行、连续运行、启动/停止控制、查看系统资源（如程序存储器、数据存储器、各种寄存器、I/O 端口等）的状态等。调试用户系统时，必须把仿真插头插入用户系统的单片机插座上。现在有不少单片机具有 JTAG 接口，可以不再使用仿真插座，直接对单片机在线进行系统仿真调试。

仿真、调试完的程序，需要借助编程器写到单片机内部或外接的程序存储器中。在开发过程中，程序每改动一次都要先调试，调试通过后，用编程器写到单片机中去，再将单片机插入用户系统的单片机插座，整个过程操作比较麻烦。随着单片机技术的发展，出现了可以

在线编程的单片机。在线编程目前有两种方法：在系统编程（In-System Programming，ISP）和在应用编程（In-Application Programming，IAP）。ISP 是指用户通过 PC 机的软件，把已编译好的用户代码通过串行口直接写入用户系统的单片机，不管单片机片内的存储器是空白的还是被编程过，都可以用 ISP 方式擦除或再编程，不需要从电路板上取下器件。IAP 指 MCU 可以在系统中获取新代码并对自己重新编程，即可用程序来改变程序。IAP 的实现相对要复杂一些，在实现 IAP 功能时，单片机内部一定要有两块存储区，一块被称为 BOOT 区，另一块被称为存储区。单片机上电运行在 BOOT 区，如果外部改写程序的条件满足，则对存储区的程序进行改写操作。如果外部改写程序的条件不满足，则程序指针跳到存储区，开始执行放在存储区的程序，这样便实现了 IAP 功能。

目前市场上使用较多的单片机开发系统有 Keil C51 仿真器、WAVE E6000 系列仿真器和 TKS 系列仿真器，设计者可根据实际应用情况进行选择。

2.2　Keil C51 高级语言集成开发环境——μVision3 IDE

keil C51高级语言
集成开发环境

Keil 软件是德国 Keil 公司出品的一个商业软件，是目前最流行的开发 80C51 系列单片机的软件工具。Keil C51 提供了包括 C 语言编译器、宏汇编、连接器、库管理和一个功能强大的仿真调试器等在内的完整开发方案，通过一个集成开发环境 μVision3 IDE（Integration Develop Environment）将这些部分组合在一起。掌握这一软件的使用对于学习和使用 80C51 系列单片机的人员来说十分必要，其方便易用的集成环境、强大的软件仿真调试工具会令开发者事半功倍。

2.2.1　Keil μVision3 IDE 的主要特性

μVision3 IDE 基于 Windows 的开发平台，包含一个高效的编辑器、一个项目管理器和一个 MAKE 工具。μVision3 IDE 支持所有的 Keil C51 工具，包括 C 语言编译器、宏汇编器、连接/定位器、目标代码到 HEX 的转换器。

μVision3 IDE 内嵌多种符合当前工业标准的开发工具，可以完成工程建立、管理、编译连接、目标代码的生成、软件仿真、硬件仿真等完整的开发流程。尤其 C 语言编译工具在产生代码的准确性和效率方面达到了较高的水平，而且可以附加灵活的控制选项，在开发大型项目时非常理想。它的主要特性如下：

1. 集成开发环境

μVision3 IDE 包括一个工程管理器、一个功能丰富并有交互式错误提示的编辑器、选项设置、生成工具及在线帮助。可以使用 μVision3 IDE 创建源文件，并组成应用工程加以管理。μVision3 IDE 可以自动完成编译、汇编和链接程序的操作，使用户可以只专注开发工作的效果。

2. C51 编译器和 A51 汇编器

由 μVision3 IDE 创建的源文件，可以被 C51 编译器或 A51 汇编器处理，生成可重定位的 object 文件，Keil C51 编译器遵照 ANSI C 语言标准，支持 C 语言的所有标准特性。另外还增加了几个可以直接支持 80C51 结构的特性。Keil A51 宏汇编器支持 80C51 及其派生系列的所有指令集。

3. LIB51 库管理器

LIB51 库管理器可以从汇编器和编译器创建的目标文件建立目标库。这些库可以被链接器所使用，这提供了一种代码重用的方法。

4. BL51 链接器/定位器

BL51 链接器/定位器使用由编译器、汇编器生成的可重定位目标文件和从库中提取出来的相关模块，来创建一个绝对地址文件。

5. μVision3 软件调试器

μVision3 IDE 软件调试器能十分理想地进行快速、可靠的程序调试。调试器包括一个高速模拟器，可以使用它模拟整个 80C51 系统，包括片上外围器件和外部硬件。当从器件数据库选择器件时，这个器件的属性会被自动配置。

6. μVision3 IDE 硬件调试器

μVision3 IDE 调试器提供了几种在实际目标硬件上测试程序的方法。

安装 MON51 目标监控器到用户的目标系统，并通过 Monitor-51 接口下载程序。

使用高级 GDI 接口将 μVision3 IDE 调试器同第三方仿真器系统相连接，通过 μVision3 IDE 的人机交互环境完成仿真操作。

7. RTX51 实时操作系统

RTX51 实时操作系统是针对 80C51 单片机系列的一个多任务内核。RTX51 实时内核简化了需要对实时事件进行反应的复杂应用的系统设计、编程和调试。

2.2.2 μVision3 IDE 集成开发环境简介

安装完 Keil 软件后，会在桌面生成"μVision3"运行图标，双击该图标，或者选择"开始→程序→Keil μVision3"，即可进入 Keil μVision3 IDE 集成开发环境。

图 2-2 所示是一个较为全面的 μVision3 IDE 窗口，为了较全面地了解窗口的组成，图中显示了尽可能多的窗口，但在初次进入 μVision3 IDE 时，往往只能看到工程管理窗口、源程序编辑窗口和编译信息输出窗口。

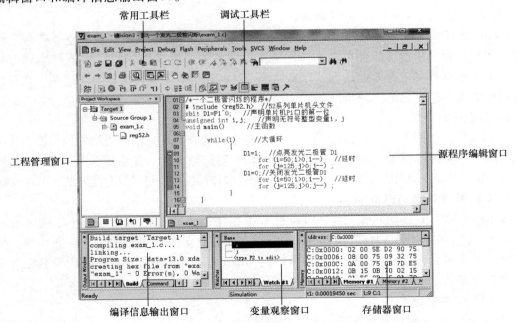

图 2-2 μVision3 IDE 窗口

工程管理窗口有 5 个选项卡：

Files：文件选项卡，它显示该工程中的所有文件。如果没有任何工程文件被打开，这里将没有内容显示。

Regs：寄存器选项卡，在进入程序调试时自动切换到该窗口，用于显示有关寄存器的内容。

Books：手册选项卡，是一些帮助文件和电子文档的目录，如果遇到疑难问题，可以随时到这里来查找答案。

Functions：工程中的函数选项卡，显示出工程中使用的函数。

Templates：模板选项卡，此处存放了一些经常使用的文本模板。

图 2-2 中还包括存储器窗口、变量观察窗口等，这些窗口只有进入系统调试后才能看到。

工程管理器窗口右边用于显示源文件，在初次进入 Keil 软件时，由于还没有打开任何一个源文件，所以显示一片空白。

2.2.3　μVision3 IDE 的使用

使用单片机，必须用 C 语言或汇编语言编写源程序。而如何将源程序变为单片机所能执行的二进制程序，并下载到单片机中，必须借助于 Keil μVision3 IDE 这类开发软件。

80C51 单片机系列有数百个不同的品种，这些 CPU 的特性不完全相同，用 μVision3 IDE 开发时要设定针对哪一种单片机进行开发；指定对源程序的编译、链接参数；指定调试方式；指定列表文件的格式等。因此在项目开发中，并不是仅有一个源程序就行了，为了管理和使用方便，Keil 软件使用工程（project）这一概念，将所需设置的参数和所有文件都加在一个工程中，只能对工程而不能对单一的源程序进行编译、链接等操作。

要创建 μVision3 IDE 的一个应用，应按下列步骤进行操作：

1）启动 μVision3 IDE，新建一个工程文件，并从器件库中选择一个 CPU 文件。

2）新建一个源文件并把它加入到工程中。

3）增加并设置选择的器件的启动代码。

4）针对目标硬件设置工具选项。

5）编译工程并生成单片机可执行的 HEX 文件。

下面介绍 Keil 软件开发流程。

1. 工程文件的建立

1）进入 Keil μVision3 IDE 集成开发环境后，选择 "Project → New μVision Project…" 选项，出现一个对话框，选择工程要保存的路径，输入工程文件名。为了方便管理，通常将一个工程放在一个独立文件夹下，如保存到 exam_1 文件夹，工程文件的名字为 exam_1，如图 2-3 所示，然后单击 "保存" 按钮。工程建立后，此工程名变为 exam_1. uv2。

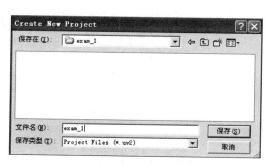

图 2-3　保存工程

2）单击"保存"按钮后，出现的对话框要求选择目标 CPU（即所用芯片的型号），
Keil 支持的 CPU 很多，Keil 软件的关键是程序代码的编写，而非用户选择什么硬件，所以此处选择 Atmel 公司的 89C52 芯片。单击 ATMEL 前面的"＋"号，展开该层，单击其中的 AT89C52。出现的界面如图 2-4 所示，右边 Description 区域里是对该型号单片机的基本说明，可以单击其他型号单片机浏览其功能特点，然后再单击"确定"按钮，弹出将 80C51 初始化代码复制到项目中的询问窗口，如图 2-5 所示。该功能便于用户修改启动代码。刚开始学习时，尚不知如何修改启动代码，可以选择"否"，通常也可以选择"是"，只要不对文件代码进行修改，就不会对工程产生不良影响。

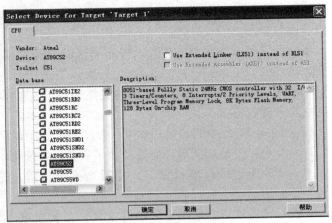

图 2-4 选择单片机型号

图 2-5 选择是否加入初始化代码询问的信息

3）单击"是"按钮，出现图 2-6 所示的窗口。如果需要重命名 Target 1 和 Source Group 1，在左侧 Project Workspace 窗口用鼠标左键选中 Target 1，再单击 Target 1，即可重新命名 Target 1。用同样的方法可以修改 Source Group 1，这里对此不做修改。

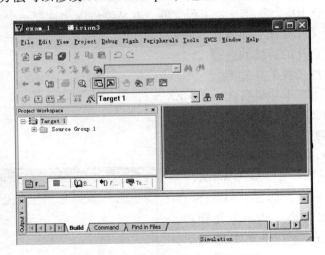

图 2-6 新建项目后 μVision3 界面图

到此为止，虽然工程名有了，但工程当中还没有源文件及代码，还未建立好一个完整的工程，接下来需要添加文件及代码。

4）使用菜单"File→New"或者单击工具栏的新建文件按钮，新建文件后窗口界面如图 2-7 所示。

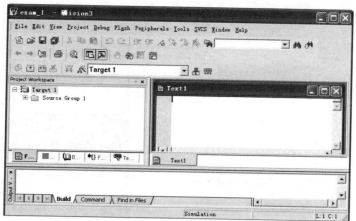

图 2-7　新建文件后的窗口界面

此时光标在编辑窗口中闪烁，可以输入用户的应用程序，但此时这个新建文件与刚才建立的工程还没有直接的联系，单击保存，窗口界面如图 2-8 所示，在"文件名（N）"文本框中，输入要保存的文件名，同时必须输入正确的扩展名。注意，如果用 C 语言编写程序，则扩展名必须为 .c；如果用汇编语言编写程序，则扩展名必须为 .asm。这里的文件名不一定要和工程名相同，用户可以随意填写文件名，然后单击"保存"按钮。

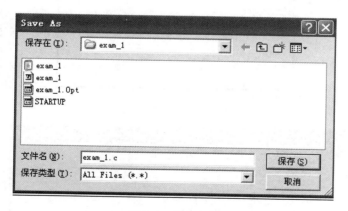

图 2-8　保存文件

5）回到编辑界面，单击 Target 1 前面的"＋"号，然后在 Source Group 1 上，单击鼠标右键，弹出如图 2-9 所示的快捷菜单。选择"Add Files to Group 'Source Group 1'"，弹出对话框如图 2-10 所示。

选中"exam_1.c"，单击"Add"按钮，再单击"Close"按钮，将文件加入工程后的屏幕窗口如图 2-11 所示。

在图 2-11 中，我们再单击左侧 Sourse Group 1 前面的"＋"号。这时我们注意到 Source Group 1 文件夹中多了一个子项 exam_1.c，当一个工程中有多个代码文件时，都要加在这个文件夹下，这时源代码文件就与工程关联起来了。

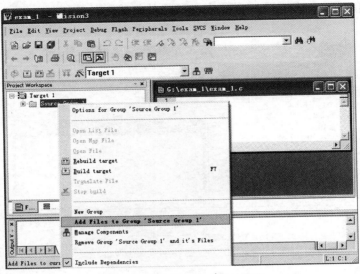

图 2-9　将文件加入工程的菜单

图 2-10　选中文件后的对话框

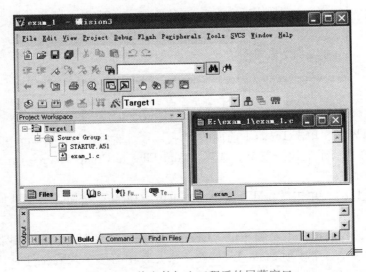

图 2-11　将文件加入工程后的屏幕窗口

6）回到图 2-11 中的编辑窗口，在该窗口中输入 1.1.5 节中点亮一个发光二极管的 C 语言源程序。在输入程序时，Keil 会自动识别关键字，并以不同的颜色提示用户加以注意，这样会使用户少犯错误，有利于提高编程效率。但若新建立的文件没有事先保存的话，Keil 是不会自动识别关键字的，也不会有不同颜色出现。程序输入完毕后保存，如图 2-12 所示。

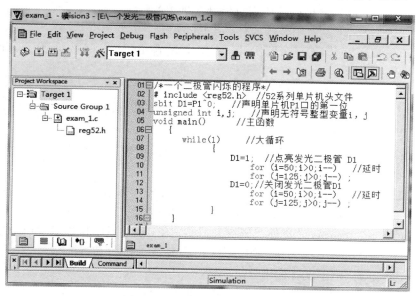

图 2-12　输入代码后的编辑界面

通过以上 1）～6）步我们学习了如何在 Keil 编译环境下建立一个工程，下面进入到第二步，对工程进行设置。

2. 工程的设置

首先单击图 2-12 中左边 Project Workspace 区域的 Target 1，然后使用菜单"Project→ Option for Target 'Target 1'"，即出现对工程设置的对话框，这个对话框比较复杂，共有 10 个选项卡，如图 2-13 所示，要全部搞清不太容易，但绝大部分设置项取默认值就行了，这里仅对一些经常要进行设置的选项卡进行说明。

（1）Target（目标）选项卡 Target 选项卡如图 2-13 所示。

1）Xtal（MHz）：Xtal（MHz）后面的数值是晶振频率值，默认值是所选目标 CPU 的最高可用频率值。对于所选的 AT89C52 而言是 24MHz，该数值与最终产生的目标代码无关，仅用于软件模拟调试时显示程序执行时间。正确设置该数值可使显示时间与实际所用时间一致，一般将其设置成

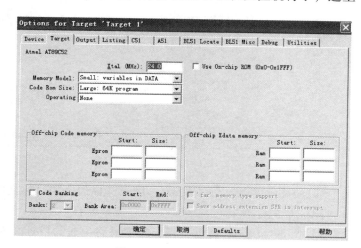

图 2-13　Target 选项卡

与硬件系统所用晶振频率相同，如果没必要了解程序执行的时间，也可以不设，建议设置为 12MHz，这样一个机器周期正好是 1μs，观察运行时间较为方便。

2）Memory Model（存储器）：用于设置 RAM 使用情况，有如下三个选择项：

① Small（小型），所有变量都在单片机的内部 RAM 中。

② Compact（紧凑型），可以使用一页外部扩展 RAM。

③ Large（大型），可以使用全部的外部扩展 RAM。

3）Code Rom Size（代码存储器大小），用于设置 ROM 空间的使用，同样也有三个选择项：

① Small，只用低于 2KB 的程序空间。

② Compact，单个函数的代码量不能超过 2KB，整个程序可以使用 64KB 程序空间。

③ Large，可用全部 64KB 空间。

4）Use On-chip ROM（使用片内 ROM）：用于确认是否仅使用片内 ROM（注意：选中该项并不会影响最终生成的目标代码量）。

5）Operating 项：操作系统选择，Keil 提供了两种操作系统：Rtx-51 tiny 和 Rtx-51 full，通常不使用任何操作系统，即使用该项的默认值：None。

6）Off-chip Code memory（片外代码存储器）：用于确定系统扩展 ROM 的地址范围。

7）Off-chip Xdata memory：用于确定系统扩展 RAM 的地址范围。

8）Code Banking：用于设置代码分组的情况。

6）~8）选择项必须根据所用硬件来决定，如果是单片应用，未进行任何扩展，就不需重新选择，按默认值设置即可。

（2）Output（输出）选项卡　Output 选项卡如图 2-14 所示，这里面也有多个选择项。

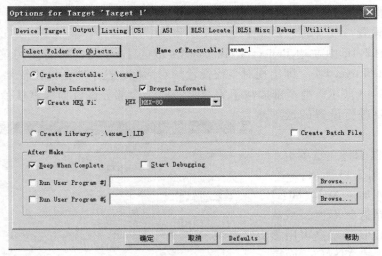

图 2-14　Output 选项卡

1）Select Folder for Objects：用来选择最终的目标文件所在的文件夹，默认是与工程文件在同一个文件夹中。

2）Name of Executable：用于指定最终生成的目标文件的名字，默认与工程的名字相同。这两项一般不需要更改。

3）Debug Information：用于产生调试信息，如果需要对程序进行调试，应当选中该项。

4）Create HEX File：用于生成可执行代码文件，即可以用编程器写入单片机芯片的 HEX 格式文件，文件的扩展名为 .HEX，默认情况下该项未被选中，如果要做硬件实验，就必须选中该项，这一点是初学者易疏忽的，在此特别提醒注意。

5）Browse Information：用于产生浏览信息，该信息可以用菜单"view→Browse"来查看，这里取默认值。

6）Create Library：用于生成 lib 库文件。根据需要决定是否要生成库文件，一般的应用是不生成库文件的。

7）After Make：后期处理，有以下几个设置：

① Beep When Complete：编译完成后鸣响设置，选中它编译完成之后发出"咚"的提示声音。

② Start Debugging：编译之后马上启动调试（软件仿真或硬件仿真），根据需要来设置，一般不选。

③ Run User Program # 1 与 Run User Program #2：这两个选项可以设置编译完之后所要运行的其他应用程序，比如有些用户自己编写了烧写芯片的程序，编译完便执行该程序，将 HEX 文件写入芯片，或者调用外部的仿真程序，根据需要设置。

（3）Listing（列表）选项卡　Listing 选项卡如图 2-15 所示，该选项卡用于调整生成的列表文件选项。在汇编或编译完成后将产生（*. lst）的列表文件，在链接完成后也将产生（*. m51）的列表文件。该选项卡用于对列表文件的内容和形式进行细致的调节，其中比较常用的选项是"C Compiler Listing"（C 编译列表文件）下的"Assembly Code"（汇编代码）项，选中该项可以在列表文件中生成 C 语言源程序所对应的汇编代码。

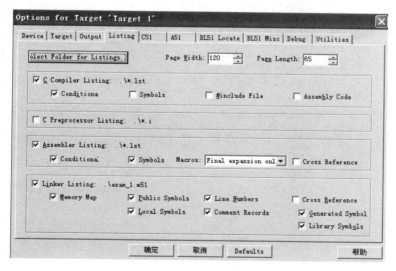

图 2-15　Listing 选项卡

单击"Select Folder for Listings"按钮，在出现的对话框中可以选择生成的列表文件的存放目录。不做选择时，使用该工程文件所在的目录。

（4）C51 选项卡　C51 选项卡如图 2-16 所示。C51 选项卡用于对 Keil 的 C51 编译器的编译过程进行控制，其中比较常用的是"Code Optimization"（代码最优化）组，该组中 Level 是优化等级，C51 在对源程序进行编译时，可以对代码多至 9 级优化，默认使用第 8 级，一般不必修改，如果在编译中出现一些问题，可以降低优化级别试一试。Emphasis 是选择编译优先方式，第一项是代码量优化（最终生成的代码量小）；第二项是速度优先（最终生成的代码速度快）；第三项是默认。默认为速度优先，可根据需要更改。

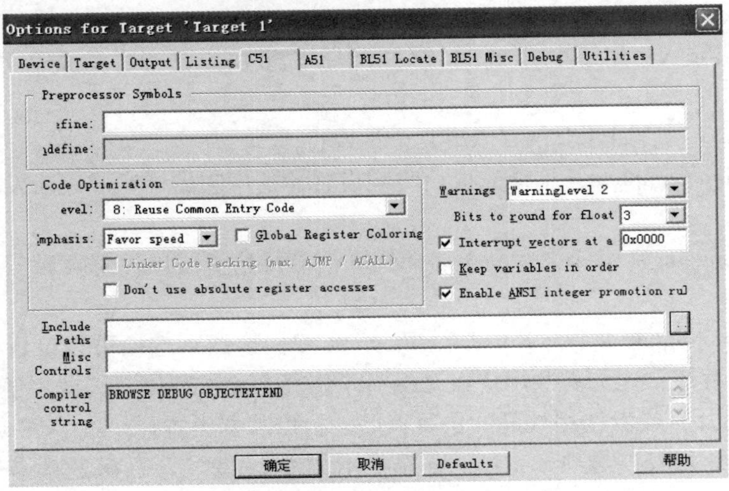

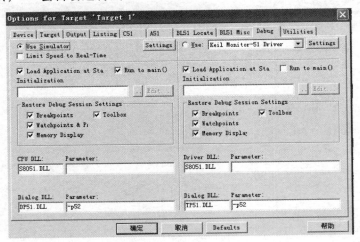

图 2-16　C51 选项卡

（5）Debug（调试）选项卡　Debug 选项卡如图 2-17 所示。选择"Load Application at Start"（启动时加载程序）项后，Keil 才会自动装载程序代码。调试 C 语言程序时选择"Run to main"项，PC 会自动运行到 main 程序处。

图 2-17　Debug 选项卡

这里有两类仿真形式可选："Use Simulator"和"Use：Keil Monitor－51 Driver"，前一种是纯软件仿真，后一种是带有 Monitor－51 目标仿真器的仿真。这里选择"Use Simulator"。如果选择"Use：Keil Monitor－51 Driver"，还可以单击图 2-17 中的"Settings"按钮，打开如图 2-18 所示的对话框，其中的设置如下：

1）Port：设置串口号，为仿真机的串口连接线所连接的串口。

2）Baudrate：设置为 9600，仿真机固定使用 9600bit/s 跟 Keil 通信。

3）Cache Options：可以选也可以不选，推荐选它，这样仿真机会运行得快一点。

4）Serial Interrupt：允许串行中断，选中它。

最后单击"OK"按钮关闭对话框。

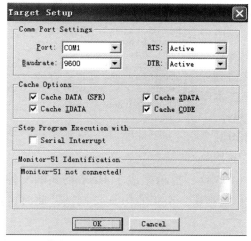

图 2-18　带有 Monitor-51 目标仿真器的仿真设置

3. 编译、链接

在设置好工程后，即可进行编译、链接。有关编译、链接、工程设置的工具条如图2-19所示。

其中各按钮的具体含义如下：

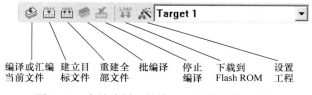

图 2-19　有关编译、链接、工程设置的工具条

1）![按钮]：编译或汇编当前文件。根据当前文件是汇编语言程序文件还是 C 语言程序文件，使用 A51 汇编器对汇编语言源程序进行汇编处理，或使用 C51 编译器对 C 语言程序文件进行编译处理，得到可浮动地址的目标代码。

2）![按钮]：建立目标文件。根据汇编或编译得到的目标文件，并调用有关库模块，链接产生绝对地址的目标文件。如果在上次汇编或编译过后又对源程序作了修改，将先对源程序进行汇编或编译，然后再链接。

3）![按钮]：重建全部文件。对工程中的所有文件进行重新编译、汇编处理，然后再进行链接产生目标代码。使用这一按钮可以防止由于一些意外的情况（如计算机系统日期不正确）造成的源文件与目标代码不一致。

4）![按钮]：批编译

5）![按钮]：停止编译。在建立目标文件的过程中，可以单击该按钮停止这一工作。

6）![按钮]：下载到 Flash ROM。使用预设的工具将程序代码写入单片机的 Flash ROM 中。

7）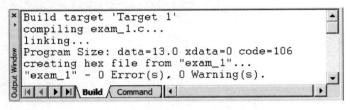：设置工程。该按钮用于对工程进行设置，其效果如同选择 "Project→Option for Target 'Target 1'"。

以上建立目标文件的操作也可以通过选择 "Project→Translate"，"Project→Build target"，"Project→Rebuild All target files"，"Project→Batch build" 和 "Project→Stop Build" 来完成。

编译过程中的信息将出现在图 2-20 所示的编译信息输出窗口中。如果源程序中有语法错误，会有错误报告出现。双击错误报告行，可以定位到出错的源程序相应行；然后对源程序进行反复修改之后，最终得到如图 2-20 所示结果，它报告本次对 exam_1.c 文件进行了编译，报告内部 RAM 使用量（13B），外部 RAM 使用量（0B）、链接

```
Build target 'Target 1'
compiling exam_1.c...
linking...
Program Size: data=13.0 xdata=0 code=106
creating hex file from "exam_1"...
"exam_1" - 0 Error(s), 0 Warning(s).
```

图 2-20　正确编译、链接之后得到的结果

后生成的程序文件代码量（106B），提示生成了 HEX 格式的文件，在这一过程中还会生成一些其他文件。产生的目标文件用于 Keil 的仿真与调试，此时可进入下一步进行程序调试工作。

4. 调试程序

上面介绍了如何建立工程、汇编、链接工程，并获得目标代码，但是做到这一步仅仅代表源程序没有语法错误，至于源程序中存在着的其他错误，还必须通过调试才能发现并解决。事实上，除了极简单的程序以外，绝大多数程序都要通过反复调试才能得到正确的结果，因此，调试是软件开发中重要的一个环节。下面介绍常用的调试命令、利用在线汇编与设置断点进行程序调试的方法。

在对工程成功地进行汇编、链接以后，按 < Ctrl + F5 > 或者使用菜单 "Debug→Start/Stop Debug Session" 即可进入调试状态。Keil 内建了一个仿真 CPU 用来模拟执行程序，该仿真 CPU 功能强大，可以在没有硬件和仿真机的情况下进行程序的调试，下面学习该模拟调试功能。这里必须明确，模拟毕竟只是模拟，与真实的硬件执行程序肯定还是有区别的，其中最明显的就是时序，软件模拟是不可能和真实的硬件具有相同时序的，因此程序执行的速度是和实际使用的计算机有关的，计算机性能越好，运行速度越快。

例 2-1　第 1 章 1.1.5 节中介绍了一个发光二极管闪烁的控制系统，在图 1-6 所示硬件不变的基础上，编写并调试让发光二极管以间隔 1s 的时间亮灭闪烁的程序。

解： 程序设计如下：

```
# include < reg52. h >      //52 系列单片机头文件
sbit D1 = P1^0;             //声明单片机 P1 口的第一位
unsigned int i,j;           //声明无符号整型变量 i, j
void main( )                //主函数
{
    while(1)                //大循环
    {
```

```
        D1 = 0;              //点亮发光二极管 D1
            for ( i = 1000 ; i > 0 ; i -- )        //延时
            for ( j = 110 ; j > 0 ; j -- );
        D1 = 1 ;//关闭发光二极管 D1
            for ( i = 1000 ; i > 0 ; i -- )        //延时
            for ( j = 110 ; j > 0 ; j -- );
        }
    }
```

本例程序和 1.1.5 节程序相比，实现延时的循环变量 i 从 50 变为了 1000，j 从 125 变成了 110。

用 Keil 软件新建一个工程项目 exam2_1，将源程序输入，文件取名为 exam2_1. c，将其加入工程 exam2_1 中。编译、链接后选择 "Debug→Start/Stop Debug Session"，出现调试界面如图 2-21 所示。

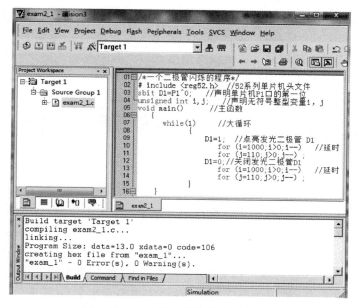

图 2-21　二极管亮灭程序的调试界面

进入调试状态后，界面与编缉状态相比有明显的变化，Debug 菜单项中原来不能用的命令现在已可以使用了，工具栏会多出一个用于运行和调试的工具条，如图 2-22 所示，Debug 菜单上的大部分命令可以在此找到对应的快捷按钮，从左到右依次是复位、运行、暂停、单步、过程单步、执行完当前子程序、运行到当前行、下一状态、打开跟踪、观察跟踪、反汇编窗口、观察窗口、代码作用范围分析、1#串行窗口、内存窗口、性能分析、逻辑分析窗口、符号窗口和工具按钮等命令。大家可以把这些按钮一个个都单击试试。此处先来看看硬

图 2-22　调试工具条

件 I/O 口电平变化和变量值的变化，在图 2-23 中单击"Port 1"选择项，弹出图 2-24 所示的对话框。

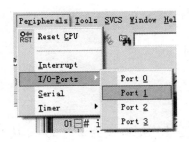

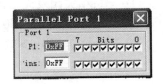

图 2-23　选择 I/O 口状态　　　　　　　　　　图 2-24　查看 I/O 口的状态

图 2-24 显示出来的是软件模拟出的单片机 P1 口 8 位口线的状态，单片机上电后 I/O 口全为 1，即十六进制的 0xFF。

再单击图 2-21 右下角变量观察窗口的"Watch #1"选项卡，在源程序中选中 i 变量，右击之后选中"Add 'i' to Watch Window"→ #1，再在源程序中选中 j 变量，右击之后选中"Add 'j' to Watch Window"→ #1，窗口如图 2-25 所示，本程序中用到的两个变量 i 和 j 进入观察窗口，右边是变量的初始值。也可以将变量改为十进制观察，在变量上单击鼠标右键选择"Number Base→Decimal"，如图 2-26 所示。

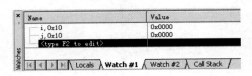

图 2-25　输入变量查看数值　　　　　　　图 2-26　将输入变量改为十进制数

首先按复位按钮，接着单击单步运行按钮，第三次单击单步运行按钮时，右下角变量观察窗口中的 i 被赋值 1000，这是刚才上一步运行第一个 for 语句时给 i 赋的值。继续单步运行可以看到 i 的值从 1000 开始往下递减，同时左侧 Register 窗口中的 Sec 在一次次增加，但 j 的值始终为 0，因为每执行一次外层 for 语句，内层 for 语句将执行 110 次，即 j 已经由 110 递减为 0 了，所以看上去 j 的值始终都是 0。这样如果要看这个 for 嵌套语句到底执行了多长时间的话，是否要单击 1000 次呢？其实不用这么麻烦，可以设置断点方便地解决这个问题。

设置断点有很多好处，在软件模拟调试模式下，当程序全速运行时，每遇到断点，程序会自动停止在断点处，即下一步将要执行断点所在处的这条指令，这样，只需要在延时语句的两端各设置一个断点，然后通过全速运行，就可方便地计算出延时代码所需要的时间。

设置方式如下：单击复位按钮，然后在第一个 for 所在行前面空白处双击鼠标左键，前面出现一个红色方框，表示本行设置了一个断点，然后在下面"led1 = 1;"后面的 for 所在行以同样方式插入另外一个断点，这两个断点之间的代码就是这个两级 for 嵌套语句，如图 2-27 所示。

复位后单击全速运行按钮，程序会自动停止在第一个 for 语句所在行，查看时间显示为 423.18ms，再单击一次全速运行按钮，程序停止在第二个 for 语句下面一行处，查看时间显示为 1.08767036s，忽略微秒，此时时间约为 1s。取消断点的方法是在断点所在行前面空白处双击鼠标左键。

如果复位后运行，同时观察图 2-24 所示的 I/O 口输出状态，当运行到第一个断点时，I/O 口输出状态如图 2-28 所示，当运行到第二个断点时，I/O 口输出状态如图 2-24 所示，可以看到最低位从 0 到 1 的电平状态变化。

```
01 /*一个二极管闪烁的程序*/
02 # include <reg52.h>  //52系列单片机头文件
03 sbit D1=P1^0;    //声明单片机P1口的第一位
04 unsigned int i,j;  //声明无符号整型变量i,j
05 void main()     //主函数
06 {
07     while(1)      //大循环
08     {
09         D1=1;      //点亮发光二极管 D1
10         for (i=1000;i>0;i--)    //延时
11         for (j=110;j>0;j--) ;
12         D1=0;      //关闭发光二极管D1
13         for (i=1000;i>0;i--)    //延时
14         for (j=110;j>0;j--) ;
15     }
16 }
```

图 2-27　断点设置

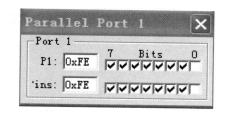

图 2-28　I/O 口的状态改变

2.3　基于 Proteus 的单片机系统仿真

单片机是一门实践性非常强的课程，课堂教学需配以教学演示，但用单片机实际系统进行演示困难较多，效果也不理想。通常做一次课堂演示需用到计算机、仿真器、编程器、电源和实验电路板。仿真器、编程器、实验电路板、电源通常是教师随身携带，临时连接，在移动或连接过程中，任何一个出现问题，演示现象也出不来，同时由于实验电路板上的器件较小，学生很难看清有关的现象，教学效果不佳。课后学生要进行实验，传统的实验教学受到实验时间、场地等的硬件条件限制，学生也不能及时进行实验。

英国 Labcenter Electronics 公司推出的 Proteus 软件，可以对基于微控制器的设计连同所有的周围电子器件一起仿真，用户甚至可以实时采用诸如 LED/LCD、键盘、RS232 终端等动态外设模型来对设计进行交互仿真。在教学过程中，只要有一台计算机，再运行用 Proteus 软件搭建的单片机应用系统仿真模型就可以十分逼真地模拟出实验现象，因此在单片机的教学中，Proteus 软件的作用十分显著。

开发单片机系统的硬件投入一般都比较大，如果在具体的工程实践中，因为方案有误而要重新进行相应的开发设计，就会浪费较多的时间和经费。若用 Proteus 软件先进行仿真，等方案成熟后再做硬件，就可以节省大量的时间与资金。

Proteus 支持的微处理芯片包括 80C51 系列、AVR 系列、PIC 系列、HC 11 系列、ARM7/LPC2000 系列以及 Z80 等。在 PC 上安装 Proteus 软件后，除可完成单片机应用系统的仿真外，还可完成单片机系统原理图电路绘制、PCB 设计，最为显著的特点是 Proteus 软件可以与 μVision3 IDE 工具软件结合进行编程仿真调试。本节以 Proteus 7 Professional 为例介绍 Proteus 在单片机系统设计中的应用。

Proteus 7 Professional 软件主要包括 ISIS 7 Professional 和 ARES 7 Professional，其中 ISIS 7 Professional 用于绘制原理图并可进行电路仿真（SPICE 仿真），ARES 7 Professional 用于 PCB 设计，本书只介绍前者。

2.3.1　Proteus 7 Professional 界面介绍

安装完 Proteus 后，运行 ISIS 7 Professional，会出现如图 2-29 所示的窗口界面。窗口内各部分的功能图中用中文做了标注。ISIS 大部分操作与 Windows 的操作类似。下面简单介绍其各部分的功能。

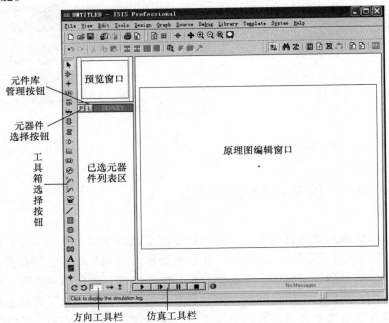

图 2-29　Proteus ISIS 7 的编辑环境

1. 原理图编辑窗口（The Editing Window）

原理图编辑窗口是用来绘制原理图的。蓝色方框内为可编辑区，元器件要放到里面。与其他 Windows 应用软件不同，这个窗口是没有滚动条的，可以用左上角的预览窗口来改变原理图的可视范围。

2. 预览窗口（The Overview Window）

当从元器件列表中选择一个新的元件时，预览窗口可以预览选中的对象。而当鼠标单击原理图编辑窗口后（即放置元器件到原理图编辑窗口后或在原理图编辑窗口中单击鼠标后），在预览窗口中显示两个框，蓝框表示当前页的边界，绿框表示当前编辑窗口显示的区域，并会显示整张原理图的缩略图，此时可以再用鼠标到预览窗口拖动绿色方框的位置，从而改变编辑窗口原理图的可视范围。

3. 工具箱选择按钮（Mode Selector Toolbar）

主要模式（Main Modes）功能如下：

：选择模式，用于及时编辑元器件参数。

：选择元器件。

：放置节点。

: 标注线段名或网络标签。

: 输入文本。

: 绘制总线。

: 绘制子电路块。

配件（Gadgets）功能如下：

: 终端接口（Terminals），有 VCC、地、输出、输入等接口。

: 器件引脚，用于绘制各种引脚。

: 仿真图表（Graph），用于各种分析，如 Noise Analysis。

: 录音机。

: 信号发生器（Generators）。

: 电压探针，使用仿真图表时要用到。

: 电流探针，使用仿真图表时要用到。

: 虚拟仪表，示波器、逻辑分析仪等。

2D 图形（2D Graphics）功能如下：

: 画各种直线。

: 画各种方框。

: 画各种圆。

: 画各种圆弧。

: 画各种多边形。

: 画各种文本。

: 画符号。

: 画原点等。

4. 元器件列表区（The Object Selector）

用于挑选元器件（Components）、终端接口（Terminals）、信号发生器（Generators）、仿真图表（Graph）等。例如，当选择"元器件（Components）"，单击 P 按钮会打开挑选元器件对话框，选择了一个元器件后（单击 OK 按钮后），该元器件会在元器件列表中显示，以后要用到该元器件时，只需在元器件列表区中选择即可。

5. 方向工具栏（Orientation Toolbar）

: 旋转工具，旋转角度只能是 90°的整数倍。

: 翻转工具，分别为水平翻转和垂直翻转。

使用方法：先右键单击所选元件，再选择相应的旋转图标。

6. 仿真工具栏

：仿真控制按钮，由左向右功能分别为：运行、单步运行、暂停、停止。

2.3.2　电路原理图的绘制

采用 AT89C52 单片机控制的流水灯电路原理图如图 2-30 所示。在单片机的 P1 口接了 D1～D8 共 8 个 LED 发光二极管，若 P1 口的某一引脚输出低电平，相应的 LED 就会发光，通过控制 P1 口的各引脚输出不同的电平状态，就可以控制 8 个 LED 实现流水点亮的效果。现在先介绍通过 ISIS 7 Professional 绘制它的电路原理图的过程，再介绍软件的调试。

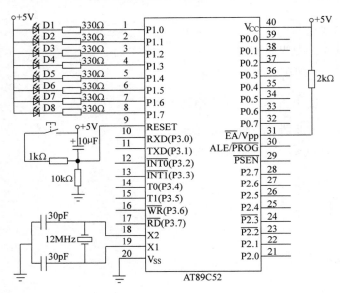

图 2-30　流水灯电路原理图

1. 将所需元器件加入到对象选择器窗口

运行 ISIS 7 Professional 之后，单击元器件选择按钮，在弹出的 Pick Devices 窗口中，使用搜索引擎，在 Keyword 栏中分别输入要选择的元器件。以单片机为例，在 keyword 栏输入 AT89C52，在 Results 栏中会出现 AT89C52 和 AT89C52BUS 两个选择对象，如图2-31所示。其中 AT89C52BUS 的地址和数据总线是以总线形式出现的。这里选择不以总线出现的形式的单片机，在 Results 栏中双击 AT89C52，在元器件列表区出现 AT89C52。用同样的方法添加其他元器件。因为元器件选择库中的元器件很多，初学者不知如何选择，此处列出简单单片机应用系统常用元器件的名称，见表 2-1。

2. 放置元器件至图形编辑窗口

在元器件列表区单击元器件，在预览窗口就会出现元器件的预览图形，然后再在原理图编辑窗口单击鼠标左键，元器件的原理图就出现在编辑窗口。将单片机、晶振、电容、发光二极管等放置到图形编辑窗口，如图 2-32 所示。

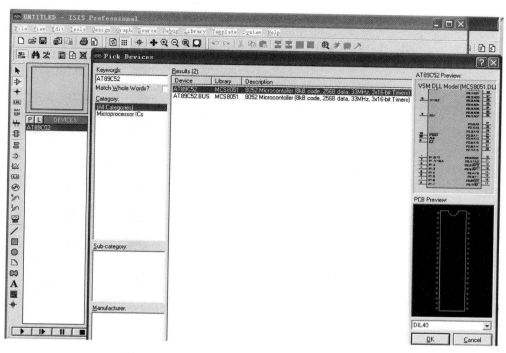

图 2-31　把元器件加入到元器件列表区的窗口

表 2-1　简单单片机应用系统常用元器件

名　　称		Keywords	备　　注
单片机		AT89C51/AT89C52	
晶　振		CRYSTAL	
电容	瓷片电容	CAP	全称 generic non－electrolytic capacitor
	电解电容	CAP－ELEC	
	有极性电容	CAP－POL	
电　阻		RES	全称 generic resistor symbol
开关	单刀单掷开关	SW－SPDT	
	单刀双掷开关	SW－SPST	
按　　钮		BUTTON	
发光二极管		LED	
7 段数码管		7SEG	

3. 放置总线至图形编辑窗口

在 Proteus 中，系统支持在层次模块之间运行总线，要将图 2-32 中的 P1.0 到 P1.7 与 8 个发光二极管相连，我们采用总线的连接方式。

单击绘图工具栏中的总线按钮 ，使之处于选中状态。将鼠标置于图形编辑窗口，绘制出如图 2-33 所示的总线。在绘制多段连续总线时，只需要在拐点处单击鼠标左键，其他步骤与绘制一段总线相同。

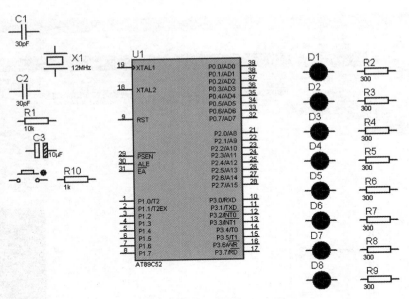

图 2-32　放置元器件至图形编辑窗口

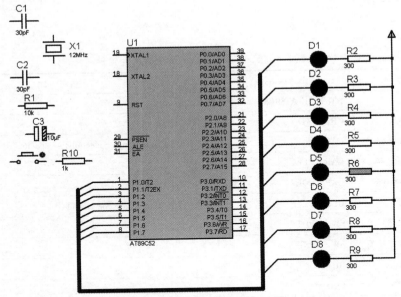

图 2-33　放置总线至图形编辑窗口

4. 添加电源和接地引脚

单击绘图工具栏中的 Inter‐sheet Terminal 按钮 ▤，在元器件列表区窗口，选中对象 POWER 和 GROUND，如图 2-34 所示，将其放置到图形编辑窗口。

5. 元器件之间的连线

在图形编辑窗口，完成各对象间的连线，如图 2-35 所示。连线时单击绘图工具栏中的 Selection Mode 按钮 ▶，当鼠标在图形编辑窗口移动到某个元件的端口时，鼠标就变为铅笔形状，此时按住鼠标左键，就可以开始连线。在此过程中请注意：当线路出现交叉点时，若出现实心小黑圆点，表明导线接通，否则表明导线无接通关系。当然，也可以通过绘图工具栏中的连接点按钮 ✚ ，完成两交叉线的接通。

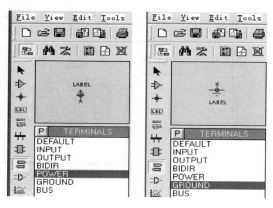

图 2-34　添加电源和接地引脚

在绘制斜线时，先在需要拐弯的地方单击鼠标左键，然后按下〈Ctrl〉键，再拖动鼠标，就可以画任意方向的连线。

在用 ISIS 7 Professional 绘制电路原理图时，单片机的电源和地线可以不连接，默认它们已经接好了，复位电路和晶振电路也可以不连接，默认也是处于已经接好的状态，但是在实际电路中，这些电路一定要接上。

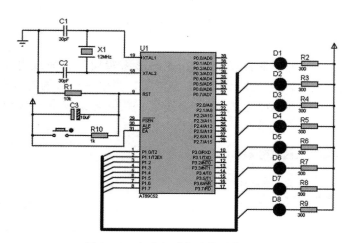

图 2-35　完成各对象连线后的界面

6. 给导线或总线加标签

单击绘图工具栏中的导线标签按钮 ，在图形编辑窗口，鼠标变为铅笔的形状，将鼠标移动到要标注的导线上，铅笔的笔尖出现"×"，单击鼠标左键，出现编辑导线标签的对话框，如图 2-36 所示，在 String 文本框中输入要标注的标签名称，标签就会加到相应的导线上。在总线两侧的导线上加注标签后的界面如图 2-37 所示。

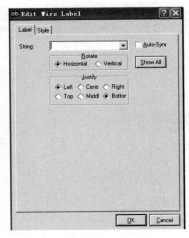
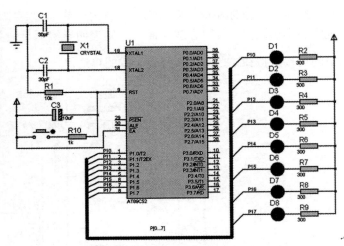

图 2-36　编辑导线标签的对话框　　　　　图 2-37　给导线加注标签后的界面

在标注过程中要注意以下两点：

1）总线的命名可以与单片机的总线名相同，也可不同。但方括号内的数字却赋予了特定的含义。例如，总线命名 P1 [0‥7]，意味着此总线可以分为 8 条彼此独立的命名为 P10、P11、P12、P13、P14、P15、P16、P17 的导线，若该总线一旦标注完成，则系统自动在导线标签编辑页面的"String"下拉框中加入以上 8 组导线名，今后在标注与之相联的导线名时，如 P10，可直接从导线标签编辑页面的"String"下拉框中选取，如图 2-38 所示。

2）若标注名为 $\overline{RD}$，直接在导线标签编辑页面的 String 文本框中输入 $ RD $ 即可，也就是说可以用两个 $ 符号来表示字母上面的横线。

7. 添加电压探针

单击绘图工具栏中的电压探针按钮 ，在图形编辑窗口，完成电压探针的添加，如图 2-39 所示。在此过程中，电压探针名默认为"?"，当电压探针的连接点与导线或者总线连接后，电压探针名自动更改为已标注的导线名、总线名，或者与该导线连接的设备引脚名。

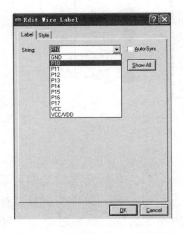
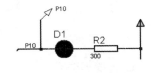

图 2-38　从下拉框中选取标签　　　　　　　图 2-39　添加电压探针

8. 添加文字标注

单击绘图工具栏中的文字标注按钮 **A**，在图形编辑窗口，单击鼠标左键，出现添加文字标注的窗口，如图 2-40 所示，此处添加"复位按钮"，添加文字后的窗口如图 2-41 所示。

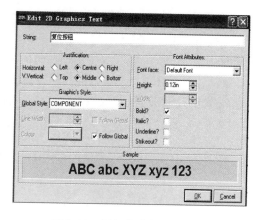

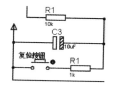

图 2-40　添加文字标注的窗口 　　　　　　　　　图 2-41　添加文字标注后的窗口

9. 修改 AT89C52 属性并加载程序文件

用 Keil 软件新建一个工程项目 exam_3，输入如下程序，实现将图 2-30 中的 8 个发光二极管像流水灯一样单方向轮流点亮：

```
/* 流水灯单方向轮流点亮的源程序 */
# include <reg52. h>          //52 系列单片机头文件
unsigned int i,j;            //声明无符号整型变量 i, j
void main( )                 //主函数
{
  while(1)                   //大循环
  {
       P1 =0xfe;             //点亮发光二极管 D1
          for (i =1000;i >0;i -- )    //延时
             for (j =110;j >0;j -- );
       P1 =0xfd;             //点亮发光二极管 D2
          for (i =1000;i >0;i -- )    //延时
             for (j =110;j >0;j -- );
       P1 =0xfb;             //点亮发光二极管 D3
          for (i =1000;i >0;i -- )    //延时
             for (j =110;j >0;j -- );
       P1 =0xf7;             //点亮发光二极管 D4
          for (i =1000;i >0;i -- )    //延时
             for (j =110;j >0;j -- );
       P1 =0xef;             //点亮发光二极管 D5
```

```
          for (i = 1000;i > 0;i -- )              //延时
              for (j = 110;j > 0;j -- );
      P1 = 0xdf;                                  //点亮发光二极管 D6
          for (i = 1000;i > 0;i -- )              //延时
              for (j = 110;j > 0;j -- );
      P1 = 0xbf;                                  //点亮发光二极管 D7
          for (i = 1000;i > 0;i -- )              //延时
              for (j = 110;j > 0;j -- );
      P1 = 0x7f;                                  //点亮发光二极管 D8
          for (i = 1000;i > 0;i -- )              //延时
              for (j = 110;j > 0;j -- );
    }
}
```

源文件取名为 exam_3.c，将其加入工程 exam_3 中。编译、链接后生成 exam_3.hex。

双击 U1 – AT89C52，打开 Edit Component 对话框，如图 2-42 所示。在 Program File 选择 exam_3.hex。

在 Clock Frequency 文本框中填入 11.0592MHz，其他为选项默认，单击 "OK" 按钮退出。

从 "文件" 下拉菜单选择 "保存"，提示输入文件名，此处输入 exam_3.dsn，单击 "保存" 按钮。至此，便完成了整个电路图的绘制。

10. 调试运行

单击仿真运行开始按钮 ▶，能清楚地观察到：① 引脚的电平变化，红色代表高电平，蓝色代表低电平，灰色代表未接入信号，或者为高阻态；② 连到单根信号线上的电压探针的高低电平值在周期性的变化，连到总线上的电压探针的值显示的是总线数据。加载 exam_3.hex 后程序运行情况如图 2-43 所示，发光二极管在轮流点亮，从上向下流动，实现了流水的效果。单击仿真运行结束按钮 ■，仿真结束。

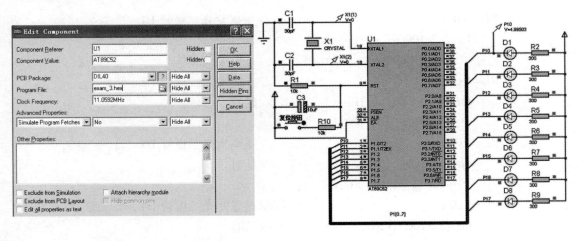

图 2-42　修改 AT89C52 属性并加载程序　　　　　图 2-43　调试运行结果

2.3.3　Proteus VSM 与 Keil μVision3 的联调

Proteus VSM 能够提供的 CPU 仿真模型有 ARM7、PIC、Atmel AVR、Motorola HCXX 及 80C51/80C52 系列。支持单片机系统的仿真是 Proteus VSM 的一大特色。Proteus VSM 将源代码的编辑和编译整合到同一设计环境中，这样使得用户可以在设计中直接编辑代码，并可容易地查看到用户对源程序修改后对仿真结果的影响。但对于 80C51/80C52 系列，目前 Proteus VSM 只嵌入了 80C51 汇编器，尚不支持高级语言的调试。但 Proteus VSM 支持第三方集成开发环境 IDE，目前支持的第三方 80C51IDE 有：IAR Embedded Workbench、Keil μVision3 IDE。下面以 Keil μVision3 IDE 为例介绍 Proteus VSM 与 μVision3 IDE 的联调。

对于 Proteus 6.9 或更高的版本，在安装盘里有 vdmagdi 插件，或者可以到 Labcenter 公司官网下载该插件，安装该插件后即可实现与 Keil μVision3 IDE 的联调。

下面的叙述是假定已经分别安装了 Proteus 7 Professional、Keil μVision3 IDE、vdmagdi. exe 软件。

1. Proteus VSM 的设置

进入 Proteus 的 ISIS，打开一个原理图文件（如在 2.3.2 节所绘制电路原理图文件 exam_3），单击菜单"Debug"，选中"Use Remote Debug Monitor"，如图 2-44 所示，便可实现 μVision3 IDE 与 Proteus 链接调试。

2. μVision3 IDE 设置

（1）设置 Options for Target/Debug 选项　　打开 μVision3，建立或打开一个工程，假设打开在例 2-1 中所建立的项目 exam_2。选择"Project 菜单→Options for Target′Target 1′"，在弹出的窗口中单击"Debug"按钮，出现如图 2-45 所示对话框。

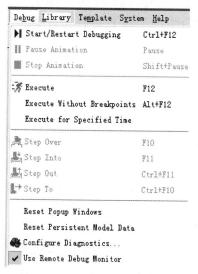

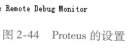

图 2-44　Proteus 的设置

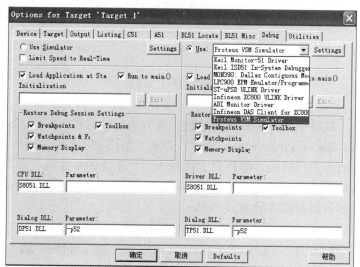

图 2-45　μVision3 IDE 开发环境 Options for Target/Debug 选项设置

在该对话框中，在右栏上部的下拉菜单里选中 Proteus VSM Simulator，并选中 Use 单选项。如果所调试的 Proteus 文件不是装在本机上，则要单击"Settings"按钮，设置通信接口，在 Host 后面默认是本机 IP 地址 127.0.0.1。如果使用的不是同一台计算机，则需要在这里添上另一台计算机的 IP 地址（该台计算机也应安装 Proteus）。在 Port 后面添加 8000。最后单击"OK"按钮即可。

（2）设置 Options for Target/Output 选项　接着上述设置，打开 Output 选项卡，将 Create HEX File 复选项打勾选中，如图 2-46 所示。

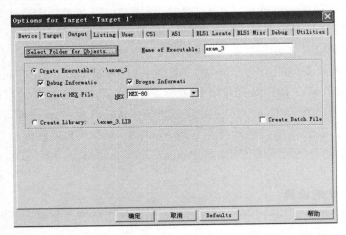

图 2-46　μVision3 IDE 开发环境 Options for Target/Output 选项设置

3. Proteus VSM 与 μVision3 的联调

在 μVision3 环境下，首先按编译键产生该项目的 HEX 文件，然后单击 按钮进入 μVision3 调试模式，为了在 Proteus VSM 环境下能观察到程序连续运行情况，单击 按钮取消目前项目中所有断点。单击或按〈F5〉键进入全速运行，然后切换到 Proteus VSM 环境，可以看到同图 2-43 调试运行窗口完全一致的运行画面。此时 Proteus VSM 的运行完全依赖于外部调试器 μVision3。

2.4　在系统编程软件 ISP

软件下载到单片机的过程，称为单片机编程，内含 Flash 的单片机可以采用在系统编程（In-System Programming，ISP）方式。采用 ISP 方式，用户通过在 PC 上运行软件，把已编译好的用户代码通过串行口直接写入用户系统的单片机，该方式不需要从电路板上取下单片机器件，到专门的烧录器上烧录。在系统编程是 Flash 存储器的固有特性，内含 Flash 的单片机都可以采用这种方式编程。

以 STC 公司的 ISP 编程软件使用为例，先到宏晶公司官方网站 http：//www.stcmcu.com，下载 STC-ISP-V4.83-NOT-SETUP-CHINESE，解压后找到 STC_ISP_V483 图标，双击两次就可以运行 STC 单片机编程软件了。STC 公司的 ISP 下载界面如图 2-47 所示。操作时将下载线的 USB 口接电脑，5V 电源的正端、地端、RXD 端与 TXD 端分别连到单片机的对应引脚上，如第 1 章图 1-8e 所示，按照界面中的五个步骤进行操作，就可以将程序下载到单片机中。注意，地端、RXD 端与 TXD 端可以先连到单片机上，电源正端一直到第 5 步单击下载"Download/下载"按钮后，再加到单片机上，才能下载成功。

Step1／步骤 1：选择单片机的型号。单击"MCU Type"框的倒三角按钮，出现如图 2-48 所示界面，根据实际使用的单片机选择具体的型号。

Step2／步骤 2：打开文件。单击图 2-47 中的"打开程序文件"按钮，出现如图 2-49 所示界面，选择后缀为".hex"的文件，单击"打开"，就可下载 hex 文件。

Step3／步骤 3：选择串口与最高波特率。单击"COM"框的倒三角，出现如图 2-50 所示的串口选择界面，选择下载线所占用的串口。下载线所占用的端口可以在计算机属性下的"设备管理器"中查看端口情况获得，如图 2-51 所示。

Step4／步骤 4：选项设置。这一项可以选择默认值。

Step5／步骤 5：下载程序。先单击"Download／下载"按钮，然后再给计算机加上"+5V"的电源，程序就被下载到单片机中，ISP 软件会出现如图 2-52 所示下载成功的界面。

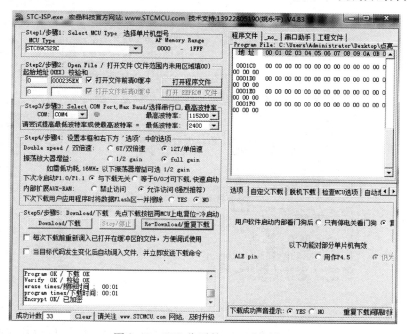

图 2-47　STC 公司的 ISP 下载界面

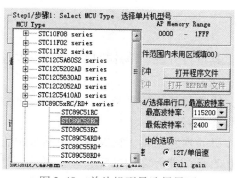

图 2-48　单片机型号选择界面

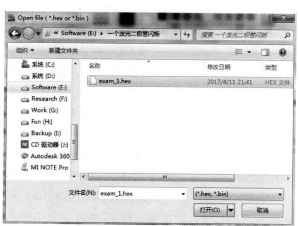

图 2-49　选择要下载的程序的界面

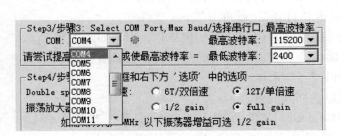

图 2-50 串口选择界面　　　　　　　　　　　　　　图 2-51 端口占用情况查看

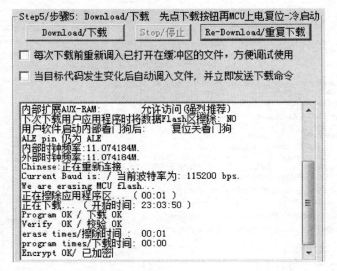

图 2-52 下载成功的界面

读者可以按照 1.1.5 节制作一个最简单的单片机控制系统，然后可以用 ISP 软件将 keil 软件编译后生成的 ".hex" 下载到单片机中，就可以获得发光二极管闪烁的效果。在本书的实验板或读者自制的单片机控制系统中，都可以用此软件来下载程序。

本 章 小 结

单片机本身没有自主开发能力，必须借助于开发工具进行开发。单片机应用系统开发过程中所用的各种设备称为开发工具。

单片机的开发工具通常是一个特殊的计算机系统，也称单片机仿真系统。它在硬件上包括在线仿真器、编程器等部件，软件包括汇编和调试程序等。

Keil C51 软件是目前最流行的开发 80C51 系列单片机的软件工具，它提供了包括 C 语言编译器、宏汇编、链接器、库管理和一个功能强大的仿真调试器等在内的完整开发平台，通过一个集成开发环境 μVision3 IDE 将这些部分组合在一起。掌握这一软件的使用对于学习和使用 80C51 系列单片机来说十分必要，其方便易用的集成环境、强大的软件仿真调试工具将使开发者事半功倍。

单片机是一门实践性非常强的课程。课堂教学须配以教学演示，但用单片机实际系统进行演示困难较多。英国 Labcenter Electronics 公司推出的 Proteus 软件，可以对采用微控制器设计的系统，包括微控制器周围所有的电子器件一起仿真。在单片机教学过程中，只要有一台计算机，再运行用 Proteus 软件搭建的单片机应用系统仿真模型就可以十分逼真地模拟出实验现象，因此在单片机的教学中，Proteus 软件应受到重视。

Proteus 软件还可以与 Keil μVision3 IDE 软件联合进行编程仿真调试。两者联调可以提高开发效率，降低开发成本。

内含 Flash 的单片机可以采用在系统编程（In-System Programming，ISP）方式。本章介绍了 STC 公司的 ISP 编程软件使用方法。

习　题　2

1. 单片机应用系统软、硬件开发工具有哪些？
2. 单片机仿真器的作用是什么？
3. 解释 ISP 和 IAP 的含义，具有 ISP 和 IAP 功能的单片机有什么好处？
4. 在 Proteus ISIS 环境中使用 AT89C52 设计 8 个发光二极管两个一组点亮流动的电路，并编写 C51 程序，然后在 μVision3 环境下编译调试。要求实现 Proteus VSM 与 μVision3 的联调。

第3章 80C51系列单片机的硬件基础

单片机是一个大规模集成电路芯片，但仅有一块单片机不能完成特定的控制任务，只有当它与其他器件和设备有机地组合在一起并配以特定的程序时，才能构成一个真正的单片机应用系统，完成特定的任务。在单片机应用系统中单片机是核心器件，要设计单片机应用系统，必须首先掌握单片机的硬件基础知识。目前单片机虽然种类繁多，但80C51系列单片机应用最为普遍。本章以80C51系列单片机为背景，介绍单片机的外部引脚、内部编程结构、存储器结构、时钟电路、复位电路及最小应用系统构成等。

3.1 8051系列单片机概述

8051系列单片机
硬件资源

3.1.1 8051系列单片机硬件资源

1980年美国Intel公司推出了高性能的8位单片机：MCS-51系列单片机。所谓系列单片机是指同一厂家生产的具有相同系统结构的多种型号的单片机。MCS-51系列单片机又可分为51和52两个子系列，各个子系列所含有的芯片型号及其硬件资源的区别见表3-1。

表3-1 MCS-51系列单片机及其硬件资源的区别

MCS-51系列	型号	片内ROM	片内RAM	定时器/计数器	中断源数量
51子系列（基本型）	8031	无	128B	2×16位	5
	8051	4KB 掩膜 ROM	128B	2×16位	5
	8751	4KB EPROM	128B	2×16位	5
52子系列（增强型）	8032	无	256B	3×16位	6
	8052	8KB 掩膜 ROM	256B	3×16位	6

在不同型号的MCS-51系列单片机中，除片内存储器（ROM、RAM）容量与种类、定时器/计数器的个数、中断源的数量有所不同外，指令系统和芯片引脚是完全兼容的。它们的主要硬件特性归纳如下：

1）8位CPU。

2）片内带振荡器，振荡频率f_{osc}范围为1.2~12MHz；可有时钟输出。

3）128/256B的片内数据存储器。

4）0/4/8KB的片内程序存储器。

5）程序存储器的寻址范围为64KB。

6）片外数据存储器的寻址范围为64KB。

7）21/26个字节特殊功能寄存器。

8）4个8位并行I/O接口：P0、P1、P2、P3。

9）1 个全双工串行 I/O 接口，可多机通信。

10）2/3 个 16 位定时器/计数器。

11）中断系统有 5/6 个中断源，可编程为两个优先级。

12）111 条指令，含乘法指令和除法指令。

13）含布尔处理器，有强的位寻址、位处理能力。

14）片内采用单总线结构。

15）用单一 +5V 电源。

其中第 3 条"128/256B 的片内数据存储器"中的斜杠表示根据不同型号的单片机，片内数据存储器有两种选择，如果是 51 子系列就是 128B 的片内数据存储器，如果是 52 子系列就是 256B 的片内数据存储器，其余斜杠的意思类推。

每一种具体型号的单片机，在技术手册中都有对其整体技术特点的描述，使用之前可以先查看技术手册了解单片机内部资源。以 AT89S51 为例，图 3-1a 是技术手册第 1 页对其特点的英文描述，图 3-1b 中是技术特点的中文翻译。

Features

- .Compatible with MCS®-51 Products
- 4K Bytes of In-System Programmable (ISP) Flash Memory
- Endurance: 10,000 Write/Erase Cycles
- 4.0V to 5.5V Operating Range
- Fully Static Operation: 0 Hz to 33 MHz
- Three-level Program Memory Lock
- 128×8-bit Internal RAM
- 32 Programmable I/O Lines
- Two 16-bit Timer/Counters
- Six Interrupt Sources
- Full Duplex UART Serial Channel
- Low-power Idle and Power-down Modes
- Interrupt Recovery from Power-down Mode
- Watchdog Timer
- Dual Data Pointer
- Power-off Flag
- Fast Programming Time
- Flexible ISP Programming (Byte and Page Mode)
- Green (Pb/Halide-free) Packaging Option

a)

特点：

- AT89S51 是 51 单片机家族中的一员，它可以与家族中其他单片机兼容
- 该单片机片内有容量为 4KB 的 Flash 存储器作为程序存储器使用
- 可进行在线编程，寿命为 10000 次的擦写操作
- 工作电压范围为 4.0～5.5 V
- 支持全静态操作，工作频率范围为 0～33MHz
- 三级程序存储器锁
- 片内 RAM 容量为 128×8bit
- 32 个可编程 I/O 口
- 两个 16 位的定时/计数器
- 6 个中断源
- 全双工通用异步串行通信通道
- 低功耗的休眠和停电模式
- 停电模式下的中断恢复
- 看门狗定时器
- 双 DPTR 指针寄存器
- 断电标志
- 快速编程时间
- 灵活的在线编程〔Byte 和 Page 模式〕
- 环保封装选择(无铅/无卤化物)

b)

图 3-1　AT89S51 单片机技术手册中关于特点的概述
a）技术特点英文描述　b）技术特点中文翻译

3.1.2　80C51 系列单片机的选择依据

表 1-1 介绍了不同制造厂商的 51 单片机芯片型号。各个厂家推出的 80C51 系列单片机产品，其指令系统、总线、外部引脚与 MCS‑51 完全兼容，这样便具有良好的软、硬件归一化开发环境，简化了开发装置的结构，降低了软件开发成本，保证了应用软件设计的独立性和可移植性。总线兼容保证了所有 80C51 总线型单片机都能实现相同的并行扩展模式，其外围系统的扩展和系统配置的接口电路可以相互兼容。引脚兼容为单片机应用系统设计和产品开发带来极大方便，产品改型替换容易，产品开发过程中不必更换开发装置，也无需加装适配器，只需将开发装置上的单片机更换成引脚兼容的单片机即可。

80C51系列单片机的选择依据

但不同型号的 80C51 单片机，内部资源有些差异，选用时可从以下几个方面考虑：

1. 程序存储器

程序存储器用于存放单片机应用系统的目标程序。通过编程器或直接在系统编程（ISP）将目标程序写入单片机。单片机的程序存储器目前供应的类型有 EPROM OTP ROM、Mask ROM 和 Flash E^2PROM。容量有 1KB、2KB、4KB、8KB、16KB、32KB 和 64KB。

由于 EPROM 型单片机使用不方便，现在已很少使用，普遍采用 Flash E^2PROM 型单片机代替；OTP ROM 单片机在中小批量的单片机产品中使用较多；Mask ROM 型单片机由于其程序存储的高可靠性和低成本特点，适合于大批量的单片机应用场合。由于片内存储器成本的降低，目前趋向于选择具有大容量的片内程序存储器的单片机，片外不用再扩展程序存储器。各厂家的 80C51 系列单片机程序存储器比较见表 3-2。

表 3-2　80C51 系列部分单片机程序存储器比较

生产厂家	产品型号	存储器类型	擦写次数	编程是否方便（难、中、易）	程序存储可靠性	适合使用场合
Intel	i80C51	Mask ROM	1	难、由芯片制造厂家一次性写入	高	大批量
Intel	i87C51	EPROM	几十	中、由用户操作，紫外线擦出，编程器写入	中	调试
Atmel	AT89C51/AT89C52	Flash ROM	1000	易、由编程器直接写入	低	调试
STC	STC89C51RC/STC89C52RC	Flash ROM	1000	ISP 在系统编程	低	调试

2. 数据存储器

单片机片内数据存储器目前供应的类型有 SRAM 静态数据存储器，少数单片机片内有 E^2PROM 非易失性数据存储器。51 子系列片内 RAM 有 128B，52 子系列片内 RAM 有 256B，52 子系列向下兼容 51 子系列，两者价格目前基本持平，选择 52 子系列在使用上更为方便、灵活。

3. 功耗

许多公司都供应低电压的 80C51 系列单片机，具有低功耗的特点，例如，Atmel 公司的 AT89LV51 和 AT89LV52，它的工作电压范围为 2.7 ~ 6V，可直接替换相应的 5V 工作电压芯片。

4. 体积

在应用系统的空间有限时，可选择相应型号的 PLCC 和 QFP 封装的单片机，外围芯片当然也要选择小型封装。在无外围扩展时也可选择非总线型的单片机，如 Atmel 公司的 AT89C4051、AT89C2051 和 AT89C1051，Philips 公司的 P87LPCXXX 系列。

上面从基本配置资源上讨论了 80C51 单片机的选择依据。新一代高性能的 80C51 单片机增加了模/数（A/D）转换器、脉宽调制输出（PWM）、第二串行口、串行扩展总线（I^2C BUS）、现场总线（CAN），程序监视定时器（WDT）、在系统编程 ISP 等功能，使用户在进行单片机应用系统设计时有更大的选择范围。

3.2　80C51 系列单片机引脚功能

80C51系列单片
机引脚功能

3.2.1　引脚功能概述

单片机功能的实现要靠程序控制其各个引脚在不同的时间输出不同的电平，进而控制与单片机各个引脚相连接的外围电路的电气状态，因此要学习单片机，必须掌握它的引脚功能。

在 80C51 系列单片机中，各种单片机的引脚是相互兼容的，只是功能略有差异。在器件引脚的封装上，80C51 系列单片机常用的封装有三种，分别为双列直插式 PDIP 40 脚封装、塑料扁平式 PQFP/TQFP 44 脚封装和带引线的塑料芯片封装 PLCC 44 脚封装，图3-2 ~图 3-7 所示是 80C51 单片机不同封装的引脚图和实物图。另外还有 20、28、32、44 等不同引脚数的 51 单片机。

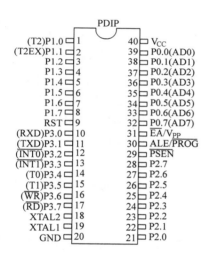

图 3-2　PDIP 封装引脚图

图 3-3　PDIP 实物图

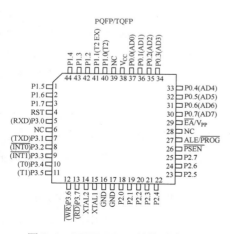

图 3-4　PQFP/TQFP 封装引脚图

图 3-5　PQFP/TQFP 实物图

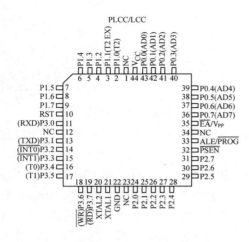

图 3-6　PLCC/LCC 封装引脚图

图 3-7　PLCC/LCC 实物图

在讲解各个引脚含义之前，首先要学会如何在实物上区分引脚序号。单片机与其他集成芯片一样，当我们观察它的表面时，大都会找到一个凹进去的小圆坑，或是用颜色标识的一个小标记（圆点或三角或其他小图形），这个小圆坑或是小标记所对应的引脚就是集成芯片的第 1 引脚，然后逆时针方向数下去，即 1 到最后一个引脚。现在查看图 3-3、图 3-5、图 3-7 中的单片机，PDIP 封装的单片机在左上角有一个小圆坑，那它的左边对应的引脚即为此单片机的第 1 引脚，逆时针数依次为 2、3、…、40，PQFP/TQFP 封装的单片机小圆坑在左下角，PLCC/LCC 封装的单片机小圆坑在最上面的正中间，在实际焊接或是绘制电路板时，务必要注意它们的引脚标号，否则，若焊接错误，单片机系统是绝对不可能正常工作的。

80C51 单片机引脚主要分为主电源引脚、外接晶体引脚、输入/输出引脚与控制引脚四类，以 PDIP 封装的单片机为例，引脚介绍如下：

1. 主电源引脚（2 条）

V_{CC}（40 脚）和 GND（20 脚）：分别接电源的正端和地端。不同型号单片机接入对应电压的电源，常用为 +5V、低压为 +3.3V。

2. 外接晶体引脚（2 条）

XTAL1（19 脚）、XTAL2（18 脚）：XTAL1 为片内振荡电路的输入端，XTAL2 为片内振荡电路的输出端。80C51 单片机的时钟有两种方式，一种是片内时钟振荡方式，需在这两个引脚外接石英晶体和振荡电容；另一种是外部时钟方式，即将 XTAL1 接地，外部时钟信号从 XTAL2 脚输入。

3. 输入/输出（I/O）引脚（32 条）

输入/输出（I/O）引脚共有 P0 口、P1 口、P2 口、P3 口四组，每组 8 条引脚。

（1）P0 口（32 ~ 39 脚）　分别为 P0.0 ~ P0.7，其中 P0.7 为最高位，P0.0 为最低位。这 8 条引脚有两种不同的功能：

1）作为通用输入/输出（I/O）口使用。在 80C51 不带片外存储器时，P0.0 ~ P0.7 用于传送 CPU 的输入/输出数据，这时输出数据可得到锁存，不需外接专用锁存器，输入数据可以得到缓冲，增加了数据输入的可靠性。P0 口内部没有上拉电阻，为高阻状态，所以不能正常地输出高/低电平,在作为通用 I/O 口使用时,需外接上拉电阻。该口的每一位还可以独立控制。

2) 作为低 8 位的地址/数据分时复用总线。若 80C51 带片外存储器,P0.0 ~ P0.7 在 CPU 访问片外存储器时先传送片外存储器的低 8 位地址,然后传送 CPU 对片外存储器的读/写数据。

(2) P1 口 (1 ~ 8 脚)　分别为 P1.0 ~ P1.7,其中 P1.7 为最高位,P1.0 为最低位。P1 口引脚也有两种不同的功能:

1) 作为准双向 I/O 口使用。P1 口内带上拉电阻,输出没有高阻状态,输入也不能锁存,故不是真正的双向 I/O 口,而是"准双向"输入/输出口。该口作为输入使用前,要先向该口进行写 1 操作,然后 P1 口才可正确读出外部信号。P1 口每一位可独立控制。

2) 对 52 子系列单片机,P1.0 引脚的第二功能为 T2 定时器/计数器的外部输入,P1.1 引脚的第二功能为 T2EX 捕捉、重装触发,即 T2 的外部控制端。

(3) P2 口 (21 ~ 28 脚)　P2 口的 8 条引脚也有两种不同的功能:

1) 准双向输入/输出接口,每一位也可独立控制。

2) 在接有片外存储器或扩展 I/O 接口时,P2 口作为高 8 位地址总线。

(4) P3 口 (10 ~ 17 脚)　P3 口的 8 条引脚也有两种不同的功能:

1) 准双向输入/输出接口,每一位同样可独立控制。

2) P3 口的每一条引脚都有第二功能,见表 3-3。

表 3-3　P3 口引脚的第二功能

引　　脚	第二功能	说　　明
P3.0	RXD	串行口输入
P3.1	TXD	串行口输出
P3.2	$\overline{INT0}$	外部中断 0 输入,低电平有效
P3.3	$\overline{INT1}$	外部中断 1 输入,低电平有效
P3.4	T0	定时器/计数器 0 的外部计数脉冲输入
P3.5	T1	定时器/计数器 1 的外部计数脉冲输入
P3.6	$\overline{WR}$	片外数据存储器写允许,低电平有效
P3.7	$\overline{RD}$	片外数据存储器读允许,低电平有效

通过上述讲解可见,单片机通过 I/O 口表现出控制能力,在第一功能时可以实现对外围输入/输出设备,如按键开关、键盘、发光二极管、数码管、液晶屏、电机、继电器等的控制。在单片机内部的存储器、接口电路等不够用而需要进行片外扩展时,这四组接口又表现出第二种功能,即作为对外扩展芯片的地址总线、数据总线与控制总线使用。每个端口的结构各不相同,它们在功能和用途上也存在差别。

图 3-8 所示单片机对全自动洗衣机的控制是单片机 I/O 引脚作为第一功能应用的实例,单片机 I/O 引脚对洗衣机相关部件的控制功能如表 3-4 所示。单片机 P1.0 ~ P1.4 用作输入信号,接受电源开关、各个按钮及重量传感器的控制信号;P1.5 ~ P1.7 作为输出信号,控制阀门及电机动作;P2.0 ~ P2.7 及 P3.0 ~ P3.7 都作为输出信号,指示状态及洗涤时间。从这个例子可见,单片机的 I/O 口是双向的,既可以输入信号也可以输出信号。

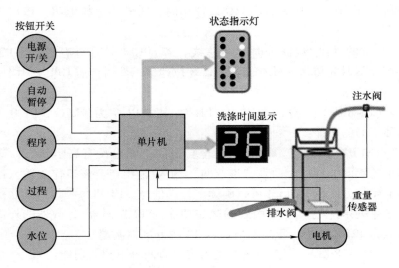

图 3-8　单片机 I/O 引脚对洗衣机的控制

表 3-4　单片机 I/O 引脚对洗衣机相关部件的控制功能

引　　脚	洗衣机部件	洗衣机功能	单片机的 I/O 功能
P1.0	电源开关	控制电源通断	输入
P1.1	启动/暂停按钮	启动/暂停洗衣过程	输入
P1.2	程序按钮	选择洗涤方式	输入
P1.3	水位按钮	控制注水的多少	输入
P1.4	重量传感器	称衣物的重量	输入
P1.5	注水阀	控制注入的水流	输出
P1.6	排水阀	控制排出的水流	输出
P1.7	电动机	带动波轮旋转洗衣	输出
P2.0 ~ P2.7	状态指示灯	指示洗衣机的状态	输出
P3.0 ~ P3.7	数码管	显示洗涤剩余时间	输出

4. 控制引脚（4条）

此类引脚提供控制信号，有的引脚还具有复用功能。

（1）RST（Reset，9引脚）　复位信号输入端。当单片机运行时，在此引脚加上持续时间大于2个机器周期（24个时钟振荡周期）的高电平时，就可以完成复位操作，即单片机将从0000H程序存储单元开始执行程序。

（2）ALE/$\overline{PROG}$（Address Latch Enable/Programming，30引脚）　ALE为地址锁存允许信号，配合P0口引脚的第二功能使用。在访问片外存储器时，CPU在P0.0 ~ P0.7引脚上输出片外存储器低8位地址，同时在ALE引脚输出一个高电平脉冲，当ALE引脚出现负跳变时用于将单片机发出的低8位地址锁存到专用锁存器中，以便空出P0.0 ~ P0.7引脚去传送随后而来的片外存储器读/写数据。在不访问片外存储器时，80C51自动在ALE线上输出频率为$f_{osc}/6$的脉冲序列。该脉冲序列可作为外部时钟源或定时脉冲源使用。如果想初步判断单片机芯片的好坏，可用示波器查看 ALE 端是否有正脉冲信号输出。如果有脉冲信号输出，则单片机基本上是好的。

$\overline{PROG}$为本引脚的第二功能，表示编程脉冲输入端。在对片内 EPROM 型单片机（例如 8751）编程写入时，此引脚作为编程脉冲输入端。

（3）$\overline{EA}/V_{PP}$（Enable Address/Voltage Pulse of Programing，31 引脚）　片内片外程序存储器选择控制端。当$\overline{EA}$引脚为高电平时，单片机访问片内程序存储器，但在 PC（程序计数器）值超过 0FFFH（51 子系列）或 1FFFH 时（52 子系列），即超出片内程序存储器的 4KB（或 8KB）地址范围时，将自动转向执行外部程序存储器内的程序。

当$\overline{EA}$引脚为低电平时，单片机只访问片外程序存储器，不论是否有内部程序存储器。对于 8031 来说，因其无内部程序存储器，所以该引脚必须接地，这样只能选择外部程序存储器。

V_{PP}为本引脚的第二功能。在对 EPROM 型单片机 8751 片内 EPROM 固化编程时，用于施加较高的编程电压（例如 +21V 或 +12 V）。对于 89C51，则加在 V_{PP}引脚的编程电压为 +12V 或 +5V。

（4）$\overline{PSEN}$（Program Strobe Enable，29 引脚）　片外程序存储器（ROM）选通线。在访问片外 ROM 时，80C51 自动在$\overline{PSEN}$上产生一个负脉冲，作为片外 ROM 芯片的读选通信号。

由于现在的单片机内部已经有足够大的 ROM，几乎没有人再去扩展片外 ROM，所以这个引脚已很少使用。

3.2.2　引脚与内部功能模块的关系

引脚与内部功能能模块的关系

单片机的引脚暴露在单片机的外部，它们的作用是用来输入电源信号、晶振信号及与外设引脚相连。3.1.1 节介绍单片机主要硬件特性时，说明单片机内部包含有 CPU、片内 ROM、片内 RAM、4 个 8 位并行 I/O 口，还有定时器/计数器、中断系统、串行口等功能模块。单片机引脚和内部功能模块之间的关系如图 3-9 所示，V_{CC} 和 GND 引脚为单片机提供电源，XTAL1 和 XTAL2 为单片机提供晶体振荡信号，P0 ~ P3 口共 32 个引脚作为 I/O 接口，其中 P0 和 P2 口靠近存储器，可以想象它们和存储器扩展有关系，P3 口在内部和定时器/计数器、中断系统及串行口相连，可以想象 P3 口的第二功能和定时器/计数器、中断系统及串行口有关，RST、ALE、$\overline{EA}$、$\overline{PSEN}$是 CPU 控制部件输出的引脚，是专门的控制引脚。

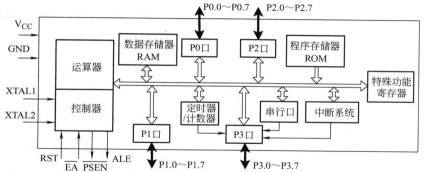

图 3-9　单片机引脚和内部功能模块之间的关系

3.2.3　单片机对外扩展时三总线的构成

单片机对外扩展
时三总线的构成

单片机内部资源无法满足应用系统要求时，需要进行资源扩展。资源扩展常用并行扩展，此时通常要用到三组总线，即地址总线（Adress Bus，AB）、数据总线（Data Bus，DB）、控制总线（Control Bus，CB）。掌握三总线的接线方法，是进行单片机应用设计的基础。

80C51 单片机对外三总线构成如图 3-10 所示。由 P2、P0 组成 16 位地址总线，P2 作为高 8 位地址总线 A15 ~ A8，P0 作为低 8 位地址总线 A7 ~ A0。因是 16 位地址线，所以片外存储器的寻址范围达到 64KB。

由 P0 分时复用为数据总线。

由 $\overline{\text{PSEN}}$、$\overline{\text{EA}}$、ALE、RST 与 P3 口中引脚组成控制总线。

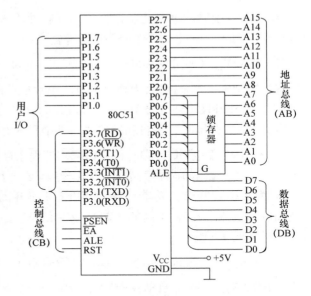

图 3-10　80C51 单片机对外三总线构成

3.3　80C51 系列单片机的编程结构

3.3.1　编程结构的组成

编程人员不必了解单片机内部复杂的电路结构、电气连接或开关特性，而要了解单片机所包含的各种寄存器的功能、操作和限制以及在程序设计中如何使用它们。所谓编程结构，即是从编程人员角度所看到的单片机内部结构，该结构便于人们从软件编程的角度去了解单片机系统的操作和运行。80C51 单片机的编程结构如图 3-11 所示。

80C51 系列单片机的编程结构包括中央处理器（CPU）、内部存储器（ROM、RAM）、并行 I/O 接口、片内外设（定时器/计数器、中断系统、串行口）、振荡器等部分，各部分之间通过片内总线进行连接。80C51 系列单片机内部采用单总线结构，地址、数据与控制信息都通过一组总线流通。

1. 中央处理器（CPU）

80C51 系列单片机有一个字长为 8 位的 CPU，它是整个单片机的核心部件，主要完成运算和控制功能。CPU 由运算器和控制器组成。

（1）运算器　运算器由算术逻辑单元（ALU）、累加器 A（Accumulator）、暂存器（TMP）以及程序状态字（PSW）组成，用于算术运算和逻辑运算。

算术逻辑运算单元（ALU）是运算器的核心部分，可以完成加、减、乘、除、加 1、减 1 及 BCD 码调整等算术运算和与、或、异或、求补、循环等逻辑操作。由图 3-11 可见，

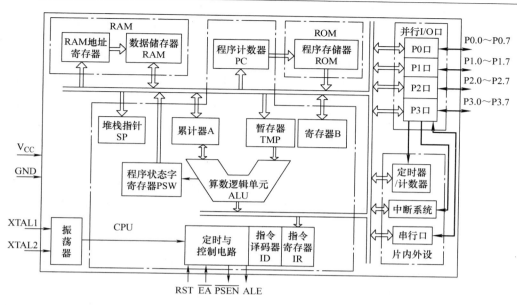

图 3-11　80C51 系列单片机的编程结构

ALU 有 2 个输入端和 2 个输出端，其中一个输入端接至累加器 A，接收由累加器送来的一个操作数；另一输入端通过暂存器（TMP）接到内部数据总线，以接收来自其他寄存器的第二个操作数。参加运算的操作数在 ALU 中进行规定的操作运算后，一方面将运算结果送至累加器，另一方面将运算结果的状态送程序状态字寄存器保存。由于所有运算的数据都要通过累加器，故累加器在微处理器中占有很重要的位置。

（2）控制器　控制器由程序计数器（Program Counter，PC）、指令寄存器（Instruction Register，IR）、指令译码器（Instruction Decoder，ID）、定时与控制电路等部分组成，用于识别指令，并根据指令发出各种控制信号，使单片机各部分协调工作，从而完成指令规定的操作。

程序计数器是一个 16 位的加 1 计数器，其中存放的是 ROM 中存储单元的地址。在开始执行程序时，给 PC 赋以程序中第一条指令所在的存储单元的地址，然后每从存储单元取一次内容，PC 中的内容就会自动加 1，以指向下一个存储单元，保证指令顺序执行。由此可见，程序计数器中存放的是下一条将要执行的指令所在的 ROM 存储单元的地址。CPU 通过 PC 的内容就可以取得指令的存放地址，进而取得要执行的指令。一般程序中的指令是按顺序执行的。若要改变执行次序，则必须将新的指令地址送至 PC 中。

指令寄存器用来存放当前正在执行的指令代码。

指令译码器用来对指令代码进行分析、译码，根据指令译码的结果，输出相应的控制信号。

CPU 执行指令时，由程序存储器中读取指令代码，将其送入指令寄存器，经译码器译码后由定时与控制电路发出相应的控制信号，完成指令功能。

2. 内部存储器

80C51 系列单片机的存储器有片内和片外之分，片内存储器集成在芯片内部，片外存储器是片外扩充的存储器芯片，需要通过单片机引脚提供的三总线（即 AB、DB 和 CB）与 80C51 连接，无论片内还是片外存储器，都可分为程序存储器和数据存储器。由于 80C51 单片机采用哈佛结构，因此程序存储器和数据存储器相互独立，有各自的寻址空间。

片内数据存储器为随机存取存储器，用于存放可读/写的数据，常称为片内 RAM。80C51 系列单片机的片内 RAM 共有 128/256B。

片内程序存储器为只读存储器，用于存放程序指令、常数及数据表格，常称为片内 ROM。80C51 系列单片机内部有 0/4/8KB 的 ROM。用于存放程序，也可以存放一些原始数据和表格等。

3. 并行输入/输出端口（I/O 口）

80C51 片内有 4 个 8 位的 I/O 接口：P0、P1、P2 和 P3，每个 I/O 接口内部都有一个 8 位锁存器和一个 8 位驱动器，既可用做输出口，也可用做输入口。80C51 单片机没有专门的 I/O 口操作指令，而是把 I/O 口当做寄存器使用，通过传送指令实现数据的输入和输出操作。

4. 片内外设

（1）定时器/计数器　51 子系列单片机中有两个 16 位的定时器/计数器，用于实现定时或外部计数的功能，并能根据定时或计数的结果实现控制功能。

（2）中断系统　中断系统的主要作用是对来自单片机内部或外部的中断请求进行处理，完成中断源所要求的任务。51 子系列共有 5 个中断源，其中外部中断源有 2 个，内部中断源有 3 个：2 个定时器/计数器中断源和 1 个串行口中断源。全部中断可分为高级和低级两个优先级别。

（3）串行口　80C51 单片机有一个全双工可编程串行口，用于实现单片机与外围设备之间的串行数据传送。

5. 振荡器

振荡器用于产生单片机工作时所需的时钟脉冲。

3.3.2　在 Keil μVision 中观察寄存器

下面通过一个简单的加法汇编实例，用 Keil μVision 软件观察编程结构中有关寄存器在程序执行过程中的变化。

例 3-1　加法汇编

```
ORG 0000H      ;设置起始地址
MOV A,#6EH     ;A = 6EH
ADD A,#58H     ;A = A + 58H = C6H,PSW = 44H
MOV B,A        ;B = C6H
SJMP $         ;程序在原地循环
END            ;结束汇编
```

在第 2 章介绍过利用 μVision 设计和调试单片机程序，当汇编或编译成功后，单击 μVision 工具栏中的调试 "🔍" 按钮（或执行 "Debug→start/stop Debug Session" 命令）就可以打开如图 3-12 所示的软件调试界面，自动显示程序窗口、寄存器观察窗口和命令窗口。在寄存器观察窗口可以观察到图 3-11 所示的编程结构中的累加器 A、寄存器 B、SP、PC 及 PSW 等特殊功能寄存器的数值，这些寄存器的数值会随着程序的执行而发生变化，也可以观察后面要介绍的工作寄存器 R0 ~ R7 的数值。

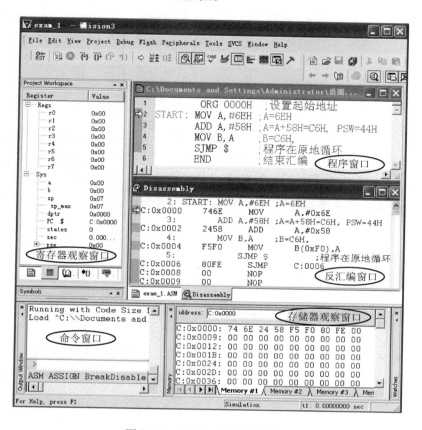

图 3-12　μVision 软件调试界面

执行"View→Disassembly Window",可打开反汇编窗口,执行"View→Memory Window",可打开存储器观察窗口。反汇编窗口中在每条汇编指令下面显示出机器代码和汇编指令的对应关系,机器代码可以查手册获得,如"MOV A,#6EH"的机器代码是"74 6E",该指令从地址为 0000H 程序存储空间开始存放,其余的指令代码依次顺序存放。在存储器观察窗口可看到"C:0x0000:74 6E 24 58 F5 F0 80 FE",这表示从 0000H 程序存储单元开始顺序存放了例 3-1 中 8 个字节的机器代码。

μVision 提供单步调试功能,当汇编通过后进入调试界面,每单击一次 F11 键就会执行一行,相应的程序窗口中指示当前指令的黄色箭头就会向下跳一行。每单击一次 F11 键,就发现寄存器观察窗口中相关寄存器的数值随之发生变化,在执行指令"MOV A,#6EH"之后,累加器 A =6EH（μVision 中 "0x" 表示十六进制数据）,程序计数器 PC 的值为 0002H,如图 3-13a 所示;单击 F11 键,执行指令"ADD A,#58H"得到如图 3-13b 所示的观察结果,累加器 A = c6H,程序计数器 PC 的值为 0004H;单击 F11 键,执行指令"MOV B,A"得到如图 3-13c 所示的观察结果,寄存器 B = c6H,程序计数器 PC 的值为 0006H。在前两条指令执行的过程中,程序状态字 PSW 寄存器的值也在变化。

可见,指令执行后所影响的寄存器内容可以通过单步调试方式在寄存器窗口观察得到。

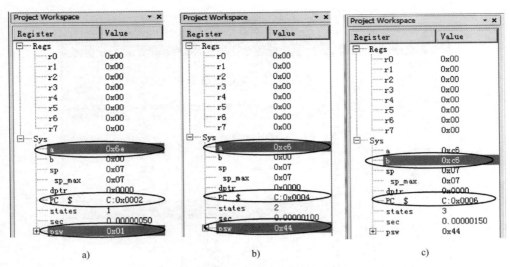

图 3-13　指令的执行和寄存器数值的变化

a）执行 MOV A，#6EH　b）执行 ADD A，#58H　c）执行 MOV B，A

3.4　80C51 系列单片机的存储器

存储器是用来存放程序或者程序中所需的数据的。不同的单片机，其存储器的类型与容量也不相同。由于单片机中使用的存储器都是半导体存储器，因此首先简单介绍一下半导体存储器的基本知识。

3.4.1　半导体存储器类型与结构

1. 半导体存储器类型

按存取方式可以将半导体存储器分为以下两类：

1）随机存取存储器 RAM（Random Access Memory）。CPU 既可以将该存储器中的信息（数据）读出又可以将需要写入的信息写入。

2）只读存储器 ROM（Read Only Memory）。CPU 只能读出存放在该存储器中的信息，不能写入。

先将这两种存储器的特点、用途列出，如表 3-5 所示。在讲解了存储器的结构后，大家会对表 3-5 中的内容有更深入的体会。由于结构与特点不一样，在单片机中通常将 RAM 作为存放数据的存储器，而将 ROM 作为存放程序的存储器。

表 3-5　随机存取存储器和只读存储器的对照

存储器的类型	功　能	特　点	用　途
随机存取存储器	能随时进行数据的读/写	易失性存储区、信息在关闭电源后丢失	存放暂时性的数据、中间运算结果
只读存储器	信息只能读出、不能改写	非易失性存储区、断电后信息仍保留	存放固定的程序和数据

2. 随机存取存储器 RAM

最常用的 RAM 有两大类：一为静态 RAM（Static RAM，SRAM），二为动态 RAM（Dynamic RAM，DRAM）。SRAM 使用触发器作为存储单元，只要不掉电，其中的数据就会一直保存着。而 DRAM 使用电容为存储单元，为了使 DRAM 能一直保存数据，需要在刷新过程中不断给电容进行充电。

SRAM 和 DRAM 在掉电后数据都会丢失，所以它们都属于易失性存储器。

从 SRAM 中读取数据要比从 DRAM 中快得多，但是在物理尺寸和成本一定的情况下，DRAM 比 SRAM 能保存更多的数据。这是因为 DRAM 的存储单元更简单，在尺寸一定时能包含更多的存储单元。这一点从下面对存储单元的结构介绍中可以体会到。

（1）静态 RAM 的存储单元　一位 SRAM 的存储单元如图 3-14 所示，所有 SRAM 的存储单元都由触发器担当，而每个触发器中都集成了若干个 MOSFET。当向存储单元供电时，它能持续地保存状态 1 或 0，直到掉电数据丢失为止。图 3-14 中，当位选线得到有效电平后该存储单元被选中，位数据（1 或 0）通过数据线和数据线写到存储单元中，在读数据时，只要把数据线和数据线的状态读走即可。由于读、写操作不是同时进行的，所以输入和输出数据可以共用同一数据线。

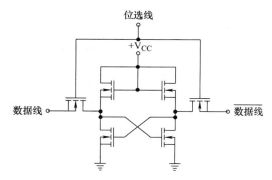

图 3-14　SRAM 的存储单元

SRAM 正是由如图 3-14 所示的许多存储单元组成的，一个容量为 $8 \times 8bit$ 的 SRAM 结构如图 3-15 所示，同一行的存储单元都共用一个位选线，每一对数据线与同一列的存储单元连接，并经过缓冲后作为数据输入/输出存储器的通道。

（2）动态 RAM 的存储单元　动态 RAM 一位存储单元如图 3-16 所示，它由一个 MOSFET 和一个电容组成。MOSFET 相当于一个开关，通过对其栅极的控制，数据可以写入电容或者从电容中读取，也就是动态 RAM 将数据保存在一个小电容里面。对图 3-14 和图 3-16 所示的存储单元结构进行比较，可见动态 RAM 比静态 RAM 存储单元的结构要简单得多，DRAM 在有限的空间里可以集成更多的存储单元，因此同等的物理尺寸下，DRAM 的容量比 SRAM 大得多。

由于 DRAM 使用了电容保存数据，而电容存在泄漏现象，所以 DRAM 需要定期对存储高电平的电容进行充电（即刷新）。如果不刷新，电容存储的数据就会丢失。

下面用图 3-17 说明 DRAM 存储单元写数据（1、0）、读数据和刷新的过程。图中读/写信号控制线 $R/\overline{W}$ 控制是读操作还是写操作，当 $R/\overline{W} = 0$ 时为写数据，$R/\overline{W} = 1$ 时为读数据。

在图 3-17a 中，$R/\overline{W} = 0$ 使得输入缓冲器使能而输出缓冲器屏蔽，为写数据过程。数据 1（高电平）从输入线 D_{IN} 进入，经过输入缓冲器后到达位线上。由于行线为高电平，所以 MOSFET 导通，位线上的数据 1（高电平）通过 MOSFET 对电容充电。当电容充电完成后，数据 1 就保存在其中了。

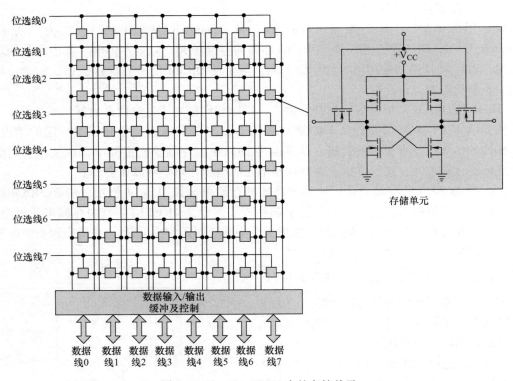

位选线0
位选线1
位选线2
位选线3
位选线4
位选线5
位选线6
位选线7

数据输入/输出
缓冲及控制

数据线0 数据线1 数据线2 数据线3 数据线4 数据线5 数据线6 数据线7

存储单元

图 3-15　8 ×8bit SRAM 中的存储单元

在图 3-17b 中，数据 0（低电平）通过输入缓冲器到达位线，此时 MOSFET 也是导通的。如果原来电容没有充电，则数据 0（低电平）不给它充电，依然保持着数据 0；如果原来电容充有电，则电容将按图中箭头所示的方向放电，放电完成后就相当于数据 0（低电平）保存在其中。

在图 3-17c 中，读写控制线 $R/\overline{W} = 1$，输入缓冲器屏蔽而输出缓冲器使能，为读数据过程。行线的高电平使 MOSFET 导通，这样电容与位线导通，通过输出缓冲器也就把数据输出到了输出线 D_{OUT} 上。

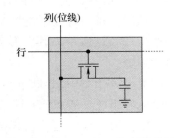

图 3-16　DRAM 的一位存储单元

图 3-17d 是刷新数据的过程。$R/\overline{W} = 1$，行线的高电平仍旧使 MOSFET 导通。刷新线亦为高电平，于是刷新缓冲器使能。电容中的数据通过输出缓冲器送到输出线 D_{OUT} 上，同时也会加到刷新缓冲器上。而刷新缓冲器的输出与位线相连，又会经过 MOSFET 让电容充电，如图中的箭头所示。这个充电过程实现了 DRAM 存储单元中数据的刷新。

（3）静态 RAM 与动态 RAM 的比较　静态 RAM 依靠双稳态触发器来存储信息，只要有电加在存储器上，数据就能长期保留。动态 RAM 依靠电容来存储信息，写入的信息只能保留几毫秒的时间，每隔一定时间需要刷新一次电路。

静态 RAM 存取速度快，稳定可靠，集成度不高，容量小，功耗较大，一般用于高速缓冲存储器；动态 RAM 集成度高，容量大，功耗低，存取速度较慢，适用于作为大容量存储器，主内存通常采用动态 RAM。

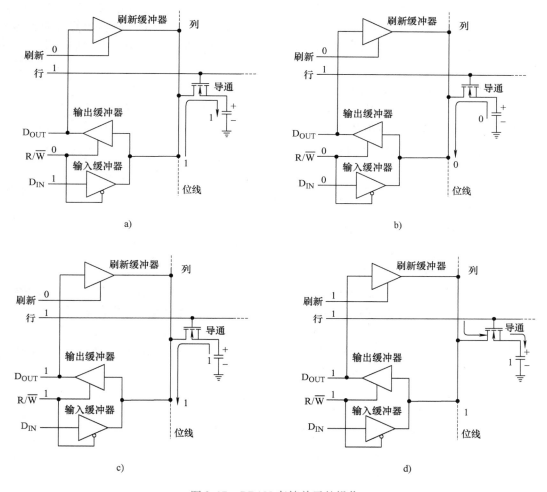

图 3-17　DRAM 存储单元的操作

a）将 1 写到存储单元中　　b）将 0 写到存储单元中

c）将 1 从存储单元读出　　d）对保存的 1 进行刷新

3. 只读存储器

只读存储器 ROM 按固化信息（向芯片内写入信息）方式的不同可分为以下 5 种：

1）掩膜 ROM（Mask ROM）。程序或数据由生产厂家根据用户的要求进行编程固化，数据一经写入就不能更改。

2）可编程 ROM（Programable ROM，PROM）。由用户根据需要一次性写入程序和数据，但写入后不能更改。

3）可擦除可编程 ROM（Erasable PROM，EPROM）。由用户通过专用设备写入，需修改时可用紫外线照射擦除，使存储器全部复原，用户可多次改写。

4）电可擦除可编程 ROM（Electrically Erasable PROM，E^2 PROM）。可用电信号擦除，多次改写，不需要专用设备。

5）Flash ROM。Flash ROM 是一种快速擦写只读存储器，就是常说的"闪存"，它也是一种非易失性的内存，属于 E^2PROM 的改进产品，是近年来发展非常迅速的一种 ROM。

（1）Mask ROM Mask ROM 在生产时厂家会按照客户的要求把数据保存在其中，一旦 Mask ROM 生产出来后，其中的数据是无法修改的，所以它通常存储一些不用修改而直接就拿来使用的数据信息。例如投影仪开机时显示的品牌名称和标志，计算机开机时显示的主板版本和厂商信息等。

Mask ROM 的存储单元结构如图 3-18 所示。图 3-18a 中，MOSFET 的 G 极与行连接，当行为高电平时，MOSFET 导通，列与 + V_{CC} 连通为高电平，即呈现数据 1。

图 3-18b 中，在 Mask ROM 生产时破坏了 MOSFET 的 G 极（栅极）与行的连接，MOSFET 始终截止，所以列始终为低电平，即呈现数据 0。

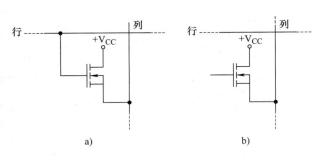

图 3-18 Mask ROM 的存储单元
a）保存 1 b）保存 0

可见，Mask ROM 的一个存储单元中保存的数据是 1 还是 0，由 MOSFET 的 G 极是否与行连通来决定。于是生产厂家在生产时根据客户要求保存的数据对 Mask ROM 存储单元进行处理就形成了特定的数据信息。

（2）PROM PROM 要比 Mask ROM 稍微灵活一点，它提供给用户一次写入数据的机会，即用户可以在新买回来的 PROM 器件写入数据，写入完毕后 PROM 就像一个 Mask ROM 使用，只能读取其中的数据而不能擦除。

PROM 的存储单元结构如图 3-19 所示，其中最重要的特征是在每个存储单元中有一个熔丝将 MOSFET 与列线相连，新买回来的 PROM 中，每个存储单元中的熔丝都是完好的，即每一个存储单元在被访问时 MOSFET 导通，列线均为高电平（数据 1）。

当用户需要向 PROM 中写入数据时，也就是对 PROM 进行编程。只要把数据 0 对应的存储单元上的熔丝烧断，而数据 1 对应的存储单元不作任何操作，这样，PROM 就形成了用户所需数据，此时 PROM 就变成了一个 Mask ROM，不能再进行数据的修改而只能被读取。新买回来的编程器则需要用专门的编程器来烧写 PROM。

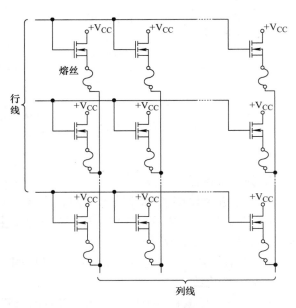

图 3-19 PROM 的存储单元结构

（3）EPROM EPROM 是可擦除可编程只读存储器，就是说 EPROM 不但在新买回来时可以往芯片里面烧写数据，还可在任何时候将数据擦除掉，再往其中写入新的数据，所以，EPROM 是一种可以重复编程的 ROM 器件。

EPROM 有两种主要类型的器件，一种是使用紫外线进行擦除的 UV EPROM（UltraViolet light Erasable Programmable Read – Only Memory），另一种是使用电信号进行擦除的 E^2PROM（Electrically Erasable Programmable Read – Only Memory）。

UV EPROM 器件外壳上有一个石英材料制成的透明小窗口，如图 3-20 所示，透过小窗口可以看到芯片内部的核心结构，这个透明的窗口有重要的用途，就是用来擦除 UV EPROM 中的数据。当高强度的紫外线照射到这个小窗口上大概 20 分钟时，UV EPROM 内的数据就会被擦除，所有存储单元中的数据又回到器件新买来时的状态——全部为 1。擦除 UV EPROM 中的数据时需要一个如图 3-21 所示的紫外线擦除器，其内部有一个紫外线灯管和定时电路。使用时，把 UV EPROM 器件放到小抽屉中，器件的透明小窗口朝上，然后把小抽屉推进擦除器里。打开开关，紫外线灯管就放射出紫外线，过一段时间后定时电路提示 UV EPROM 器件擦除完毕。

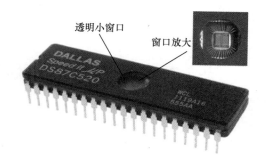

图 3-20　UV EPROM 的透明小窗口

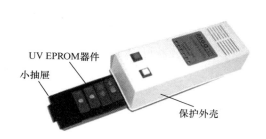

图 3-21　UV EPROM 擦除器

（4）E^2PROM　虽说 UV EPROM 可进行多次擦写，但是每次擦除都需要紫外线擦除器并花一定的时间，很不方便。于是使用电信号就能实现数据擦除和写入的 E^2PROM 极大方便了数据存储的需要。

E^2PROM 的擦除不需要什么紫外线擦除器，直接用电信号就能实现存储器中数据的擦除和写入。单片机就可以对 E^2PROM 进行数据的擦除和写入，并在掉电后仍然保存这些数据。

（5）Flash ROM　Flash ROM 芯片的出现满足了人们对存储器大容量、非易失性、在线擦写、快速访问与廉价的所有要求，而上面介绍的 E^2PROM、SRAM 只是具备某个或者某几个特点，因此目前 Flash ROM 广泛应用在各种数码产品中。

Flash ROM 的存储单元结构如图 3-22 所示，其结构比较特别，其中的 MOSFET 包含两层栅极，一个是控制栅极（简称栅极），另一个是浮动栅，这种结构又称为叠栅结构。当浮动栅上有大量电子存在时，存储单元保存的是数据 0，见图 3-22a；而当浮动栅上只有少数电子或没有电子时，存储单元保存的是数据 1，见图 3-22b。浮动栅上的电子数量决定了 MOSFET 是否导通。

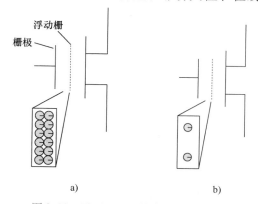

图 3-22　Flash ROM 的存储单元结构
a）浮动栅拥有大量电子时，数据为 0
b）浮动栅只有少数电子时，数据为 1

　　Flash ROM 的操作有 3 种：擦除操作、编程操作（也就是写操作）与读操作。

　　1）擦除操作：擦除就是把 Flash 中的数据给抹去，使所有的存储单元都变成 1。擦除操作如图 3-23 所示，通过栅极接地（0）和给 S 极加一个擦除电压 + V_{ERASE}，浮动栅上的电子因为 + V_{ERASE} 的吸引而逃离，结果浮动栅电子缺失而使存储单元变成了 1。在 Flash 编程操作之前都会先对所有存储单元进行擦除操作。

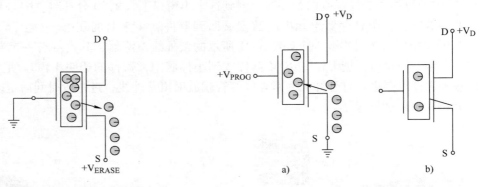

图 3-23　Flash ROM 存储单元的擦除操作

图 3-24　Flash ROM 存储单元的编程操作
a）写入 0　b）写入 1

　　2）编程操作：经过擦除操作后，所有 Flash 存储单元都为 1。编程操作如图 3-24 所示，如果想让某个存储单元为 0，则在栅极施加一个编程电压 + V_{PROG}，同时 S 极接地。这样由于 + V_{PROG} 的吸引，电子从 S 极跑到了浮动栅中，于是存储单元保存了 0。而如果想让存储单元保存 1，则保留擦除之后的状态即可。

　　3）读操作：如图 3-25 所示，在读 Flash 存储单元的数据时，向栅极施加读取电压 + V_{READ}，如果存储单元中保存的是 0，则浮动栅上大量的电子会使 MOSFET 截止，这样 D - S 极之间并没有电流通过而在 S 极上表现低电平，说明读出的是数据 0；如果存储单元中保存的是 1，则浮动栅少量的电子并不影响 + V_{READ} 使 MOSFET 导通，于是 D - S 极之间出现电流而在 S 极上表现高电平，说明读出的是数据 1。

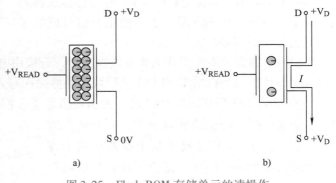

图 3-25　Flash ROM 存储单元的读操作
a）读出 0　b）读出 1

　　Flash 存储器是由以上存储单元与比较器等电路构成的，结构如图 3-26 所示，每一次只有一行被访问。如果某一个存储单元保存的是 1，在读操作时会因 MOSFET 的导通使对应的位线产生电流，从而在有效负载上产生压降。这个压降在比较器中与参考电压相比会在数据线上输出 1。如果存储单元保存的是 0，位线上就不会有电流，于是比较器的输出为 0。

4. Flash 存储器与其他存储器的比较

此处对几类常见的 ROM 和 RAM 进行比较，以便对大家进行存储器选型有所帮助。

（1）Flash 存储器与 PROM、EPROM、E^2PROM 的比较　PROM 在第一次编程之后就不能再修改其中的数据了。UV EPROM 虽然可以多次编程，但是在擦除时需要把它从电路中取出放到紫外线擦除器中。E^2PROM 虽说能够在线用电信号进行擦写，但是它的存储单元复杂，在同样物理尺寸下集成度比 PROM 或 UV EPROM 要低得多，这就导致了单位容量成本的提高。而 Flash 存储器可在线轻易地被擦写，由于它的存储单元也只有一个 MOSFET，所以其集成度与 PROM 或 UV EPROM 没有什么两样。

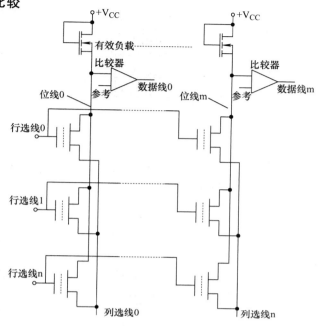

图 3-26　Flash ROM 内部结构示意图

（2）Flash 存储器与 SRAM 的比较　SRAM 是一类易失性存储器，它需要恒定的电源来保持其中的数据。实际应用中，系统会使用一个备用电池在系统断电后给 SRAM 供电以防止数据的丢失，而且 SRAM 的存储单元由多个 MOSFET 组成（图 3-14），可想它的集成度也不会高到哪里去。而 Flash 就不同了，它在保证高集成度的同时，还可以在掉电后保持其中的数据不会丢失。

（3）Flash 存储器与 DRAM 的比较　DRAM 虽然集成度不错，但是它仍然是一类易失性存储器，同样需要持续的电源来保持其中的数据。另外，其存储单元中的电容结构（图 3-16）要求不断刷新才能防止数据的丢失。Flash 克服了 DRAM 需要刷新的问题，同时具有高集成度和廉价的特点，今天已经被广泛作为数码产品的硬盘。

3.4.2　存储器的管理

各类存储单元的位单元结构已在 3.4.1 节进行了介绍，存储器要存储大量的信息，是由成千上万个位单元组成的，这些位单元不能无序地排放，要按照一定的方法来管理，才能使信息快速存储与读取。

1. 存储器的组织结构

存储器内部都有一定的组织结构来存储数据，以一个容量为 $2K \times 8bits$ 的静态 6116 为例来进行说明。容量"$2K \times 8bits$"中的"$\times 8$"表示 6116 芯片以 8bits（= 1byte）为一个单元，共有 $2K(2^{11} = 2 \times 1024 = 2048)$ 个这种单元，其组织结构示意图如图 3-27a 所示，图中用一个小方块代表一个位，即 1bit，每个单元（每一行）有 8 个小方块，即 8bits（= 1byte），整个 6116 有 $2K$ 个这种单元，所以其容量为 $2K \times 8bits$。

存储器的组织结构在器件设计和制造时就规划好了，再根据内部组织结构设置器件对外

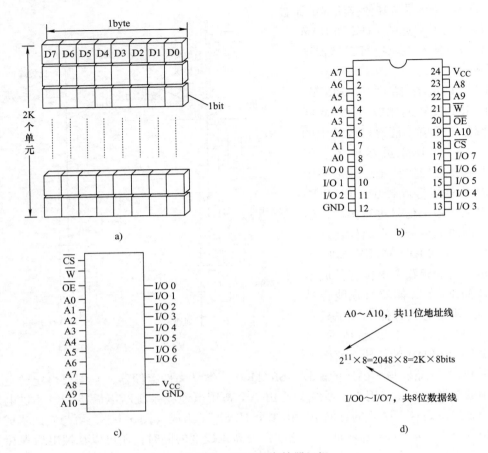

图 3-27　6116 的存储器组织

a）6116 存储器组织结构示意图　b）6116 引脚图

c）6116 归类后的引脚图　d）6116 存储容量计算方法

连接的引脚，6116 的引脚设置如图 3-27b 所示，归类后的引脚符号图如图 3-27c 所示，因为以 8bits 为一个单元输入/输出数据，所以设置了 I/O0 ~ I/O7 8 根数据输入/输出线。因为有 2048 个存储单元，所以设置了 A0 ~ A10 共 11 根地址线。6116 存储容量的计算方法如图 3-27d 所示。

一般存储器的组织结构可以归纳如下：

1）若存储器地址线的根数为 n，则存储器包含 2^n 个单元。

2）若存储器数据线的根数为 m，则存储器每一个单元中包含 m 个位。

3）若存储器地址线的根数为 n，数据线的根数为 m，整个存储器的容量为 $2^n \times m$ bits。

可见，在数据线位数一定的情况下（比如 8 位），地址线的位数越多，即 n 越大，存储器的容量也就越大。

2. 存储器的读/写操作过程

存储器的操作都围绕着读与写进行，读操作则是把存储器某一地址上的数据找到并读取出来，而写操作可使数据到达并保存在存储器的某一个地址上，因此存储器的读/写操作离不开地址线和数据线。读/写过程中地址线和数据线使用的示意图如图 3-28 所示。在读/写操作中，地址被选定后以二进制码的形式出现在存储器的地址线（Address Bus）上，经过存储器内部的地址译码器译码后，对应地址的存储器单元被选中。上述寻找存储器具体地址的过程称为寻址。从图 3-28 可见，存储器的地址线是单向的，由 CPU 送入存储器，地址线的位数由存储容量决定。

在读操作中，从存储器传出的数据和写操作中进入存储器的数据都需要通过数据线，因此数据线是双向的，既可以输入数据，又可以输出数据。以字节为组织的存储器最少需要 8 位数据线保证 8 位数据的并行传送。

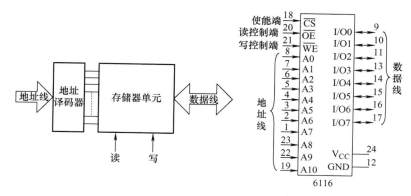

图 3-28　读/写过程中存储器的地址线与数据线传输方向示意图

写操作过程如图 3-29 所示。假如要把数据 00001110 写到存储器的地址 04H 上，首先由单片机的 I/O 口向地址线输出地址 04H 的二进制码 00000100，存储器内部的地址译码器根据这个二进制码定位存储器单元中的地址 04H（①）。接着把数据 00001110 输出到数据线上（②），最后由单片机输出一个写信号给存储器（③）。这样，数据 00001110 将被写到存储器的地址 04H 中，原来的数据被覆盖（丢失）。

读操作过程如图 3-30 所示。假设要把地址 06H 上的数据读出来，首先由单片机的 I/O 口输出地址 06H 的二进制码 00000110 至地址线上，地址译码器由此定位存储器单元中的地址 06H（①），接着单片机输出一个读信号（②），之后在存储器的数据线上出现了 06H 上的数据 01100011（③），单片机只要读数据线的数据就获得了 01100011。在读操作中，数据只是从存储器单元中复制到数据线上，并不会在被单片机读取后丢失。

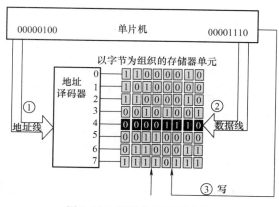

图 3-29　写操作过程示意图

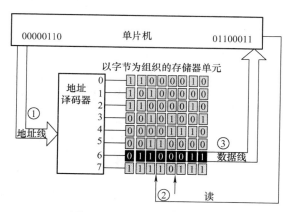

图 3-30　读操作过程示意图

3. 存储器的访问速度

存储器还有一个重要的指标就是访问速度。它用从地址线的信号准备完毕到数据出现在数据线上的时间差来衡量。一般访问速度从几个纳秒（$1ns = 1 \times 10^{-9}s$）到几百纳秒不等，取决于存储器的制造工艺和设计水平。访问速度越高，说明器件的性能越好，也就越贵。

一般来说，RAM 的访问速度（比如 SRAM、DRAM 等）较 ROM（比如 Flash、E^2PROM）要快，所以如果在选择片外数据存储器时，系统不需要掉电保存住数据，那首先应当考虑使用SRAM、DRAM 等。

3.4.3　80C51 单片机的存储器

计算机在存储器配置上有两种结构：普林斯顿结构（程序存储器和数据存储器统一编址）和哈佛结构（程序存储器和数据存储器在物理结构上相互独立）。80C51 单片机采用的是哈佛结构，就是将程序存储器和数据存储器在物理结构上分别编址。由于单片机片内集成了一部分存储器，片内存储器不够用时，要在片外扩展存储器，因此80C51 单片机在物理上共有 4 个存储空间：片内程序存储器、片外程序存储器、片内数据存储器和片外数据存储器。

在具体编址时，80C51 单片机的存储器又分为如下 3 个存储空间：① 片内片外统一编址的程序存储器：64KB（0000H ~ FFFFH）；②片内数据存储器：256B（00H ~ FFH）；③片外数据存储器：64KB（0000H ~ FFFFH）。51 子系列单片机的存储器编址图如图 3-31a 所示，52 子系列单片机的存储器编址图如图 3-31b 所示。51 子系列和 52 子系列片内程序存储器及数据存储器的容量都不一样。

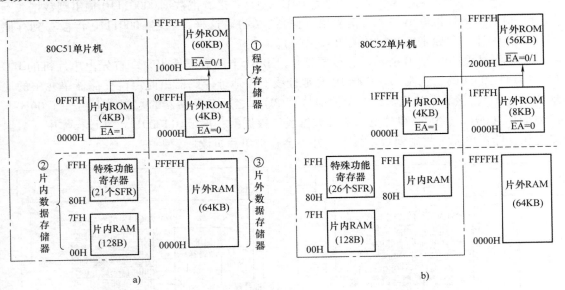

图 3-31　80C51 单片机的存储器编址图

a) 51 子系列单片机存储器　b) 52 子系列单片机存储器

51 子系列片内程序存储器为 4KB，编址范围为 0000H ~ 0FFFH，片外程序存储器可以接着片内的 4KB 继续再扩展。由于单片机总的地址线只有 16 根，可以寻找到的地址单元数最

多为 $2^{16}=65536=64$K，因此外扩的存储单元可以为 60KB，地址范围为 1000H ~ FFFFH。当然外扩存储单元也可以从 0000H 地址开始，一直扩展到 FFFFH，共 64KB，这样外扩的前 4KB 单元的编址和片内程序存储器 4KB 地址是重叠的，可以借单片机 $\overline{EA}$ 引脚所接的不同电平状态决定是使用片内还是片外程序存储器。

52 子系列片内程序存储器为 8KB，编址范围为 0000H ~ 1FFFH，片外程序存储器可以接着片内的 8KB 继续再扩展。外扩的存储单元可以为 56KB，地址范围为 2000H ~ FFFFH，也可以从 0000H 地址开始，一直扩展到 FFFFH，共 64KB。同样借单片机 $\overline{EA}$ 引脚所接的不同电平状态决定是使用片内还是片外程序存储器。

51 子系列片内数据存储器为 128B，编址范围为 00H ~ 7FH，另外还有地址号为 80H ~ FFH 的特殊功能寄存器 SFR（Special Function Register，SFR），虽然特殊功能寄存器占有的地址号段 80H ~ FFH 中总共有 128 个单元，但并不是这 128 个单元都是特殊功能寄存器，其中只有 21 个是特殊功能寄存器。

52 子系列片内数据存储器为 256B，编址范围为 00H ~ FFH，特殊功能寄存器的地址编号也为 80H ~ FFH，和高 128B 片内 RAM 的编址重叠，但是可以借不同的访问指令来区分它们。52 子系列有 26 个特殊功能寄存器。

1. 程序存储器

程序存储器用于存放用户程序、数据和表格等信息。

（1）编址   程序存储器寻址空间为 64KB，编址为 0000H ~ FFFFH，如图 3-31 所示。编址规律是先片内、后片外，片内、片外连续，二者一般不作重叠。但有时也将片外程序存储器的地址从 0000H 开始编起，此时多在片外程序存储器中存放调试程序，使计算机工作在调试状态，编址与片内程序存储器的编址重叠，借 $\overline{EA}$ 的换接可实现分别访问。

对于 51 子系列，低 4KB（0000H ~ 0FFFH）是片内 ROM 和片外 ROM 共用的，对于 52 子系列，低 8KB（0000H ~ 1FFFH）是片内 ROM 和片外 ROM 共用的，此时执行次序根据单片机第 31 号引脚 $\overline{EA}$ 所接的电平信号来进行选择，根据 $\overline{EA}$ 选择程序存储器的示意图如图 3-32 所示。

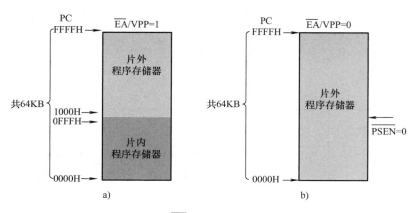

图 3-32   根据 $\overline{EA}$ 选择程序存储器的示意图

a）$\overline{EA}$ =1 先执行片内程序，再执行片外程序   b）$\overline{EA}$ =0 时，执行片外程序

$\overline{\text{EA}}$接高电平，复位后先执行片内程序存储器中的程序，当 PC > 0FFFH（51 子系列）或 1FFFH（52 子系列）时，将自动转去执行片外程序存储器。现在所使用的 80C51 单片机，片内一般均有程序存储器，所以$\overline{\text{EA}}$通常接高电平。

$\overline{\text{EA}}$接低电平，复位后直接执行片外程序存储器中程序。对于内部无程序存储器的 8031 单片机，它的程序存储器必须外接，因此单片机的$\overline{\text{EA}}$端必须接地，强制 CPU 从外部程序存储器读取程序。第 1 章图 1-6 中$\overline{\text{EA}}$通过 2kΩ 电阻接 +5V 电平，复位后先执行片内 ROM 中的程序，因为 STC8951 单片机片内有 4KB 的 Flash ROM。

（2）访问 程序存储器的访问根据程序计数器 PC 内容进行。PC 是一个 16 位的计数器，复位后的值为 0，PC 中总是存放下一条要执行的指令的地址，并且它还具有计数功能，每取出指令的一个字节后，其内容自行加 1，指向下一字节的地址，以便依次自程序存储器取指令执行，完成某种程序。

以例 3-1 加法汇编实例来说明 PC 管理程序执行的过程。从图 3-12 μVision 软件调试界面可见，执行调试命令时，反汇编窗口中的黄色箭头指向 C：0x0000，表示当单片机上电复位时，PC = 0000H，即指向程序存储器中的 0000H。图 3-12 中 Memory #1 窗口存放的是程序汇编后的机器代码，先按 F11 单步执行一次，单片机将 Memory #1 窗口第一条指令的代码取出

执行，每取一个字节，PC 自动增加 1，因为第 1 条指令是两个字节的代码，取完后 PC 变成 0002H，即指向下一条指令的首地址，接着单片机就执行第一条指令的代码。执行完后相关寄存器发生变化，可以再取下一条指令的代码执行。图 3-33 为 PC 管理程序执行的示意图。

（3）程序存储器中的特殊单元 在

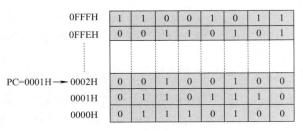

图 3-33 PC 管理程序执行示意图

程序存储器中有 7 个单元有特殊用途，如表 3-6 所示，在使用中应加以注意。单片机复位后程序计数器 PC 的内容为 0000H，故必须从 0000H 单元开始取指令来执行程序。0000H 单元是系统的起始地址，一般在该单元存放一条无条件转移指令，用户设计的程序从转移后的地址开始存放。

7 个单元相互离得很近，只隔开几个单元，容纳不下稍长的程序段。所以其中实际存放的往往是一条无条件转移指令，使分别跳转到用户程序真正的起始地址或所对应的中断服务程序真正的入口地址。

表 3-6 程序存储器中 7 个特殊单元的地址和功能

地　　址	功　　能
0000H 单元	复位单元
0003H 单元	外部中断 0 中断服务程序的入口地址
000BH 单元	定时器/计数器 0 溢出中断服务程序的入口地址
0013H 单元	外部中断 1 中断服务程序的入口地址
001BH 单元	定时器/计数器 1 溢出中断服务程序的入口地址
0023H 单元	串行口中断服务程序的入口地址
002BH 单元	定时器/计数器 2 溢出中断服务程序的入口地址

2. 数据存储器

数据存储器用于存放经常改变的中间运算结果、数据暂存以及标志位等，使用频率很高。从图 3-31 可见，80C51 单片机的数据存储器有片内数据存储器和片外数据存储器之分，片内 RAM 有 128/256B 的存储空间，片外 RAM 有 64KB 的存储空间。片外 RAM 是在单片机外部扩展的用于存储运行数据的存储器，在第 9 章 80C51 单片机系统扩展技术中专门会介绍片外数据存储器扩展的方法。片内数据存储器虽然容量很小，但由于它处于单片机内部，无需扩展，又可以随时存取，因此它是程序运行过程中使用最频繁的寄存器。本小节专门介绍片内数据存储器。

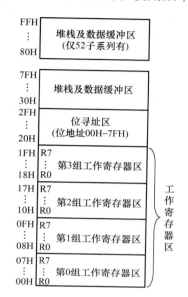

图 3-34　片内数据存储器的配置

根据使用功能不同，片内数据存储器又可一分为三，分别为工作寄存器区、位寻址区、堆栈及数据缓冲区，如图 3-34 所示。

（1）工作寄存器区（00H~1FH）　工作寄存器区共 32 个字节，分成 4 个组（0、1、2、3），每组有 8 个寄存器，分别用 R0~R7 表示，称为工作寄存器。虽然每组工作寄存器的名称相同，但每个工作寄存器有各自的地址，不会混淆。而且同一时刻只有一个组工作，CPU 根据程序状态字寄存器 PSW 中的 RS0 和 RS1 的值（由用户设定）来选择当前的工作组，如表 3-7 所示。

表 3-7　工作寄存器地址表

组	RS1	RS0	R0	R1	R2	R3	R4	R5	R6	R7
0	0	0	00H	01H	02H	03H	04H	05H	06H	07H
1	0	1	08H	09H	0AH	0BH	0CH	0DH	0EH	0FH
2	1	0	10H	11H	12H	13H	14H	15H	16H	17H
3	1	1	18H	19H	1AH	1BH	1CH	1DH	1EH	1FH

单片机上电/复位时，由于 RS1 = 0，RS0 = 0，因此自动选择第 0 组为当前的工作组。R0、R1 除作为工作寄存器外，还可以用作间接寻址的地址指针。

（2）位寻址区（20H~2FH）　位寻址区共有 16 字节，128 位，位地址为 00H~7FH，如表 3-8 所示。CPU 能直接寻址这些位，进行置 1、清 0、求"反"、传送和逻辑运算等位操作，即 80C51 单片机片内含有布尔处理器。在程序设计时，还常常将这些位用作软件标志位。

表 3-8　位地址单元分配表

字 节 地 址	位 地 址							
	D7	D6	D5	D4	D3	D2	D1	D0
2FH	7F	7E	7D	7C	7B	7A	79	78
2EH	77	76	75	74	73	72	71	70
2DH	6F	6E	6D	6C	6B	6A	69	68

（续）

字 节 地 址	位 地 址							
	D7	D6	D5	D4	D3	D2	D1	D0
2CH	67	66	65	64	63	62	61	60
2BH	5F	5E	5D	5C	5B	5A	59	58
2AH	57	56	55	54	53	52	51	50
29H	4F	4E	4D	4C	4B	4A	49	48
28H	47	46	45	44	43	42	41	40
27H	3F	3E	3D	3C	3B	3A	39	38
26H	37	36	35	34	33	33	31	30
25H	2F	2E	2D	2C	2B	2A	29	28
24H	27	26	25	24	23	22	21	20
23H	1F	1E	1D	1C	1B	1A	19	18
22H	17	16	15	14	13	12	11	10
21H	0F	0E	0D	0C	0B	0A	09	08
20H	07	06	05	04	03	02	01	00

　　注意：①位寻址区的存储单元既有字节地址又有位地址，因此既可作为一般存储单元进行字节寻址，也可对它们进行位寻址。②位寻址区的位地址范围为00H～7FH，字节地址范围是20H～2FH，有地址重叠现象。进一步观察还可发现，内部 RAM 低 128 个单元的字节地址范围也为00H～7FH，整个存储区的地址都是重叠的，但80C51 单片机专门为位操作设置了一类指令，因此在实际应用中可以通过指令的类型来区分字节地址和位地址。

　　（3）堆栈及数据缓冲区（30H～7FH）　51 子系列内部 RAM 的堆栈及数据缓冲区共有 80 个单元，字节地址范围为30H～7FH，52 子系列内部 RAM 的堆栈及数据缓冲区共有 208 个单元，字节地址范围为30H～FFH，用于存放用户数据或作为堆栈区使用。堆栈区是存储器中一个特殊的存储区，数据按照"先进后出"或"后进先出"的方式进行存取操作，堆栈区要用堆栈指针指明。

　　下面举一个在 Keil μVision 中观察数据存储器执行的例子。

　　例3-2　将片内 RAM 60H 开始的 16 个单元赋值 00 到 15，再将片内 RAM 60H 开始的 16 个单元传送到片外 RAM 1000H 开始单元。

　　解： 程序如下：

```
#include < reg52. h >
#define uchar unsigned char
uchar data text1[16] _at_ 0x60;    //定位片内 RAM 单元的首地址
uchar xdata text2[16] _at_ 0x1000; //定位片外 RAM 单元的首地址
void main(void)
    {
        uchar i;
        for(i =0;i <16;i ++ )    //对片内 RAM 单元 60H 开始的 16 个单元送数
```

```
        text1[i] = i;
        for(i = 0;i < 16;i + + )          //对片外 RAM 单元 1000H 开始的 16 个单元送数
        text2[i] = text1[i];
        while(1);
    }
```

程序运行结果如图 3-35 所示。在软件调试界面，view 菜单下，打开存储器观察窗口 Memory Window，在 Address 后输入 "d:0x60"，按回车键，可以看到从 60H 开始的 16 个片内数据存储单元中的内容分别是 00 ~ 15，其中 "d:" 代表 data，表示观察的是片内数据存储器。再打开一个存储器观察窗口，在 Address 后输入 x:0x1000，按回车键，可以看到从 1000H 开始的 16 个片外数据存储单元中的内容也分别是 00 ~ 15，其中 "x:" 代表 external data，表示观察的是片外数据存储器。

![存储器观察窗口]
Address: d:0x60
D:0x60: 00 01 02 03 04 05 06 07 08 09 0A 0B 0C 0D 0E 0F
D:0x70: 00 00 00 00 00 00 00 00 00 00 00 00 00 00 00 00

Address: x:0x1000
X:0x001000: 00 01 02 03 04 05 06 07 08 09 0A 0B 0C 0D 0E 0F
X:0x001010: 00 00 00 00 00 00 00 00 00 00 00 00 00 00 00 00

图 3-35　例 3-2 运行结果

3. 特殊功能寄存器

51 单片机中还有一个十分重要的寄存器空间——特殊功能寄存器区，该区中有一些重要的特殊功能寄存器 SFR，也称专用寄存器（不包括 PC），用于控制单片机内部功能部件实现各项功能，如定时器/定时器、中断系统、串行口及 I/O 接口的使用和参数设置等。

SFR 的编址从 80H ~ FFH，但是并没有 128 个，只有 21 个（51 子系列）或 26 个（52 子系列），在 80H ~ FFH 之间离散分布。每个 SFR 都分配有符号名和字节地址，可对其进行直接寻址，具体地址如图 3-36 中有字母的格子所示，图 3-36 中不带字母的格子是没有被定义为 SFR 的地址，这些地址有可能在单片机中并不存在，因此不可将图 3-36 中没有定义特殊功能寄存器的空间当成开放区来访问，更不可以向这些空间写数据，否则会出现意想不到的结果。

图 3-36 所示的特殊功能寄存器分别参与 51 单片机的 CPU 控制或者用于控制定时器/计数器、中断系统、串行口与并行口，这里先对 21 个 SFR 进行简单分类介绍，详细介绍将在随后的章节中展开。

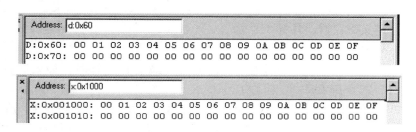

0F8H								0FFH
0F0H	B							0F7H
0E8H								0EFH
0E0H	A							0E7H
0D8H								0DFH
0D0H	PSW							0D7H
0C8H								0CFH
0C0H								0C7H
0B8H	IP							0BFH
0B0H	P3							0B7H
0A8H	IE							0AFH
0A0H	P2							0A7H
98H	SCON	SBUF						9FH
90H	P1							97H
88H	TCON	TMOD	TL0	TL1	TH0	TH1		8FH
80H	P0	SP	DPL	DPH			PCON	87H

图 3-36　51 单片机特殊功能寄存器分布图

（1）与 CPU 有关的特殊功能寄存器（6 个）

1）累加器 A(E0H)。累加器 A（又称 ACC）是 8 位最常用的寄存器。在算术/逻辑运算中用于存放操作数或结果，CPU 通过累加器 A 与外部存储器、I/O 接口交换信息，因此大部分的操作都会通过累加器 A 进行。

2）寄存器 B(F0H)。寄存器 B 是 8 位寄存器，是专门为乘除法指令设计的。乘法指令中，两个乘数存于 A 和 B 中，运算后乘积的低 8 位存放于 A 中，高 8 位存放于 B 中。除法指令中，被除数存于 A 中，除数存于 B 中，运算结果的商存于 A 中，余数存于 B 中。不做乘除运算时，寄存器 B 可作通用寄存器使用。

3）程序状态字 PSW(D0H)。PSW 是 8 位寄存器，用于存放程序运行的状态信息，PSW 中各位状态通常是在指令执行的过程中自动形成的，但也可以由用户根据需要采用传送指令加以改变。PSW 是一个逐位定义寄存器，各标志位定义如图 3-37 所示。

PSW.7							PSW.0
Cy	AC	F0	RS1	RS0	OV	—	P

图 3-37　程序状态字各位的含义

PSW.7(Cy)：进位（借位）标志位。8 位加法（减法）运算时，如果运算结果的最高位 D7 有进位（借位），则 Cy = 1，否则 Cy = 0。

在位操作中 Cy 作为位累加器使用，助记符为 "C"，可由指令进行置 1、清 0 和取反。

PSW.6(AC)：辅助进位标志位，又称为半进位标志位。8 位加法运算时，如果低半字节的最高位 D3 有进位，则 AC = 1，否则 AC = 0；8 位减法运算时，如果 D3 有借位，则 AC = 1，否则 AC = 0。AC 在作 BCD 码运算时有用。

PSW.5(F0)：用户标志位。常用作软件标志位，用户根据程序执行的需要通过对 F0 位置 1 或置 0 来设定程序的走向。

PSW.4 和 PSW.3(RS1 和 RS0)：寄存器组选择位。通过指令改变 RS1 和 RS0 的内容，可以选择当前工作的寄存器组，4 组工作寄存器 R0 ~ R7 的物理地址与 RS1、RS0 之间的关系如表 3-7 所示。

PSW.2(OV)：溢出标志位。带符号数加减运算中，用于指示运算结果是否超出累加器 A 所能表示的带符号数的有效范围（ - 128 ~ + 127）。OV = 1，表示产生溢出，运算结果错误；OV = 0，表示没有溢出，运算结果正确。

产生溢出的条件：当两个同符号数相加或者异符号数相减时，运算结果有可能超出有效范围导致溢出。

溢出的判断方法采用双进位法，即通过两个进位标志来判断。设符号位（D7）向更高位的进/借位（Cy）为 C，数值位的最高位（D6）向符号位（D7）的进/借位为 C′，如果两者相异，则 OV = 1 有溢出；两者相同，则 OV = 0 无溢出。

乘法运算时，若 OV = 1，则说明乘积超过 255，表明乘积在寄存器 A 和 B 中；若 OV = 0，则说明乘积没有超过 255，乘积只在累加器 A 中。

除法运算时，若 OV = 1，表示除数为 0，运算不被执行；否则 OV = 0。

PSW.1（空缺位）：此位未定义。

PSW.0(P)：奇偶标志位。每执行一条指令，单片机都能根据 A 中 1 的个数的奇偶自动令 P 置位或清零：奇为 1，偶为 0。

关于标志位的几点说明如下：

① Cy、AC、OV、P 标志是根据运算结果由硬件自动置 1 或清 0 的。

② Cy、RS1、RS0、F0 标志可以由指令置 1 或清 0。

③ 各种指令对标志的影响不同。

例 3-3   分析执行指令

MOV   A，#6EH

ADD   A，#58H 后，A、C、AC、OV、P 的内容是什么？

解：执行第 1 条指令后立即数 6EH 进入 A，执行第 2 条指令将使 58H 与 A 中的 6EH 相加。相加过程如下：

$$
\begin{array}{r}
0110\ 1110(6EH) \\
+\ 0101\ 1000(58H) \\
\hline
1100\ 0110(C6H)
\end{array}
$$

（A）= C6H，C = 0、AC = 1；次高位有进位、最高位无进位，OV = 1（和 > 128），执行第 1 条指令后 P = 1，执行第 2 条指令后 P = 0。第 2 条指令执行后 PSW 的值为 44H。

4）堆栈指针 SP(81H)。堆栈可以用于保存一些运行中产生的暂时数据，而堆栈指针 SP 指向单片机中某一个用于保存这些数据的地址。每当执行压栈指令"PUSH"时 SP 增加 1；每当执行出栈指令"POP"时 SP 减少 1。在上电复位时 SP = 07H，直到遇到压栈指令"PUSH"时 SP 增加 1 变成 08H。因为 08H 是第 1 组工作寄存器区的起始地址（见表 3-7），有时会用指令"MOV SP，#data"为堆栈指针 SP 设置一个新的值。比如"MOV SP，#60H"将把开放区 60H 开始开辟为堆栈空间，保存暂时数据。

5）数据指针 DPL(82H)、DPH(83H)。51 单片机提供 16 位数据指针 DPTR，由低 8 位 DPL 和高 8 位 DPH 组成。

（2）与并行口有关的特殊功能寄存器（4 个）

1）P0 口锁存器 P0(80H)。P0 中的数据就是 P0.0 ~ P0.7 上出现的数据。

2）P1 口锁存器 P1(90H)。P1 中的数据就是 P1.0 ~ P1.7 上出现的数据。

3）P2 口锁存器 P2(0A0H)。P2 中的数据就是 P2.0 ~ P2.7 上出现的数据。

4）P3 口锁存器 P3(0B0H)。P3 中的数据就是 P3.0 ~ P3.7 上出现的数据。

（3）与定时器/计数器有关的特殊功能寄存器（6 个）

1）定时/计数器控制寄存器 TCON(88H)。TCON 中包括 Timer 中断标志位、Timer 运行控制位、外部中断触发方式控制位等。

2）定时/计数器模式控制寄存器 TMOD(89H)。通过对 TMOD 的设置来控制 Timer 工作在定时或计数器模式，该寄存器还可对 Time 的工作模式进行设置。

3）定时/计数器计数寄存器 TL0、TL1、TH0、TH1(8A ~ 8DH)。TL0 与 TH0 组成 Timer 0 的 16 位计数寄存器，TL1 与 TH1 组成 Timer 1 的 16 位计数寄存器。

（4）与串行口有关的特殊功能寄存器（3 个）

1）串行口控制寄存器 SCON(98H)。SCON 用于设置串行口通信的模式，与串口通信有关的控制位、标志位均在 SCON 中。

2）串口缓冲寄存器 SBUF(99H)。所有待发送和刚进入串口的数据都存放在此寄存器中。

3）电源控制寄存器 PCON(87H)。PCON 涉及串行通信中的波特率设定位、待机模式控制位、空闲模式控制位等。

（5）与中断有关的特殊功能寄存器（2 个）

1）中断使能寄存器 IE(A8H)。51 子系列共有 5 个中断源：两个外部中断 INT0 和 INT 1，两个 Time 中断（Timer 0 和 Timer 1），1 个串行口中断。IE 可控制是否使能这 5 个中断源。

2）中断优先级控制寄存器 IP(B8H)。可设置 IP 中相应的位来改变 5 个中断源的优先级。

特殊功能寄存器的名称、符号地址、字节地址及其中可以进行位寻址的位地址和位名称如表 3-9 所示，其中字节地址能够被 8 整除的 SFR（字节地址的末位是 0 或 8H）每一位都具有位名称和位地址，能够进行位寻址。

表 3-9　80C51 单片机的特殊功能寄存器一览表

特殊功能寄存器名称		符号地址	字节地址	位地址与位名称							
				D7	D6	D5	D4	D3	D2	D1	D0
P0 口		P0	80H	87	86	85	84	83	82	81	80
堆栈指针		SP	81H								
数据指针 DPTR	低字节	DPL	82H								
	高字节	DPH	83H								
电源控制寄存器		PCON	87H	SMOD	—	—	—	GF1	GF0	PD	IDL
定时/计数器控制		TCON	88H	TF1 8F	TR1 8E	TF0 8D	TR0 8C	IE1 8B	IT1 8A	IE0 89	IT0 88
定时/计数器方式控制		TMOD	89H	GATE	C/T̄	M1	M0	GATE	C/T̄	M1	M0
定时/计数器 0 低字节		TL0	8AH								
定时/计数器 1 低字节		TL1	8BH								
定时/计数器 0 高字节		TH0	8CH								
定时/计数器 1 高字节		TH1	8DH								
P1 口		P1	90H	97	96	95	94	93	92	91	90
串行口控制		SCON	98H	SM0 9F	SM1 9E	SM2 9D	REN 9C	TB8 9B	RB8 9A	TI 99	RI 98
串行数据缓冲		SBUF	99H								
P2 口		P2	A0H	A7	A6	A5	A4	A3	A2	A1	A0
中断允许控制		IE	A8H	EA AF		ET2 AD	ES AC	ET1 AB	EX1 AA	ET0 A9	EX0 A8
P3 口		P3	B0	B7	B6	B5	B4	B3	B2	B1	B0
中断优先级控制		IP	B8H			PT2 BD	PS BC	PT1 BB	PX1 BA	PT0 B9	PX0 B8
程序状态字		PSW	D0H	CY D7	AC D6	F0 D5	RS1 D4	RS0 D3	OV D2	D1	P D0
累加器		A	E0H	E7	E6	E5	E4	E3	E2	E1	E0
B 寄存器		B	F0H	F7	F6	F5	F4	F3	F2	F1	F0

在例3-1 中已经用 Keil μVision 调试界面观察了与 CPU 有关的累加器 A、寄存器 B、SP、DPTR 及 PSW 等特殊功能寄存器，如图 3-38 所示。而其他特殊功能寄存器还可通过打开菜单栏"Peripherals"下的命令来观察，如图 3-39 所示。"Interrupt"命令可打开与中断有关的寄存器中的控制位或标志位的观察窗口；"I/O - Ports"命令可打开 P0、P1、P2、P3 观察窗口；"Serial"命令可打开与串口有关的寄存器中的控制位或标志位的观察窗口；"Timer"命令则打开与 Time 有关的设置和观察窗口。

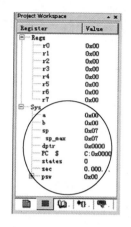

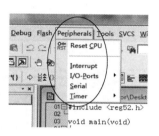

图 3-38　与 CPU 有关的特殊功能寄存器　　　　图 3-39　"Peripherals"菜单栏

例 3-4　运行下列程序，用 Keil μVision 调试界面观察相关特殊功能寄存器的变化。

```
#include < reg52. h >
void main( void)
{
    P0 = 0x12;
    P1 = 0x34;
    IE = 0x85;
    TMOD = 0x51;
    TCON = 0x00;
    TH0 = 0x18;
    TL0 = 0x45;
    while(1);
}
```

程序编译后，打开软件调试界面，按 F11 单步执行键，得到的调试界面如图 3-40 所示。

如果想更直接地观察某特殊功能寄存器的状态，还可以在存储器观察窗口地址栏中输入"D：0xyy"，其中"yy"代表要观察的特殊功能寄存器的地址，例 3-4 程序执行后，在调试界面的存储器观察窗口地址栏输入"D：0x80"，按回车键，出现了从 0x80 开始的特殊功能寄存器开始存放的数据，如图 3-41 所示，在地址号为 0x80（P0 口）、0x90（P1 口）、0x88（TCON）、0x89（TMOD）、0x8A（TL0）、0x8C（TH0）、0x88（TCON）、0xA8（IE）地址处特殊功能寄存器的值都按照程序的设置进行了修改。

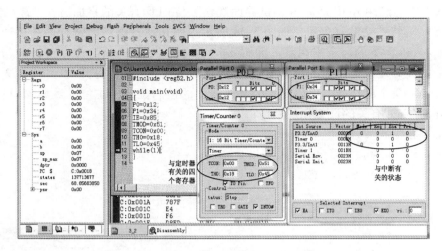

图 3-40 例 3-3 运行后特殊功能寄存器的调试界面

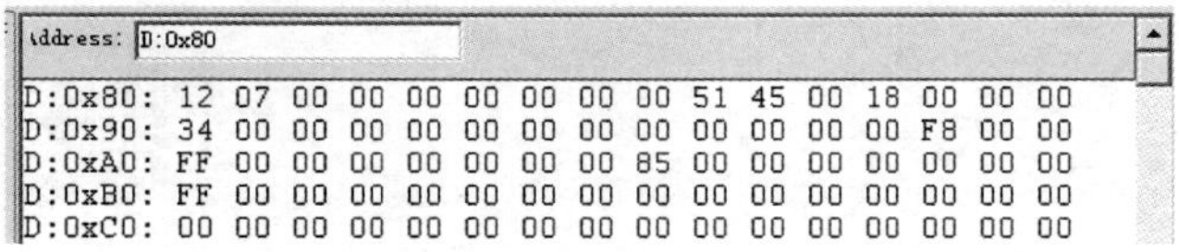

图 3-41 在数据存储器观察窗口观察的特殊功能寄存器值

再通过例 3-5 对特殊功能寄存器的符号地址、字节地址和位地址的使用分别进行体验。

例 3-5 在单片机 P1 口的 8 个引脚 P1.0 ~ P1.7 接了 8 个发光二极管，其 Proteus 仿真电路如图 3-42 所示，要求编程序实现将 P1 口的发光二极管流水点亮。

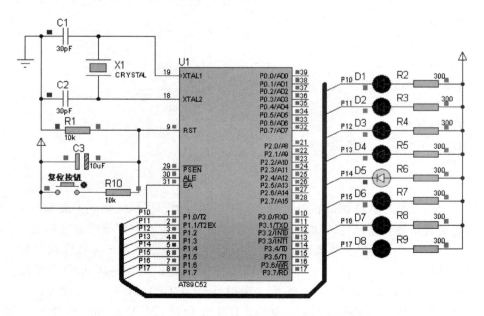

图 3-42 P1 口的发光二极管流水点亮电路原理图

　　解： 从图 3-11 所示的编程结构图可见 P1. 0 ~ P1. 7 这 8 个引脚受 8 位并行 I/O 接口 P1
口的控制，从表 3-9 可见，P1 口是一个特殊功能寄存器，它的符号地址为 P1，字节地址为
0x90，另外 P1 口中的每一位都有一个位地址。因此要实现本例所要求的功能，既可以采用
控制符号地址的方法，又可以采用控制字节地址的方法，还可以采用控制位地址的方法，将
需要点亮的位送低电平，不需要点亮的位送高电平，为了保证人眼观察到轮流点亮的效果，
点亮间隙要进行适当延时。三种方法的程序分别如下：

（1）采用控制符号地址的方法

```
#include < reg52. h >          //包含单片机寄存器的头文件
void delay( void)             //延时子程序
    {
        unsigned char i,j;
        for( i = 0 ;i < 250 ;i ++ )
            for( j = 0 ;j < 250 ;j ++ ) ;
    }
void main( void)              //主程序
{
    while( 1 )
        {
                P1 = 0xfe ;     //第一个灯亮
                delay( ) ;      //调用延时函数
                P1 = 0xfd ;     //第二个灯亮
                delay( ) ;      //调用延时函数
                P1 = 0xfb ;     //第三个灯亮
                delay( ) ;      //调用延时函数
                P1 = 0xf7 ;     //第四个灯亮
                delay( ) ;      //调用延时函数
                P1 = 0xef ;     //第五个灯亮
                delay( ) ;      //调用延时函数
                P1 = 0xdf ;     //第六个灯亮
                delay( ) ;      //调用延时函数
                P1 = 0xbf ;     //第七个灯亮
                delay( ) ;      //调用延时函数
                P1 = 0x7f ;     //第八个灯亮
                delay( ) ;      //调用延时函数
        }
}
```

（2）采用控制字节地址的方法

　　该方法所编写的程序只要将第 1 种控制符号地址的方法中所有写 "P1" 的地方全部换
成 "0x90" 即可。

（3）采用控制位地址的方法

```
#include < reg52. h >           //包含单片机寄存器的头文件
sbit P10 = P1^0;               //定义特殊功能寄存器 P1 中的可寻址位
sbit P11 = P1^1;
sbit P12 = P1^2;
sbit P13 = P1^3;
sbit P14 = P1^4;
sbit P15 = P1^5;
sbit P16 = P1^6;
sbit P17 = P1^7;
void delay(void)               //延时子程序
    {
        unsigned char i,j;
        for(i =0;i <250;i ++)
            for(j =0;j <250;j ++);
    }
void main(void)                //主程序
{
    P1 =0xFF;
    while(1)
        {
            P10 =0;            //第一个灯亮
            delay();           //调用延时函数
            P10 =1;            //第一个灯灭
            P11 =0;            //第二个灯亮
            delay();           //调用延时函数
            P11 =1;            //第二个灯灭
            P12 =0;            //第三个灯亮
            delay();           //调用延时函数
            P12 =1;            //第三个灯灭
            P13 =0;            //第四个灯亮
            delay();           //调用延时函数
            P13 =1;            //第四个灯灭
            P14 =0;            //第五个灯亮
            delay();           //调用延时函数
            P14 =1;            //第五个灯灭
            P15 =0;            //第六个灯亮
            delay();           //调用延时函数
            P15 =1;            //第六个灯灭
            P16 =0;            //第七个灯亮
```

```
        delay();          //调用延时函数
        P16 = 1;          //第七个灯灭
        P17 = 0;          //第八个灯亮
        delay();          //调用延时函数
        P17 = 1;          //第八个灯灭
    }
}
```

3.5　80C51 单片机的工作方式

80C51 系列单片机的工作方式包括：复位方式、程序执行方式、低功耗方式等。单片机不同的工作方式，代表单片机处于不同的工作状态。单片机工作方式的多少，是衡量单片机性能的一项重要指标。

3.5.1　复位方式

单片机在启动运行时，都需要先复位。复位是指通过某种方式，使单片机片内各寄存器的值变为初始状态的一种操作。当程序运行错误或由于错误操作而使单片机进入死锁状态时，也可以通过复位进行重新启动。

80C51 单片机在时钟电路工作以后，如果其 RST 端持续得到 2 个机器周期（24 个振荡周期）以上的高电平信号，就可以完成复位操作。

80C51 系列单片机的复位电路分为上电复位和手动复位两种方式。复位电路如图 3-43 所示。图 3-43a 为上电复位电路，上电自动复位是通过电容充电来实现的。在上电瞬间，由于 RC 的充电过程，在 RST 端出现一定宽度的正脉冲，通过选择适当的 R 和 C 值，就能够使 RST 引脚上的高电平保持两个机器周期以上，从而实现在上电的同时，完成单片机的复位操作。

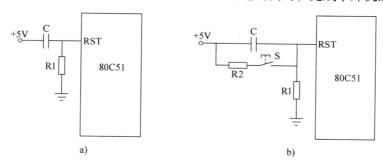

图 3-43　复位电路
a）上电复位电路　b）开关复位电路

图 3-43b 是通过复位开关 S 经电阻与电源相连接产生的正脉冲来实现按键复位的。这个电路同时也具备上电自动复位的功能。在晶振频率为 11.0592MHz 时，通常取 $C = 10\mu F$，$R1 = 10k\Omega$，$R2 = 1k\Omega$。在晶振频率为 6MHz 时，通常取 $C = 22\mu F$，$R1 = 1k\Omega$，$R2 = 200\Omega$。

复位后，单片机内部寄存器的值被初始化，其值见表 3-10。

表 3-10　单片机复位后内部各寄存器的状态

寄存器名	内　　容	寄存器名	内　　容
PC	0000H	TCON	00H
A	00H	TH0	00H
B	00H	TL0	00H
PSW	00H	TH1	00H
SP	07H	TL1	00H
DPTR	0000H	SBUF	× × × × × × × ×B
P0 ~ P3	FFH	TMOD	00H
IP	× × ×00000B	SCON	00H
IE	0 × ×00000B	PCON（CHMOS）	0 × × ×0000B

复位操作还会把 ALE 和 $\overline{PSEN}$ 变为无效状态，即 ALE = 0，$\overline{PSEN}$ = 1。但复位操作不影响片内 RAM 单元的内容。当上电复位时，RAM 单元的内容是随机的。

3.5.2　程序执行方式

程序执行方式是单片机的基本工作方式，分为连续执行工作方式和单步执行工作方式。

1. 连续执行工作方式

连续执行工作方式是所有单片机都需要的一种方式。单片机按照程序事先编写的任务，自动连续地执行下去。

由于单片机复位后，PC 值为 0000 H，因此单片机在上电或按键复位后总是转到 0000H 处执行程序，但是用户程序有时并不在 0000H 开始的存储器单元中，为此需要在 0000H 处放入一条无条件转移指令，以便跳转到用户程序的实际入口地址处执行程序。

2. 单步执行工作方式

这种方式主要用于用户调试程序。一般的单片机开发系统都会支持单片机单步运行程序。在单片机开发系统上有一专用的单步按键。按一次，单片机就执行一条指令（仅仅执行一条），这样就可以逐条检查程序，查看系统内部资源的当前状态，以便发现问题及时修改。

单步执行方式是利用单片机外部中断功能实现的。单步执行键相当于外部中断的中断源，当它被按下时，相应电路就产生一个负脉冲（即中断请求信号），送到单片机的 $\overline{INT0}$（或 $\overline{INT1}$）引脚，单片机在 $\overline{INT0}$ 引脚上的负脉冲作用下，便能自动执行预先安排在中断服务程序中的单步执行指令。

3.5.3　低功耗方式

为了降低单片机的功耗，减少外界干扰，单片机通常都有可由程序控制的低功耗工作方式，也称为省电方式。80C51 系列单片机有两种低功耗方式：待机（空闲节电）方式和停机（掉电）方式。单片机的低功耗方式的选择由其内部的电源控制寄存器 PCON 中的相关位来控制。PCON 寄存器的控制格式见表 3-11。

表 3-11　PCON 寄存器的控制格式

PCON. 7	PCON. 6	PCON. 5	PCON. 4	PCON. 3	PCON. 2	PCON. 1	PCON. 0
SMOD	—	—	—	GF1	GF0	PD	IDL

SMOD：串行口波特率倍率控制位。

GF1、GF0：通用标志位。

PD：掉电工作方式控制位。当 PD = 1 时，单片机进入掉电工作方式。

IDL：待机工作方式控制位。当 IDL = 1 时，单片机进入待机工作方式。

若同时将 PD 和 IDL 置 1，则单片机进入掉电工作方式。

PCON 寄存器的复位值为 0 × × × 0000B，PCON. 4 ~ PCON. 6 为保留位，用户不能对它们进行写操作。

待机方式和停机方式控制电路如图 3-44 所示。

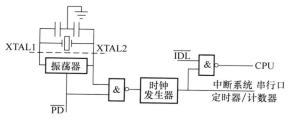

图 3-44　待机方式和停机方式控制电路

1. 待机工作方式

当用户通过软件将 PCON 的 IDL 位置 1 后，系统就进入了待机工作方式。

待机工作方式是在程序运行过程中，用户在 CPU 不执行程序时，进入的一种降低功耗的工作方式，常称为"休眠"状态。在此工作方式下，单片机的工作电流可降到正常工作方式时电流的 15% 左右。

在待机工作方式下，单片机的晶体振荡器继续工作，单片机内部只是把供给 CPU 的时钟信号切断，但时钟信号仍然继续提供给中断系统、串行口以及定时器模块。与 CPU 有关的 SP、PC、PSW、A 等的状态以及全部工作寄存器的内容被保留起来，I/O 引脚状态也保持不变，ALE 和 $\overline{PSEN}$ 保持逻辑高电平。此时 CPU 工作暂停。

退出待机工作方式的方法有两种，一种是中断退出，一种是硬件复位退出。

在待机期间，一旦有中断发生，PCON. 0（IDL）将被硬件清零。单片机退出待机工作方式，CPU 进入中断服务程序。当执行完中断服务程序返回时，系统将从设置待机工作方式指令的下一条指令开始继续执行程序。另外，PCON 寄存器中的 GF0 和 GF1 通用标志可用来指示中断是在正常情况下或是在待机工作方式下发生的。例如，在执行设置待机方式的指令前，先置标志位 GF0（或 GF1）；当待机工作方式被中断中止时，在中断服务程序中可检测标志位 GF0（或 GF1），以判断出系统是在什么情况下发生的中断，如 GF0（或 GF1）为 1，则是在待机工作方式下进入的中断。

另一种退出待机方式的方法是硬件复位，由于在待机工作方式下晶体振荡器仍然工作，因此复位仅需两个机器周期便可完成。而 RST 端的复位信号直接将 PCON. 0（IDL）清零，从而使单片机退出待机状态。在内部系统复位开始，还可以有 2 ~ 3 个指令周期，在这一段时间里，系统硬件禁止访问片内 RAM 区，但允许访问 I/O 端口。一般地，为了防止对端口的操作出现错误，在设置待机工作方式指令的下一条指令中，不应该是对端口写或对片外 RAM 写指令。

2. 掉电工作方式

当 CPU 执行一条置位 PCON. 1（PD）的指令后，系统即进入掉电工作方式。

在掉电工作方式下，单片机内部振荡器停止工作。由于没有振荡时钟，因此，单片机所有的功能部件都停止工作。但片内 RAM 区和特殊功能寄存器 SFR 的内容被保留，I/O 端口的输出状态值被保存在对应的 SFR 中，ALE 和 $\overline{PSEN}$ 都为低电平，此时耗电电流可降到 15μA 以下，最小可降到 6μA，以最小耗电保存片内 RAM 的信息。

在掉电工作方式下，V_{CC} 可以降到 2V，使片内 RAM 处于 50μA 左右的供电状态。注意在进入掉电方式之前，V_{CC} 不能降低。而在准备退出掉电方式之前，V_{CC} 必须恢复到正常的工作电压值，并维持一段时间（约 10ms），使晶体振荡器重新启动并稳定后方可退出掉电方式。

退出掉电工作方式的方法是硬件复位或中断退出。

复位后将重新定义全部特殊功能寄存器但不改变片内 RAM 中的内容。

3.6 80C51 系列单片机的时序

单片机的时序就是 CPU 在执行指令时，在时钟的同步下，各控制信号之间的时间顺序关系。为了保证各部件间协调一致地同步工作，单片机内部的电路应在唯一的时钟信号控制下严格地按时序进行工作。CPU 发出的控制信号有两大类：一类用于单片机内部，控制片内各功能部件。这类信号非常多，但对用户来讲，并不直接接触这些信号，所以可以不作了解；而另一类信号是通过控制总线送到片外的，这类控制信号的时序在系统扩展中比较重要，也是单片机的使用者应该关心的问题。

3.6.1 时钟电路

单片机的时钟信号用来提供单片机内部各种操作的时间基准，时钟电路用来产生单片机工作所需要的时钟信号。

80C51 系列单片机的时钟信号通常用两种方式得到：内部振荡方式和外部振荡方式。

1. 内部振荡方式

单片机内部有一个高增益的反相放大器，引脚 XTAL1 和 XTAL2 分别是该放大器输入端和输出端。这个放大器与作为反馈元件的片外石英晶体或陶瓷振荡器一起构成自激振荡器，80C51 内部时钟电路如图 3-45a 所示。

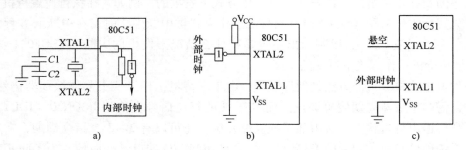

图 3-45 80C51 系列单片机的时钟电路

a) 80C51 内部时钟电路 b) 80C51 外部时钟电路 c) 80C51 外接时钟电路

外接石英晶体（陶瓷振荡器）和电容 $C1$、$C2$ 接在放大器的反馈回路中构成并联振荡电路，对外接电容 $C1$ 和 $C2$ 虽然没有十分严格的要求，但是电容容量的大小会轻微影响振荡频率的高低、振荡器工作的稳定性、起振的难易程度和温度稳定性。如果使用石英晶体，电容的典型值为 $C1 = C2 = 30pF \pm 10pF$。如果使用陶瓷振荡器，电容的典型值为 $C1 = C2 = 40pF \pm 10pF$。

振荡频率主要由石英晶振的频率确定。目前，80C51 系列单片机的晶振频率 f_{osc} 的范围为 2~24/33MHz，其典型值为 6MHz、12MHz、24MHz 等。

2. 外部振荡方式

80C51 单片机的时钟也可以由外部时钟信号提供，如图 3-45b 所示，外部的时钟信号由 XTAL2 引脚引入。由于 XTAL2 端逻辑电平不是 TTL 的，故需外接一上拉电阻，外接的时钟频率应低于 24/33MHz。

对于 CHMOS 型的 80C51 单片机，其外部时钟信号由 XTAL1 脚引入，而 XTAL2 脚悬空，如图 3-45c 所示。

在由多片单片机组成的系统中，为了各单片机之间的时钟信号的同步，应当引入唯一的公用外部时钟信号作为各单片机的振荡脉冲。

3.6.2　时序的基本单位

80C51 系列单片机以晶体振荡器的振荡周期（或外部引入的时钟信号的周期）作为最小的时序单位。所以片内的各种微操作都是以晶振周期为时序基准。图 3-46 所示为 80C51 单片机的时钟信号图。

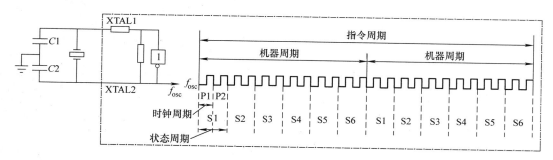

图 3-46　80C51 单片机时钟信号

由图 3-46 中可以看出，80C51 单片机的基本定时单位共有 4 个，分别是时钟周期、状态周期、机器周期和指令周期。

1. 时钟周期

时钟周期也称振荡周期，它是指晶体振荡电路产生的振荡脉冲的周期，又称节拍（如 P1，P2）。在一个时钟周期内，CPU 仅完成一个最基本的动作。

2. 状态周期

状态周期是指振荡脉冲信号经过内部时钟电路二分频之后产生的信号周期（用 S 表示）。它是时钟周期的两倍，也即一个状态周期 S 包含两个时钟周期，前一时钟周期为 P1 拍，后一时钟周期为 P2 拍。

3. 机器周期

机器周期是指 CPU 完成某一规定操作（如取指令、存储器读、存储器写等）所需时间。机器周期为单片机的基本操作周期。一个机器周期有 6 个状态，依次表示为 S1~S6，每个状态由两个时钟（脉冲周期）组成，因此一个机器周期包含 12 个时钟周期，依次表示为 S1P1，S1P2，S2P1，S2P2，…，S6P1，S6P2。

即：1 个机器周期 = 6 个状态周期 = 12 个时钟周期。

若单片机采用 12MHz 的晶体振荡器，则一个机器周期为 1μs，若采用 6MHz 的晶体振荡器，则一个机器周期为 2μs。

4. 指令周期

指令周期是执行一条指令所需的时间。不同的指令，其执行时间各不相同。80C51 系列单片机的指令周期根据指令的不同可以包含 1~4 个机器周期。

3.6.3　80C51 系列单片机的典型时序分析

80C51 系列单片机指令的执行过程分为取指令、译码、执行 3 个过程。取指令的过程实质上是访问程序存储器的过程，其时间取决于指令的字节数；译码与执行时间取决于指令的类型。

对于 80C51 系列单片机的指令系统，其指令长度为 1~3 个字节。其中单字节指令的运行时间有单机器周期、双机器周期和四机器周期；双字节指令有双字节单机器周期指令和双字节双机器周期指令；三字节指令则都为双机器周期指令。下面简单分析一下几个指令的时序。

80C51 系列单片机的时序图如图 3-47 所示。对于单字节单机器周期指令，是在 S1P2 时

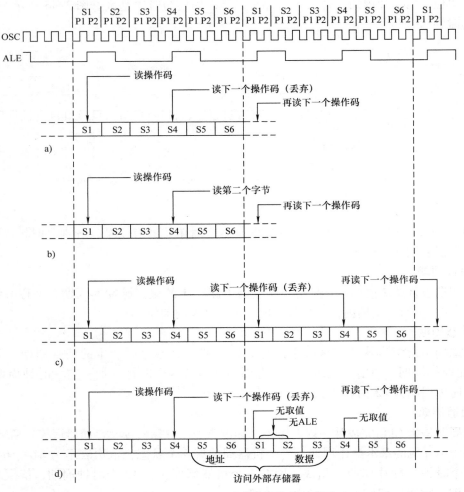

图 3-47　80C51 系列单片机的时序图

a）单字节单周期指令　b）双字节单周期指令　c）单字节双周期指令　d）MOVX（单字节双周期指令）

刻把指令读入指令寄存器，并开始执行指令，在 S6P2 结束时完成指令操作。中间在 S4P2 时刻读的下一条指令要丢弃，且程序计数器（PC）也不加 1，如图 3-47a 所示。

对于双字节单机器周期指令，则在同一机器周期的 S4P2 时刻将第二个字节读入指令寄存器，并开始执行指令，如图 3-47b 所示。无论是单字节还是双字节指令，均在 S6P2 时刻结束该指令的操作。

对于单字节双周期指令，时序如图 3-47c 所示，在 2 个机器周期内要发生 4 次读操作码的操作，由于是单字节指令，后 3 次读操作均无效。但访问外部数据存储器指令 MOVX 的时序有所不同，它的时序如图 3-47d 所示。MOVX 指令也是单字节双周期指令，在第一机器周期有 2 次读操作，后一次无效，从 S5 时刻开始送出外部数据存储器的地址，随后读或写数据，读写期间，在 ALE 端不产生有效信号。在第二个机器周期，不发生读操作。通常算术和逻辑操作是在节拍 P1 期间进行，内部寄存器的传送操作是在节拍 P2 期间进行。

3.7　80C51 单片机最小应用系统

单片机最小应用系统就是能使单片机工作的最少的器件构成的系统，是大多数单片机控制系统中不可缺少的关键部分。80C51 系列单片机包括 51 和 52 两个子系列，由于大多数的以 51 为内核的单片机，其内部已经包含了一定数量的程序存储器，在外部只要增加时钟电路和复位电路即可构成单片机最小应用系统。图 3-48 所示为由 AT89C52 构成的单片机最小应用系统。AT89C52 单片机只需外接时钟电路和复位电路即可，P0、P1、P2、P3 口构成 32 个通用 I/O 口。

而对于早期的 8031/32 型号的单片机，由于其内部没有程序存储器，构成单片机最小应用系统时，除了在外部增加时钟电路和复位电路外，还必须扩展程序存储器。图 3-49 所示为 80C32 扩展了 32KB 程序存储器 27256 的单片机最小应用系统。P0 口经锁存器 74HC573 在 ALE 下降沿输出有效的低 8 位地址信号与 P2 口组成 16 位地址总线。P0 口在地址 ALE 下降沿之后作为 8 位数据总线。P3 口的读/写控制信号 $\overline{RD}$、$\overline{WR}$ 和程序选通信号 $\overline{PSEN}$ 等作为控制总线。

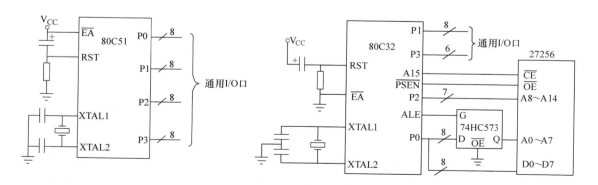

图 3-48　内部已包含 ROM 的　　　　　图 3-49　外扩 32KB 程序存储器的 80C32
　　　单片机最小应用系统　　　　　　　　　　单片机最小应用系统

通过单片机的三总线扩展外部存储器后，由于 P0 口分时复用为低 8 位地址总线和数据总线，P2 口用做高 8 位地址总线，P3 口部分口线作为控制总线，使得单片机本身提供的 I/O 口大为减少。当需要更多的 I/O 口时，可以通过 74 系列的集成电路或可编程的 I/O 芯片进行扩展。

本 章 小 结

本章是进行单片机应用系统硬件设计和软件编程的基础，知识点多而且分散。在今后的学习中常需将本章的内容与后续章节的内容进行结合，才能获得比较好的学习效果。

介绍了 8051 为内核的单片机的总体概况及使用时的选择依据。

单片机功能的实现要靠程序控制其各个引脚在不同的时间输出不同的电平，进而控制与单片机各个引脚相连接的外围电路的电气状态，要学习单片机，必须掌握它的引脚功能。

编程人员不必了解单片机内部复杂的电路结构、电气连接或开关特性，但必须掌握单片机的编程结构。编程结构是从编程人员角度所看到的单片机内部结构，该结构便于使用者从软件编程的角度去了解单片机系统的操作和运行。80C51 单片机包括中央处理器（CPU）、内部存储器（ROM、RAM）、并行 I/O 接口、片内外设（定时器/计数器、中断系统、串行口）、振荡器等部分，各部分之间通过片内总线进行连接。80C51 单片机内部采用单总线结构，地址、数据与控制信息都通过一组总线流通。

80C51 单片机存储器系统与通用微型计算机存储器系统的最大差别是区分程序存储器和数据存储器。程序存储器用于存放用户程序、数据和表格等信息。数据存储器用于存放经常改变的中间运算结果、数据暂存以及标志位等，使用频率极高。80C51 单片机的数据存储器有片内数据存储器和片外数据存储器之分。根据使用功能不同，片内数据存储器又可一分为四，分别为工作寄存器区、位寻址区、堆栈及数据缓冲区、特殊功能寄存器区（SFR）。特殊功能寄存器（SFR）也称专用寄存器，主要用于管理片内和片外的功能部件，如定时器/计数器、中断系统、I/O 接口等。用户正是通过对 SFR 的编程操作来实现对单片机有关功能部件的管理和使用。对 SFR 的了解有助于进一步理解单片机的工作原理以及学习单片机系统的设计功能，本章只先介绍了一部分 SFR，其余 SFR 将在后续相关章节结合硬件资源介绍。

80C51 系列单片机的工作方式包括：复位方式、程序执行方式、低功耗方式等。单片机不同的工作方式，代表单片机处于不同的工作状态。单片机工作方式的多少，是衡量单片机性能的一项重要指标。

单片机的时序就是 CPU 在执行指令时，在时钟的同步下，各控制信号之间的时间顺序关系。CPU 发出的控制信号有两大类：一类用于单片机内部，控制片内各功能部件。用户不直接接触这些信号，所以可以不作了解；而另一类信号是通过控制总线送到片外的，这类控制信号的时序在系统扩展中比较重要，单片机使用者应该了解。

单片机最小应用系统就是能使单片机工作的最少的器件构成的系统，是大多数单片机控制系统中不可缺少的关键部分。关于 80C51 单片机最小应用系统，这里仅建立一个概念，说明其基本构成，关于单片机应用系统的构成方法，即单片机接口技术，将在以后的章节中详细介绍。

习　题　3

1. MCS－51 系列单片机芯片包含哪些型号？内部硬件资源有哪些差别？

2. 解释 AT89S52 单片机的命名规则。

3. 80C51 单片机的选择依据有哪些？

4. 80C51 单片机的引脚包括哪几类？对外三总线是如何形成的？

5. 80C51 单片机内部包含哪些主要功能部件？各有什么主要功能？

6. 评价存储器的主要性能指标有哪些？

7. 如何划分 80C51 单片机的存储器地址空间？各地址空间的地址范围和容量是多少？在使用上有何特点？

8. 决定程序执行顺序的寄存器是哪个？它是几位的？它是如何管理程序的执行次序的？

9. 80C51 系列单片机的主程序应该从哪个单元开始存放？为什么？

10. 80C51 系列单片机的片内 RAM 可以分为哪几个不同的区域？各区的地址范围及其特点如何？

11. DPTR 是什么寄存器？它的作用是什么？它由哪几个特殊功能寄存器组成？

12. 80C51 片内 RAM 有几组工作寄存器，每组有几个工作寄存器？寄存器组的选择由什么决定？

13. 程序状态字寄存器（PSW）的作用是什么？常用状态有哪些位？作用是什么？

14. 什么是堆栈？堆栈指针（SP）的作用是什么？在堆栈中存取数据时的原则是什么？在程序设计中，为什么有时要对堆栈指针 SP 重新赋值？

15. 复位的作用是什么？有几种复位方法？复位电路是怎样的？复位后单片机的状态如何？

16. 何谓时钟周期、机器周期、指令周期？针对 AT89C51 单片机，如采用 12MHz 晶振，时钟周期、机器周期、指令周期分别是多少？

17. 什么是单片机的最小应用系统？

18. 请写一份中国 CPU 芯片发展的调研报告。

19. 80C51 系列单片机内部各功能部件需要按照一定的时序，相互配合协调一致地工作。单片机时序配合很好地体现了各部件之间相互协作和配合的团队精神。根据单片机时序配合的重要性，请论述我们日常工作中团队合作的重要性。

第 4 章　80C51 单片机的软件基础

单片机应用系统是由硬件和软件共同组成的。要使单片机实现所需要的控制功能，必须有控制软件，没有控制软件的单片机是毫无用处的。

机器语言是计算机唯一能识别的语言，用汇编语言和高级语言编写的程序（称为源程序）最终都必须翻译成机器语言的程序（称为目标程序），计算机才能识别。汇编语言是能够利用单片机所有特性直接控制硬件的语言，它直接使用 CPU 的指令系统和寻址方式，从而得到占用空间小、执行速度快的高质量程序。对于一些实时控制要求高的场合，汇编语言是必不可少的。但对于较复杂的单片机应用系统，它的编写效率很低。

为了提高软件的开发效率，编程人员采用高级语言 C 语言来开发单片机应用程序。目前许多软件公司致力于单片机 C 编译器的开发研究，许多 C 编译器的效率已接近汇编语言的水平，对于较复杂的应用程序，C 语言产生的代码效率甚至超出了汇编语言。同时目前单片机片内程序存储器的发展十分迅速，许多型号的单片机片内 ROM 已经达到 64KB 甚至更大，且具备在系统编程（ISP）功能，进一步推动了 C 语言在单片机应用系统开发中的应用。

在学习 C 语言之前，了解汇编语言，能读懂汇编语言程序，并且会编中、小规模的汇编语言程序是十分必要的。因此本章首先概略介绍 80C51 指令系统，然后重点介绍目前流行的单片机高级语言 C51 的语句组成、语句用法、函数及程序结构。

4.1　80C51 单片机的指令系统简介

根据设计使某台计算机具有的指令的集合便构成了这一计算机的指令系统。80C51 系列单片机的指令系统共有 111 条指令。

4.1.1　指令格式

一条汇编语言指令中最多包含 4 个字段，其格式为：

［标号:］操作码［目的操作数］［，源操作数］［；注释］

方括号 ［ ］ 表示该项是可选项，可有可无。每个字段之间要用分隔符分开。标号与操作码之间用 "：" 隔开，操作码与操作数之间用空格隔开，操作数与注释之间用 "；" 隔开，如果操作数有两个以上，则在操作数之间要用逗号 "，" 隔开（乘法指令和除法指令除外）。

例：LOOP：ADD A，#10H ；A←（A）+10H

1. 标号

标号是用户定义的一个符号，表示指令或数据的存储单元地址。标号由以英文字母开始的 1~8 个字母或数字串组成，以冒号 "：" 结尾。不能用指令助记符、伪指令或寄存器名来做标号。一旦使用了某标号定义一地址单元，在程序的其他地方就不能随意修改这个定义，也不能重复定义。

一条指令中的标号代表该指令所存放的第一个字节存储单元的地址，故标号又称为符号地址，在汇编时，把该地址赋值给该标号。

2. 操作码

操作码是用英文缩写的指令或伪指令功能助记符，用来表示指令的性质或功能。如 MOV 表示传送操作，ADD 表示加法操作。

3. 操作数

操作数字段给出参与操作的数据或数据所在单元的地址。操作数字段的内容复杂多样，它可能为以下几种情况之一：

（1）工作寄存器名　由 PSW. 3 和 PSW. 4 规定的当前工作寄存器区中的 R0 ~ R7 都可以出现在操作数字段中。

（2）特殊功能寄存器名　8051 中的 21 个特殊功能寄存器的名字都可以作为操作数使用。

（3）标号名　可以在操作数字段中引用的标号包括：

赋值标号：由汇编伪指令 EQU 等赋值的标号可以作为操作数。

指令标号：指令标号虽未被赋值，但这条指令的第一字节地址就是这个标号的值，在以后指令操作数字段中可以引用。

（4）常数　为了方便用户，汇编语言指令允许以各种数制表示常数，即常数可以写成二进制、十进制或十六进制等形式。

（5）$　操作数字段中还可以使用一个专门符号 "$"，用来表示程序计数器的当前值。这个符号最常出现在转移指令中，如 "SJMP $"，该指令表示继续执行该指令，在原地循环。

（6）表达式　汇编程序允许把表达式作为操作数使用。在汇编时，计算出表达式的值，并把该值填入目标码中。例如：MOV A，SUM + 1。

4. 注释

注释是对指令或程序段的简要功能说明，以方便阅读与调试程序。

4.1.2　指令系统的寻址方式

寻找操作数所在单元的地址称为寻址；确定操作数所在单元地址的方法称为寻址方式。

80C51 单片机指令系统中的寻址方式共有七类，分别为立即寻址、寄存器寻址、寄存器间接寻址、直接寻址、变址寻址、相对寻址及位寻址。

1. 立即寻址

操作数就跟在操作码的后面，可以立即参与指令所规定的操作，无须另去寄存器或存储器等处寻找和取数。

例：MOV A，#30H　　　　　　　；A←30H

　　MOV DPTR，#2000H　　　；DPTR←2000H

书写单片机指令时，为了辨识是立即数，规定在它的前面加一个 "#" 号作为前缀。

2. 寄存器寻址

寻址某工作寄存器，自该寄存器读取或存放操作数，以完成指令所规定的操作。

例：MOV R3，A　　　　　　　　；R3←（A）

　　　　ADD A，R2　　　　　　　　　　；A←(A) + (R2)

　　可以寻址的寄存器种类有工作寄存器 R0 ~ R7、累加器 A、寄存器 B、数据指针 DPTR、位累加器 Cy。

　　3. 寄存器间接寻址

　　寄存器中存放的是地址而不是操作数，寻找到该工作寄存器后，以其内容为地址，去寻找所指的 RAM 单元以读取或存放操作数，称为寄存器间接寻址。简单地说：若操作数的地址以寄存器的名称间接给出，即为寄存器间接寻址。

　　例：设 R1 的内容为 40H，则

　　MOV A，@ R1　　　　　　　　　　；A←片内 RAM(40H) 的内容。

　　上述指令的执行过程如图 4-1 所示。

　　说明：

　　1) 对于 51 子系列单片机来说，寄存器间接寻址可用于访问内部 RAM 的 128 个存储单元（00H ~ 7FH），对于 52 子系列单片机芯片则可以访问内部 RAM 的 256 个单元（00H ~ FFH）。

　　2) 只能用 R0 或 R1 间接寻址，对片外 RAM，当地址值 > 256B 时，用 DPTR 间接寻址。

　　3) 书写单片机指令时，为了辨识是间接地址，规定在寄存器的前面加一@ 作为前缀。

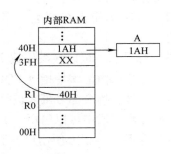

图 4-1　MOV A，@ R1 指令执行过程

　　4) 此方式也可用于访问片外 RAM 的 64K RAM。

　　5) 此方式不可以用于访问特殊功能寄存器。

　　4. 直接寻址

　　直接给出操作数所在的存储单元地址，以供寻址取数或存放的寻址方式称为直接寻址。

　　对于 80C51 系列单片机，直接寻址可用于访问程序存储器，也可用于访问数据存储器。

　　(1) 访问程序存储器的转移类指令

长转移　　　　　LJMP addr16

绝对转移　　　　AJMP addr11

长调用　　　　　LCALL addr16

绝对调用　　　　ACALL addr11

　　执行这些指令后，PC 整 16 位或低 11 位地址将更换为指令直接给出的地址，机器将改为访问以所给地址为起始地址的存储器区间，取指令（或取数）依次执行。

　　(2) 访问数据存储器的含 direct 的各条指令

　　例：MOV A，direct

　　　　MOV Rn，direct

　　　　MOV direct1，direct2

　　说明：

　　1) direct 是一个 8 位地址，称为直接寻址字节。它的值如小于等于 127，可用于访问片内 RAM 的低 128 个单元，它的值如大于 127，专用于访问特殊功能寄存器。

　　2) 直接寻址是访问特殊功能寄存器的唯一方法。特殊功能寄存器占用的是片内

RAM80H ~ FFH 间的地址，对于 51 子系列，片内 RAM 只有 128 个单元，它与特殊功能寄存器没有地址重叠。对于 52 子系列，片内 RAM 有 256 个单元，其高 128 个单元与特殊功能寄存器间有重叠。为了避免混乱，设计时规定了直接寻址指令不能访问片内 RAM 的高 128 个单元，要访问这些单元，只能用寄存器间址指令。

5. 变址寻址（或称基址寄存器加变址寄存器间接寻址）

这种寻址方式只用于访问程序存储器，当然只能读取，不能存放，它主要用于查表性质的访问。

以程序计数器（PC）或数据指针（DPTR）作为基址寄存器，以累加器 A 作为变址寄存器，把它们的和作为程序存储器的地址，再寻址该单元，读取数据。例如：

MOVC A，@ A + DPTR；A←((A) + (DPTR))

设（A） = 10H，（DPTR） = 2000H，程序存储器的（2010H） = 36H，则上面语句的功能是将 A 的内容与 DPTR 的内容相加，形成操作数的地址 2010H，把该地址中的数据传送到累加器 A。即 ((DPTR) + (A))→A。结果（A） = 36H。该语句执行的示意图如图 4-2 所示。

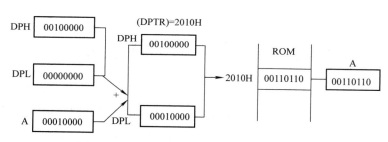

图 4-2　MOVC A，@ A + DPTR 的执行示意图

6. 相对寻址

在相对转移指令中采用相对寻址方式，在指令的操作数部分给出地址的相对偏移量。相对偏移量为一个带符号的 8 位二进制数。

将相对转移指令所在的地址称为源地址；转移后的地址称为目的地址。

目的地址 = 源地址 + 转移指令字节数 + 相对偏移量。

例：　　SJMP 50H；

设指令所在 PC 值为 2000H，而指令的机器码为 2 字节 80H、50H，则转移去的地址 = 2000H + 02H + 50H = 2052H，故指令执行后，PC 的值变为 2052H，程序下一次执行的地址为 2052H。

在实际编程中，往往已知源地址和目的地址，从而计算偏移量。在 80C51 中，常用 "rel" 表示为相对偏移量。

rel 计算方法：rel = 目的地址 - （源地址 + 转移指令字节数）

7. 位寻址

80C51 单片机设有独立的位处理器（布尔处理器），位寻址时，可以对片内 RAM 和特殊功能寄存器的某些位寻址单元进行寻址。区分位地址与字节地址的方法：主要看是位操作指令还是其他指令，若为位操作指令，则操作数中的地址一定是位地址，反之则为字节地址。

例：　　SETB 30H；（30H） ←1

4.1.3　指令系统概述

80C51 系列单片机的指令系统包括数据传送、算术运算、逻辑运算、控制转移、位操作五大类指令，具体指令格式见附录 A，此处仅介绍一下描述指令的一些符号的意义。

Rn：表示通用寄存器 R0 ~ R7。

Ri：表示通用寄存器中可间接寻址（即用做 8 位地址指针）的寄存器 R0 和 R1。

#data8：表示 8 位立即数。

#data16：表示 16 位立即数。

direct：表示 8 位片内 RAM 或 SFR 区的直接地址。

addr16/addr11：表示片外程序寄存器的 16 位或 11 位地址。

rel：表示 8 位偏移量。

bit：表示直接位地址。

@：间接寻址寄存器或基址寄存器的前缀，如@ Ri，@ DPTR。

/：位操作数的前缀，表示对该位取反。

(X)：X 中的内容。

((X))：由 X 寻址的单元中的内容。

←：指令操作流程，将箭头右边的内容送入箭头左边的单元。

4.1.4　汇编语言编程举例

例 4-1　用汇编语言编写程序，实现将数据 00H ~ 0FH 写入到片内 RAM30H ~ 3FH，然后将数据依次读出来，在 P1.0 ~ P1.3 引脚用发光二极管显示出来，设二极管的阴极与 P1 口相连。用 Keil 软件调试并查看片内 RAM 单元中数据的变化，用 Proteus 软件观察仿真结果。

解：编写的程序如下：

```
            ORG     0000H           ; 复位后 PC 的起始地址为 0000H
            LJMP    MAIN            ; 跳转到用户程序真正的起始地址 0030H
            ORG     0030H
MAIN：      MOV     R0,#10H         ; 准备传送 16 个数据, 设置循环次数为 16
            MOV     R1,#30H         ; 使传送的数据指针 R1 指向首地址 30H
            MOV     A,#00H
LOOP：      MOV     @R1,A           ; 传送 16 个数据
            INC     R1
            INC     A
            DJNZ    R0,LOOP
NEXT：      MOV     R0,#10H         ; 准备显示 16 个数据, 设置循环次数为 16
            MOV     R1,#30H         ; 使显示的数据指针 R1 指向首地址 30H
LOOP1：     MOV     A,@R1           ; 显示 16 个数据
            LCALL   DISPLAY         ; 调用显示子程序
            INC R1
```

DJNZ	R0,LOOP1		
LJMP	$	；原地循环	

；显示子程序

DISPLAY： MOV	DPTR,#TABLE	；表格首址赋值给 DPTR	
MOVC	A,@ A + DPTR	；查表	
MOV	P1,A	；显示数据	
LCALL	DELY1S	；调用软件延时子程序	
RET			

；延时子程序

DELY1S： MOV	R5,#10	；循环 10
D2： MOV	R6,#200	；循环 200
D1： MOV	R7,#248	
DJNZ	R7,$	
DJNZ	R6,D1	
DJNZ	R5,D2	
RET		
TABLE： DB 0FFH,0FEH,0FDH,0FCH,0FBH	；用发光二极管显示数字 0 ~ 4	
DB 0FAH,0F9H,0F8H,0F7H,0F6H	；用发光二极管显示数字 5 ~ 9	
DB 0F5H,0F4H,0F3H,0F2H,0F1H,0F0H	；用发光二极管显示数字 A ~ F	
END		

片内 RAM30H 单元被写入后的仿真结果如图 4-3 所示,30H ~ 3FH 单元的内容为 00H ~ 0FH。

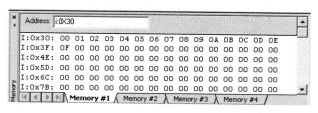

图 4-3　片内数据存储器的仿真结果

输出不同的数字时，P1.0 ~ P1.3 所接的二极管亮暗情况见表 4-1，表中打"√"表示对应的二极管亮，打"×"表示对应的二极管暗，其中输出 0CH 时二极管的亮暗情况仿真结果如图 4-4 所示。

表 4-1　P1.0 ~ P1.3 所接的二极管亮暗情况

输出数据	D4	D3	D2	D1
00H	×	×	×	×
01H	×	×	×	√
02H	×	×	√	×
03H	×	×	√	√

（续）

输出数据	D4	D3	D2	D1
04H	×	√	×	×
05H	×	√	×	√
06H	×	√	√	×
07H	×	√	√	√
08H	√	×	×	×
09H	√	×	×	√
0AH	√	×	√	×
0BH	√	×	√	√
0CH	√	√	×	×
0DH	√	√	×	√
0EH	√	√	√	×
0FH	√	√	√	√

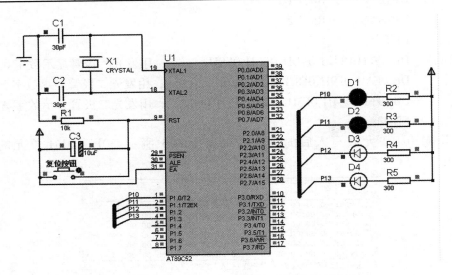

图 4-4　输出 0CH 时二极管的亮暗情况仿真结果

4.2　C51 程序设计基础

4.2.1　C51 和标准 ANSI C 的区别

随着单片机开发技术的不断发展，单片机程序设计已从普遍使用汇编语言逐渐过渡到使用高级语言。目前在单片机中使用的 C 语言不是标准的运行于普通计算机桌面平台的 ANSI C 语言，而是专门运行于单片机平台的 C51 语言。C51 是由 C 语言继承而来的，C51 语言具有 C 语言结构清晰的优点，便于学习，同时又具有其自身的特点，它和 ANSI C 语言的区别有如下几点：

1）头文件不同。80C51 系列有不同的厂家，不同的系列产品，如仅 Atmel 公司就有大家熟悉的 AT89C51、AT89C2051、AT89C52 以及大家不熟悉的 AT89S8252 等系列产品。它们都是基于 80C51 系列的芯片，唯一的不同之处在于内部资源，如定时器、中断、I/O 等数量和功能的不同，为了实现这些功能，只需将相应的功能寄存器的头文件加载在程序中，就可以实现指定的功能。因此，C51 系列单片机头文件集中体现了各芯片的不同功能。

2）数据类型不同。由于 80C51 系列单片机包含了位操作空间和丰富的位操作指令，因此 C51 比 ANSI C 多了一种位类型，使得其可以同汇编一样，灵活地进行位指令操作。

3）数据存储类型不同。80C51 系列单片机的存储空间独特（即采用哈佛结构），程序与数据存储空间区分，片内与片外存储空间区分，片内数据存储空间还分为直接寻址区和间接寻址区。因此在 C51 中的存储器类型有 code、data、idata、xdata，以及根据 80C51 系列单片机特点而设定的 bdata、pdata 类型。使用不同的存储器，将使程序有不同的执行效率。在编写 C51 程序时，推荐指定变量的存储类型，将有利于提高程序执行效率。与 ANSI C 不同，它分为 SMALL、COMPACT、LARGE 模式，各种不同的模式对应不同的实际硬件系统，也将有不同的编译结果。

4）在函数的使用上有所不同。由于单片机系统的资源有限，它的编译系统不允许太多的程序嵌套。C51 语言提供了更为丰富的库函数，对程序开发提供了很大的帮助。标准 ANSI C 库函数中，有一部分库函数不适合于单片机处理系统，如字符屏幕和图形函数，已不在 C51 库函数中，而部分原来就在 ANSI C 中，被 C51 继续使用的库函数，则由厂家针对硬件特点相应开发，与原来在 ANSI C 的构成及用法都有了很大的区别，如 printf 和 scanf，在 ANSI C 中这两个函数通常用于屏幕打印和接收字符，而在 C51 中，它们则主要用于串行通信口数据的发送和接收。

5）在编译上有所不同。由于 80C51 系列单片机是 8 位机，扩展 16 位字符 Unicode 不被 C51 支持，并且 ANSI C 所具备的递归特性不被 C51 所支持，所以，在 C51 中要使用递归特性，必须用 REENTRANT 来进行声明。

4.2.2　C51 程序结构分析

首先以第 2 章例 2-1 中一个发光二极管闪烁的控制程序为例，来分析 C51 的程序结构。

1. 文件包含指令

程序的第一行是一个"包含处理"，就是把其他文件包含到当前文件中来。其功能就是将被包含的文件中的全部内容放到包含该文件的位置，免去重复编写同类程序的过程。其格式为：

include "文件名"

或# include <文件名>

上述两种格式略有区别。前者表示先从当前源文件所在的目录中查找被包含的文件，如果找不到，再到软件安装文件夹处去查找，也就是到 Keil \ C51 \ INC 文件夹下寻找。后者表示直接到软件安装文件夹处去查找，这种方法一般用于包含头文件，如# include <reg52. h>，# include <stdio. h> 等。

这里包含的是头文件"reg52. h"。头文件中通常包含程序编译时所需要的一些信息，一般 C 语言编译器都会提供若干个不同用途的头文件，供编程时根据需要选用。"reg52. h"是对 89C52 单片机内部所有特殊功能寄存器和特殊功能位的定义，即规定符号和地址的对应关系。在 Keil C51 编译环境中，输入源程序后，将鼠标移到 < reg52. h > 上，单击右键，选择"Open document < reg52. h >"，就可以打开该头文件，其他头文件也可以用同样的方式打开。reg52. h 的具体内容如下：

```
/ * -------------------------------------------------------------------
reg52. h
Header file for generic 80C52 and 80C32 microcontroller.
Copyright( c )1988-2002 Keil Electronic GmbH and Keil Software , Inc.
All rights reserved.
------------------------------------------------------------------- * /
#ifndef __reg52_h__
#define __reg52_h__
/ * BYTE Registers * /
sfr P0  = 0x80;
sfr P1  = 0x90;
sfr P2  = 0xA0;
sfr P3  = 0xB0;
sfr PSW = 0xD0;
sfr ACC = 0xE0;
sfr B = 0xF0;
sfr SP = 0x81;
sfr DPL = 0x82;
sfr DPH = 0x83;
sfr PCON = 0x87;
sfr TCON = 0x88;
sfr TMOD = 0x89;
sfr TL0 = 0x8A;
sfr TL1 = 0x8B;
sfr TH0 = 0x8C;
sfr TH1 = 0x8D;
sfr IE = 0xA8;
sfr IP = 0xB8;
sfr SCON = 0x98;
sfr SBUF = 0x99;

/ * 8052 Extensions * /
sfr T2CON  = 0xC8;
sfr RCAP2L  = 0xCA;
```

```
sfr RCAP2H = 0xCB;
sfr TL2 = 0xCC;
sfr TH2 = 0xCD;

/* BIT Registers */
/* PSW */
sbit CY = PSW^7;
sbit AC = PSW^6;
sbit F0 = PSW^5;
sbit RS1 = PSW^4;
sbit RS0 = PSW^3;
sbit OV = PSW^2;
sbit P = PSW^0;

/* TCON */
sbit TF1 = TCON^7;
sbit TR1 = TCON^6;
sbit TF0 = TCON^5;
sbit TR0 = TCON^4;
sbit IE1 = TCON^3;
sbit IT1 = TCON^2;
sbit IE0 = TCON^1;
sbit IT0 = TCON^0;

/* IE */
sbit EA = IE^7;
sbit ET2 = IE^5; //8052 only
sbit ES = IE^4;
sbit ET1 = IE^3;
sbit EX1 = IE^2;
sbit ET0 = IE^1;
sbit EX0 = IE^0;

/* IP */
sbit PT2 = IP^5;
sbit PS = IP^4;
sbit PT1 = IP^3;
sbit PX1 = IP^2;
sbit PT0 = IP^1;
```

```
sbit PX0  =  IP^0;


/∗  P3  ∗/
sbit RD  =  P3^7;
sbit WR  =  P3^6;
sbit T1  =  P3^5;
sbit T0  =  P3^4;
sbit INT1  =  P3^3;
sbit INT0  =  P3^2;
sbit TXD  =  P3^1;
sbit RXD  =  P3^0;


/∗  SCON  ∗/
sbit SM0  =  SCON^7;
sbit SM1  =  SCON^6;
sbit SM2  =  SCON^5;
sbit REN  =  SCON^4;
sbit TB8  =  SCON^3;
sbit RB8  =  SCON^2;
sbit TI  =  SCON^1;
sbit RI  =  SCON^0;


/∗  P1  ∗/
sbit T2EX  =  P1^1; // 8052 only
sbit T2  =  P1^0; // 8052 only


/∗  T2CON  ∗/
sbit TF2  =  T2CON^7;
sbit EXF2  =  T2CON^6;
sbit RCLK  =  T2CON^5;
sbit TCLK  =  T2CON^4;
sbit EXEN2  =  T2CON^3;
sbit TR2  =  T2CON^2;
sbit C_T2  =  T2CON^1;
sbit CP_RL2  =  T2CON^0;
#endif
```

从上面代码中可以看到，该头文件中定义了 52 子系列单片机内部所有的特殊功能寄存器，用到了 sfr 和 sbit 这两个关键字，"sfr P0 =0x80;"，该语句的意义是，把单片机内部地址 0x80 处的这个寄存器重新起名为 P0，以后在程序中可直接操作 P0，就相当于直接对单片机内部的 0x80 地址处的寄存器进行操作。即通过 sfr 这个关键字，让 Keil 编译器在单片机与人之间搭建一条可以进行沟通的桥梁，我们操作的是 P0 口，而单片机本身并不知道什么是 P0 口，但它知道它的内部地址 0x80 是什么。以后凡是编写 51 内核单片机程序时，在源代码的第一行就可直接包含该头文件。

在代码中我们还看到，"sbit CY = PSW^7;"，该语句的意思是，将 PSW 寄存器的最高位，重新命名为 Cy，以后要单独操作 PSW 寄存器的最高位时，便可直接操作 Cy，其他类同。

/ * … * / 表示注释任意多行，斜扛星号与星号斜扛之间的所有文字都作为注释。而//…的写法表示只注释一行。

如果编程时认为还有某些硬件需要定义，也可以添加到这里。安装了 Keil 以后，此文件一般在 C: \ KEIL \ C51 \ INC 下，INC 文件夹根目录里有不少头文件，并且里面还有很多以公司名称分类的文件夹，里面也都是跟相关产品有关的头文件。如果要使用自己写的头文件，只需把对应头文件复制到 INC 文件夹里就可以了。

2. 数据类型声明和函数声明

例 2-1 中程序的第二行声明 D1 是可寻址位的类型数据，它的意思是将 P1 口锁存器的第 0 位重新命名为 D1，以后要操作 P1 口的第 0 位时，就可直接操作 D1。

程序的第三行 unsigned int i，j 声明 i，j 是无符号整数型变量。

3. 主函数 main( )

C 语言的程序都是由若干个函数组成的，每个程序有且只有一个主函数，一个 C 程序总是从 main( ) 函数开始执行的。main 后的小括号通常为空，说明该函数为无参函数，程序写在其后的大括号中。while(1) 为循环控制语句，该控制语句使程序始终执行 while(1) 后大括号中的语句。D1 = 0；使 P1 口的第 0 位输出 0 信号，点亮发光二极管，D1 = 1 使 P1 口的第 0 位输出 1 信号，熄灭发光二极管，两条 for 语句用于拖延时间。

通过对例 2-1 中让发光二极管闪烁的程序分析，初步了解了 C51 程序的组成，但是对构成程序的语句和函数还不熟悉，还不知道如何去写程序，下面介绍这方面的内容。

4.2.3　C51 的标识符和关键字

标识符常用来声明源程序中某个对象的名称，比如变量与常量的声明、数组和结构的声明、自定义函数的声明以及数据类型的声明等。如

int count;　　　　　//count 为整型变量的标识符
char name [20];　　//name 为包含 20 个元素的数组的标识符

C51 的标识符可以由字母、数字(0 ~ 9)和下划线组成，最多可支持 32 个字符。其中标识符的第一个字符必须为字母或下划线，例如 count2 是正确的，而 2count 则是错误的。通常以下划线开头的标识符是编译系统专用的，因此在编写 C 语言源程序时一般不要使用以下划线开头的标识符。C 语言的标识符是区分大小写的，name 与 NAME 是两个不同的标识符。

关键字是指 C51 编译器已定义保留的特殊标识符，又称为保留字，它们具有固定的名称和功能，如 int、if、for 等。在 Keil C51 开发环境的文本编辑器中编写 C 程序，系统会把

关键字以不同颜色显示。在 C 语言的程序编写中不允许标识符与关键字相同。与其他计算机语言相比，C 语言的关键字较少，ANSI C 标准共规定了 32 个关键字，见表 4-2。

表 4-2　ANSI C 标准关键字

序号	关键字	用　　途	说　　明
1	auto	存储种类说明	说明局部变量为自动变量，为默认值
2	break	程序语句	退出最内层循环体
3	case	程序语句	switch 语句中的选择项
4	char	数据类型声明	声明字符型数据
5	const	存储类型声明	在程序执行过程中不可更改的常量值
6	continue	程序语句	转向下一次循环
7	default	程序语句	switch 语句中的"其他"分支
8	do	程序语句	构成 do...while 循环结构
9	double	数据类型声明	双精度浮点数
10	else	程序语句	构成 if...else 选择结构
11	enum	数据类型声明	枚举
12	extern	存储种类声明	在其他程序模块中声明了的全局变量
13	float	数据类型声明	单精度浮点数
14	for	程序语句	构成 for 循环结构
15	goto	程序语句	构成 goto 转移结构
16	if	程序语句	构成 if...else 选择结构
17	int	数据类型声明	整型数
18	long	数据类型声明	长整型数
19	register	存储种类声明	寄存器变量
20	return	程序语句	函数返回
21	short	数据类型声明	短整型数
22	signed	数据类型声明	有符号数，二进制数据的最高位为符号位
23	sizeof	运算符	计算表达式或数据类型的字节数
24	static	存储种类声明	静态变量
25	struct	数据类型声明	结构类型数据
26	switch	程序语句	构成 switch 选择结构
27	typedef	数据类型声明	为系统固有的数据类型起别名
28	union	数据类型声明	联合类型数据
29	unsigned	数据类型声明	无符号数据
30	void	数据类型声明	无类型数据
31	volatile	数据类型声明	该变量在程序执行中可被隐含地改变
32	while	程序语句	构成 while 和 do...while 循环结构

除了 ANSI C 标准规定的 32 个关键字外，Keil C51 编译器还根据 51 单片机的特点扩展了 20 个相关的关键字，见表 4-3。

表 4-3　Keil C51 编译器扩展的关键字

序号	关键字	用　途	说　明
1	_at_	地址定位	为变量定义存储空间绝对地址
2	alien	函数特性说明	声明与 PL/M51 兼容的函数
3	bdata	存储器类型声明	可位寻址的片内 RAM
4	bit	数据类型声明	定义一个位变量或位类型函数
5	code	存储器类型声明	程序存储器空间（ROM）
6	compact	存储模式	使用片外分页 RAM 的存储模式
7	data	存储器类型声明	直接寻址的片内 RAM
8	idata	存储器类型声明	间接寻址的片内 RAM
9	interrupt	中断函数声明	定义一个中断服务函数
10	large	存储模式	使用片外 RAM 的存储模式
11	pdata	存储器类型声明	分页寻址的片外 RAM
12	_priority_	多任务优先声明	规定 RTX51 或 RTX51 Tiny 的任务优先级
13	reentrant	可重入函数声明	定义一个可重入函数
14	sbit	数据类型声明	定义一个可位寻址的变量
15	sfr	特殊功能寄存器声明	声明一个 8 位的特殊功能寄存器
16	sfr16	特殊功能寄存器声明	声明一个 16 位的特殊功能寄存器
17	small	存储模式	使用片内 RAM 的存储模式
18	_task_	任务声明	定义实时多任务函数
19	using	寄存器组选择	选择工作寄存器组
20	xdata	存储器类型声明	片外 RAM

4.2.4　C51 的数据结构

具有一定格式的数字或数值称为数据，数据是计算机操作的对象，无论使用何种语言、算法进行程序设计，最终在计算机上运行的只有数据。数据的不同格式称为数据类型，数据按一定类型进行的排列、组合、架构称为数据结构，数据结构是程序设计的基础。

1. 数据类型概述

C51 中常用的数据类型有整型、字符型、实型等，还有 C51 扩充的可寻址位型与特殊功能寄存器型等。

C51 中数据有常量与变量之分，它们分别属于以上这些类型。由以上这些数据类型还可以构成更复杂的数据结构，因此在程序中用到的所有的数据都必须为其指定类型。图 4-5 列出了 C51 的数据类型。

2. 常量与变量

在程序运行过程中，其值不能被改变的量称为"常量"，其值可以改变的量称为"变量"。

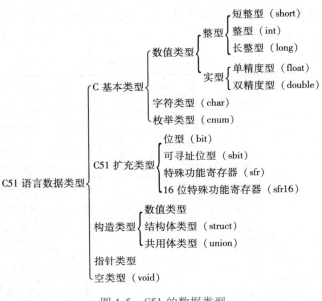

图 4-5　C51 的数据类型

（1）常量　使用常量时可以直接给出常量的值，如 3，5，0xfe 等；也可以用一些符号来替代常量的值，这称之为"符号常量"。

例 4-2　在第 2 章图 2-30 所示的流水灯电路中，要求点亮 P1.0 所接 LED 发光二极管。程序如下：

```
#include  < reg52. h >
#define Light0 0xfe
void main( )
{
    P1 = Light0；
}
```

程序中用#define Light0 0xfe 来定义符号 Light0，以后在程序中所有出现 Light0 的地方均会用 0xfe 来代替，这个程序的执行结果就是 P1 = 0xfe，即接在 P1.0 引脚上的 LED 被点亮。

使用符号常量的好处：

1）含义清楚，在定义符号常量时，尽量做到"见名知意"。

2）在需要改变一个常量时能做到"一改全改"。如果由于某种原因（如修改了硬件），端口的地址发生了变化，那么只要将所定义的语句改动一下即可。

（2）变量　变量在内存中占据一定的存储单元，在这些存储单元中存放变量的值，那么应该为这个存储单元命名。注意变量名与变量值的区别。下面从 80C51 汇编语言的角度对此作一个解释。

使用汇编语言编程时，必须自行确定 RAM 单元的用途。例如某仪表有 4 位 LED 数码管，若要显示一个字串"1234"，编程时将 30H ~ 33H 作为显示缓冲区，用汇编语言编写如下：

```
MOV 30H,#01H
MOV 31H,#02H
```

　　　MOV 32H,#03H

　　　MOV 33H,#04H

　　程序处理后，在数码管上可显示"1234"。这里的 30H 就是一个存储单元，而送到该单元中去的"1"是这个单元中的数值。显示程序中需要的是待显示的值"1"，但不借助于 30H 又没有办法来用这个 1，这就是数据与该数据所在的地址单元之间的关系。同样，在高级语言中，变量名仅是一个符号，需要的是变量的值，但是不借助于该符号又无法来使用该值。

　　实际上如果在程序中有如下语句：

　　x1 = 5；

　　经过 C 编译程序的处理之后，也会变成

　　　MOV 30H,#05H

　　当然编译后究竟是使用 30H 还是其他如 40H 、4FH 等地址单元作为存放 x1 内容的单元，是由 C 编译器根据实际情况确定的。

　　变量主要由两部分组成：一个是变量名，一个是变量值。每个变量都有一个变量名，在内存中占据一定的存储地址，在相应的内存单元中存放该变量的值，要在程序中使用变量必须先用标识符作为变量名，并指出所用的数据类型和存储模式，这样编译器才能为变量分配相应的存储空间。在 C 语言中，要求对所有用到的变量作强制定义，也就是"先定义，后使用"。

　　变量的定义格式如下：

　　［存储种类］数据类型［存储器类型］变量名表

　　其中，数据类型和变量名表是必不可少的，而存储种类和存储器类型是可选项。例如：

　　int a，b；/ * 定义两个整型变量 * /

　　unsigned int data i［60］；/ * 定义了 60 个长度的整型数组，编译器为其分配 120 个存储单元。data 关键字为存储器类型，表示用于存取前 128 个字节的片内数据存储器 */。

　　存储种类和存储器类型在 4.2.5 节介绍。

3. C 基本数据类型及 C51 扩充数据类型

　　C51 编译器所支持的基本数据类型包括 C 基本数据类型与 C51 扩充数据类型，如表 4-4 所示。

表 4-4　C51 中的数据类型

数据类型	关键字	位数	取值范围
有符号字符型	char	8	− 128 ~ 127
无符号字符型	unsigned char	8	0 ~ 255
有符号整型	int	16	− 32768 ~ 32767
无符号整型	unsigned int	16	0 ~ 65535
有符号长整型	long	32	− 2147483648 ~ 2147483647
无符号长整型	unsigned long	32	0 ~ 4294967295
浮点型	float	32	$\pm 1.175494E − 38$ ~ $\pm 3.402823E + 38$
位型	bit	1	0，1
可寻址位	sbit	1	0，1
特殊功能寄存器	sfr	8	0 ~ 255
16 位特殊功能寄存器	sfr16	16	0 ~ 65535

其中 sfr 用于定义 51 单片机内部的特殊功能寄存器，如 sfr PSW = 0xD0，这样声明后，地址为 0xD0 的这个单元就可以用 PSW 来代替，对 PSW 的操作就是对 0xD0 地址处的单元进行操作。而且我们也可以给这个单元取其他的名字。

sfr16 用来定义 51 单片机内部的 16 位特殊功能寄存器，如 sfr16 T2 = 0xCC。

sbit 用来定义 51 单片机片内 RAM 中的可寻址位或特殊功能寄存器中的可寻址位，可以用以下三种方法定义，并以程序状态字 PSW 中的最低位——奇偶标志位 P 为例来说明：

1) sbit 位变量名 = 位地址，如 sbit P = 0xD0；

2) sbit 位变量名 = 特殊功能寄存器名^位位置，如 sbit P = PSW^0；

3) sbit 位变量名 = 字节地址^位位置，如 sbit P = 0xD0^0。

以上三种方法所定义的位变量指向的是同一个物理地址。

使用有符号格式时，编译器要进行符号位检测，并调用库函数，生成的程序代码要比使用无符号格式时长很多，这样会使占用的内存空间增大，程序运行速度减慢，出错的概率也会增加。所以除非有特殊需要，一般应尽量使用无符号格式。注意：默认值为有符号格式。

如遇到各类数据间的混合运算，C51 编译器会自动进行类型转换。

4. 构造类型

在 C51 语言中，除了有以上基本数据类型以外，还有以这些基本数据类型为基础，由基本类型数据按一定规则组成的较复杂的数据结构，称为构造类型。构造类型包括数组类型、结构体类型、共同体类型等，这里只介绍最常用的一维数组和结构类型，其他类型可参照 C 语言教程。

(1) 数组类型　　数组是一种构造类型的数据，通常用来处理具有相同属性的一批数据。一维数组的定义方式为：

数据类型 数组名 [常量表达式]；

其中类型说明符用来说明数组中每个元素的数据类型；数组名的定名规则遵循标识符定名规则；方括号中的常量表达式表示该数组所包含的元素的个数。常量表达式中可以包括常量和符号常量，不能包含变量。也就是说，C51 不允许对数组的大小作动态定义，即数组的大小不依赖于程序运行过程中变量的值。

例如：

int a [8]；

它表示定义了一个数组名为 a、包含 8 个元素的数组。这 8 个元素分别为 a [0]，a [1]，a [2]，a [3]，a [4]，a [5]，a [6]，a [7]，注意：下标从 0 开始。

数组必须先定义，后使用。C51 语言规定只能逐个引用数组元素而不能一次引用整个数组。

对数组元素的初始化可以用以下方法实现：

1) 在定义数组时对数组元素赋以初值。

例如：

int a [8] = {0, 1, 2, 3, 4, 5, 6, 7}；

2) 可以只给数组的一部分元素赋值。

例如：

int a [8] = {0, 1, 2, 3, 4}；

定义 a 数组有 8 个元素，但花括弧内只提供 5 个初值，这表示只给前面 5 个元素赋初值，后 3 个元素值为 0。

3）如果想使一个数组中全部元素值为 0，可以写成

int a［8］=｛0，0，0，0，0，0，0，0｝;

不能写成

int a［8］=｛0*8｝;

4）在对全部数组元素赋初值时，可以不指定数组长度。例如:

int a［5］=｛1，2，3，4，5｝;

可以写成

int a［］=｛1，2，3，4，5｝;

5）可以仅对数组的某个元素赋值，例如:

a［1］=1;

a［3］=3;

（2）结构类型 结构变量是将互相关联的、多个不同类型的变量结合在一起形成的一个组合型变量，简称结构。构成结构的各个不同类型的变量称为结构元素（或成员），其定义规则与变量的定义相同。结构使用步骤如下:

1）首先声明结构类型。结构类型定义的格式为:

struct 结构名 ｛

　　结构成员说明

　　　　　 ｝

其中结构成员说明的格式为:

类型标识符　成员名;

例: 定义如下结构类型:

struct date ｛　　　　　　　　　　//定义名称为 date 的结构类型

　　　unsigned char month;

　　　unsigned char day;

　　　unsigned char year;

　　｝

2）定义结构变量。结构定义的格式为:

struct 结构名 变量表;

如:

struct date date1，date2;　　　　//定义结构变量 date1 和 date2

3）访问结构变量中的成员。访问使用 "." 运算符，例如:

date1. year = 07;

date1. month = 1;

date1. day = 25;

5. 指针类型

每个存储单元都有一个地址，假设有一个变量 a，其地址为 2000H，如果要访问这个单元，可以采用直接按变量名 a 来存取变量的内容的访问方式，也可以把变量的地址 2000H 放到另外

一个变量 p 中,那么为了访问变量 a 可以通过变量 p 得到 a 的地址 2000H,再到该地址中访问变量 a。由于通过变量 p 能够间接地存取它所指向的变量 a,所以把 p 称为指针变量。

指针变量的定义方式:

数据类型 ＊ 指针变量名;

数据类型是指该指针变量可以指向的变量的类型,在上例中就是变量 a 的类型;"＊"表示该变量的类型为指针型。例如:

int ＊ p_1;

char ＊ p_2;

float ＊ p_3;

定义了指针变量以后,可以通过以下方法使指针变量指向另一个变量:

int a;

char b;

float c;

p_1 = &a;

p_2 = &b;

p_3 = &c;

这样就把变量 a,b,c 的地址分别存放到了指针变量 p_1,p_2,p_3 中,三个指针就分别指向三个变量了。

4.2.5 变量的存储种类和存储器类型

变量的属性除了前面所讲的数据类型外,还有存储种类和存储器类型,只不过二者均为可选项,在有些情况下可以不注明。

1. 存储种类

变量的存储种类可以分为两大类:静态存储方式和动态存储方式。静态存储方式是指在程序运行期间分配固定的存储空间,直到程序执行完毕才将存储空间释放的方式。而动态存储方式则是在程序运行期间根据需要动态地分配存储空间的方式。存储种类不同,变量的生存期就不同。

存储种类具体可分为四种:自动变量(auto)、静态变量(static)、寄存器变量(register)和外部变量(extern)。

(1) 自动变量　自动变量用关键字"auto"声明,"auto"也可省略不写。我们以前提到的变量都没有注明存储种类,说明均为自动变量。自动变量的作用范围在定义它的函数体或复合语句内部。在定义它的函数体或复合语句被执行时,C51 才为该变量分配存储空间,当函数调用结束返回或复合语句执行结束时,就自动释放这些存储空间,这些存储空间又可被其他的函数体或复合语句使用,因此这类局部变量称为自动变量。使用自动变量能最有效地使用单片机的存储空间。因为自动变量的作用范围只在函数内部,所以如果在不同函数中即使出现相同名称的变量,它们之间也没有任何关系。

例如:

char a,b;　　　　　　　　　//定义 a,b 为字符型、自动变量,等价于"auto char a,b;"

auto int x,y;　　　　　　　//定义 x,y 为整型、自动变量

例 4-3　通过下列程序的执行观察自动变量的作用范围。

```
#include <reg52. h>      /* 包含头文件 */
#include <stdio. h>      /* 包含原型函数 */
void initUart(void);     /* 定义初始化串口子函数 */
void main(void)          /* main 函数 */
  {
    char ab = 'a';  /* 定义存储种类为自动变量、数据类型为字符型的变量 ab 的值为'a' */
    initUart();/* 初始化串口 */
    {
      char ab = 'b';  /* 定义存储种类为自动变量、数据类型为字符型的变量 ab 的值为'b' */
      printf("%c\n",ab);  /* 格式输出函数,"\n"表示输出后换行,整句表示输出字符 b */
    }
      printf("%c\n",ab);  /* 整句表示输出字符 a */
      while(1);
  }
/* * * * * * * * * * 初始化串口 * * * * * * * * * * * * */
void initUart(void)
  {
      /* 晶振频率为 11.0592MHz 时,波特率设置为 9600 */
      SCON = 0x50;  /* 串口为模式 1,允许接收 */
      TMOD |= 0x20;  /* 定时器 1 为模式 2 */
      TH1 = 0xfd;  /* 设置 TH1 的初值 */
      TR1 = 1;
      TI = 1;
  }
```

例 4-3 的仿真电路如图 4-6 所示,通过单步调试的方式可以观察程序运行后在虚拟示波器上出现的结果,运行到第一条与第二条 printf("%c\n", ab)语句时,屏幕分别显示:

b

a

由本例可见自动变量的作用范围只在函数内部。

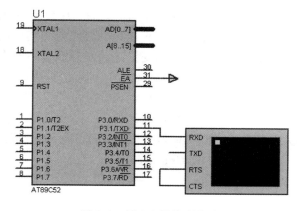

图 4-6　例 4-3 的仿真电路

（2）外部变量　外部变量是在函数的外部定义的,它的作用域为从变量的定义处开始,到本程序文件的末尾。在此作用域内,外部变量可以被程序中各个函数所引用。编译时将外部变量分配在静态存储区。

有时需要用 extern 来声明外部变量，以扩展外部变量的作用域。这里包括两种情况，一种是当某个外部变量在定义前被使用时，需要用 extern 声明。

例 4-4　通过以下例题观察外部变量的作用范围。

```
#include  < reg52. h >        /＊包含头文件＊/
#include  < stdio. h >        /＊包含原型函数＊/
void initUart( void) ;        /＊定义初始化串口子函数＊/
unsigned int ab = 1234 ;
void main( void)              /＊主函数＊/
{
   extern cd ;
   initUart( ) ;/＊ 初始化串口 ＊/
       printf( "ab = ％u,cd = ％u\n" ,ab,cd) ; //格式输出函数，" \n"表示输出后换行
       while( 1) ;
}
cd = 5678 ;
```

初始化串口的子函数与例 4-3 中相同，仿真电路与图 4-6 相同，运行后在虚拟示波器上出现：ab = 1234，cd = 5678。

程序中的外部变量 cd 是在 main 函数之后被定义的，其作用域不包括 main 函数部分，如果在 main 函数中需要用到该变量，可用 extern 加以声明。

第二种情况是，当一个 C 程序由多个源程序文件组成时，如果两个文件要用到同一个变量，不可以在两个文件中都进行定义，否则在进行程序的链接时会出现"重复定义"的错误。正确的做法是：在一个文件中定义该变量，在另一个文件中不再定义，只是在使用时用 extern 加以声明即可。

（3）静态变量　静态变量用关键字"static"声明。静态变量又分为内部静态变量（又称局部静态变量）和外部静态变量（又称全局静态变量）。内部静态变量是在函数内部定义的，外部静态变量在函数外部定义的。从编译的角度来看二者都是静态分布存储空间的。

内部静态变量与自动变量有类似之处，其作用域同样限于定义内部静态变量的函数内部，但不同的是内部静态变量是始终存在并占有存储单元的，其初值只是在进入时赋值一次，而不是在进出函数时被建立或消除。退出函数后变量的值仍然保存但不能访问。

如果在某种情况下，希望函数中的局部变量的值在函数调用结束后不消失而保留原值，即其占用的存储单元不释放，在下一次该函数调用时，该变量已有值，就是上一次函数调用结束时的值。这时就应该指定该局部变量为内部静态变量。

例如：static float x ;

　　　　static int y ;

例 4-5　通过以下例题观察内部静态变量的特点及其与自动变量的区别。

```
#include  < reg52. h >        /＊包含头文件＊/
#include  < stdio. h >        /＊包含原型函数＊/
void initUart( void) ;        /＊定义初始化串口子函数＊/
void main( )
```

```
  {
      char i;
      initUart( );                    / * 初始化串口 */
      for( i = 0;i < 3;i ++ )          //将以下复合语句重复三次
      {
        static int x = 1;
        int y = 1;
        printf( "x = % d ",x);
        printf( "y = % d\n",y);
        x ++;
        y ++;
      }
      while( 1);
  }
```

初始化串口的子函数与例 4-3 中相同，仿真电路与图 4-6 相同，运行后在虚拟示波器上出现

x = 1 y = 1

x = 2 y = 1

x = 3 y = 1

　　例 4-5 中，在复合语句中分别定义了一个内部静态变量 x 和自动变量 y，复合语句执行了 3 次，结果显示由于退出复合语句时内部静态变量仍然存在并保存其值，而自动变量则不复存在，因此内部静态变量能够累加，而自动变量则不能。

　　外部静态变量是指用 "static" 声明了的外部变量。外部静态变量的作用域为定义它的文件，即成为该文件的 "私有"（private）变量，只有该文件上的函数可以访问该外部静态变量，这也是一种实现数据隐藏的方式。也就是说如果在文件 1 中定义了外部变量 x，并用 "static" 声明了，那么该变量就只属于文件 1，在文件 2 中不可以使用，即使使用 "extern" 加以声明也不行。

　　如果在程序设计中希望某些外部变量只限于被本文件引用，而不能被其他文件引用就可以采用这种方法。这种方法主要是为了多人合作进行大的系统设计时便于程序的模块化，避免变量的重名和误用。

　　（4）寄存器变量（register）　寄存器变量用关键字 "register" 声明。因为单片机系统中访问速度最快的是寄存器，所以可以把需要快速存取或使用频繁的变量放到寄存器中，这样可以提高整个系统的运行速度。C51 编译器能够自动识别程序中使用频繁的变量，并自动将其作为寄存器变量，而不需要程序设计者指定。

2. 存储器类型

　　第 3 章中介绍了单片机的存储器，包括片内程序存储器、片外程序存储器、片内数据存储器和片外数据存储器。程序存储器虽然有片内、片外之分，但使用的指令是相同的，可以不加区分。数据存储器则较复杂，51 子系列有 128B 的片内数据存储器，52 子系列有 256B 的片内数据存储器，其中的高 128B 与特殊功能寄存器地址重叠，所以要用不同的寻址方式加以区分。高 128B 片内数据存储器采用间接寻址方式进行访问，而特殊功能寄存器只能采

用直接寻址的方式进行访问。片内数据存储器中地址范围为 0x20 ~ 0x2F 的部分是可以位寻址的。

根据 51 单片机的存储器配置，C51 编译器引入了变（常）量的不同存储器类型，见表 4-5。

表 4-5　C51 编译器可识别的存储器类型

存储器类型	对应的存储空间说明
data	直接寻址的片内数据存储器的低 128B，访问速度最快
bdata	可位寻址的片内数据存储器（地址 20H ~ 2FH 共 16B），允许位与字节混合访问
idata	间接寻址片内数据存储器 256B，可访问片内全部 RAM 空间
pdata	分页寻址片外数据存储器的 256B，使用指令 MOVX @ Ri 访问，页地址由 P2 口提供
xdata	片外数据存储器 64KB，使用指令 MOVX @ DPTR 访问
code	寻址程序存储器 64KB，使用 MOVC 指令访问

在第 3 章图 3-31 介绍了 80C51 单片机的存储器编址图，对照该编址图和表 4-5，得到 80C51 单片机不同存储空间对应的存储器类型，如图 4-7 所示。

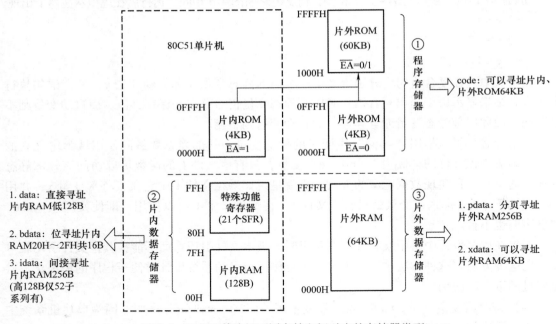

图 4-7　80C51 单片机不同存储空间对应的存储器类型

变量定义格式：

char data a；

char idata b；

char pdata c；

char xdata d；

char bdata e；

通过以上方式可以把一个字符型变量定位在数据存储器的不同空间内，由于在不同的存储器空间采用的寻址方式不同，所以访问速度也不同。

将 51 单片机的存储器、C51 编译器中变（常）量存储器类型、汇编语言中的寻址方式、访问速度列成表格，见表 4-6。

表 4-6　存储器、存储器类型、寻址方式与访问速度对照

存储器		地址空间	容量	C51 编译器中变（常）量存储器类型	汇编语言中的寻址方式	访问速度
片内数据区	工作寄存器区	00H ~ 1FH	32	data，idata	寄存器寻址	最快
	位地址区	20H ~ 2FH	16	bdata，data	位寻址、直接寻址	快
	数据缓冲区	30H ~ 7FH	80	data，idata	直接寻址、寄存器间接寻址	data 快 idata 中
		80H ~ FFH	128	idata	寄存器间接寻址	中
	特殊功能寄存器区	80H ~ FFH	128	data	直接寻址	快
片内（外）程序区		0000H ~ FFFFH	65536	code	变址间接寻址	最慢
片外数据区		0000H ~ FFFFH	65536	xdata、pdata	寄存器间接寻址	pdata 慢 xdata 最慢

3. 存储模式

C51 编译器允许采用三种存储模式：小编译模式（SMALL）、紧凑编译模式（COMPACT）、大编译模式（LARGE）。存储模式用来决定未标明存储器类型的变量的默认存储器类型。

SMALL 模式将所有未标明存储器类型的变量都默认位于片内数据存储器，这和使用 data 指定存储器类型的作用一样。此模式对变量访问的效率很高，但所有的数据对象和堆栈的总大小不能超过片内 RAM 的大小。

COMPACT 模式将所有未标明存储器类型的变量都默认位于片外数据存储器的一页（256B）内，但堆栈位于片内数据存储器内，这和使用 pdata 指定存储器类型的作用一样，该模式适用于变量不超过 256B 的情况。地址的高字节往往通过 P2 口输出，其值必须在启动代码中设置。这种模式的效率不如 SMALL 模式高，访问的速度也慢一些。

LARGE 模式将所有未标明存储器类型的变量都默认位于片外数据存储器内，这和使用 xdata 指定存储器类型的作用一样，使用数据指针 DPTR 进行寻址，寻址空间可达到 64KB，但效率较前两种模式低。

4.2.6　绝对地址的访问

前面所定义的变量经过编译之后会具有浮动地址，其绝对地址必须经过 BL51 链接定位后才能确定。但是在设计单片机应用系统时，有时需要对系统中的某个确定的具体地址空间进行访问，特别是对外设的操作，必须对绝对地址进行访问。C51 提供了三种访问绝对地址的方法。

1. 采用预定义宏

C51 编译器提供了一组宏定义来对单片机的 code 区、data 区、pdata 区和 xdata 区等不同存储区域进行绝对地址的访问。CBYTE 以字节方式寻址 code 区，CWORD 以字方式寻址 code 区，DBYTE 以字节方式寻址 data 区，DWORD 以字方式寻址 data 区，PBYTE 以字节方

式寻址 pdata 区，PWORD 以字方式寻址 pdata 区，XBYTE 以字节方式寻址 xdata 区，XWORD 以字方式寻址 xdata 区。这些宏定义包含在 absacc. h 文件中。

例

```
#include < reg52. h >
#include < absacc. h >
void main( void)
{
    unsigned char a;
    unsigned int b;
    DBYTE[0x16] = a = 3;
    b = XWORD[0x2000] = 8;
    while(1);
}
```

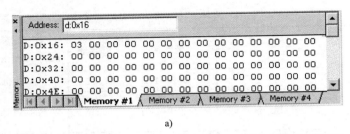

a)

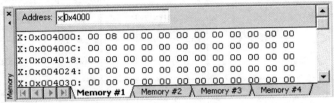

b)

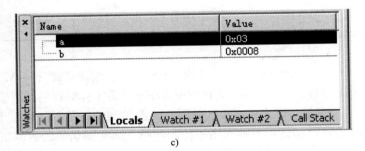

c)

图 4-8　绝对地址访问运行结果

a) DBYTE［0x16］的值　b) XWORD［0x2000］的值　c) a、b 的值

上例中 DBYTE［0x16］= a = 3 表示把无符号字符型变量 a（其值为 3）传送给片内数据存储器中地址为 16H 的单元；XWORD 是以字方式寻址 xdata 区，即每次寻址两个字节，所以 b = XWORD［0x2000］= 8 表示对片外数据存储器地址为 2000 H * 2 的单元（其值为 8）进行操作，也就是把 4000H 和 4001H 两个单元内的数据传送给无符号整型变量 b。

在 Keil C51 编译环境中，输入源程序并编译运行后，通过 Memory Window 和 Watch &Call Stack Window 可分别查看到程序的运行结果，即 DBYTE［0x16］、XWORD［0x2000］的值和 a、b 的值，如图 4-8 所示。

2. 采用扩展关键字_at_

采用_at_关键字可以指定变量在存储空间中的绝对地址，一般格式如下：

数据类型［存储器类型］标识符 _at_ 地址常数

例：

```
int idata i_at_ 0x40;            //变量 i 定位于 idata 空间，地址为 40H
char xdata name[120] _at_0x7000; //字符型数组 name 定位于 xdata 空间，地址从 7000H
                                     开始
```

注意：

1) 用_at_定义的绝对变量不能初始化。

2) bit 类型的函数及变量不能定位到一个绝对地址。

3) 用_at_定义的变量必须是全局变量。

例 4-6　将片内 RAM 50H 单元赋值 0xAA，再将片内 RAM 50H 单元内容传送到片外 RAM 2000H 单元，再将片外 RAM 2000H 单元内容送 P1 口，控制 P1 口的 8 个发光二极管。

解：程序如下：

```
#include  <reg52. h>
#define uchar unsigned char
uchar data A1 _at_ 0x50;          //内部 RAM50H 单元取变量名为 A1
uchar xdata A2 _at_ 0x2000;       //外部 RAMx2000 单元取变量名为 A2
void main（void）
{
    A1 =0xAA;        //内部 RAM50H 单元送数 0xAA
    A2 = A1;         //内部 RAM50H 单元内容送外部 RAMx2000
    P1 = A2;         //外部 RAMx2000 单元内容送 P1 口
    while（1）;
}
```

程序运行结果如图 4-9 所示。

将本例程序下载到实验板中，可以获得和图 4-9d 一样的显示效果。

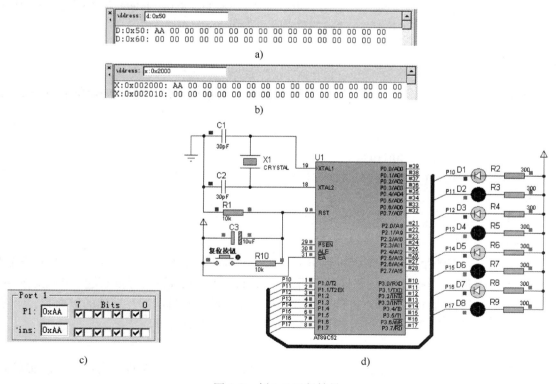

图 4-9　例 4-6 运行结果

a）片内 RAM 50H 单元的内容　b）片外 RAM 2000H 单元的内容

c）通过 Peripherals 观察的 P1 口 8 位内容　d）P1 口的 8 个发光二极管显示结果

3. 采用指针变量

定义一个指针变量，然后把地址常数赋予该变量，就可以通过该指针变量对该绝对地址进行访问了。例如：

```
#define uchar unsigned char
void main( void)
{
    uchar xdata * xdp;
    uchar data  * dp;
    xdp = 0x1000;
    * xdp = 0x66;
    dp = 0x30;
    * dp = 0x77;
}
```

编译运行后可清楚地看到程序的运行结果：指针变量 xdp 的值为 1000H，dp 的值为 30H，xdata 区地址为 1000H 的单元中的数据为 66H，data 区地址为 30H 的单元中的数据为 77H。

4. 采用链接定位控制命令

在对用户程序进行链接时，可利用 code、xdata、pdata、data、bdata 等链接定位控制命令指定变量的绝对地址，但这种方法局限性较大，这里不做详细介绍。

4.2.7　C51 的预处理

预处理功能包括宏定义、文件包含和条件编译 3 个主要部分。预处理命令不同于 C 语言语句，具有以下特点：

1）预处理命令以"#"开头，后面不加分号。

2）预处理命令在编译前执行。

3）多数预处理命令习惯放在文件的开头。

1. 宏定义

不带参数的宏定义的格式为：

#define 新名称　原内容

例 4-6 中程序的第二句：#define uchar unsigned char 就是宏定义，该指令的作用是用#define 后面的第一个字母组合代替该字母后面的所有内容，即给原内容重新起一个比较简单的新名称，以后在程序中就可以直接写简短的新名称，而不必每次都写繁琐的原内容。

又例：#define PI 3.14，以后在程序中就可用 PI 代替 3.14。

2. 包含文件

包含文件的含义是在一个程序文件中包含其他文件的内容。用文件包含命令可以实现文件包含功能，命令格式为：

#include < 文件名 >或#include "文件名"

例如，在文件中第一句经常为：# include < reg52. h >，在编译预处理时，对#include 命令进行文件包含处理。实际上就是将文件 reg52. h 中的全部内容复制插入到 #include <reg52. h> 的命令处。

3. 条件编译命令

提供一种在编译过程中根据所求条件的值有选择地包含不同代码的手段，实现对程序源代码的各部分有选择地进行编译，称为条件编译。

#if 语句中包含一个常量表达式，若该表达式的求值结果不等于 0 时，则执行其后的各行，直到遇到 #endif、#elif 或 #else 语句为止（预处理 elif 相当于 else if）。在 #if 语句中可以使用一个特殊的表达式 defined（标识符）：当标识符已经定义时，其值为 1；否则，其值为 0。

例如，为了保证 hdr. h 文件的内容只被包含一次，可以像下面这样用条件语句把该文件的内容包含起来：

#ifndef(hdr)
#define hdr
#include(hdr. h)
#endif

4. 2. 8　C51 的运算符与表达式

C 语言有丰富的运算符，绝大多数的操作都可以通过运算符来处理。运算符就是完成某种特定运算的符号，包括算术运算符、赋值运算符、关系运算符、逻辑运算符、位运算符、条件运算符等。按照表达式中运算对象的个数又可将运算符分为单目运算符、双目运算符和三目运算符。单目运算符只需一个运算对象，双目运算符要求有两个运算对象，三目运算符则要求有三个运算对象。表达式是由运算符和运算对象所组成的具有特定含义的式子。运算符和表达式可以组成 C 语言程序的各种语句。

1. 算术运算符

算术运算符包括以下几种：

+	加或取正值运算符
–	减或取负值运算符
*	乘运算符
/	除运算符
%	取余运算符
++	自增运算符
––	自减运算符

其中取正值运算符、取负值运算符、自增运算符、自减运算符为单目运算符，其他为双目运算符。加、减、乘法运算符合一般的算术运算规则，除法运算则有些特殊，如果是两个浮点数相除，其结果为浮点数，如 3.0/10.0 所得值为 0.3，而当两个整数相除时，所得值就是整数，如 7/3，值为 2，舍去小数部分。取余运算符也是进行除法运算，只是结果不是商而是余数，如 7%3，结果为余数 1。像别的语言一样，C 的运算符也有优先级和结合性，也可以用括号"( )"来改变优先级。

自增、自减运算符的作用是使变量的值加 1 或减 1。

++i　　　　先使 i 的值加 1，然后再使用；
− −i　　　　先使 i 的值减 1，然后再使用；
i++　　　　使用完 i 的值以后，再使 i 的值加 1；
i− −　　　　使用完 i 的值以后，再使 i 的值减 1。

例如：假设 i = 8，则执行 j = ++i 时，i 先加 1 变为 9，然后把 9 赋给变量 j，所以执行结果为 i = 9，j = 9。而执行 j = i++ 时，先将 i 的值 8 赋给 j，然后再使 i 的值加 1，执行结果为 i = 9，j = 8。

例 4-7　观察自增、自减运算符的用法和功能。

```
void main( )
{
    int i = 8;
    int a,b,c,d,e,f;
    a = ++i;
    b = − −i;
    c = i++;
    d = i− −;
    e = −i++;
    f = −i− −;
    while(1);
}
```

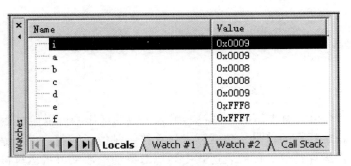

图 4-10　例 4-7 的运行结果

执行结果如图 4-10 所示。

2. 赋值运算符

"=" 就是赋值运算符，其功能是将一个数据赋给一个变量，如：

a = 8;
b = 5;
c = a/b;
a = b = 6;

以上语句执行时，先计算出右边表达式的值，再将该值赋给左边的变量。

3. 关系运算符

关系运算符的功能就是判断两个数的关系。C 语言有以下六种关系运算符：

>　　　　大于
<　　　　小于
> =　　　　大于等于
< =　　　　小于等于
= =　　　　测试等于
! =　　　　测试不等于

关系运算符的优先级低于算术运算符，高于赋值运算符。

六种关系运算符中前四种具有相同的优先级，后两种具有相同的优先级，而且前四种的优先级高于后两种。

注意赋值运算符 " = " 和测试等于 " == " 关系运算符不一样。

两个表达式用关系运算符连接起来就构成了关系表达式。关系表达式的值为逻辑值，即只有真（True）和假（False）两种状态，在 C 语言中用 1 表示真，用 0 表示假。若关系表达式的条件成立，则表达式的值为真（1），否则为假（0）。

例 4-8　观察关系运算符的用法和功能。

```
void main( )
{
    int a,b,c,d,e,f;
    a = (5 >6 );
    b = (3 <5 );
    c = (12 > =10 );
    d = (10 < =9 );
    e = (7 ==8 );
    f = (7! =8 );
    while(1 );
}
```

执行结果如图 4-11 所示。

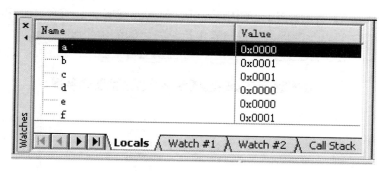

图 4-11　例 4-8 的运行结果

4. 逻辑运算符

逻辑运算符的功能是通过逻辑运算求条件式的逻辑值。C 语言有以下三种逻辑运算符：

&&　　　逻辑 "与"

‖　　　逻辑 "或"

!　　　逻辑 "非"

逻辑表达式的格式如下：

逻辑 "与"条件式 1 && 条件式 2

逻辑 "或"条件式 1 ‖ 条件式 2

逻辑 "非"!: 条件式

逻辑表达式的值与关系表达式类似，均为逻辑值。运行时先对条件式的值进行判断，得出真或假的结果，然后将判断结果进行逻辑运算。对于逻辑与运算，只有二者均为真时，结果才为真；对于逻辑或运算，只有二者均为假时，结果才为假；逻辑非运算是把条件式的判断结果取反，即真变假，假变真。

三种逻辑运算中，逻辑"非"的优先级别最高，且高于算术运算符；逻辑"或"的优先级别最低，低于关系运算符，但高于赋值运算符。

例4-9 观察逻辑运算符的用法和功能。

```
void main( )
{
    int a,b,c,d,e,f,g,h,i;
    a = (5 >6)&&(3 <2);
    b = (3 <5)&&(7 >6);
    c = (5 >6)&&(7 >6);
    d = (10 < =9)‖(7 >6);
    e = (10 > =9)‖(7 >6);
    f = (10 < =9)‖(7 <6);
    g = ! (3 <2);
    h = ! (3 >2);
    i = (7 ==8)&&(3 <2) +(3 <2)‖(5 >6) +! (5 >6);
    while(1);
}
```

执行结果如图4-12所示。从该例中除了可以观察各逻辑运算符的用法和功能外，还可以看到逻辑运算符之间以及逻辑运算符与算术运算符之间的优先级顺序。

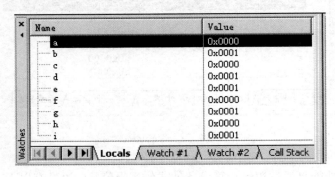

图4-12　例4-9的运行结果

5. 位运算符

位运算符的功能是对变量按位进行运算，但并不改变运算变量的值。C语言有以下六种位运算符：

&　　按位"与"

|　　按位"或"

~　　按位取反

^　　按位"异或"

<<　左移

>>　右移

对于异或逻辑运算，当参与运算的两个二进制数相同时结果为假（0），不同时结果为真（1）。六种位运算符的优先级由高到低的顺序为：按位取反、左移、右移、按位"与"、按位"异或"、按位"或"。下面以按位"与"为例了解位运算符的操作过程。假设有字符型变量 a 和 b，a = 10111001，b = 10000011，则表达式 a&b 的值为

$$
\begin{aligned}
\text{a:}& \quad 1\ 0\ 1\ 1\ 1\ 0\ 0\ 1 \\
\text{b:} \& & \quad 1\ 0\ 0\ 0\ 0\ 0\ 1\ 1 \\
\hline
& \quad 1\ 0\ 0\ 0\ 0\ 0\ 0\ 1
\end{aligned}
$$

由此可见，位运算就是将参与运算的两个变量的各个二进制位分别对应进行"与"、"或"、"异或"等操作。

左移运算符用来将一个数的各个二进制位全部左移若干位，移出的数据位丢失，移入的数据位补"0"；右移运算符则用来将一个数的各个二进制位全部右移若干位，此时有符号数和无符号数有区别。若为无符号数，移出的数据位丢失，移入的数据位补"0"；若为有符号数，则移出的数据位丢失，移入的数据位用符号位填补。

例 4-10　观察位运算符的用法和功能。

```c
void main( )
{
    unsigned char i,j,a,b,c,d,e,f,g;
    char x = 0xA6;
    i = 0x36;
    j = 0x98;
    a = i &j;
    b = i|j;
    c = i^j;
    d = ~ i;
    e = i <<2;
    f = j >>3;
    g = x >>2;
    while(1);
}
```

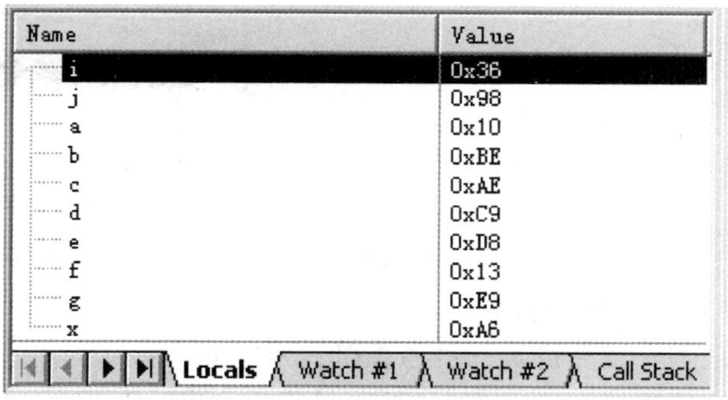

Name	Value
i	0x36
j	0x98
a	0x10
b	0xBE
c	0xAE
d	0xC9
e	0xD8
f	0x13
g	0xE9
x	0xA6

执行结果如图 4-13 所示。

图 4-13　例 4-10 的运行结果

6. 复合赋值运算符

复合赋值运算符是 C 语言的一种特色，它简化了代码的编写。该类运算符的功能是将某个变量先与表达式进行指定的运算，再将运算结果赋予该变量。C 语言有以下 10 种复合赋值运算符：

+ =　　加并赋值运算符

– =　　减并赋值运算符

* =　　乘并赋值运算符

/ =　　除并赋值运算符

% =　　取余并赋值运算符

<< =　　左移并赋值运算符

```
>> =    右移并赋值运算符
& =     按位"与"并赋值运算符
| =     按位"或"并赋值运算符
^ =     按位"异或"并赋值运算符
```

C语言中凡是双目运算都可以用复合赋值运算符来表示,一般格式如下:

变量　复合赋值运算符　表达式

如a + = 5,相当于a = a + 5;a * = b - 6,相当于a = a * (b - 6),y/ = x + 9,相当于y = y/(x + 9)。

例4-11　观察复合运算符的用法和功能。

```
void main( )
    {
        volatile int i,j,a,b,c;
        i = 0x36;
        j = 0x98;
        a = 0x23;
        b = 0x34;
        a& = i;
        b| = j;
        c^ = j;
        i << = 2;
        j >> = 3;
        i << = 2;
        while(1);
    }
```

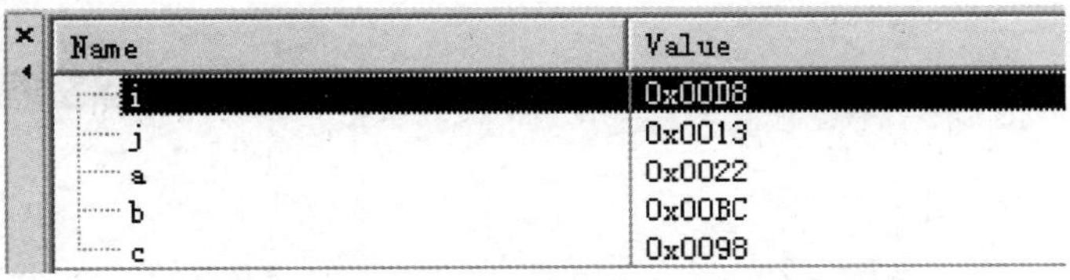

Name	Value
i	0x00D8
j	0x0013
a	0x0022
b	0x00BC
c	0x0098

执行结果如图4-14所示。

图4-14　例4-11的运行结果

7. 条件运算符

条件运算符是三目运算符,格式如下:

判断结果 = (判断式)? 结果1:结果2

其含义是先求判断式的值,若为真,则判断结果 = 结果1;若为假,则判断结果 = 结果2。

例4-12　观察条件运算符的用法和功能。

```
void main( )
    {
        char a,b,max;
        a = 10;
        b = 16;
        max = a > b? a:b;
        while(1);
    }
```

执行结果:max = 16。

8. 指针和地址运算符

在前面学习数据类型时，接触过指针类型数据，知道它是一种存放指向另一个数据的地址的变量类型。C 语言中提供了两个专门用于指针和地址的运算符：

* 指针运算符（取内容）

& 取地址运算符（取地址）

一般形式分别如下：

取内容：　变量 = ＊ 指针变量

取地址：　指针变量 = & 目标变量

变量前面加"＊"说明该变量为指针，所以操作时取的不是变量的值，而是将指针变量所指向的目标变量的值赋给左边的变量；取地址运算是将目标变量的地址赋给左边的变量。"＊"和"&"运算符均为单目运算符。

例 4-13　观察指针和地址运算符的用法和功能。

```c
void main( )
{
    char a,b, * m;
    a = 10;
    m = &a;
    b = * m;
    while( 1 );
}
```

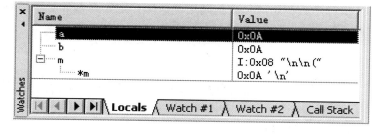

执行结果如图 4-15 所示。

图 4-15　例 4-13 的运行结果

4.3 C51 语言的语句

C51 语言的语句是单片机执行的操作命令，每条语句都以分号结尾。需要注意的是，变量、函数的声明部分也以分号结尾，但不是语句。

4.3.1 表达式语句

由一个表达式加上一个分号就构成了表达式语句。如：

i = 7;

j = a = b;

i ++ ;

4.3.2 复合语句

用大括号"｛｝"将多条语句括起来就组成了复合语句，也称为功能块。复合语句中的每一条语句都必须以"；"结束，而不允许将"；"写在"｝"外。复合语句不需要以"；"结束。C 语言中将复合语句视为一条单语句，也就是说在语法上等同于一条单语句。对于一个函数而言，函数体就是一个复合语句。如：

```
    {
        i = 7;
        j = a = b;
        i + + ;
    }
```

4.3.3　空语句

空语句是仅由一个分号";"组成的语句。空语句什么也不做，语句格式：

```
    ;
```

4.3.4　函数调用语句

函数调用的一般形式加上分号就构成了函数调用语句。语句格式：

函数名（实际参数表）；

执行函数调用语句就是调用函数体并把实际参数赋予函数定义中的形式参数，然后执行被调函数体中的语句。

4.3.5　控制语句

控制语句用于控制程序的流程，以实现程序的各种结构方式。C51 的控制语句有以下几类：

1. 选择语句 if

if 语句是 C 语言的一种基本的选择控制语句，它有以下三种形式：

（1）if 分支结构

if（表达式）

{语句序列;}

其他语句

功能：如果表达式的值为真，则执行语句，否则不执行语句。if 分支结构如图 4-16 所示。

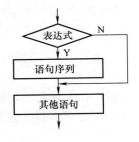

图 4-16　if 分支结构

　　例 4-14　仿真电路如图 4-17 所示，当开关 K 闭合时上面 4 个发光二极管先亮，下面 4 个二极管后亮，当开关 K 打开时仅下面 4 个发光二极管亮。试编写程序。

解： 程序如下：

```
# include  < reg51. h >
sbit k = P3^0;
void main( )
    {
        while(1)
        {if( k = =0)
            {
```

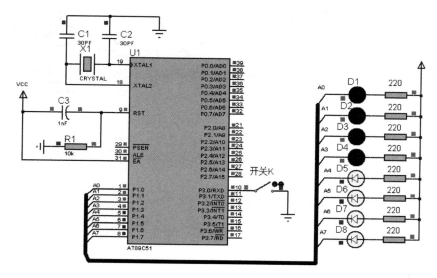

图 4-17　例 4-14 仿真电路图

```
        P1 = 0xf0;
        }
        P1 = 0x0f;
    }
}
```

将上述程序下载到实验板中，可以获得题目所要求的效果。

如果语句序列中只有一条语句，可以省略" {}"，并将该语句直接写在 if 语句的后面。如上述程序可以写为：

```
# include  < reg52. h >
sbit k = P3^0;
void main( )
{
    while(1)
        {
        if( k == 0)P1 = 0xf0;
        P1 = 0x0f;
        }
}
```

（2）if - else 分支结构

```
if(表达式)
{语句序列 1;}
else
{语句序列 2;}
其他语句;
```

功能：如果表达式的值为真，则执行语句序列1，否则执行语句序列2。其流程图如图4-18所示。

例4-15　在例4-14中，当开关S闭合时8个发光二极管亮，S断开时8个发光二极管灭。试编写程序。

解：程序如下：

```
# include <reg52. h>
sbit k = P3^0;
void main( )
{
while(1)
    {
    if( k ==0)
        {
        P1 = 0x00;
        }
    else
        {
        P1 = 0xff;
        }
    }
}
```

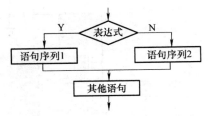

图4-18　if-else分支结构流程图

（3）if else if 分支结构

if（表达式1）{语句序列1;}
else if（表达式2）{语句序列2;}
else if（表达式3）{语句序列3;}
　　⋮
else if（表达式n）{语句序列n;}
else {语句序列n + 1;}
其他语句;
其流程图如图4-19所示。

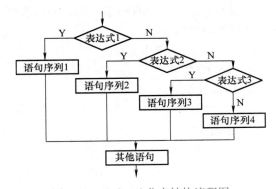

图4-19　if else if 分支结构流程图

例4-16　请编写一程序，判断x大于0、等于0、还是小于0；并输出如下判断结果：

$$y = \begin{cases} 1 & \text{当 x > 0 时} \\ 0 & \text{当 x = 0 时} \\ -1 & \text{当 x < 0 时} \end{cases}$$

解：程序设计如下：

```
# include <stdio. h>
void main( )
```

```
    {
      char x,y;
      x = 8;  //可以修改此处的 x 值获得不同的 y 值
      if ( x > 0 ) y = 1;
      else if ( x == 0)    y = 0;
      else    y = - 1;
      while ( 1 );
    }
```

2. switch 语句

switch 语句是多分支选择语句，也称开关语句。一般格式如下：

```
    switch( 表达式)
    {
    case 常量表达式 1: 语句序列 1;
    case 常量表达式 2: 语句序列 2;
      ⋮
    case 常量表达式 n: 语句序列 n;
    default: 语句序列 n + 1;
    }
```

每个 case 和 default 出现的顺序不影响执行结果，但每个常量表达式的值必须互不相同。该语句的执行过程如下：

1) 求 switch 后括号内的表达式的值，并将其值与各 case 后的常量表达式值进行比较。

2) 当表达式的值与某个常量表达式相等时，则执行该常量表达式后边的语句序列。

3) 接着执行下一个常量表达式后边的语句序列，直到后边所有的语句序列都执行完（即执行到语句序列 n + 1）。

4) 如果表达式的值与所有 case 后的常量表达式都不相等，则执行 default 后面的语句序列。

但是我们通常只是需要当某个常量表达式的值与 switch 后表达式的值相等时就执行该 case 后的语句序列，并不希望程序一直执行下去，直到语句序列 n + 1。要达到这一目的，只需要在每个语句序列的后边加上 "break" 语句即可。格式如下：

```
    switch( 表达式)
    {
    case 常量表达式 1: 语句序列 1;
    break;
    case 常量表达式 2: 语句序列 2;
    break;
      ⋮
    case 常量表达式 n: 语句序列 n;
```

break；
default：语句序列 n + 1；
｝

其流程见图 4-20。

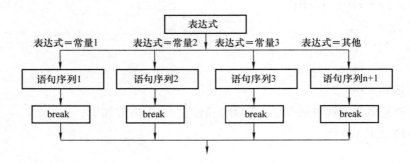

图 4-20　switch 分支结构流程图

例 4-17　仿真电路如图 4-21 所示，编写程序，当只有 K1 闭合时，D1 亮，只有 K2 闭合时，D2 亮，依此类推。试编写程序。

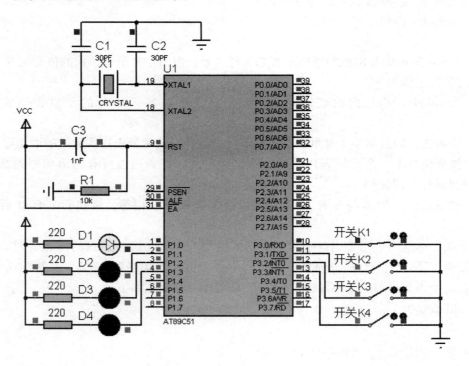

图 4-21　例 4-17 仿真电路图

解：程序设计如下：

```
#include  < reg51. h >
void main( )
```

```
    }
unsigned char k;
while(1)
    {
        P3 = P3|0x0f;  //P3 做 I/O 口时为准双向口,用作输入时应先写"1"
        k = P3;
        k = k&0x0f;    //屏蔽高四位
        switch(k)
            {
            case 0x0e:P1 =0xfe;P3 = P3|0x0f;
            break;
            case 0x0d:P1 =0xfd;P3 = P3|0x0f;
            break;
            case 0x0b:P1 =0xfb;P3 = P3|0x0f;
            break;
            case 0x07:P1 =0xf7;P3 = P3|0x0f;
            break;
            default :P1 =0xff;
            }
    }
}
```

将上述程序下载到实验板中,可以在实验板上获得题目所要求的效果。

3. for 语句

for 语句是一个很实用的计数循环语句,使用起来非常方便、灵活。其格式如下:

for (表达式 1;表达式 2;表达式 3)

{语句序列;}　　　　//循环体,可为空

其中表达式 1 通常为赋值表达式,用来确定循环结构中控制循环次数的变量的初始值,实现循环控制变量的初始化;表达式 2 通常为关系表达式或逻辑表达式,用来判断循环是否继续进行;表达式 3 通常为表达式语句,用来描述循环控制变量的变化,最常见的是自增或自减表达式,实现对循环控制变量的修改。当循环条件满足时就执行循环体内的语句序列。语句序列可以是简单语句,也可以是复合语句。若只有一条语句,则可以省略{}。

for 语句的执行过程如下:

1)计算表达式 1 的值,为循环控制变量赋初值。

2)计算表达式 2 的值,如果为“真”则执行循环体一次,否则退出循环,执行 for 循环后的语句。

3)如果执行了循环体语句,则执行循环体后,要计算表达式 3 的值,调整循环控制变量。然后回到第 2 步重复执行,直到表达式 2 的值为“假”时,退出循环。其流程图如图 4-22 所示。

例 4-18 仿真电路如图 4-23 所示，编写程序，使图中的发光二极管 D1 闪烁。

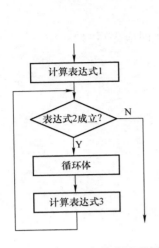

图 4-22 for 语句执行流程图

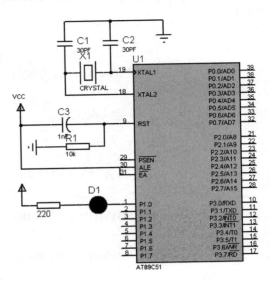

图 4-23 例 4-18 仿真电路图

解：程序设计如下：

```
#include ＜reg52.h＞
#define uchar unsigned char
sbit LED = P1^0;
void main(void)
{
    uchar i;
    while(1)
    {
        LED = 0;
        for(i = 0;i < 250;i ++);
        LED = 1;
        for(i = 0;i < 250;i ++);
    }
}
```

程序中用 for 语句实现了延时，以保证肉眼能够看到发光二极管的闪烁。如果认为延时时间不够长，也可以使用 for 语句嵌套。如：

```
for (i = 0; i < 250; i ++)
    for (j = 0; j < 80; j ++);
```

其中第二条 for 语句是第一条 for 语句的循环体，所以第一条语句之后不加 "；"。也可写作如下形式：

```
for (i = 0; i < 1000; i ++)
    {
```

```
        for (j = 0; j < 80; j ++);
    }
```

例 4-19　编写程序使图 4-23 中的发光二极管 D1 闪烁 10 次。

解： 程序如下：

```
#include  < reg52. h >
#define uint unsigned int
sbit LED = P1^0;
void main( void)
    {
        uint i,j,k;
        for( k = 10;k > 0;k -- )
            {
                LED = 0;
                for( i = 0;i < 1000;i ++ )
                for( j = 0;j < 110;j ++ );
                LED = 1;
                for( i = 0;i < 1000;i ++ )
                for( j = 0;j < 110;j ++ );
            }
    while(1);
}
```

注意：for 语句中的三个表达式都可以省略，但是分隔符“；”不能省略。如

```
for( ;i < = 100;i ++ );
for( ; ;);          //循环无限次
```

4. while 语句

（1）while 语句　while 语句用于实现“当型”循环的语句，格式为：

```
while（条件表达式）
{
    语句序列；//循环体
}
```

　　条件表达式一般是关系表达式或逻辑表达式，也可以是其他表达式，执行时先计算表达式的值，当表达式的值为真（非0）时执行循环体内的语句序列，为假（0）时则退出循环。循环体可以是一条简单语句，也可以是由多条语句构成的复合语句，此时要用{}括起来。如果没有{}，则 while 语句的范围只到 while 后的第一个分号处。

　　由此可见，“当型”循环可概括为“先判断，后执行”，流程图如图 4-24 所示。循环次数需要根据循环条

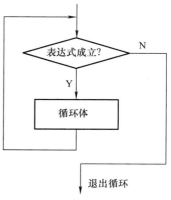

图 4-24　“当型”循环流程图

件（表达式的值）来判定，如果开始时循环条件就为假，则循环体一次也不执行。

在之前所见到的例程中经常会见到"while（1）"语句，该语句因为表达式为常数 1，即永远为真，不可能为假，所以该语句将循环无限次，除非在循环体中有退出语句（break）。

例 4-20　将例 4-19 改用 while 语句实现。

程序如下：

```
#include  < reg52. h >
#define uint unsigned int
sbit LED = P1^0;
void main( void)
   {
     uint i,j,k;
     k = 10;
     while( k > 0)
     {
       LED = 0;
         for( i = 0;i < 1000;i ++ )
         for( j = 0;j < 110;j ++ );
       LED = 1;
         for( i = 0;i < 1000;i ++ )
         for( j = 0;j < 110;j ++ );
       k -- ;
     }
   while( 1);
}
```

（2）do-while 语句　do-while 语句用于实现"直到"型循环的语句，格式如下：

```
do
{
 语句序列;
}
while( 表达式);
```

条件表达式一般是关系表达式或逻辑表达式，也可以是其他表达式，执行时先执行循环体一次，再计算表达式的值，当表达式的值为真（非 0）时执行循环体内的语句序列，为假（0）时则退出循环。

由此可见，"直到"型循环可概括为"先执行，后判断"，其流程图如图 4-25 所示。无论循环条件是否满足，循环体至少被执行一次。

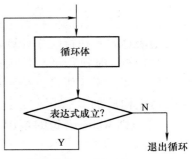

图 4-25　"直到"型循环流程图

例 4-21　求自然数 1～200 之和。

程序如下：

```
main( )
{
int count = 1,sum = 0; /* 初始化 */
do{ sum = sum + count;
   count ++ ;
   } while( count < =200);
while(1);
}
```

程序执行结果：

sum = 20100

4.4　C51 的函数

4.4.1　函数的一般格式

1. 函数的定义

C 程序由一个主函数 main（ ）和若干个其他函数组成。由主函数调用其他函数，其他函数也可以互相调用，同一个函数可以被调用多次。

函数定义的一般格式为：

函数类型　函数名（形式参数列表）

```
{
  局部变量声明;
  语句;
  (有返回值的要有 return 语句)
}
```

2. 函数返回值

返回语句 return 用来回送一个数值给定义的函数，从函数中退出。返回值是通过 return 语句返回的。如果函数无须返回值，可以用 void 类型说明符指明函数无返回值。

3. 形式参数与实际参数

与使用变量一样，在调用一个函数之前，必须对该函数进行声明。函数声明的一般格式为：

函数类型　函数名（形式参数列表）

函数定义时参数列表中的参数称为形式参数，简称形参。函数调用时所使用的替换参数，是实际参数，简称实参。定义的形参与函数调用的实参类型应该一致，书写顺序应该相同。

例 4-19 中使发光二极管闪烁点亮的程序，其中的延时语句是两条 for 语句，可以定义为延时函数的形式：

```
#include  < reg52. h >
#define uint unsigned int
```

```
sbit LED = P1^0;
void DelayMS( uint xms)
{
    uint i,j;
    for( i = 0; i < xms;i ++ )
        for( j = 0;j < 110;j ++ );
}
void main( void)
{
    uint i,j,k;
    for( k = 10;k > 0;k -- )
    {
        LED = 0;
        DelayMS( 100);
        LED = 1;
        DelayMS( 100);
    }
while( 1);
}
```

定义了 void DelayMS（uint xms）延时子函数，其中的 uint xms 是形式参数列表，函数调用时写成：DelayMS（100），其中的 100 就是实际参数。

4. 调用函数的方式

被调用的函数必须是已经存在的函数。

（1）函数作为语句　把函数调用作为一个语句，不使用函数返回值，只是完成函数所定义的操作。例如：

DelayMS(150);

（2）函数作为表达式　函数调用出现在一个表达式中，使用函数的返回值。

int k;

k = sum(a,b);

（3）函数作为一个参数　函数调用作为另一个函数的实参。

int k;

k = sum(sum(a,b) ,c);

4.4.2　中断函数

C51 语言中断函数的结构与其他函数的结构类似，但中断函数不带任何参数，而且使用中断函数之前不需要声明。定义中断函数的格式如下：

void 函数名 （ ） interrupt 中断号 n （using 工作寄存器组 m）

中断号 n 表示该中断源的标号，Keil C51 提供 0 ~ 31 共 32 个中断编号，n 的取值要视具体的单片机型号而定，51 子系列单片机有 5 个中断源，n 的取值为 0 ~ 4，52 子系列则为 0 ~ 5。中断函数的入口地址在程序存储器的 8n + 3 处，见表 4-7。m 表示的是工作寄存器组的编号，80C51 单片机有 4 个工作寄存器组，默认使用第 0 组，根据需要可选用其他组。

表 4-7　80C51 单片机中断函数入口地址

中断号 n	中断源	入口地址 8n + 3	中断号 n	中断源	入口地址 8n + 3
0	外部中断 0	0003H	3	定时器 1 中断	001BH
1	定时器 0 中断	000BH	4	串行口中断	0023H
2	外部中断 1	0013H			

在中断函数中为了避免数据的冲突可指定一个寄存器组，若不需要指定，则该项可以省略。有关中断的详细情况可参见第 6 章。

4.4.3　C51 的库函数

C51 具有丰富的可供直接调用的库函数，使用库函数可使程序代码简单、结构清晰、易于调试和维护。每个函数都在相应的头文件（.h）中有原型声明。如果使用库函数，必须在源程序中用预处理命令"#include"将与该函数相关的头文件，即包含了该函数的原型声明包含进来。否则将不能保证函数的正确执行。例如，要使用字符函数，需采用如下预处理命令：

#include ＜ctype.h＞

若要观察具体每个函数的原型声明，可在 Keil 软件中输入该命令行，并在"ctype.h"上右击，单击"open document ＜ctype.h＞"，即可看到"ctype.h"中各个函数的原型声明。这里不再详细列出。

学习库函数的主要目的是了解哪些功能可以方便地由库函数来实现，以便需要时灵活使用。

例 4-22　运用函数 iscntrl 判断字符是否为控制字符，即检查字符的 ASCII 码是否在 0x00 ~ 0x1f 之间或等于 0x7f（DEL），是则返回非零值，否则返回零。

解： 设计的程序如下：

```
#include ＜reg51.h＞
#include ＜ctype.h＞
#include ＜stdio.h＞
void tst_iscntrl (void)
{
    unsigned char i;
    char * p;
    for (i = 0; i < 128; i ++)
    {
        p = (iscntrl (i)?" yes":" no");
        printf (" iscntrl (%c)%s\n", i, p);
    }
}
```

```
    void main ( )
    {
        SCON = 0x50;        //对串行口进行设置，以便使用 Keil 软件进行串行传送
        TMOD = 0x20;        //窗口观察程序运行结果
        TH1  = 0xf3;
        TL1  = 0xf3;
        TR1  = 1;
        TI   = 1;
        tst_iscntrl ( );
    }
```

在 Keil 中运行该程序后打开串行窗口，可看到图 4-26 所示运行结果。

```
iscntrl(l)no
iscntrl(m)no
iscntrl(n)no
iscntrl(o)no
iscntrl(p)no
iscntrl(q)no
iscntrl(r)no
iscntrl(s)no
iscntrl(t)no
iscntrl(u)no
iscntrl(v)no
iscntrl(w)no
iscntrl(x)no
iscntrl(y)no
iscntrl(z)no
iscntrl({)no
iscntrl(|)no
iscntrl(})no
iscntrl(~)no
iscntrl( )yes
```

图 4-26　函数 iscntrl 使用例程

其他所有库函数都可以通过类似的方法进行调用。

4.4.4　本征库函数和非本征库函数

本征库函数是指编译时直接将固定的代码插入当前行，而不是用 ACALL 和 LCALL 语句来调用，这样就大大提高了函数访问的效率，而非本征函数则必须由 ACALL 及 LCALL 调用。

C51 有以下 9 个本征库函数：

crol, _cror_: 　　将无符号字符型变量循环向左（右）移动指定位数后返回。

irol, _iror_: 　　将无符号整型变量循环向左（右）移动指定位数后返回。

lrol, lror_: 　　将无符号长整型变量循环向左（右）移动指定位数后返回。

nop: 　空操作，相当于插入汇编指令 NOP。

testbit: 　测试该位变量并跳转，同时将该位变量清除，相当于汇编指令 JBC bit rel。

chkfloat: 测试并返回源点数状态。

以上 9 个库函数的函数原型声明在头文件 intrins. h 中，使用时，必须包含#include < intrins. h > 一行。

4.4.5　几类重要的库函数

C51 提供了丰富的库函数资源，包括大量的关于 I/O 操作、内存分配、字符串操作、数据类型转换和数学计算等函数库。它们是以执行代码的形式出现，供用户在链接定位时用。在用预处理器命令#include 包含相应的头文件后，就可以在程序中使用这些函数。

1. 内部函数 intrins. h

这个库中提供的是一些用汇编语言编写的函数。用汇编语言编写非常直接简单且目标代码很短，而用 C51 编写则代码很长。4.4.4 节的 9 个本征库函数均在 intrins. h 函数中。

例 4-23　用本征库函数_crol_重新编写使例 3-5 中 P1 口所接发光二极管实现流水点亮效果的程序。

解： 程序如下：

```
#include < reg52. h >      //包含单片机寄存器的头文件
#include < intrins. h >    //包含单片机寄存器的头文件
void delay( void )         //延时子程序
   {
   unsigned char i,j;
    for( i = 0;i < 250;i ++ )
       for( j = 0;j < 250;j ++ );
   }
void main( void )          //主程序
{
   P1 = 0xfe;              //第一个灯亮
   while( 1 )
   {
   P1 = _crol_( P1 ,1 );   //将 P1 口的二进制位循环左移一位,再赋给 P1
   delay( );   //调用延时函数
   }
}
```

2. 绝对地址访问函数 absacc. h

使用这个头文件，可以利用 3 字节通用指针作为抽象指针，为各存储空间提供绝对地址存取技术。方法是把通用指针指向各存储空间的首地址，并按存取对象类型实施指针强制，再用定义宏说明为数组名即可。存取时利用数组下标变量寻址。

用#define 为各空间的绝对地址定义宏数组名如下：

```
#define CBYTE( ( unsigned char * )0x500000L)/ * code 空间 */
#define DBYTE( ( unsigned char * )0x400000L)/ * data 空间 */
#define PBYTE( ( unsigned char * )0x300000L)/ * pdata 空间 */
#define XBYTE( ( unsigned char * )0x200000L)/ * xdata 空间 */
```

以上存取对象是 char 类型字节。

```
#define CWORD( ( unsigned int * )0x500000L)/ * code 空间 * /
#define DWORD( ( unsigned int * )0x400000L)/ * data 空间 * /
#define PWORD( ( unsigned int * )0x300000L)/ * pdata 空间 * /
#define XWORD( ( unsigned int * )0x200000L)/ * xdata 空间 * /
```

以上存取对象是 int 类型字。

对于绝对地址对象的存取,可以用指定下标的抽象数组来实现。

char 类型: CBYTE[i]　　　DBYTE[i]　　　PBYTE[i]　　　XBYTE[i]

int 类型: 　CWORD[i]　　　DWORD[i]　　　PWORD[i]　　　XWORD[i]

例如 DBYTE［0x10］表示 data 空间绝对地址 16 处的字节对象，XWORD［0xff］表示 xdata 空间绝对地址 255 处的字对象。

3. 缓冲区处理函数 string. h

缓冲区处理函数 string. h 也称字符串函数,包括复制、比较、移动等函数。此处字符串中的每个字符可以是一个无符号字节。下面介绍常用的几个函数。

(1) 计算字符串 s 的长度

strlen 原型:

extern int strlen (char * s);

说明: 返回 s 的长度,不包括结束符 NULL。

例 4-24　编写程序, 将指针 s 所指向的字符串的长度显示出来。

```
#include ＜reg52. h＞
#include ＜string. h＞
#include ＜stdio. h＞
void initUart( void);
main( )
     {
     char * s = "Golden Global View";
     initUart( );
     printf("% s has % d chars",s,strlen(s));
     while(1);
     }
/ * * * * * * * * * * *初始化串口 * * * * * * * * * * * * */
void initUart( void)
  {
     / * 晶振频率为 11. 0592MHz 时,波特率设置为 9600 * /
     SCON   = 0x50;  / *串口为模式 1 ,允许接收    * /
     TMOD | = 0x20;  / *定时器 1 为模式 2        * /
     TH1    = 0xfd;  / *设置 TH1 的初值    * /
     TR1    = 1;
```

```
    TI      = 1;
}
```
仿真结果如图 4-27 所示。

图 4-27　例 4-24 的仿真结果

（2）由 src 所指内存区域复制 count 个字节到 dest 所指内存区域

memcpy 原型：

extern void ∗ memcpy(void ∗ dest, void ∗ src, unsigned int count)；

说明：src 和 dest 所指内存区域不能重叠，函数返回指向 dest 的指针。

例 4-25　编写程序，将指针 s 所指向的字符串复制到数组 d 中。

```
#include  < reg52. h >
#include  < string. h >
#include  < stdio. h >
void initUart( void)；
main( )
      {
      char  ∗ s = "Hello,every!"；
      char d[20]；
      initUart( )；
      memcpy( d,s,strlen( s))；
      printf( "% s",d)；          ；
      while( 1)；
      }
```

初始化串口函数 void initUart(void) 与上例相同，仿真结果如图 4-28 所示。

图 4-28　例 4-25 的实验结果

（3）由 src 所指内存区域复制 count 个字节到 dest 所指内存区域

memmove 原型：

extern void ∗ memmove (void ∗ dest, const void ∗ src, unsigned int count)；

说明：与 memcpy 工作方式相同，但 src 和 dest 所指内存区域可以重叠，复制后 src 内容会被更改。函数返回指向 dest 的指针。

（4）比较内存区域 buf1 和 buf2 的前 count 个字节

memcmp 原型：

extern int memcmp（void ∗ buf1，void ∗ buf2，unsigned int count）；

说明：当 buf1 < buf2 时，返回值 < 0；当 buf1 = buf2 时，返回值 = 0；当 buf1 > buf2 时，返回值 > 0。

（5）把 buffer 所指内存区域的前 count 个字节设置成字符 c

memset 原型：

extern void ∗ memset（void ∗ buffer，int c，int count）；

说明：返回指向 buffer 的指针。

（6）从 buf 所指内存区域的前 count 个字节查找字符 ch

memchr 原型：

extern void ∗ memchr（void ∗ buf，char ch，unsigned count）；

说明：当第一次遇到字符 ch 时停止查找。如果成功，返回指向字符 ch 的指针；否则返回 NULL。

4.5　C51 的程序结构

C 语言是一种结构化的编程语言，C 语言程序由若干模块组成，每个模块包含着若干个基本程序结构，而每个基本程序结构则由若干条语句组成。

C 语言有三种基本的程序结构：顺序结构、分支结构和循环结构。

4.5.1　顺序结构

顺序结构是最基本、最简单的程序结构，这种结构的程序流程是按照语句的排列顺序依次执行的。顺序结构的流程图如图 4-29 所示。顺序结构是程序的基本组成部分，每个程序中几乎都有顺序结构的部分。

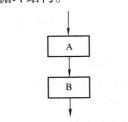

图 4-29　顺序结构的流程图

例 4-10 观察自增自减运算符用法和功能的程序就是一个顺序结构的程序。

4.5.2　分支结构

分支结构程序就是对某个条件进行判断，根据判断结果决定程序的走向。相当于程序具有决策能力。实现该功能的是前面提到的选择控制语句。例 4-14 ~ 例 4-17 都是典型的分支结构的程序。

4.5.3　循环结构

循环结构程序是使 CPU 重复执行某一指令集合的一种程序结构。它可以使许多完成重复性工作的程序大为简化。循环结构应注意的主要问题是：循环控制变量的初始化、循环控制的条件以及循环控制变量的更新。实现该功能的是前面提到的循环控制语句。例 4-18 ~ 例 4-21 是典型的循环结构的程序。

4.5.4 综合举例

一般在一个程序中，上面的三种结构可能都包含在内。下面举两个用 C51 进行综合设计的例子。

例 4-26 对 AT89C51 单片机的片外数据存储器进行读写，首先将数据 00H ~ 0FH 写入到片外数据存储器的 3000H ~ 300FH，然后将数据依次读出来，存储到片内 60H ~ 6FH。

解：程序的流程图如图 4-30 所示。

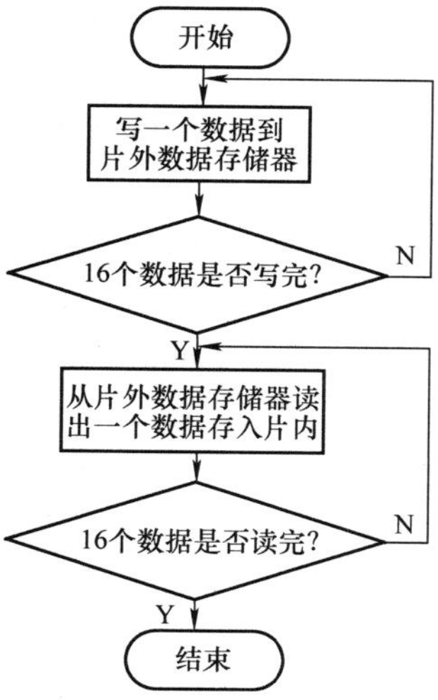

C 语言源程序如下：

```
#include < reg52. h >
void main( )
{
    unsigned int addr;
    char addr1 ,i;
    addr = 0x3000 ,addr1 = 0x60;      //片内、外存储
区首地址分别为 60H、3000H
    for( i = 0 ;i < 16 ;i ++ )
    {
        * (( char xdata * ) addr ++ ) = i;  //给片外存储单元赋初值
    }
    addr = 0x3000 ;
    for( i = 0 ;i < 16 ;i ++ )             //从片外存储区读出数据并存储到片内的数据存储区
    {
        * (( char idata * ) addr1 ++ ) = * (( char xdata * ) addr ++ ) ;
    }
    while( 1 ) ;
}
```

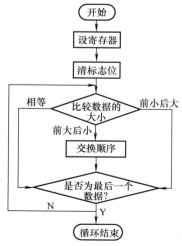

图 4-30 例 4-26 流程图

例 4-27 首先将 30H 为首地址的 16 个单元送数据 0FH ~ 00H，然后再将这些数据按照从小到大的顺序重新排列。

解：程序的流程图如图 4-31 所示。

C 语言源程序如下：

```
#include < reg52. h >
void main( )
{
    char addr ,i ,j ,t;
    addr = 0x30 ;                      //数据块的首地址
    for( i = 0 ;i < 16 ;i ++ )
    {
```

图 4-31 例 4-27 流程图

```
            *((char idata *)(addr+i))=15-i;    //初始化数据块
    }
    for(i=0;i<15;i++)                          //采用冒泡法排序
        for(j=i+1;j<16;j++)
    {
    if(*((char idata *)(addr+i))>*((char idata *)(addr+j)))
        {
            t=*((char idata *)(addr+i));
            *((char idata *)(addr+i))=*((char idata *)(addr+j));
            *((char idata *)(addr+j))=t;
        }
    }
```

本 章 小 结

本章首先概略介绍了80C51单片机的指令系统，然后重点介绍了目前流行的单片机高级语言C51的语句组成、用法、C51的函数与程序结构。

80C51系列单片机的指令系统共有111条指令。包括：数据传送、算术运算、逻辑运算、控制转移、位操作五大类指令。

执行一条指令需要使用操作数，寻找操作数所在单元的地址称为寻址；确定操作数所在地址的方法称为寻址方式。80C51单片机汇编语言寻址方式有立即寻址、寄存器寻址、寄存器间接寻址、直接寻址、变址寻址、相对寻址及位寻址七类。

C51语言是运行于80C51单片机平台的C语言。C51具有符合人类的思维习惯，编程人员不需深入了解机器硬件结构，程序具有良好的模块化结构、具有良好的可读性和可维护性等优点。

C51程序在运行过程中，其值不能被改变的量称为"常量"，其值可以改变的量称为"变量"。变量的定义格式为：

［存储种类］数据类型［存储器类型］变量名表

其中，数据类型和变量名表是必须项，存储种类和存储器类型是可选项。C51编译器所支持的数据类型比标准ANSI C语言多了位型、可寻址位、特殊功能寄存器、16位特殊功能寄存器等类型。

变量的存储种类可以分为两大类：静态存储方式和动态存储方式。静态存储方式是指在程序运行期间分配固定的存储空间，直到程序执行完毕才将存储空间释放的方式。而动态存储方式则是在程序运行期间根据需要动态地分配存储空间的方式。

80C51单片机的存储空间独特，程序与数据存储空间分开，片内与片外存储空间分开。根据80C51单片机的存储器配置，C51编译器引入了变（常）量的不同存储器类型：data、bdata、idata、pdata、xdata、code。存储器、存储器类型、寻址方式与访问速度对照表见表4-6。根据表4-6应该将频繁访问的变量放在data区，这样可使C51编译器产生的程序代码最短，运行速度最快，一般情况下推荐按照data→idata→xdata的顺序使用存储器。

C51 绝大多数的操作都通过运算符来处理，运算符包括算术运算符、赋值运算符、关系运算符、逻辑运算符、位运算符、条件运算符等。按照表达式中运算对象的个数又可将运算符分为单目运算符、双目运算符和三目运算符。表达式是由运算符和运算对象所组成的具有特定含义的式子。运算符和表达式可以组成 C 语言程序的各种语句。

C51 语言的语句是单片机执行的操作命令。由一个表达式加上一个分号就构成了表达式语句。用大括号"｛｝"将多条语句括起来就组成了复合语句，仅由一个分号"；"则组成空语句。函数调用的一般形式加上分号就构成了函数调用语句。控制程序流程的语句称为控制语句。

C 程序由一个主函数 main（）和若干个其他函数组成。由主函数调用其他函数，其他函数也可以互相调用，同一个函数可以被调用多次。

C 语言是一种结构化的编程语言，C 语言程序由若干模块组成，每个模块包含着若干个基本程序结构，而每个基本程序结构则由若干条语句组成。C 语言有三种基本的程序结构：顺序结构、分支结构和循环结构。

习 题 4

1. 用于程序设计的语言分为哪几种？它们各有什么特点？
2. 80C51 单片机共有哪几种寻址方式？各有什么特点？
3. 80C51 单片机指令按功能可以分为哪几类？每类指令的作用是什么？
4. 访问 SFR，可使用哪些寻址方式？
5. 简述 C51 语言的特点。
6. C51 编译器能识别的数据类型有哪些？
7. C51 编译器能识别的存储器类型有哪些？
8. 按照给定的数据类型和存储类型，写出下列变量的说明形式：
（1）在 data 区定义字符变量 val1。
（2）在 idata 区定义整型变量 val2。
（3）在 xdata 区定义无符号字符型数组 val3[4]。
（4）在 xdata 区定义一个指向 char 类型的指针 px。
（5）定义可位寻址变量 flag。
（6）定义特殊功能寄存器变量 P3。
9. 假设 $x=6$，$y=9$，则执行下列语句后 x、y、z 的值分别为多少？
（1）$z=(x++)*(--y)$　　　　　　（2）$z=(++x)-(--y)$
（3）$z=(x++)*(y--)$　　　　　　（4）$z=(++x)+(y--)$
10. 假设 $x=5$，$y=8$，则分别执行下列语句后 z 的值为多少？
（1）$z=x/y$
（2）$z=x\%y$
（3）$z=x+(++y)$
（4）$z=x+(y++)$
（5）$z=x\&y$

　　（6）z = x | y

　　（7）z = x << 3

　　（8）z = x > y? x : y

　　11. C51 语言常用的访问绝对地址的方法有哪几种？

　　12. 编写程序实现下列功能：在 P1.0 端口接一个发光二极管 D1，使 D1 不停地一亮一灭，亮灭的时间间隔为 0.2s（假设 P1 端口输出高电平，发光二极管灭）。要求用 proteus 仿真验证。

　　13. 编写程序实现下列功能：开关 S1 接在 P3.0 端口上，用发光二极管 D1（接在单片机 P1.0 端口上）显示开关状态，如果开关合上，D1 亮，开关打开，D1 熄灭（假设 P1 端口输出高电平，发光二极管灭）。要求用 proteus 仿真验证。

　　14. 编写程序实现下列功能：利用单片机的 P0.0 ~ P0.3 接四个发光二极管 D1 ~ D4，P0.4 ~ P0.7 接四个开关 S1 ~ S4，编程将开关的状态反映到发光二极管上。（开关闭合，对应的灯亮，开关断开，对应的灯灭）。要求用 proteus 仿真验证。

第 5 章　并行口及应用

80C51 系列单片机内部有 4 个并行口，一般情况下，它们都可以直接作为输入口或输出口使用，与外设相连。例如利用单片机的并行口对发光二极管进行控制，实现霓虹灯与交通灯的控制，还可以利用并行口直接对环境温度、打印机等进行控制。本章先介绍 80C51 系列单片机内部并行口的结构，然后再讲述单片机内部并行口与常用外设的接口电路及外设驱动程序的编制方法。

5.1　80C51 系列单片机内部并行口的结构

80C51 系列单片机内部有 4 个 8 位双向的输入/输出口，分别为 P0、P1、P2 和 P3 口。这 4 个端口的每一位都可以作为双向通用 I/O 口使用。在具有片外扩展存储器的系统中，P2口作为高 8 位地址线，P0 口分时作为低 8 位地址线和双向数据总线。80C51 单片机 4 个 I/O口在结构上是基本相同的，但又各有特点。

5.1.1　P0 口

1. 地址

P0 口的字节地址为 80H，位地址为 80H～87H。

2. 结构

P0 口的各位具有完全相同但又相互独立的逻辑电路，P0 口一位的内部结构原理图如图5-1 所示。

P0 口某一位的电路包括：

1) 1 个数据输出 D 锁存器，用于进行数据位的锁存。

2) 2 个三态数据输入缓冲器1、2，分别用于锁存器数据和引脚数据的输入缓冲。

3) 1 个多路的转接开关MUX，开关的一个输入来自锁存器，另一个输入为"地址/数据"输出。输入转接由"控制"信号

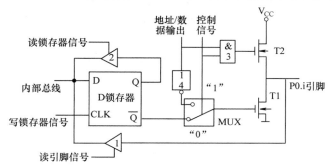

图 5-1　P0 口一位的内部结构原理图

控制。设置多路转接开关的目的，是因为 P0 口既可作为通用的 I/O 口，又可作为单片机系统的地址/数据线使用。即在控制信号的作用下，由 MUX 实现 D 锁存器输出和地址/数据线之间的转换。

4) 数据输出的驱动和控制电路，由两只场效应晶体管（FET）组成，场效应晶体管 T2构成上拉电路。

3. 功能

（1）作为系统的低 8 位地址/数据线使用 当 P0 口传送低 8 位地址或数据时，CPU 发出控制信号，打开上面的"与"门，使多路转接开关 MUX 打向上边，使内部地址/数据线与场效应晶体管 T1 处于反相接通状态。这时的输出驱动电路由于上下两个 FET 处于反相，形成推拉式电路结构，大大地提高了负载能力。而当输入数据时，数据信号则直接从引脚通过输入缓冲器进入内部总线。

（2）作为通用的 I/O 口使用 CPU 发来的"控制"信号为低电平，封锁了"与"门，并将输出驱动电路的上拉场效应晶体管截止，而多路转接开关 MUX 打向下边，与 D 锁存器的 $\overline{Q}$ 端接通。

1）输出方式。当 P0 口作为输出口使用时，来自 CPU 的"写入"脉冲加在 D 锁存器的 CLK 端，内部总线上的数据写入 D 锁存器，并向端口引脚 P0.i 输出。但要注意，由于输出电路是漏极开路（因为这时上拉场效应晶体管 T2 截止），必须外接上拉电阻才能有高电平输出。

计算机执行写 P0 口的指令如 MOV P0, #data 时，P0 口工作于输出方式。

2）输入方式。当 P0 口作为输入口使用时，应区分"读引脚"和"读端口"（或称"读锁存器"）两种情况。为此，在口电路中有两个用于读入的三态缓冲器。

所谓"读引脚"就是直接读取引脚 P0.i 上的状态，这时由"读引脚"信号把下方缓冲器 1 打开，引脚上的状态经缓冲器 1 读入内部总线。

计算机执行读 P0 口的指令如 MOV A, P0 时，P0 口工作于输入方式。

说明：在执行输入操作时，如果锁存器原来寄存的数据 Q = 0。那么由于 $\overline{Q}$ = 1 将使 T1 导通，引脚被始终箝拉在低电平上，不可能输入高电平。为此，用做输入前，必须先用输出指令置 Q = 1，使 T1 截止。单片机复位后，P0 口线的状态都是高电平，可以直接用做输入。

当 P0 口作为输入口使用并且是"读端口"时，此时是"读锁存器"信号打开上面的缓冲器 2 把锁存器 Q 端的状态读入内部总线。

读端口操作的指令举例如下：

```
ANL  P0,   #data  ;（P0）←（P0）∧ data
ORL  P0,   #data  ;（P0）←（P0）∨ data；
XRL  P0,   A      ;（P0）←（P0）⊕（A）
INC  P0           ;（P0）←（P0）+1
```

这些指令的执行过程分成"读—修改—写"三步。

5.1.2 P1 口

1. 地址

P1 口的字节地址为 90H，位地址为 90H ~ 97H。

2. 结构

P1 口一位的内部结构原理图如图 5-2 所示。

在 51 子系列单片机中，P1 口只能作为通用的 I/O 口使用，所以在电路结构上与 P0 口有一些不同，主要有两点区别：

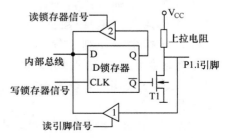

图 5-2 P1 口一位的内部结构原理图

1）因为 P1 口只传送数据，所以不再需要多路转接开关 MUX。

2）由于 P1 口用来传送数据，因此输出电路中有上拉电阻，这样电路的输出不是三态的，所以 P1 口是准双向口（不是真正的双向 I/O 口）。

3. 功能

（1）作为通用的 I/O 口使用　P1 口作为输出口使用时，与 P0 口不同的是，外电路无需再接上拉电阻。P1 口作为输入口使用时，与 P0 口一样应先向其锁存器写入 1，使输出驱动电路的 FET 截止。

（2）第二功能　在 52 子系列的单片机中，P1 口中的 P1.0 与 P1.1 具有第二功能。除了作为通用 I/O 口外，P1.0 引脚作为定时器/计数器 2 的外部计数脉冲输入端（T2），P1.1 还作为定时器/计数器 2 的外部控制输入端（T2EX）。

5.1.3　P2 口

1. 地址

P2 口的字节地址为 A0H，位地址为 A0H ~ A7H。

2. 结构

P2 口一位的结构原理图如图 5-3 所示。

在实际应用中，P2 口常用于为系统提供高位地址，因此同 P0 口一样，在电路中有一个多路转换开关 MUX。但 MUX 的一个输入端不再是"地址/数据"，而是单一的"地址"。当 P2 口仅作为高位地址线时，多路转换开关应接向"地址"端。正因为只作为地址线使用，P2 口的输出不用三态的，所以 P2 口也只是准双向口。

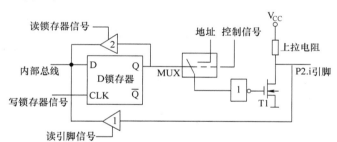

图 5-3　P2 口一位的结构原理图

P2 口作为通用输入/输出口使用时，这时多路转换开关接向锁存器 Q 端。

3. 功能

（1）作为高 8 位地址总线使用　计算机从片外 ROM 中取指令，或者执行访问片外 RAM、片外 ROM 的指令时，模拟开关打在右边，P2 口上出现程序计数器（PC）的高 8 位地址或数据指针（DPTR）的高 8 位地址（A_{15} ~ A_8）。上述情况下，锁存器的内容不受影响。当取指或访问外部存储器结束后，模拟开关打向左边，使输出驱动器与锁存器 Q 端相连，引脚上将恢复原来的数据。

1）如果系统扩展了片外 ROM，取指的操作将连续不断，P2 口不断送出高 8 位地址，这时 P2 口就不应再作为通用 I/O 口使用。

2）当片外 RAM 容量不超过 256B 时，可以使用寄存器间接寻址方式的指令（如 MOVX A，@ Ri、MOVX @ Ri，A），由 P0 口送出 8 位地址寻址，P2 口引脚上原有的数据在访问片外 RAM 期间不受影响，故 P2 口仍可用做通用 I/O 接口。

3）当片外 RAM 容量较大，需要由 P2 口、P0 口送出 16 位地址时，P2 口不再用做通用 I/O 接口。

4）当片外 RAM 的地址大于 8 位而小于 16 位时，可以通过软件从 P1、P2、P3 口中的某几根口线送出高位地址，从而可保留 P2 的全部或部分作为通用 I/O 接口用。

（2）作为准双向通用的 I/O 口使用　P2 口作准双向通用 I/O 接口使用时，其功能与 P1 口相同。

5.1.4　P3 口

1. 地址

P3 口的字节地址为 B0H，位地址为 B0H ~ B7H。

2. 结构

P3 口一位的结构原理图如图 5-4 所示。

3. 功能

（1）作为准双向通用的 I/O 口使用

P3 口作准双向通用 I/O 接口使用时，其功能与 P1 口相同。

（2）第二功能　由于 80C51 单片机的引脚数目有限，因此在 P3 口电路中增加了引脚的第二功能，P3 口的每一个引脚都有第二功能，具体定义见第 3 章表 3-3。

由于第二功能信号有输出和输入两类，因此分两种情况进行说明。

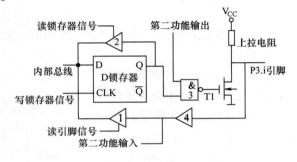

图 5-4　P3 口一位的结构原理图

1）对于作为第二功能输出的引脚，当作为通用的 I/O 口使用时，电路中的"第二输出功能"线应保持高电平，"与非"门开通，以使锁存器的 Q 端输出通路保持畅通。当输出第二功能信号，该锁存器应预先置 1，使"与非"门对"第二输出功能"信号的输出是畅通的，从而实现第二功能信号的输出。

2）对于作为第二功能输入的引脚，在引脚的内部增加了一个缓冲器，输入的信号就从这个缓冲器的输出端取得。而作为通用的 I/O 口线使用的数据输入，仍取自三态缓冲器的输出端。总的来说，P3 口无论是作为输入口使用还是作为第二功能信号的输入，锁存器输出和"第二输出功能"线都应保持高电平。

5.1.5　P0 ~ P3 端口功能总结

前面介绍了 80C51 单片机的 P0 ~ P3 口的内部电路和功能，这些 I/O 口在使用中应注意的问题归纳如下：

1）P0 ~ P3 口都是并行 I/O 口，都可用于数据的输入和输出，但 P0 口和 P2 口除了可进行数据的输入/输出外，通常用来构建系统的数据总线和地址总线，所以在电路中有一个多路转接开关 MUX，以便进行两种用途的转换。而 P1 口和 P3 口没有构建系统的数据总线和地址总线的功能，因此，在电路中没有多路转接开关 MUX。由于 P0 口可作为地址/数据分时复用线，需传送系统的低 8 位地址和 8 位数据，因此 MUX 的一个输入端为"地址/数据"信号。而 P2 口仅作为高位地址线使用，不涉及数据，故 MUX 仅一个输入信号为"地址"。

2）在 4 个口中只有 P0 口是真正的双向口，P1 ~ P3 这 3 个口都是准双向口。原因是在应用系统中，P0 口作为系统的数据总线使用时，为保证数据的正确传送，需要解决芯片内外的隔离问题，即只有在数据传送时芯片内外才接通；不进行数据传送时，芯片内外应处于隔离状态，为此，要求 P0 口的输出缓冲器是一个三态门。

在 P0 口中输出三态门是由两只场效应晶体管（FET）组成，所以说它是真正的双向口。而其他的 3 个口 P1 ~ P3 中，上拉电阻代替 P0 口中的场效应晶体管，输出缓冲器不是三态的，因此不是真正的双向口，只能称其为准双向口。

3）P3 口具有第二功能，为系统提供一些控制信号。因此，在 P3 口电路增加了第二功能控制逻辑，这是 P3 口与其他各口的不同之处。

5.2　80C51 系列单片机并行口的应用

在单片机不外扩任何芯片的情况下，80C51 系列单片机内部并行口可以作为输出口，直接与输出外设连接，常用的输出外设是发光二极管；80C51 系列单片机内部并行口也可以作为输入口，直接与输入外设连接，常用的输入外设是开关。前面第 2 章 2.3.2 节所举的流水灯例子以及第 4 章 4.3.5 节讲解控制语句时所举的例子大部分都是并行口应用的例子。这里再进一步举例说明其应用。

例 5-1　对图 2-30 所示电路，编写程序实现 8 个发光二极管左右来回循环滚动点亮。

解： 流水灯左右来回循环滚动点亮的流程图如图 5-5 所示。

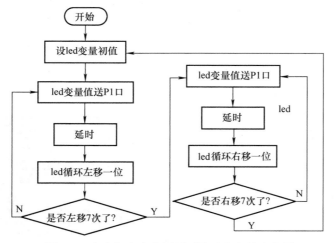

图 5-5　流水灯左右来回循环滚动点亮的流程图

程序如下：

```
#include  < reg51. h >
#include  < intrins. h >
#define uchar unsigned char
```

```
    void delay_ms( uchar ms) ;                    //延时子程序
    void main( )
    {
        uchar led,i;                              //设置变量
        led = 0xfe;                               //初值为 11111110
        for( i = 0; i < 7; i ++ )
        {
            P1 = led;                             //led 值送入 P1 口
            delay_ms( 100) ;                      //延时 100ms
            led = _crol_( led, 1) ;               //led 值循环左移 1 位
        }
        for( i = 0; i < 7; i ++ )
        {
            P1 = led;                             //led 值送入 P1 口
            delay_ms( 100) ;                      //延时 100ms
            led = _cror_( led, 1) ;               //led 值循环右移 1 位
        }
    }
    void delay_ms( uchar ms)                      //延时子程序
    {       uchar i;
        while( ms -- )
        for( i = 0 ;i < 124; i ++ ) ;
    }
```

将上述程序下载到实验板中，可以在实验板上获得题目所要求的功能。

例 5-2　用 AT89C51 单片机控制四个按键 K1 到 K4 和四个发光二极管 D1 到 D4，要求当按下 K1 或 K2 键时 D1 或 D2 点亮，松开时对应的发光二极管熄灭，当按下 K3 或 K4 后，D3 或 D4 不停地闪烁。设计 Proteus 仿真电路，编写程序实现所要求的功能。

解：（1）Proteus 仿真电路如图 5-6 所示。4 个按键的一端接在单片机的 P3.0 ~ P3.3 引脚，另一端接地。当无键按下时，P3.0 ~ P3.3 引

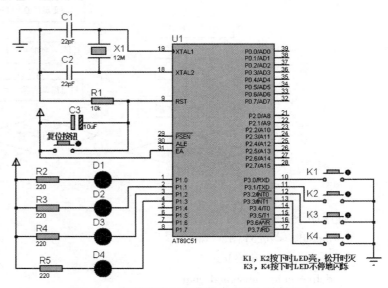

图 5-6　键控发光二极管仿真电路与效果图

脚电平状态为高电平；当有键按下时，相应的引脚电平为低。4 个发光二极管的阴极接在单片机的 P1.0 ~ P1.3 引脚，另一端通过限流电阻接 +5V。

（2）程序设计如下：

```c
#include  < reg52. h >
#define uchar unsigned char
#define uint unsigned int
sbit D1  =  P1^0;
sbit D2  =  P1^1;
sbit D3  =  P1^2;
sbit D4  =  P1^3;
sbit K1  =  P3^0;
sbit K2  =  P3^1;
sbit K3  =  P3^2;
sbit K4  =  P3^3;
void DelayMS( uint x )//延时子程序
{
    uchar t;
    while( x -- )
    {
        for( t = 120;t > 0;t -- );
    }
}
void main( )//主程序
{
    P1 = 0xff;        //四个二极管暗
    while( 1 )
    {
        D1  =  K1;//D1 反映 K1 开关的状态
        D2  =  K2; //D2 反映 K2 开关的状态
        if( K3 ==0)//K3 按下时,D3 的状态不停地变反
        {
            while( K3 ==0)
            {
                D3 = ~ D3;
            }
        }
        if( K4 ==0)//K4 按下时,D4 的状态不停地变反
        {
            while( K4 ==0)
            {
```

```
                    D4 = ~ D4；
                }
            }
        DelayMS(10)；
        }
    }
```

由于 D1、D2 是否导通与 K1、K2 是否按下完全保持一致，因此代码中有语句 D1 = Kl 和 D2 = K2，而 D3、D4 是在 K3、K4 按下不停地闪烁，因此用 K3 或 K4 是否等于 0 来判断按键是否按下，用 while（K3 ==0）和 while（K4 ==0）来等待释放按键，在键按下的过程中 D3 和 D4 不停地取反，实现闪烁显示。

本例对各按键和发光二极管均单独进行 sbit 定义，这样便于对它们单独控制。

将上述程序下载到实验板中，可以在实验板上获得题目所要求的效果。

5.3　七段数码管显示器接口

七段数码管是一种常用的数字显示元件，可以用来显示数字 0~9 及相关符号，它具有功耗低、亮度高、寿命长、尺寸小等优点，在家电及工业控制中有着广泛的应用，例如，用来显示温度、数字、重量、日期、时间等。本节先介绍七段数码管的结构，然后讨论用单片机控制七段数码管进行显示的实现方法。

5.3.1　七段数码管简介

七段数码管外形如图 5-7a 所示，由 7 个条状的发光二极管排列而成，可实现数字 0~9 及少量字符的显示。另外为了显示小数点，增加了 1 个点状的发光二极管，因此数码管实际由 8 个 LED 组成，分别把这些发光二极管命名为 a、b、c、d、e、f、g、dp，排列顺序如图 5-7b 所示。

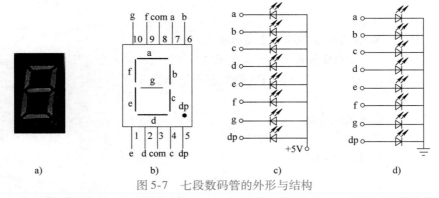

图 5-7　七段数码管的外形与结构

a）七段数码管的外形　b）数码管引脚图　c）共阳极数码管结构图　d）共阴极数码管结构图

数码管按内部发光二极管电极的连接方式分为共阳极数码管和共阴极数码管两种。

共阳极数码管是指将所有发光二极管的阳极接到一起，应用时，公共极 COM 应该接到 +5V。当某一字段发光二极管的阴极为低电平时，相应字段就点亮；当某一字段的阴极为高电平时，相应字段就不亮。共阳极数码管的结构图如图 5-7c 所示。

共阴极数码管是指将所有发光二极管的阴极接到一起，在应用时，公共极 COM 应该接到地线 GND 上，当某一字段发光二极管的阳极为高电平时，相应字段就点亮；当某一字段的阳极为低电平时，相应字段就不亮。共阴极数码管的结构如图 5-7d 所示。

数码管要正常显示，就要用驱动电路来驱动数码管的各个字段，从而显示出要求的数字。一般称 a ~ g 端电平的组合值为段码，也称字形码。

对照图 5-7 段码各位定义为：a 字段与单片机数据线 P0.0 对应，b 字段与 P0.1 对应……依此类推。如使用共阳极数码管，则某根数据线为 1 表示对应字段暗，数据为 0 表示对应字段亮；如使用共阴极数码管，某根数据线为 1，则表示对应字段亮，数据为 0 表示对应字段暗。因此如要显示"0"，共阳极数码管的字型编码应为：11000000B（即 C0H）；共阴极数码管的字型编码应为：00111111B（即 3FH）。依此类推，可求得数码管字形编码见表 5-1。

表 5-1　LED 显示器的字形编码表（段码表）

显示字符	共阳极字段码	共阴极字段码	显示字符	共阳极字段码	共阴极字段码
0	C0H	3FH	9	90H	6FH
1	F9H	06H	A	88H	77H
2	A4H	5BH	B	83H	7CH
3	B0H	4FH	C	C6H	39H
4	99H	66H	D	A1H	5EH
5	92H	6DH	E	86H	79H
6	82H	7DH	F	8EH	71H
7	F8H	07H	灭	FFH	00H
8	80H	7FH	—	BFH	40H

5.3.2　LED 显示器工作原理

N 个 LED 显示块有 N 位位选线和 8×N 根段码线。4 位 LED 显示器的结构原理图如图 5-8 所示。段码线控制显示的字型，位选线控制该显示位的亮或暗。根据对段选线和位选线的控制方法的不同，LED 显示器的显示方法有静态显示和动态显示两种。

1. 静态显示方式

各位的公共端连接在一起（接地或 +5V），每位的段码线（a ~ dp）分别与一个 8 位的锁存器输出相连，显示字符一确定，相应锁存器的段码输出将维持不变，直到送入另一个段码为止。4 位 LED 静态显示电路如图 5-9 所示。

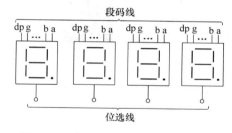

图 5-8　4 位 LED 显示器的结构原理图

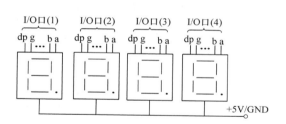

图 5-9　4 位 LED 静态显示电路

静态显示的优点是编程简单，显示亮度高，缺点是占用 I/O 口线多，如驱动 4 个数码管，静态驱动需要 4×8 = 32 根 I/O 口线，而一个 80C51 单片机可用的 I/O 口线也只有 32 条，如果要采用静态显示方式驱动 5 个以上的数码管，必须增加接口电路，硬件电路将变得复杂。

2. 动态显示方式

动态显示是将所有数码管的 8 个段选码 a、b、c、d、e、f、g、dp 的同名端连在一起，另外为每个数码管的公共端 COM 增加位选通控制电路，位选通由各自独立的 I/O 线控制。4 位 LED 动态显示电路如图 5-10 所示。当单片机输出段选码时，所有数码管都接收到相同的字形码，但究竟是哪个数码管会显示出字形，取决于单片机对位选通 COM 端的控制，所以只要将需要显示的数码管的选通控制打开，该位就显示出字形，没有选通的数码管就不会显示。通过分时轮流控制各个数码管的 COM 端，就使各个数码管轮流受控显示。在轮流显示过程中，每位数码管的点亮时间为 1 ~ 2ms，熄灭时间不能超过 20ms，由于人的视觉暂留现象及发光二极管的余辉效应，尽管各位数码管

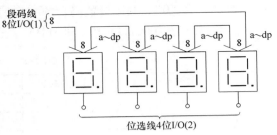

图 5-10　4 位 LED 动态显示电路

没有同时点亮，但只要扫描的速度足够快，给人的印象就是一组稳定的显示数据，不会有闪烁感。动态显示的效果和静态显示是一样的，却能够节省大量的 I/O 口线，而且功耗更低。

例 5-3　用 AT89C51 单片机驱动 1 个数码管，开始时显示 0；以后每过 1s，显示内容加 1，显示内容从 0 ~ 9 不断循环，即实现 1 位秒表的功能。试设计 Proteus 仿真电路，编写程序，并在 Proteus 仿真电路中验证。

解:（1）所设计的 Proteus 仿真电路如图 5-11 所示。

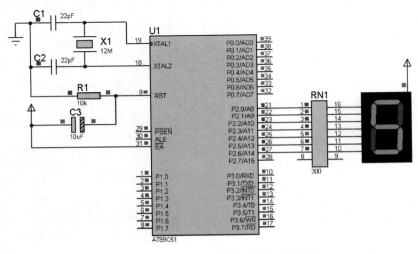

图 5-11　1 位秒表的仿真电路与效果图

　　1 个数码管与单片机连接时，可以采用静态驱动方式，即将数码管的 a、b、c、d、e、f、g 端分别与一条 I/O 口线连接；也可以将它们与 BCD 码——七段码译码器的输出端连接，而 BCD 码——七段码译码器的输入端分别与一条 I/O 口线连接。这里选择第一种方法。

　　图中的数码管为共阳极数码管，数码管的公共端接 +5V，除小数点外的其他段码线分别接 P2 口的 7 个端口，P2 口用 300Ω×8 的上拉排电阻接 +5V。

　　（2）程序设计

　　要使数码管显示出相应的数字或字符，必须使 P2 口输出相应的数据，这些数据就是段码，也即字形码。为了实现 0~9 的循环显示，可以通过查表的方式得到段码，然后再通过 P1 口送出，每隔 1s 循环一次，周而复始。

　　程序设计如下：

```
#include  < reg52. h >
#define uchar unsigned char
#define uint unsigned int
uchar code DSY_CODE[ ] =
{
    0xC0,0xF9,0xA4,0xB0,0x99,0x92,0x82,0xF8,0x80,0x90
};//共阳极段码

void DelayMS( uint xms)//延时子程序
{
    uint i,j;
    for( i = xms;i > 0;i -- )
        for( j = 110;j > 0;j -- );
}
 void main( )        //主程序
 {
    uchar i = 0;
    while( 1 )
    {
        P2 = DSY_CODE[ i ];
        i = ( i + 1)% 10;   //显示 0 - 9
        DelayMS( 880 );//延时 1s
    }
}
```

　　（3）仿真与实验效果

　　1 位秒表的仿真效果如图 5-11 所示，图中显示的是 5s。将上述程序下载到实验板中，可以在实验板上获得与仿真一样的效果。

例 5-4　用单片机设计 0～99 计数器，具体说，就是用手按动按键，每按一次，单片机计数一次，并实时将按键次数在两位数码管上显示出来。试设计 Proteus 仿真电路，编写程序，并在 Proteus 仿真电路中验证。

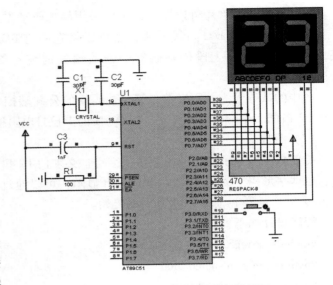

解：（1）所设计的 Proteus 仿真电路如图 5-12 所示。

两位数码管与单片机相连时，可以采用静态显示方式，也可以采用动态显示方式。这里采用动态显示方式，将两个数码管的段码连接到单片机的 P0 口，P0 口通过 470Ω 的上拉电阻接 +5V，两个数码管的位选由 P2.6 和 P2.7 选中。图 5-12 中数码管是共阴极的。

图 5-12　计数器的仿真电路与效果图

（2）程序设计：0～99 计数器的程序流程如图 5-13 所示。

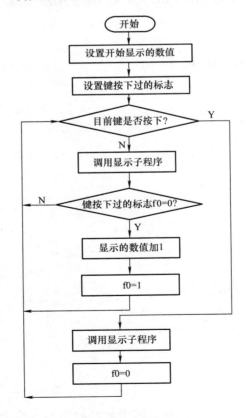

图 5-13　0～99 计数器的程序流程图

程序设计如下：

```c
#include < reg51. h >
#define uchar unsigned char
sbit key = P3^0;
sbit ge =  P2^7;
sbit shi = P2^6;
uchar dd;                     // dd 为显示的数字
uchar f0;                     // f0 为键按下过的标志
uchar code dis[ ]  = {0x3f,0x06,0x5b,0x4f,0x66,0x6d,0x7d,0x07,0x7f,0x6f};   //段码
/* * * * * * * * * * * * *延时程序* * * * * * * * * * * * */
void delay(uchar N)
{
    uchar i,j;
    for( i = 0;i < N;i ++ )
    for( j = 0;j < 125;j ++ );
}
/* * * * * * * * * * * * * *显示程序* * * * * * * * * * * * * */
void display( void)
{
  P0 = dis[ dd%10];             //显示个位
  ge = 0;
  delay(3);
  ge = 1;
  P0 = dis[ dd/10];             //显示十位
  shi = 0;
  delay(3);
  shi = 1;
}
/* * * * * * * * * * * * * *主程序* * * * * * * * * * * * * * * */
void main( )
{
  dd = 0;               //开始显示的数字为 0
  f0 = 1;               //f0 为按下过键的标志位，如果按下过键，f0 = 0，否则 f0 = 1
  while(1)
  {
    while (key == 1)    //键未按下，显示
      {
    display( );
     if (f0 ==0)
```

```
            {
        dd = dd + 1;
        f0 = 1;
            }
        }
    while ( key == 0 )              //键按下，显示标志 f0 = 0
        {
        display( );
        f0 = 0;
        }
        }
    }
```

（3）仿真效果

0～99 计数器的仿真效果图如图 5-12 所示，图中显示的是 23。

本 章 小 结

80C51 系列单片机内部有 4 个 8 位双向的输入/输出口，分别为 P0、P1、P2 和 P3 口。一般来说，P0 口作为地址/数据分时复用的端口，可以输入/输出数据，也可与外加的锁存器配合用来输出地址；P2 口可以作为 16 位地址中的高 8 位地址输出；P3 口是一个功能口，若不使用第二功能，可以作为一般的 I/O 口，其第二功能作为读/写控制、中断信号及串行口等。P1 口是常用的输入/输出接口，由用户编程使用。

在单片机不外扩任何芯片的情况下，80C51 系列单片机内部并行口可以作为输出口，直接与输出外设连接，常用的输出外设是发光二极管；80C51 系列单片机内部并行口也可以作为输入口，直接与输入外设连接，常用的输入外设是开关。

七段数码管是一种常用的数字显示元件，常常与单片机的并口相连，具有静态显示和动态显示两种方式。

习 题 5

1. 试设计 AT89C51 单片机与 8 个发光二极管相连的 Proteus 仿真电路，并编程使八个发光二极管：

（1）由左向右轮流点亮，并不断循环。

（2）由右向左依次点亮，并不断循环。

（3）按照一定的频率不停地闪烁。

（4）使相邻的 4 个 LED 为一组，两组 LED 每隔 0.5s 交替发亮一次，周而复始。

（5）使其中某个灯闪烁点亮 10 次后，转到下一个灯闪烁 10 次，循环不止。

2. 某控制系统有 1 个开关，8 个发光二极管，当开关按动 1 次时，8 个发光二极管闪烁；当开关按动 2 次时，8 个发光二极管摇摆；当开关按动 3 次时，8 个发光二极管流水式点亮；当开关按动 4 次时，8 个发光二极管累积式点亮，不断循环。设计出 AT89C51 与外设连接的 Proteus 仿真电路图，并编程实现题目所要求的功能。

3. 试设计 AT89C51 单片机与一个 4 位数码相连的 Proteus 仿真显示电路，并用 C 语言编程使数码管从左到右显示 1~4。

4. 某 AT89C52 单片机控制系统有两个开关，分别是 K1 和 K2，一个数码管。当 K1 按下时数码管加 1，K2 按下时数码管减 1。设计出 AT89C52 与外设连接的 Proteus 仿真电路图，并编程实现上述要求。

5. 某 AT89C52 单片机控制系统有 1 个数码管，4 个开关，分别是 K1、K2、K3、K4，当 K1 闭合时，数码管显示 1；当 K2 闭合时，数码管显示 2；当 K3 闭合时，数码管显示 3；当 K4 闭合时，数码管显示 4。设计出 AT89C52 与外设连接的 Proteus 仿真电路图，并编程实现上述要求。

第6章 中断系统及应用

中断技术是单片机中一项重要技术，主要用于实时控制、故障自动处理、单片机与外围设备间的数据传送等场合，它可以使单片机的工作更加灵活、效率更高。本章将介绍中断技术的基本概念，并以80C51系列单片机的中断系统为例介绍中断的处理过程和中断系统的应用。

6.1 中断概述

计算机的信息处理系统与人的思维有着许多异曲同工之处，中断技术就是其中的一例。

例如，某人正在看书，这时候电话铃响了，他在书本上做个记号，然后与对方通电话，通完电话后从做有记号的地方继续往下看书。这就是日常生活中的中断现象。为什么会出现这样的中断呢？因为一个人在一段特定的时间内，可能会面对着两个、三个甚至更多的任务。但他不可能在同一时间去完成多项任务，只能分析任务的轻重缓急，采用中断的方法穿插去完成它们。

计算机在同一时间内同样可能会面临着处理很多任务的情况，计算机也可像人一样暂停某一件（或几件）工作，先去完成一些紧急的任务，实现计算机里面的中断。

6.1.1 中断的有关概念

1. 中断

中断是指CPU执行程序的过程中，由于某种随机的事件（中断发生）引起CPU暂时中止正在执行的程序，而转去执行一个用于处理该事件的程序（中断服务程序），中断服务程序处理完该事件后又返回到原来被中止的程序断点处继续执行（中断返回），这一过程称为中断。中断流程图如图6-1所示。

2. 中断服务程序

中断之后所执行的相应的处理程序通常称为中断服务程序，而原来正常运行的程序称为主程序。主程序被断开的位置（或地址）称为"断点"。

调用中断服务程序的过程类似于调用子程序，其区别在于调用子程序是在程序中事先安排好的，通过调用指令实现；而何时调用中断服务程序事先却无法确定，因为中断的发生是由外部因素决定的，程序中无法事先安排调用指令。

3. 中断源

中断源是指引起中断的来源。中断源在单片机内部的为内中断，中断源在单片机外部的为外中断。常见的中断源主要有以下几种：

1）输入/输出设备。例如，键盘、打印机、外部传感器等外设准备就绪时，可向单片

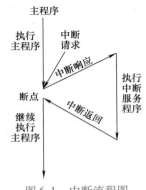

图6-1 中断流程图

机发出中断申请，从而实现外设与单片机的通信。

2）实时时钟或计数信号。例如，定时时间或计数次数一到，则向 CPU 发出申请，要求 CPU 进行处理。

3）故障源。当出现故障时，可以通过报警、掉电等信号向 CPU 发出中断请求，要求处理。

6.1.2　中断技术的应用

1. 实现分时操作

中断可以解决快速的 CPU 与慢速的外设之间的矛盾，使 CPU 和外设并行工作。CPU 在启动外设工作后继续执行主程序，同时外设也在工作。每当外设做完一件事就发出中断申请，请求 CPU 中断它正在执行的主程序，转去执行中断服务程序（一般情况是处理输入/输出数据），中断处理完成之后，CPU 继续执行主程序，外设也继续工作。这样，CPU 可以控制多个外设同时工作，大大提高了 CPU 的效率。

2. 实时处理

在实时控制系统中，现场的各种参数、信息均随时间和现场而变化。这些外界变量可根据要求随时向 CPU 发出中断申请，请求 CPU 及时处理发生的情况。如中断条件满足，CPU 马上就会响应，进行相应的处理。

3. 故障处理

单片机在运行过程中会出现难以预料的情况或故障，如掉电、存储出错、运算溢出等，此时可以通过中断系统由故障源向 CPU 发出中断请求，再由 CPU 转到相应的故障处理程序进行处理。

6.1.3　中断系统的功能

中断系统是指实现中断过程的硬件逻辑和实现中断功能的指令的统称。为了满足单片机系统中各种中断的要求，中断系统一般具备如下基本功能：

1. 能实现中断及返回

当中断源向 CPU 发出中断申请时，CPU 能决定是否响应这个中断请求。为此，单片机内部应该有中断请求检测电路。CPU 每执行一条指令，中断请求检测电路都要检测中断源的状态，若中断源有效但 CPU 关中断，则 CPU 执行下一条指令；若中断源无效，则 CPU 也执行下一条指令；若中断源有效且 CPU 开中断，则 CPU 在现行的指令执行完后，保护好被中断的主程序的断点地址（下一条应该执行的指令地址）及现场信息，然后，将中断服务程序的首地址送给 PC，转去执行中断服务程序。中断服务程序的最后一条指令是中断返回指令 RETI，该指令使 CPU 返回断点，继续执行主程序，这个过程如图 6-1 所示。

2. 能实现优先权排队

通常，单片机系统中有多个中断源，有时会遇到多个中断源同时提出中断请求的情况。这就要求单片机既能区分各个中断源的请求，又能确定先为哪一个中断源服务。为了解决这一问题，通常给各个中断源规定优先级。中断源的优先级是根据事件的轻重缓急人为确定的。确定外设优先级的方法一般有 3 种：软件查询法、简单硬件电路法及专用硬件电路法。关于软件查询法将在后面介绍，而简单硬件电路法及专用硬件电路法请读者参阅有关书籍。

当多个中断源同时提出中断请求时，CPU 按优先级的高低，由高到低依次为各个中断源服务。

3. 能实现中断嵌套

当 CPU 响应某一外设的中断请求，正在进行中断处理时，若有优先权级别更高的中断源提出中断请求，则 CPU 能中断正在进行的中断服务程序，响应高级中断，在高级中断处理完后，再继续执行被中断的中断服务程序，这一过程称为中断嵌套，如图 6-2 所示。若发出新的中断申请的中断源优先级与正在处理的中断源同级或更低时，则 CPU 不响应这个中断申请，直至正在处理的中断服务程序执行完后才去处理新的中断申请。

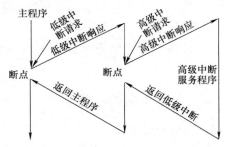

图 6-2　中断嵌套

6.2　80C51 单片机中断系统

6.2.1　中断系统的结构

80C51 单片机中断系统结构如图 6-3 所示。80C51 单片机的中断系统有 5 个中断源，两个中断优先级，可实现两级中断服务程序嵌套。由片内特殊功能寄存器中的定时器/计数器控制寄存器 TCON 和串行口控制寄存器 SCON 对中断源进行控制，由中断允许寄存器 IE 控制 CPU 是否响应中断请求；由中断优先级寄存器 IP 安排各中断源的优先级；相同优先级内各中断同时提出中断请求时，不能通过程序控制，而是由 CPU 内部的查询顺序决定谁优先响应。

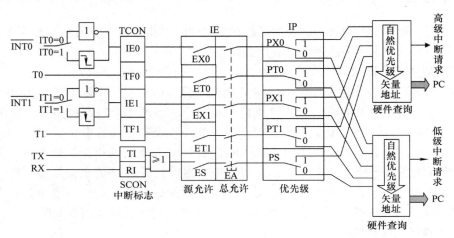

图 6-3　中断系统结构示意图

由于中断系统是集成在单片机的内部，从使用者的角度来说，只需掌握中断源从哪个引脚接入，或者是内部的哪个部件产生，如何通过寄存器设置去控制中断允许还是不允许，相应的中断优先级是设置为高还是为低就可以了。以下论述 80C51 单片机的中断系统结构和中断处理过程等。

1. 中断源

从图 6-3 可见，80C51 单片机的中断系统有 5 个中断源，它们是：

1）外部中断 0：由$\overline{INT0}$（P3.2）引脚输入，由外部中断 0 触发方式选择位 IT0，选择其为低电平有效还是下降沿有效，当 CPU 检测到$\overline{INT0}$引脚上出现有效的中断请求信号时，中断请求标志位 IE0 置 1，向 CPU 申请中断。

2）外部中断 1：由$\overline{INT1}$（P3.3）引脚输入，由外部中断 1 触发方式选择位 IT1，选择其为低电平有效还是下降沿有效，当 CPU 检测到$\overline{INT1}$引脚上出现有效的中断请求信号时，中断请求标志位 IE1 置 1，向 CPU 申请中断。

3）定时器/计数器 T0 溢出中断请求，当 T0 定时时间到或计数满后，中断请求标志位 TF0 由硬件置 1，向 CPU 申请中断。

4）定时器/计数器 T1 溢出中断请求，当 T1 定时时间到或计数满后，中断请求标志位 TF1 被硬件置 1，向 CPU 申请中断

5）串行口中断请求，当串行口接收完一帧数据时，中断请求标志 RI 被硬件置 1，或当串口发送完一帧数据时，中断请求标志 TI 被硬件置 1。

中断源的中断请求标志位分别由特殊功能寄存器 TCON 和 SCON 的相应位锁存。

2. 中断标志寄存器 TCON 和串行口控制寄存器 SCON

TCON 是定时器/计数器控制寄存器，字节地址为 88H，可位寻址。该寄存器中有定时器/计数器 T0 和 T1 的溢出中断请求标志位 TF0 和 TF1，也包括了外部中断$\overline{INT0}$和$\overline{INT1}$的中断请求标志位 IE0 和 IE1。其格式如图 6-4 所示。

TCON 寄存器中与中断有关的各标志位的功能如下：

1）IT0：外部中断 0 的触发方式选择位。

当 IT0 = 0 时，外部中断 0 为电平触发方式，即$\overline{INT0}$引脚上的信号为低电平有效。

	D7	D6	D5	D4	D3	D2	D1	D0
TCON(88H)	TF1	TR1	TF0	TR0	IE1	IT1	IE0	IT0
位地址	8FH	8EH	8DH	8CH	8BH	8AH	89H	88H

图 6-4　定时器/计数器控制寄存器 TCON 的格式

当 IT0 = 1 时，外部中断 0 为边沿触发方式，即$\overline{INT0}$引脚上的信号出现从高到低的负跳变有效。

IT0 位可由软件置 1 或清零。

2）IE0：外部中断 0 中断请求标志位。

若 IT0 = 0，外部中断 0 为电平触发方式，CPU 在每个机器周期的 S5P2 采样$\overline{INT0}$引脚电平，若采样到$\overline{INT0}$为低电平时，则 IE0 置 1，表示外部中断 0 向 CPU 申请中断；若采样到$\overline{INT0}$为高电平时，IE0 清零。注意：在电平触发方式下，CPU 响应中断时，不能自动将 IE0 清零，因为 IE0 的状态完全由$\overline{INT0}$状态决定，所以在中断返回前必须撤除$\overline{INT0}$引脚上的低电平。

若 IT0 = 1，外部中断 0 为边沿触发方式，CPU 在每个机器周期的 S5P2 采样$\overline{INT0}$引脚电平。若在第一个机器周期的 S5P2 采样到$\overline{INT0}$ = 1，在第二个机器周期的 S5P2 采样到$\overline{INT0}$ = 0，即在连续的两个机器周期里检测到$\overline{INT0}$引脚由高电平到低电平，则 IE0 置 1，外部中断 0

向 CPU 申请中断。在边沿触发方式，CPU 响应中断时，由硬件自动清除 IE0 标志。注意：为了保证 CPU 能检测到负跳变，$\overline{\text{INT0}}$的高低电平至少应保持一个机器周期。

3）IT1：外部中断 1 的触发方式选择位，操作功能与 IT0 类似。

4）IE1：外部中断$\overline{\text{INT1}}$中断请求标志位，其操作功能与 IE0 类似。

5）TF0：定时器/计数器 0 溢出中断请求标志位。当 T0 启动计数后，T0 从计数初值开始加 1，直至最高位产生溢出由硬件将 TF0 置 1，向 CPU 申请中断。CPU 响应中断时，由硬件自动将 TF0 清零。如果定时器/计数器 T0 工作在查询方式，T0 计数溢出后，TF0 必须由软件清零。

6）TF1：定时器/计数器 1 溢出中断请求标志位，其操作功能与 TF0 类似。

SCON 为串行口控制寄存器，字节地址为 98H，可位寻址。与中断有关的是它的低两位 TI 和 RI。其格式如图 6-5 所示。

SCON 寄存器中与中断有关的各标志位的功能如下：

	D7	D6	D5	D4	D3	D2	D1	D0
SCON(98H)	SM0	SM1	SM2	REN	TB8	RB8	TI	RI
位地址	9FH	9EH	9DH	9CH	9BH	9AH	99H	98H

图 6-5 SCON 中的中断请求标志位

1）TI：串行口发送中断标志位，CPU 将 8 位数据写入串行口发送缓冲器 SBUF 时，就启动了一帧数据的发送，每发送完一帧数据后，由硬件将 TI 置 1，CPU 响应串行口发送中断时，CPU 并不自动清除 TI 中断标志位，必须在中断服务程序中由软件对 TI 清零。

2）RI：串行口接收中断标志位，当允许串行口接收数据时，串行口每接收完一帧数据，由硬件将 RI 置 1，CPU 响应串行口接收中断时，CPU 并不自动清除 RI 中断标志位，必须在中断服务程序中由软件对 RI 清零。

单片机复位时，TCON 和 SCON 各位清 0，TCON 和 SCON 中所有能产生中断的标志位均可由软件置 1 或清零。

3. 中断允许寄存器 IE

80C51 的 CPU 对中断源的开放或屏蔽，是由片内的中断允许寄存器 IE 控制的。IE 的字节地址为 A8H，可位寻址。其格式如图 6-6 所示。

中断允许寄存器 IE 对中断的开放和关闭实现二级控制。所谓二级控制，就是 1 个总的开关中断控制位 EA（IE.7 位），当 EA = 0 时，所有的中断请求被屏蔽，CPU 对任何中断请求都不接收，称为 CPU 关中断；当 EA = 1 时，CPU 开

	D7	D6	D5	D4	D3	D2	D1	D0
IE(A8H)	EA	—	—	ES	ET1	EX1	ET0	EX0
位地址	AFH			ACH	ABH	AAH	A9H	A8H

图 6-6 中断允许寄存器 IE 的格式

放中断，但 5 个中断源的中断请求是否允许，还要由 IE 中的低 5 位所对应的 5 个中断请求允许控制位的状态来决定。

IE 中各位的功能如下：

1）EA：中断允许总控制位

EA = 0，CPU 屏蔽所有的中断请求（CPU 关中断）；

EA = 1，CPU 开放所有中断（CPU 开中断）。

2）ES：串行口中断允许位

ES = 0，禁止串行口中断；

ES = 1，允许串行口中断。

3）ET1：定时器/计数器 T1 的溢出中断允许位

ET1 = 0，禁止 T1 溢出中断；

ET1 = 1，允许 T1 溢出中断。

4）EX1：外部中断 1 的中断允许位

EX1 = 0，禁止外部中断 1 中断；

EX1 = 1，允许外部中断 1 中断。

5）ET0：定时器/计数器 T0 的溢出中断允许位

ET0 = 0，禁止 T0 溢出中断；

ET0 = 1，允许 T0 溢出中断；

6）EX0：外部中断 0 的中断允许位

EX0 = 0，禁止外部中断 0 中断；

EX0 = 1，允许外部中断 0 中断。

80C51 单片机复位后，IE 被清零，所有的中断请求被禁止。由用户程序将 IE 相应的位置 1 或清零，即可允许或禁止各中断源的中断申请。若使某一个中断源被允许中断，除了 IE 相应的位被置 1 外，还必须使 EA = 1，即 CPU 开放中断。

例 6-1　若允许外部中断 0 和外部中断 1 中断，禁止其他中断源的中断请求，请编写设置 IE 的程序段。

解：（1）用位操作指令来编写程序段如下：

ES = 0；　　//禁止串口中断

ET1 = 0；　　//禁止定时器/计数器 T1 中断

EX1 = 1；　　//允许外部中断 1 中断

ET0 = 0；　　//禁止定时器/计数器 T1 中断

EX0 = 1；　　//允许外部中断 1 中断

EA = 1；　　//CPU 开中断

（2）用字节操作语句编写为：

IE = 0x85；

4. 中断优先级寄存器 IP

80C51 单片机有两个中断优先级，即可实现两级中断嵌套，每个中断源的中断优先级都是由中断优先级寄存器 IP 中的相应位来规定的，IP 寄存器的字节地址为 B8H，可位寻址。IP 每位的状态由软件设定，单片机复位时，IP 被清零，各个中断源均为低优先级中断。IP 格式如图 6-7 所示。

IP 中各位的功能如下：

1）PS：串行口中断优先级控制位

PS = 0，串行口中断定义为低优先级中断；

	D7	D6	D5	D4	D3	D2	D1	D0
IP(B8H)	—	—	—	PS	PT1	PX1	PT0	PX0
位地址	—	—	—	BCH	BBH	BAH	B9H	B8H

图 6-7　中断优先级寄存器 IP 的格式

PS = 1，串行口中断定义为高优先级中断。

2）PT1：定时器/计数器 T1 中断优先级控制位

PT1 = 0，T1 定义为低优先级中断；

PT1 = 1，T1 定义为高优先级中断。

3）PX1：外部中断 1 中断优先级控制位

PX1 = 0，外部中断 1 中断定义为低优先级中断；

PX1 = 1，外部中断 1 中断定义为高优先级中断。

4）PT0：定时器/计数器 T0 中断优先级控制位

PT0 = 0，T0 定义为低优先级中断；

PT0 = 1，T0 定义为高优先级中断。

5）PX0：外部中断 0 中断优先级控制位

PX0 = 0，外部中断 0 中断定义为低优先级中断；

PX0 = 1，外部中断 0 中断定义为高优先级中断。

80C51 单片机的中断系统有两个不可寻址的优先级激活触发器，其中一个指示某高优先级的中断正在执行，所有后来的中断均被阻止。另一个触发器指示某低优先级的中断正在执行，所有同级的中断都被阻止，但不阻断高优先级的中断请求。

80C51 单片机高优先级中断能够打断低优先级中断形成两级中断嵌套，同优先级中断之间，或低级对高级中断都不能形成中断嵌套，若几个同级中断同时向 CPU 申请中断，哪一个中断请求优先得到响应，按照单片机内部的查询顺序，这是由中断系统硬件确定的自然优先级，各中断源的默认内部中断优先级、序号和中断服务程序入口地址见表 6-1。

表 6-1　80C51 单片机中断级别

中断源	序号（C 语言用）	中断服务程序入口地址（汇编语言用）	默认中断级别
外部中断 0	0	0003H	最高
T0 溢出中断	1	000BH	↓
外部中断 1	2	0013H	↓
T1 溢出中断	3	001BH	↓
串行口中断	4	0023H	最低

例 6-2　设置 IP 寄存器的初始值，使 2 个外部中断请求为低优先级，其他中断请求为高优先级。

解：（1）用位操作语句编写的程序段如下：

PX0 = 0；　　//2 个外中断为低优先级

PX1 = 0；

PS = 1；　　//串口为高优先级中断

PT0 = 1；　　//2 个定时器/计数器为高优先级中断

PT1 = 1；

（2）用字节操作语句编写为：

IP = 0x1a；

假设 IP 按照例 6-2 进行设定。如果 CPU 正在处理串行口中断或两个定时器/计数器溢出中断中的任一个，那么所有后来的中断都被阻止；如果正在处理外部中断 0 的中断，那么串行口中断、两个定时器/计数器溢出中断都可以打断外部中断 0；如果 5 个中断源同时向 CPU 申请中断，CPU 响应定时器/计数器 T0 溢出中断请求。

6.2.2　中断响应

一个中断源的中断请求被响应，需满足以下必要条件：

1）IE 寄存器中的总中断允许位 EA = 1。

2）该中断源发出中断请求，即该中断源对应的中断请求标志为"1"。

3）该中断源的中断允许位 = 1，即该中断没有被屏蔽。

4）无同级或更高级中断正在被服务。

中断响应就是 CPU 对中断源提出的中断请求予以响应。当 CPU 查询到"有效"的中断请求，并满足上述条件时，紧接着就进行中断响应。

中断响应是有条件的，并不是查询到的所有中断请求都能被立即响应，遇到下列三种情况之一时，中断响应被封锁：

1）CPU 正在处理同级的或更高优先级的中断。

2）所查询的机器周期不是当前正在执行指令的最后一个机器周期。只有在当前指令执行完毕后，才能进行中断响应，以确保当前指令的完整执行。

3）正在执行的指令是 RETI 或是访问 IE 或 IP 的指令，需要再去执行完一条指令，才能响应新的中断请求。

如果存在上述三种情况之一，CPU 将丢弃中断查询结果，不能对中断进行响应。

CPU 响应中断的过程如下：

1）将相应的优先级状态触发器置 1（以阻断后来的同级或低级的中断请求）。

2）执行一条硬件 LCALL 指令，把程序计数器（PC）的内容（即断点地址）压入堆栈保存，再将相应的中断服务程序入口地址送入 PC。

3）执行中断服务程序。

80C51 单片机的 CPU 在中断响应时，由硬件自动转向与该中断源对应的中断服务程序入口地址处，这种方法称为硬件中断向量法。

各中断服务程序入口地址仅间隔 8 个字节，编译器在这些地址处放入无条件转移指令，用以跳转到中断服务程序的实际地址。

C51 编译器支持在 C 源程序中直接开发中断程序，因此减轻了用汇编语言开发中断程序的繁琐过程。

6.2.3　中断请求的撤销

某个中断请求被响应后，在中断返回前，必须撤除中断请求，否则会错误地再一次引起中断过程。下面按中断请求源的类型分别说明中断请求的撤销方法。

1. 定时器/计数器中断请求的撤销

定时器/计数器的中断请求被响应后。硬件会自动把中断请求标志位 TF0、TF1 清零，因此定时器/计数器中断请求是自动撤销的。

2. 外部中断请求的撤销

（1）电平触发方式外部中断请求的撤销　电平触发方式的中断请求标志是自动撤销的，但外部中断请求信号的低电平可能继续存在，由于单片机对$\overline{INT0}$、$\overline{INT1}$引脚没有控制作用，所以在以后的机器周期采样时，又会把已清零的 IE0 或 IE1 标志位重新置 1，会多次引起中断，因此需要外接电路来撤销中断请求信号，即在中断响应后把中断请求信号引脚从低电平强制改变为高电平。常用的电平触发方式外部中断请求信号的撤销电路如图 6-8 所示。

由图 6-8 可见，用 D 触发器锁存外来的中断请求电平，外部中断请求信号通过 D 触发器加到单片机的$\overline{INT0}$或$\overline{INT1}$引脚上。当外部中断信号使 D 触发器的 CP 端发生正跳变时，由于 D 端接地，Q 端输出为 0，即向单片机发出中断请求，CPU 响应中断后，为了撤销中断请求，

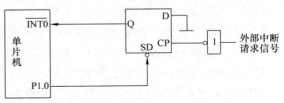

图 6-8　电平触发方式外部中断请求的撤销电路

可利用 D 触发器的直接置位端 SD 实现，把 SD 端接 51 单片机的 P1.0 端，使 P1.0 端输出一个负脉冲就可以使 D 触发器置 1，从而撤销了低电平的中断请求信号，所需的负脉冲可通过在中断服务程序中增加如下两条语句得到：

　　P1 = P1 & 0xfe；　　//P1.0 = 0
　　P1 = P1 | 0x01；　　//P1.0 = 1

第一条语句使 P1.0 为 0，P1 口的其他各位状态不变。由于 P1.0 与直接置 1 端 SD 相连，故 D 触发器 Q = 1，撤销了中断请求信号。第二条语句使 P1.0 为 1，即置 1 端 SD 不起作用，目的使以后产生的新的外部中断请求信号又能向单片机申请中断。

由此可见，电平触发方式的外部中断请求信号的完全撤销，是通过软硬件相结合的方法来实现的。

（2）边沿触发方式外部中断请求的撤销　边沿触发方式的外部中断请求的撤销，其中断标志位（IE0 或 IE1）的清零是在中断响应后由硬件自动完成的，因此边沿触发方式的外部中断请求是自动撤销的。

3. 串行口中断请求的撤销

串行口中断的标志位是 TI 和 RI，但对这两个中断标志位 CPU 不进行自动清零，因为响应串行口的中断后，CPU 无法知道是接收中断还是发送中断，所以串行口中断请求的撤销只能使用软件的方法，在中断服务程序中用程序清零，即用如下的语句进行串行口中断标志位的清除：

　　TI = 0；　　//清 TI 标志位
　　RI = 0；　　//清 RI 标志位

6.3　中断服务程序的设计

中断系统的控制功能要通过对中断系统的各个寄存器进行设置，根据设计要求设置中断允许寄存器 IE、优先级寄存器 IP 以及外部中断的触发方式。

例6-3 假设允许外部中断 0 中断，并设定它为高级中断，采用边沿触发方式，其他中断源不允许中断。试编写初始化程序段。

解：初始化程序段如下：

IE = 0x81；   // EA = 1，CPU 开中断，EX0 = 1，允许外部中断 0 产生中断

IP = 0x01；   // PX0 = 1，外中断 0 为高级中断

IT0 = 1；   //外中断 0 为边沿触发方式

C51 的中断函数格式如下：

void 函数名（）interrupt 中断号 using 工作组

    {

        中断服务程序内容

    }

中断函数不能返回任何值，所以最前面用 void；后面紧跟函数名，名字不要与 C 语言中的关键字相同；中断函数后不带任何参数，所以函数后面的小括号为空；中断号是指单片机中几个中断源的序号，可查表 6-1，这个序号是编译器识别不同中断的唯一序号，此处应该设为 0；最后面的"using 工作组"是指定这个中断函数使用单片机片内 RAM 中 4 个工作寄存器组中的哪一组，C51 编译器在编译程序时会自动分配工作组，因此"using 工作组"通常可省略不写。

6.4 中断系统的应用

例6-4 关于单片机外中断$\overline{INT0}$应用的 Proteus 仿真电路如图 6-9 所示，要求单片机主程序控制 P2 口所接的 8 段共阳极数码管各段依次循环点亮，当外部中断$\overline{INT0}$输入出现从高到低的负跳变时，数码管开始亮灭闪烁显示"8"，闪烁显示 8 次后，8 段数码管的各段继续依次循环点亮。试编写程序，实现上述功能。

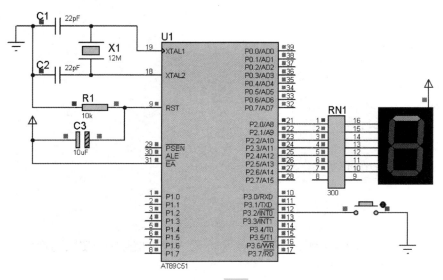

图 6-9 单片机外中断$\overline{INT0}$应用的仿真电路

解：单片机外部中断请求信号$\overline{INT0}$采用边沿触发方式，当无中断请求时，七段数码管的 a~g 段依次点亮，不断循环，因此将 P2 口的各位依次输出低电平即可；当$\overline{INT0}$引脚上所接的按钮按下时，产生中断，在中断服务程序中让 P2 口交替输出 0x7f 和 0x00，数码管显示状态变为"8"亮灭闪烁显示。控制亮灭闪烁显示次数为 8 次，返回主程序，数码管继续各段循环点亮。

程序设计如下：

```
#include < reg51. h >
#include < intrins. h >
#define uint unsigned int
#define uchar unsigned char
uchar i,aa;
void delay(uint z);
void main()
    {
            EA = 1;                        //开总中断
            EX0 = 1;                       //开外部中断0
            IT0 = 1;                       //将外部中断0设为边沿触发方式
            aa = 0xfe;
            P3 = 0xff;
            while(1)
                {
                        P2 = aa;            //送入段选信号
                        delay(1000);
                        aa = _crol_(aa,1);  //将 aa 循环左移1位后再赋给 aa
                }
    }
void delay(uint z)
{
    uint x,y;
    for(x = z;x > 0;x -- )
        for(y = 110;y > 0;y -- );
}
void exter0() interrupt 0
{
            for(i = 8;i > 0;i -- )
                {
                        P2 = 0x00;          //送入段选信号7f,使数码管显示8
                    delay(500);
                        P2 = 0x7f;          //送入段选信号00,使数码管熄灭
```

```
        delay(500);
        }
    }
```

将上述程序下载到实验板中，可以在实验板上获得与仿真一样的效果。

例 6-5 单片机中断优先级应用的仿真电路如图 6-10 所示，要求用单片机主程序控制 P1 口流水灯循环显示；外部中断$\overline{INT0}$引脚出现负跳变时，P1 口全部发光二极管亮 5s，外部中断$\overline{INT1}$引脚出现负跳变时，P2 口所接的共阳极数码管显示 1，保持时间为 5s。外部中断$\overline{INT1}$为高优先级，外部中断$\overline{INT0}$为低优先级。试编写程序，实现上述功能。

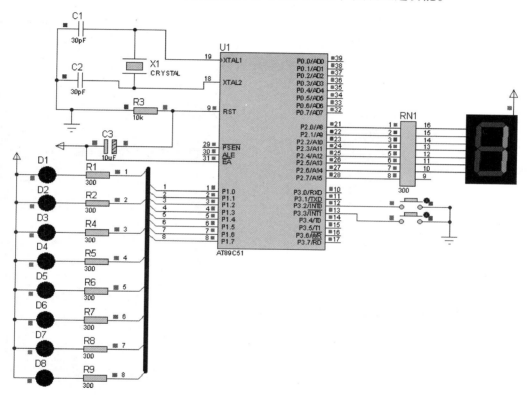

图 6-10 单片机中断优先级应用的仿真电路

解： 程序设计如下：

```
#include < reg51. h >
#include < intrins. h >
#define uint unsigned int
#define uchar unsigned char
uchar aa;
uchar K1;
void delay(uint z);
void main()
{
```

```
        EA = 1;                        //开总中断
        EX0 = 1;                       //开外部中断 0
        EX1 = 1;                       //开外部中断 1
        IT0 = 1;                       //将外部中断 0 设为边沿触发方式
        IT1 = 1;                       //将外部中断 1 设为边沿触发方式
        PX0 = 0;                       //将外部中断 0 设为低优先级方式
        PX1 = 1;                       //将外部中断 1 设为高优先级方式
        aa = 0xfe;
        P2 = 0xff;
            K1 = 1;
            P3 = 0xff;
        while(1)
          {

                P1 = aa;               //送入段选信号
            delay(1000);
                aa = _crol_(aa,1);     //将 aa 循环左移 1 位后再赋给 aa
          }
      }

void delay(uint z)
{
    uint x,y;
    for(x = z;x > 0;x -- )
        for(y = 110;y > 0;y -- );
}

void exter0( )interrupt 0
{

    K1 = 0;
P1 = 0xff;
    P1 = 0x00;
    delay(5000);
    P1 = 0xff;
K1 = 1;

}

void exter1( )interrupt 2
```

```
{
    P1 = 0xff;
    P2 = 0xf9;                //送入段选信号 f9,使数码管显示 1
    delay(5000);
    P2 = 0xff;                //送入段选信号 00,使数码管熄灭
        if(K1 == 0)    P1 = 0x00;
}
```

将上述程序下载到实验板中,可以在实验板上获得与仿真一样的效果。

本 章 小 结

中断技术是单片机的一项重要技术,中断处理过程一般包括中断请求、中断排队(优先级控制)、中断响应、中断服务以及中断返回 5 个部分。

51 子系列单片机的中断系统有 5 个中断源,它们分别是外部中断 0、外部中断 1、定时器/计数器 T0 和 T1 的溢出中断、串行口中断。5 个中断源的中断请求是由特殊功能寄存器 TCON 和 SCON 中的有关位作为标志位,某个中断源申请中断有效时,系统硬件将相应标志位自动置位。外部中断 0 和外部中断 1 的中断触发方式是由 TCON 中的 IT0 和 IT1 控制的,可设为电平触发方式或边沿触发方式。

CPU 对所有中断源以及某个中断源的开放和关闭,是由中断允许寄存器 IE 控制的。

51 子系列单片机的 5 个中断源可分为两个中断优先级,由中断优先级寄存器 IP 来控制,通过将 IP 对应位设为 1 或 0 来决定是高优先级还是低优先级,同一个优先级别的中断优先权按照中断系统硬件确定的自然优先级顺序排队。

习 题 6

1. 什么是中断系统? 中断系统的功能是什么?
2. 什么是中断嵌套?
3. 8051 单片机的中断源有几个? 各个中断的标志位是什么?
4. 各个中断源的中断请求是如何撤销的?
5. CPU 响应中断时,各个中断源的中断入口函数如何编写?
6. 编写外部中断 0 为边沿触发方式的中断初始化程序。
7. 电路如图 6-11 所示,要求单片机的主程序实现 P1 口控制一个共阴极数码管的各段依次点亮,不断循环,当有外部中断 $\overline{INT1}$ 输入时,使数码管显示 0,闪烁 4 次后,返回原断点处继续执行程序,外部中断 $\overline{INT1}$ 的触发方式采用边沿触发方式。试编写程序。
8. 电路如图 6-12 所示,要求单片机主程序控制 P0 口数码管循环显示 0~9;外部中断 $\overline{INT0}$ 发生时,控制 P2 口数码管显示 0~9,外部中断 $\overline{INT1}$ 发生时,控制 P1 口数码管显示 0~9,外部中断 $\overline{INT1}$ 为高优先级,外部中断 $\overline{INT0}$ 为低优先级,都采用边沿触发方式,数码管为共阳极数码管。试编写程序。

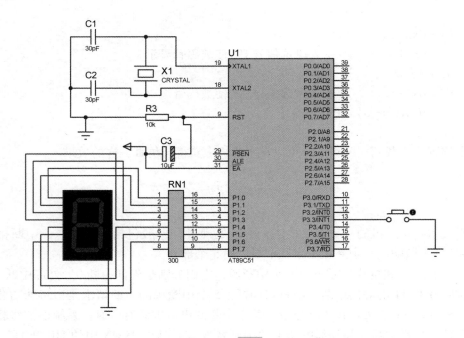

图 6-11　单片机外中断INT1应用系统电路图

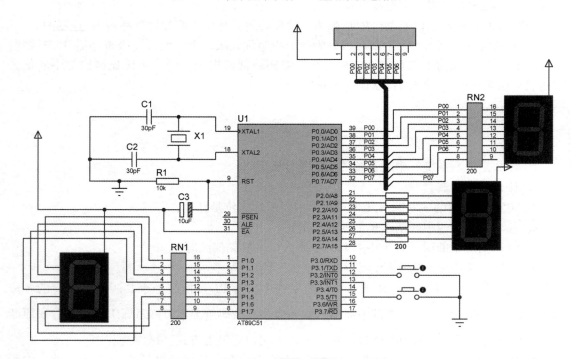

图 6-12　单片机外中断INT0、INT1应用系统电路图

9. 通过单片机中断技术中的中断响应、中断屏蔽与中断优先权处理等技术，谈谈我们日常生活与学习中应该如何合理地设置任务优先级，以便规划好人生，学好本领，实现人生价值。

第7章 定时器/计数器及应用

在工业控制中，很多场合要用到定时或计数功能，如定时输出、定时检测、定时扫描、对外部事件、外部脉冲进行计数等。因此，定时与计数是单片机控制系统中经常遇到的问题。

7.1 定时/计数技术概述

定时和计数都是利用计数器对脉冲进行计数。定时是对周期固定的内部机器周期脉冲进行计数，定时时间为脉冲周期与脉冲个数的乘积。计数是对外界产生的脉冲进行计数。计数器的计数方式可以是加 1 计数，也可以是减 1 计数。

在单片机控制系统中定时/计数的实现方法有 3 种：软件定时/计数、数字电路定时/计数和可编程定时/计数。

7.1.1 软件定时/计数

软件定时是靠执行一段循环程序以实现时间延迟。如本书前面常用的 void DelayMS（uint xms）延时子函数：

```
void DelayMS( uint xms)
{
    uint i,j;
    for( i = 0; i < xms;i ++ )
        for( j = 0;j < 110;j ++ );
}
```

通过执行 for 语句循环，实现软件延时的功能。但在 C51 中 for 语句循环的延时时间不好精确计算，必须结合 keil 软件的调试功能测得所需的大概时间。

软件定时的特点是不需外加硬件电路，但软件定时需要占用 CPU 的时间，增加了 CPU 的负担，因此软件定时的时间不宜太长。此外，软件定时的方法在某些情况下无法使用。

软件计数是用数据存储器的存储单元作为计数器，通过程序使软件计数器加 1 或减 1 以实现计数。第 5 章中的例 5-4 就是用软件实现计数器的功能的。

7.1.2 数字电路定时/计数

需要计数较多或定时时间较长，常使用硬件电路完成。硬件定时/计数的特点是定时/计数功能全部由硬件电路完成，不占用 CPU 的时间，但需要通过改变电路中的元件参数来调节定时时间和计数长度，使用上不够灵活。

7.1.3 可编程定时/计数

虽然可以利用延时程序来取得定时的效果，但这降低了 CPU 的工作效率。如果能用一个可编程的定时器来实现定时或延时，在定时或延时的这段时间内 CPU 不必等待，可以做自己的事情，等定时时间到的时候，由可编程定时器通知 CPU 定时时间到了，应该去干什么事情了，这样就可以大大提高 CPU 的效率。

可编程的定时器一般是通过对系统时钟脉冲进行计数来实现定时，计数值可以通过程序设定，改变计数值也就改变了定时时间，使用起来既灵活又方便。此外，由于采用计数方法实现定时，可编程的定时器兼有计数功能，可以对外部脉冲进行计数。目前，可编程的定时器芯片很多，如 Intel 公司生产的 8253 就是一个可编程定时/计数芯片，与单片机的接口比较方便。

为了使用方便并增加单片机的功能，很多单片机内部都集成了可编程的定时器/计数器。80C51 单片机内部就有可编程的定时器/计数器，其中 51 子系列内部有 2 个，52 子系列内部有 3 个。本章介绍 51 子系列内部的定时器/计数器。

7.2 80C51 单片机的定时器/计数器

51 子系列单片机内部有两个独立的 16 位可编程定时器/计数器，分别称为定时器 0（简称 T0）和定时器 1（简称 T1），它们可以编程选择工作于定时模式或外部事件计数模式，此外它们的工作方式、定时时间、计数值、启动、是否允许中断等都可以由程序设定。

7.2.1 定时器/计数器的结构

定时器/计数器的内部结构框图如图 7-1 所示。与中断系统一样，定时器/计数器也是集成在单片机内部的，由于定时是对内部机器周期脉冲进行计数，因此只需知道作为计数器用时计数脉冲从哪个引脚接入的，知道如何通过寄存器设置去控制定时器/计数器的工作就可以了。

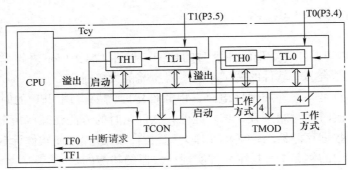

图 7-1 定时器/计数器 0、1 的内部结构框图

计数器的计数脉冲来自于 T0（P3.4）或 T1（P3.5）引脚。定时器/计数器 T0 的 16 位计数值分别设置在两个 8 位的特殊功能寄存器 TH0 和 TL0 中，定时器/计数器 T1 的计数值设置在两个特殊功能寄存器 TH1 和 TL1 中，可以通过对 TH0（TH1）和 TL0（TL1）的赋值来设置 T0（T1）的计数初值。定时器/计数器的工作方式与模式由方式控制寄存器 TMOD 设置。T0、T1 的启动与停止控制以及 T0、T1 的溢出标志位的设置由定时器/计数器的控制寄存器 TCON 完成。

7.2.2　定时器/计数器的工作原理

定时器/计数器 T0、T1 的工作原理图如图 7-2 所示。定时器/计数器 T0、T1 的编程控制可以分为工作模式控制、运行控制、工作方式选择和中断控制四部分。在图 7-2a T0 工作原理图中已经将这四部分用点画线框出来了。四部分的控制由 TH0、TL0、TH1、TL1、TMOD 与 TCON 六个寄存器控制，其中 TH0、TL0 寄存器分别是 T0 的 16 位计数寄存器的高、低 8 位，TH1、TL1 寄存器分别是 T1 的 16 位计数寄存器的高低 8 位，而方式控制寄存器 TMOD 与控制寄存器 TCON 均是 8 位的，每一位的作用各不相同。

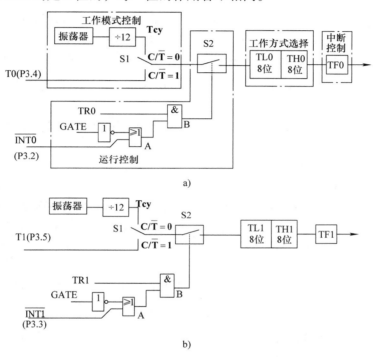

图 7-2　定时器/计数器的工作原理图

a）定时器/计数器 0（T0）工作原理图　b）定时器/计数器 1（T1）工作原理图

1. 工作方式寄存器 TMOD

TMOD 用来选择定时器/计数器的工作模式和工作方式，字节地址为 89H，不能进行位寻址，低 4 位用于定时器/计数器 T0，高 4 位用于定时器/计数器 T1，其格式如下所示：

	D7	D6	D5	D4	D3	D2	D1	D0
TMOD(89H)	GATE	C/$\overline{\text{T}}$	M1	M0	GATE	C/$\overline{\text{T}}$	M1	M0
	← T1 方式字段 →				← T0 方式字段 →			

8 位分为两组，高 4 位控制 T1，低 4 位控制 T0。各位的含义说明如下：

1）M1、M0：工作方式选择位。定时器/计数器有四种工作方式，由 M1、M0 进行设置，见表 7-1。

表 7-1　定时器/计数器 0、1 的工作方式选择

M1	M0	工　作　方　式
0	0	方式 0，为 13 位定时器/计数器
0	1	方式 1，为 16 位定时器/计数器
1	0	方式 2，具有自动重装初值的 8 位定时器/计数器
1	1	方式 3，仅适用于 T0，T0 分成两个独立的 8 位计数器，T1 停止计数

2）$C/\overline{T}$：定时器/计数器工作模式选择位。$C/\overline{T} = 0$，为定时器工作模式；$C/\overline{T} = 1$，为计数器工作模式。

3）GATE：门控位。GATE = 0，定时器/计数器 0、1 的启动计数由 TCON 中的 TR0、TR1 控制，当 TR0 或 TR1 为 1 时，就可以启动定时器/计数器 0 或 1 工作。

GATE = 1，定时器/计数器 0、1 的启动计数由 TCON 中的 TR0、TR1 和外部中断引脚 $\overline{INT0}$、$\overline{INT1}$ 一起控制。当 TR0 或 TR1 为 1，同时 $\overline{INT0}$ 或 $\overline{INT1}$ 也为高电平时，才能启动定时器/计数器 0 或 1 工作。

例 7-1　若定时器 T1 工作于方式 2 计数模式，定时器 T0 工作于方式 1 定时模式，GATE = 0，要求设置 TMOD。

解： 根据 TMOD 各位的定义，得 TMOD = 01100001B = 61H。

2. 控制寄存器 TCON

TCON 的字节地址为 88H，可位寻址，位地址为 88H ~ 8FH，TCON 的格式如下：

	D7	D6	D5	D4	D3	D2	D1	D0
TCON（88H）	TF1	TR1	TF0	TR0	IE1	IT1	IE0	IT0
位地址	8FH	8EH	8DH	8CH	8BH	8AH	89H	88H

低 4 位与外部中断有关，已在第 6 章中介绍，高 4 位的功能如下：

1）TF1：定时器/计数器 T1 溢出中断请求标志位。定时器/计数器 T1 计数溢出后，硬件自动将 TF1 置 1。使用查询方式时，查询到 TF1 = 1 后，应该及时用软件方法将 TF1 清零。使用中断方式时，CPU 响应中断后，进入中断服务程序后由硬件自动将 TF1 清零。

2）TR1：定时器/计数器 T1 的运行控制位。TR1 = 1，启动定时器/计数器工作；TR1 = 0，停止定时器/计数器工作。

3）TF0：定时器/计数器 T0 的溢出中断请求标志位，其功能与 TF1 类似。

4）TR0：定时器/计数器 T0 的运行控制位，其功能与 TR1 类似。

3. 定时器/计数器的工作模式选择

定时器/计数器的工作模式选择由 $C/\overline{T}$ 决定，如图 7-3 所示（定时器/计数器除工作方式 3 不同外，其余的工作方式都是相同的，控制也是相同的，因此除工作方式 3 外，均以定时器/计数器 T0 为例）。

$C/\overline{T}$ 位控制的电子开关 S1 决定了定时器/计数器的工作模式，电子开关打在上面 $C/\overline{T} = 0$，电子开关打在下面 $C/\overline{T} = 1$。

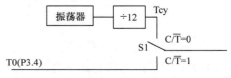

图 7-3　定时器/计数器的工作模式选择

$C/\overline{T}=0$ 时为定时器工作模式，以系统晶振频率 12 分频后的信号，即 Tcy 信号作为计数器基准信号。

$C/\overline{T}=1$ 时为计数器工作模式，计数脉冲为 P3.4 引脚上的外部输入脉冲，当引脚上发生负跳变时，计数器加 1。

4. 定时器/计数器的运行控制

定时器/计数器的运行控制如图 7-4 所示，电子开关 S2 闭合时定时器/计数器启动计数，S2 断开时定时器/计数器停止计数。电子开关 S2 由门控位 GATE、运行控制位及外部中断输入引脚 $\overline{\text{INT0}}$ 共同控制。

当门控位 GATE = 0 时，或门 A 输出为 1，定时器/计数器 T0 启动运行受 TR0 一个条件控制。当门控位 GATE = 1 时，定时器/计数器 T0 启动运行受 TR0 和外部中断 0 引脚 $\overline{\text{INT0}}$ 的状态两个条件控制。此时，定时器 T0 的运行情况见表 7-2。

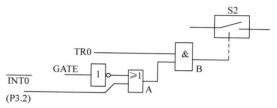

图 7-4　定时器/计数器的运行控制

表 7-2　GATE = 1 时，"与"门 B 输出与定时器 T0 的运行情况

TR0	$\overline{\text{INT0}}$	"与"门 B 输出	定时器工作情况	TR0	$\overline{\text{INT0}}$	"与"门 B 输出	定时器工作情况
1	1	1	启动运行	1	0	0	停止运行
0	1	0	停止运行	0	0	0	停止运行

7.2.3　定时器/计数器的工作方式

定时器/计数器的工作方式有 4 种，由 TMOD 中的 M1M0 控制。

1. 方式 0

当 TMOD 的 M1M0 = 00 时，定时器/计数器工作于方式 0，为 13 位的定时器/计数器方式。由 TL0 的低 5 位和 TH0 的高 8 位构成 13 位的计数器，如图 7-5 所示。TL0 低 5 位计数溢出则向 TH0 进位，TH0 计数溢出则置位 TCON 中的溢出标志位 TF0。

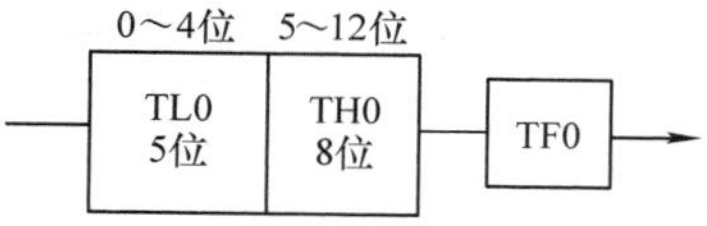

单片机内部的定时器/计数器为加法计数器，假设 N 是计数值，x 为计数初值，n 为定时器/计数器的位数，它们之间的关系如下：

$$N = 2^n - x$$

如果定时器/计数器工作于定时器工作模式，晶振频率为 f_{osc}，要求的定时时间为 T，则机器周期 Tcy 为 $12/f_{osc}$，定时时间、计数初值和机器周期的关系如下：

$$T = (2^n - x)\text{Tcy}$$

图 7-5　定时器/计数器 0 方式 0 计数器构成

方式 0 中初值 x 的设置范围：$0 \sim 8191 [0 \sim (2^{13} - 1)]$，TH0、TL0 从初值开始加法计数，直至溢出，所以设置的初值不同，定时时间或计数值也不同。因此方式 0 工作时计数值和定时值分别为：

$$N = 2^{13} - x = 8192 - x$$
$$T = (2^n - x)Tcy = (8192 - x)Tcy$$

由于为加1计数器，当x取为8191时，计数值最小，为1；当x取为0时，计数值最大，为8192。因此方式0的计数范围为：1~8192，定时范围：(1~8192)Tcy。

注意：方式0加法计数器TH0溢出后，必须用程序重新对TH0、TL0设置初值，否则下一次TH0、TL0将从0开始加法计数。

例7-2　已知晶振频率$f_{osc} = 12MHz$，要求定时器0产生1ms的定时时间，问送入TH0和TL0的计数初值各为多少？试对定时器进行初始化编程。

解： 由于晶振频率为12MHz，所以机器周期Tcy = 1μs，定时器0选用方式0时最大定时时间为8192μs，即8.192ms，而题目要求的定时时间为1ms，小于8.192ms，所以可以选用方式0。

（1）计算TH0、TL0的计数初值

$$T = (2^n - x)Tcy = (2^{13} - x) \times 1μs = 1ms = 1000μs$$

所以x = 8192 - 1000 = 7192 = 1C18H = 00011100 00011000B，取其低13位，放入TH0和TL0，则TH0 = E0H，TL0 = 18H。

（2）TMOD寄存器初始化

根据题目要求，GATE（TMOD.3）= 0，$C/\overline{T}$（TMOD.2）= 0，M1（TMOD.1）= 0，M0（TMOD.0）= 0，定时器/计数器1没有使用，相应的各个位随意状态，均取为0，则（TMOD）= 00H。

（3）初始化程序

```
void init_time0(void)
{
        TMOD = 0x00;        //设置T0为定时器模式,工作在方式0
        TH0 = 0xE0;
        TL0 = 0x18;
        TR0 = 1;            //启动T0
}
```

方式0是13位定时器/计数器，目的是为了兼容早期的MCS—48单片机，计数初值有高8位和低5位构成，确定初值比较麻烦，所以在实际应用中已应用不多。

2. 方式1

当TMOD的M1M0 = 01时，定时器/计数器工作于方式1，工作于16位的定时器/计数器方式。由8位TL0和8位TH0构成16位计数器，如图7-6所示。TL0计数溢出则向TH0进位，TH0计数溢出则置位TCON中的溢出标志位TF0。

方式1和方式0的差别仅在于计数器的位数不同，方式1是16位定时器/计数器，由TH0高8位和TL0低8位构成，方式0是13位定时器/计数器。

方式1中初值x的设置范围：$0 ~ 65535[0 ~ (2^{16} - 1)]$，TH0、TL0从初值开始加法计数，直至溢出。选择方式1工作时计数值和定时值分别为：

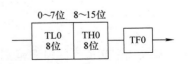

图7-6　定时器/计数器0方式1计数器构成

$N = 2^{16} - x = 65536 - x$

$T = (2^{16} - x)Tcy = (65536 - x)Tcy$

当 x 取为 65535 时，计数值最小，为 1；当 x 取为 0 时，计数值最大，为 65536。因此，方式 1 的计数范围为 1~65536，定时范围为 $(1~65536)Tcy$。

注意：方式 1 加法计数器 TH0 溢出后，必须用程序重新对 TH0、TL0 设置初值，否则下一次 TH0、TL0 将从 0 开始加法计数。

例 7-3 已知晶振频率 $f_{osc} = 12MHz$，要求定时器 0 产生 10ms 的定时时间，试对定时器进行初始化编程。

解： 由于晶振频率为 12MHz，机器周期 Tcy = 1μs，选用方式 0 时最大定时时间 8.192ms，选择方式 1 时，最大定时时间为 65.536ms，要求的定时时间为 10ms，所以不能选择方式 0，只能选用方式 1。

（1）计算 TH0、TL0 的计数初值

由于晶振频率为 12MHz，所以机器周期 Tcy = 1μs，则定时时间为：

$T = (2^n - x) \times Tcy = (2^{16} - x) \times 1μs = 10ms$，

所以 $x = 65536 - 10000 = 55536 = D8F0H$

即 TH0 = D8H，TL0 = F0H，或者 TH0 = 55536/256，TL0 = 55536%256

（2）TMOD 寄存器初始化

根据题目要求，GATE（TMOD.3）= 0，$C/\overline{T}$（TMOD.2）= 0，M1（TMOD.1）= 0，M0（TMOD.0）= 1，定时器/计数器 1 没有使用，相应的各个位状态随意，均取为 0，则（TMOD）= 01H。

（3）初始化程序

void init_time0(void)

{

    TMOD = 0x01;　　　　　　　　//设置 T0 为定时器模式，工作在方式 1

    TH0 = (65536 - 10000)/256;

    TL0 = (65536 - 10000)%256;

    TR0 = 1;　　　　　　　　　//启动 T0

}

3. 方式 2

当 TMOD 的 M1M0 = 10 时，定时器/计数器工作于方式 2，工作于 8 位自动重装初值的 8 位定时器/计数器方式。方式 2 计数器构成如图 7-7 所示，TL0 作为 8 位计数器使用，TH0 作为初值寄存器用，TL0 计数溢出后，将 TF0 置 1，同时发出自动重装初值的信号，使三态门打开，将 TH0 中初值自动送入 TL0，使 TL0 从初值开始重新计数。

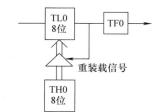

方式 2 中初值 x 的设置范围：$0~255[0~(2^8-1)]$，TL0 从初值开始加法计数，溢出后 TH0 中初值重新置入 TL0。方式 2 工作时计数值和定时值分别为：

图 7-7　定时器/计数器 0 方式 2
计数器构成

$N = 2^8 - x = 256 - x$

$T = (2^8 - x)\text{Tcy} = (256 - x)\text{Tcy}$

当 x 取为 255 时，计数值最小，为 1；当 x 取为 0 时，计数值最大，为 256。因此方式 2 的计数范围为 1 ~ 256，定时范围为 (1 ~ 256) Tcy。

由于工作方式 2 有自动重新装载初值的功能，因此特别适用于定时控制。

例 7-4 已知晶振频率 $f_{osc} = 12\text{MHz}$，要求每隔 $200\mu s$ 产生一定时信号，试对定时器进行初始化。

解： 选择定时器 0，工作在方式 2。

（1）计算 TH0、TL0 的计数初值

由于晶振频率为 12MHz，所以机器周期 Tcy = 1μs，则

$(2^n - x)\text{Tcy} = (2^8 - x) \times 1\mu s = 200\mu s$，

所以 $x = 256 - 200 = 56 = 38H$

即 TH0 = 38H，TL0 = 38H 或者 TH0 = (256 - 200) % 256，TL0 = (256 - 200) % 256。

（2）TMOD 寄存器初始化

GATE(TMOD. 3) = 0，$C/\overline{T}$(TMOD. 2) = 0，M1(TMOD. 1) = 1，M0 (TMOD. 0) = 0，定时器/计数器 1 没有使用，相应的各个位状态随意，均取为 0，则(TMOD) = 02H。

（3）初始化程序

```
void init_time0( void)
{
    TMOD = 0x02;        //设置 T0 为定时器模式，工作在方式 1
    TH0 = 0x38;
    TL0 = 0x38;
    TR0 = 1;            //启动 T0
}
```

4. 方式 3

方式 3 只适用于定时器/计数器 T0，当 TMOD 的 M1M0 = 11 时，定时器/计数器 T0 工作于方式 3，定时器/计数器 T1 不能工作在方式 3。定时器/计数器 T0 工作于方式 3 的工作原理如图 7-8 所示。

方式 3 时，T0 分成两个独立的 8 位计数器：TL0 和 TH0，TL0 是 8 位定时器/计数器。TH0 是 8 位定时器。TL0 使用 T0 的状态控制位 $C/\overline{T}$、GATE、TR0、$\overline{INT0}$，当 TL0 计数溢出

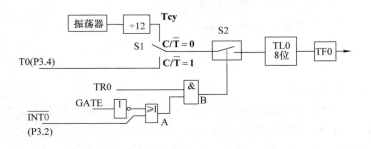

a)

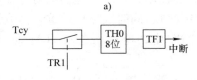

b)

图 7-8　定时器/计数器 T0 方式 3 原理图

a) TL0 作 8 位定时器/计数器　b) TH0 作 8 位定时器

时，由硬件将 TF0 置 1，向 CPU 发出中断请求。TH0 固定为定时器方式，是 8 位定时器模式，只能对机器周期 Tcy 进行计数，不能作为计数器模式，对外部脉冲进行计数。由于 TL0 已占用了 TR0 和 TF0，因此 TH0 借用了定时器/计数器 T1 的 TR1 和 TF1，TH0 的启动和停止受 TR1 控制，TH0 定时时间到，将 TF1 置 1。

定时器/计数器 T0 工作在方式 3 时，定时器/计数器 T1 虽然还可以选择为方式 0、方式 1 或方式 2，但是由于 TH0 借用了定时器/计数器 T1 的 TR1 和 TF1，不能产生溢出中断请求信号，这时 T1 就不能用于需要中断方式的场合，而通常用作串行口的波特率发生器。

定时器/计数器 T0 工作在方式 3 时的计数范围为 1 ~ 256，定时范围为 (1 ~ 256)Tcy。

7.2.4　定时器/计数器对输入信号的要求

定时器/计数器的作用是用来精确地确定某一段时间间隔（作为定时器用），或累计外部输入的脉冲个数（作为计数器用）。当用做定时器时，在其输入端输入周期固定的脉冲，根据定时器/计数器中累计（或事先设定）的周期固定的脉冲个数，即可计算出所定时间的长度。

当 80C51 内部的定时器/计数器被选定为定时器工作模式时，计数输入信号是内部机器周期脉冲，每个机器周期产生一个脉冲，计数器增 1，定时器/计数器的输入脉冲频率为时钟振荡频率的 1/12。当采用 12MHz 频率的晶体时，计数速率为 1MHz，输入脉冲的周期间隔为 1μs。由于定时的精度决定于输入脉冲的周期，因此当需要高分辨率的定时时，应尽量选用频率较高的晶振（80C51 最高为 40MHz）。

当定时器/计数器用做计数器时，计数脉冲来自外部输入引脚 T0 或 T1。当输入信号产生由 1 至 0 的跳变（即负跳变）时，计数器的值增 1。每个机器周期的 S5P2 期间，对外部输入进行采样。如在第一个周期中采得的值为 1，而在下一个周期中采得的值为 0，则在紧跟着的再下一个周期 S3P1 的期间，计数器加 1。由于确认一次跳变需要花 2 个机器周期，即 24 个振荡周期，因此外部输入的计数脉冲的最高频率为振荡器频率的 1/24。例如，选用 6MHz 频率的晶体，允许输入的脉冲频率为 250kHz，如果选用 12MHz 频率的晶体，则可输入 500kHz 的外部脉冲。对于外部输入信号的占空比并没有什么限制，但为了确保某一给定的电平在变化之前能被采样一次，则这个电平至少要保持一个机器周期。故对输入信号的基本要求如图 7-9 所示，图中 Tcy 为机器周期。

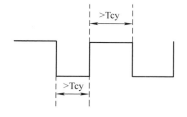

图 7-9　对输入信号的基本要求

7.3　定时器/计数器的应用

定时器/计数器是单片机应用系统中重要的功能部件，通过灵活应用其不同的工作方式可以减轻 CPU 的负担，简化外围电路，本节通过几个典型的例子，介绍定时器的使用方法。

例 7-5　已知晶振频率 $f_{osc} = 12\text{MHz}$，编程使 P2.0 引脚上产生 100ms 的方波程序。

解：分析：方波的周期为 100ms，要求高、低电平的持续时间各为 50ms，采用定时器定时，中断工作方式。每 50ms 时间到时，在中断服务程序中将 P2.0 引脚电平状态取反，即可获得所需要的波形。

晶振频率 $f_{osc} = 12\text{MHz}$，$\text{Tcy} = 12/f_{osc} = 1\mu s$，选择定时器 T1 的方式 1。

（1）确定计算初值

$(2^n - x)\text{Tcy} = (2^{16} - x) \times 1\mu s = 50\text{ms}$，

$x = 65536 - 50000 = 15536 = 3\text{CB0H}$

即 $\text{TH1} = 3\text{CH}$，$\text{TL1} = \text{B0H}$

（2）TMOD 寄存器初始化

$\text{GATE}(\text{TMOD}.7) = 0$，$\text{C/}\overline{\text{T}}(\text{TMOD}.6) = 0$，$\text{M1}(\text{TMOD}.5) = 0$，$\text{M0}(\text{TMOD}.4) = 1$，定时器/计数器 0 没有使用，相应的各个位状态随意，均取为 0，则$(\text{TMOD}) = 10\text{H}$。

（3）程序如下：

```
#include < reg51. h >
#define uint unsigned int
sbit fangbo = P2^0;
void main( )
{
    TMOD = 0x10;        //设置 T1 为定时器模式，工作在方式 1
    TH1 = 0x3C;
    TL1 = 0xB0;
    EA = 1;             //开总中断
    ET1 = 1;            //允许 T1 中断
    TR1 = 1;            //启动 T1
    while(1);
}
void timer1( ) interrupt 3  //定时器 1 中断服务程序
{
    TH1 = (65536 - 50000)/256;
    TL1 = (65536 - 50000)%256;
    fangbo = ~ fangbo;
}
```

P2.0 引脚上输出的周期为 100ms 的方波仿真结果如图 7-10 所示。

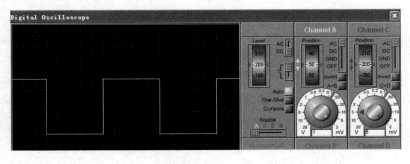

图 7-10　　P2.0 引脚上的 100ms 方波信号仿真图（每小格为 10ms）

例 7-6　利用单片机的定时器设计一个秒表，使它从 0 ~ 59s 计数，晶振频率 f_{osc} = 12MHz，设计秒表的 Proteus 仿真电路，并编写程序。

解：（1）分析：已知晶振频率 f_{osc} = 12MHz，Tcy = 1μs，选定时器 T0 或定时器 T1 均可，但是应该选择方式 0、1、2 或 3 中的哪一种呢？

各种方式的定时时间计算公式为 $(2^n - x) \times$ Tcy，当计数初值 x 为 0 时，各种方式最长的定时时间如下：

方式 0：$2^{13} \times$ Tcy = 8192μs = 8.192ms；方式 1：$2^{16} \times$ Tcy = 65536μs = 65.536ms，方式 2：$2^8 \times$ Tcy = 256μs，方式 3：$2^8 \times$ Tcy = 256μs。

方式 1 是定时时间最长的一种方式，它的最长定时时间为 65.536ms，也达不到 1s。因此要达到 1s 的延时，只能采用多次中断的方式。选择定时器 T0，方式 1，设定 T0 的定时时间为 50ms，每隔 50ms 中断 1 次，中断 20 次即为 1s。

（2）确定计算初值

$(2^n - x)$ Tcy = $(2^{16} - x) \times 1$μs = 50ms，

x = 65536 - 50000 = 15536 = 3CB0H

即 TH0 = 3CH，TL0 = B0H

（3）TMOD 寄存器初始化

GATE(TMOD.3) = 0，C/$\overline{T}$(TMOD.2) = 0，M1(TMOD.1) = 0，M0(TMOD.0) = 1，定时器/计数器 1 没有使用，相应的各个位随意状态，均取为 0，则(TMOD) = 01H。

（4）Proteus 仿真电路设计

秒表的 Proteus 电路如图 7-11 所示，采用两位共阴极数码管显示秒数，数码管段选由 P0 口控制，十位数码管的位选由 P2.6 控制，个位数码管的位选由 P2.7 控制。

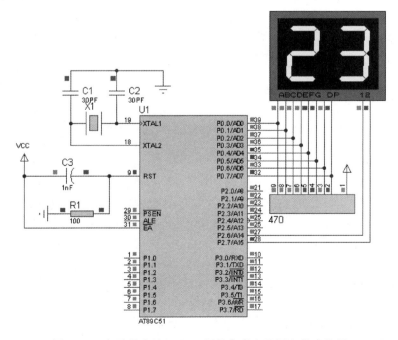

图 7-11　电子秒表的 Proteus 硬件仿真电路图和仿真结果

（5）程序设计如下：

```
#include < reg51. h >
#define uint unsigned int
#define uchar unsigned char
uchar temp,aa,shi,ge;
uchar code table[ ] = {0x3f,0x06,0x5b,0x4f,0x66,0x6d,0x7d,0x07,0x7f,0x6f}; //共阴极数
                                                                       码管码表
void display(uchar shi,uchar ge); //显示子程序
void delay(uint z); //延时子程序
void init( );
void main( )
{
init( );//初始化子程序
while(1)
{
    if( aa == 20)
      {
        aa = 0;
        temp ++ ;
        if( temp == 60)
           {
                  temp = 0;
           }
        shi = temp/10;
        ge = temp% 10;
      }
    display( shi,ge);
}
}
void delay(uint z)
{
uint x,y;
for( x = z;x > 0;x -- )
    for( y = 110;y > 0;y -- );
}
void display(uchar shi,uchar ge)
{
    P2 = 0xbf; //送入十位数码管位选信号，显示数字
    P0 = table[shi]; //送入十位数码管的段选信号
```

```
        delay(5);
        P2 = 0x7f;                          //送入个位数码管位选信号，显示数字
        P0 = table[ge];                     //送入个位数码管的段选信号
        delay(5);

}
void init()
{
temp = 0;
TMOD = 0x01;                                //设置 T0 为定时器模式，工作在方式 1
TH0 = (65536 - 50000)/256;
TL0 = (65536 - 50000)%256;
    EA = 1;                                 //开总中断
ET0 = 1;                                    //允许 T0 中断
TR0 = 1;                                    //启动 T0
}
void timer0() interrupt 1
{
TH0 = (65536 - 50000)/256;
TL0 = (65536 - 50000)%256;
aa ++;
}
```

仿真效果如图 7-11 所示。将上述程序下载到实验板中，可以在实验板上获得与仿真一样的效果。

例 7-7　利用单片机的定时器设计交通信号灯控制电路，用 Proteus 仿真软件验证。

解：（1）分析　交通灯有四个方向，南北向是同样的工作模式，东西向是同样的工作模式，只要将交通灯的工作模式列出来，采用定时器实现定时控制，当定时时间到，进行模式切换，就可以实现交通灯的控制。设交通灯有如下 4 种工作模式（为了便于演示，切换时间较短）：

① 东西向绿灯与南北向红灯亮 5s；

② 东西向绿灯灭，黄灯闪烁 5 次；

③ 东西向红灯与南北向绿灯亮 5s；

④ 南北向绿灯灭，黄灯闪烁 5 次；

定时器的 4 种定时方式中方式 1 是定时时间最长的一种方式，但它的最长定时时间也只为 65.536ms，无法达到 5s 的延时，所以本题仍然采用定时器延时 50ms 的方法，在定时器的中断程序中采用软件计数的方法来加长延时时间。

（2）Proteus 仿真电路设计

交通灯的 Proteus 仿真电路如图 7-12 所示，将交通灯通过反相器 7405 接在 P0 口上，P0 口通过上拉电阻接 +5V。

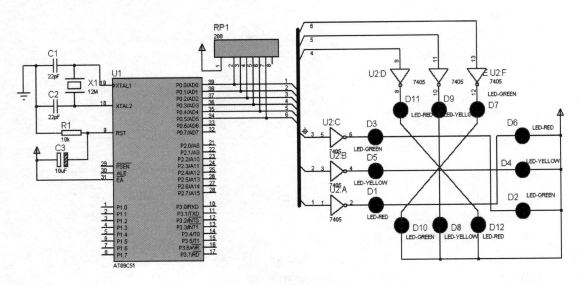

图 7-12　交通灯的 Proteus 仿真电路

（3）程序设计如下：

```
#include < reg52. h >
#define uint unsigned int
#define uchar unsigned char
sbit RED_A = P0^0;                    //A 组为东西向指示灯
sbit YELLOW_A = P0^1;
sbit GREEN_A = P0^2;
sbit RED_B = P0^3;                    //B 组为南北向指示灯
sbit YELLOW_B = P0^4;
sbit GREEN_B = P0^5;
uchar Count = 0,Flash_Count = 0,Operation_Type = 1;     //软件计数器设置
void T0_INT( ) interrupt 1           //T0 中断程序
{
TH0 = (65536 - 50000)/256;           //首先重新设置定时器的初值
TL0 = (65536 - 50000)%256;
switch( Operation_Type)
    {
        case 1:                      //模式 1，东西向绿灯与南北向红灯亮 5s
            RED_A = 0;YELLOW_A = 0;GREEN_A = 1;
            RED_B = 1;YELLOW_B = 0;GREEN_B = 0;
            if( ++ Count ! = 100)return;  //模式 1 未到 5s，中断返回
            Count = 0;                   //模式 1 已到 5s，计数器清零，改变为第 2 种模式
            Operation_Type = 2;
            break;
```

```
        case 2:                        //模式 2,东西向绿灯灭,黄灯闪烁 5 次
            if( ++Count ! = 8)return;
            Count = 0;
            YELLOW_A = ! YELLOW_A;
            GREEN_A = 0;
            if( ++Flash_Count ! = 10)return;        //闪烁 5 次
            Flash_Count = 0;
            Operation_Type = 3;
            break;
        case 3:                        //模式 3,东西向红灯与南北向绿灯亮 5s
            RED_A = 1;YELLOW_A = 0;GREEN_A = 0;
            RED_B = 0;YELLOW_B = 0;GREEN_B = 1;
            if( ++Count ! = 100)return;  //模式 3 未到 5s,中断返回
            Count = 0;                     //模式 3 已到 5s,计数器清零,改变为第 4 种模式
            Operation_Type = 4;
            break;
        case 4:                        //模式 4,南北向绿灯灭,黄灯闪烁 5 次
            if( ++Count ! = 8)return;
            Count = 0;
            YELLOW_B = ! YELLOW_B;
            GREEN_B = 0;
            if( ++Flash_Count ! = 10)
            return;
            Flash_Count = 0;
            Operation_Type = 1;
            break;
        }
}

void main( )
{
    TMOD = 0x01;
    TH0 = (65536 - 50000)/256;
    TL0 = (65536 - 50000)%256;
    IE = 0x82;
    TR0 = 1;
    while(1);
}
```

本 章 小 结

8051 单片机内部有两个可编程的定时器/计数器 T0 和 T1，均为二进制加 1 计数器。它们既可以工作于定时模式，也可以工作于外部事件计数模式，由 TMOD 中的 C/$\overline{T}$位设定为计数模式或定时模式。T0 或 T1 都有四种工作方式，由 TMOD 中的 M1M0 位设置 T0 或 T1 的工作方式，即：

方式 0：13 位定时器/计数器；

方式 1：16 位定时器/计数器；

方式 2：具有自动重装初值的 8 位定时器/计数器；

方式 3：仅适用于 T0，T0 分成两个独立的 8 位计数器，T1 停止计数。

定时器/计数器的启动和停止由 TMOD 中的 GATE 位和 TCON 中的 TR1、TR0 位共同控制。

定时器/计数器是单片机应用系统中的重要的功能部件，通过灵活应用其不同的工作方式可以减轻 CPU 的负担，简化外围电路。

习 题 7

1. 80C51 单片机内部有几个定时器/计数器？它们由哪些特殊功能寄存器控制？

2. 定时器/计数器工作于定时和计数方式有何异同点？

3. 定时器/计数器的 4 种工作方式如何设定？4 种工作方式各有何特点？

4. 如果系统的晶振频率 $f_{osc} = 12\text{MHz}$，定时器/计数器工作在方式 0、1、2 下，其最大的定时时间各为多少？

5. 编程实现下列要求：利用定时器/计数器 T0 的方式 1，产生 10ms 的定时，并使 P1.0 引脚上输出周期为 20ms 的方波，要求采用中断方式，用 Proteus 仿真验证。设系统的晶振频率 $f_{osc} = 12\text{MHz}$。

6. 编程实现下列要求：利用定时器/计数器 T1 的方式 1，产生 0.5s 的定时，并使 P2.7 引脚上输出周期为 1s 的方波，要求采用中断方式，用 Proteus 仿真验证。设系统的晶振频率 $f_{osc} = 12\text{MHz}$。

7. 编程实现下列要求：利用定时器/计数器 T0 产生定时，由单片机的 P1 口控制 8 个发光二极管，使 8 个发光二极管每隔 1s 依次点亮，采用中断方式，用 Proteus 仿真验证。设系统的晶振频率 $f_{osc} = 12\text{MHz}$。

8. 已知 $f_{osc} = 12\text{MHz}$，试编写程序使 P2.7 输出如图 7-13 所示的连续矩形脉冲，用 Proteus 仿真验证。

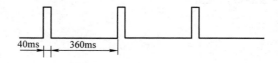

图 7-13 连续矩形脉冲信号

第 8 章　串行口及应用

单片机与外设交换数据的方式除了并行通信外，还常常使用串行通信的方式。当 CPU 与外设采用串行通信方式进行通信时，需要通过串行接口（以下简称串行口）来实现。80C51 单片机配置了异步串行接口（Universal Asynchronous Receive/Transmitter，UART）。

本章主要介绍串行通信的基本概念和 80C51 单片机内部串行口的结构和工作原理，通过应用实例，对串行口的 4 种工作方式及波特率的设置进行具体阐述。

8.1　串行通信基础知识

8.1.1　计算机对外通信方式

计算机与计算机之间、计算机与外设之间的数据交换称为通信。计算机通信有两种基本方式：并行通信和串行通信。

数据的各位被同时传送的通信方法称为并行通信，并行通信收发设备连接示意图如图 8-1 所示。在并行通信中，数据有多少位就需要多少条传输线，除了数据线外还需要有通信联络控制线。数据发送方在发送数据前，要询问数据接收方是否"准备就绪"。数据接收方收到数据后，要向数据发送方回送数据已经接收到的"应答"信号。

并行通信传送时序图如图 8-2 所示，图中 T0 ~ T7 8 个传送周期中每个周期均可在数据线 D7 ~ D0 上传送一个字节的数据，传送的数据分别为 10011001B、00011011B、00111010B、10110011B、10110010B、01111010B、01011010B 与 01001110B。

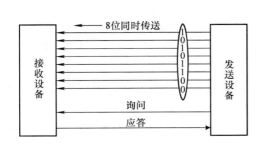

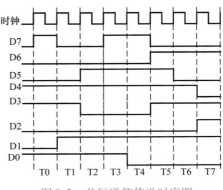

图 8-1　并行通信收发设备连接示意图　　　　图 8-2　并行通信传送时序图

并行通信的特点是控制简单，传输速度快。由于传输线较多，长距离传送时成本高且接收方的各位同时接收存在困难。

当距离大于 30m 时，则多采用串行通信方式。串行通信是将数据字节分成一位一位的形式在一条传输线上逐个地传送，串行通信收发设备连接示意图如图 8-3 所示。串行通信时，数据发送设备先将数据代码由并行形式转换成串行形式，然后一位一位地放在传输线上进行传送。数据接收设备将接收到的串行形式数据转换成并行形式进行存储或处理。

串行通信传送时序图如图 8-4 所示，图中 T0 ~ T7 8 个传送周期只能传送一个字节的数据 00110011（传送时低位在前、高位在后）。

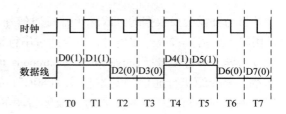

图 8-3　串行通信收发设备连接示意图　　　　　图 8-4　串行通信传送时序图

串行通信具有传输线少，长距离传送时成本低，抗干扰能力强等优点，对于单片机来说，其所占用的引脚资源少。但串行通信数据的传送控制比并行通信的复杂。

8.1.2　串行通信的基本概念

1. 串行通信的方式

根据发送与接收设备时钟的配置情况，串行通信可以分为异步通信和同步通信两种方式。

（1）异步通信　异步通信是指通信的发送与接收设备使用各自的时钟控制数据的发送和接收过程。为使双方的收发协调，要求发送和接收设备的时钟尽可能一致。异步通信示意图如图 8-5 所示。

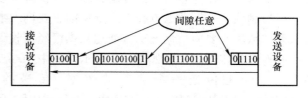

图 8-5　异步通信示意图

异步通信是以字符（构成的帧）为单位进行传输，字符与字符之间的间隙（时间间隔）是任意的，但每个字符中的各位是以固定的时间传送的，即字符之间是异步的（字符之间不一定有"位间隔"的整数倍的关系），但同一字符内的各位是同步的（各位之间的距离均为"位间隔"的整数倍）。

异步通信的数据格式如图 8-6 所示。为了实现异步传输字符的同步，采用的办法是使传送的每一个字符都以起始位"0"开始，以停止位"1"结束。这样，传送的每一个字符都用起始位来进行收发双方的同步。停止位和间隙作为时钟频率偏差的缓冲，即使双方时钟频率略有偏差，总的数据流也不会因偏差的积累而导致数据错位。

异步通信的每帧数据由 4 部分组成：起始位（占 1 位）、字符代码数据位（占 5 ~ 8 位）、奇偶校验位（占 1 位，也可以没有校验位）和停止位（占 1 或 2 位）。图 8-6 中给出的是 7

图 8-6　异步通信格式

位数据位、1 位奇偶校验位和一位停止位，加上固定的 1 位起始位，共 10 位组成一个传输帧。传送时数据的低位在前、高位在后。字符之间允许有不定长度的空闲位。起始位"0"作为联络信号，它告诉接收方传送的开始，接下来的是数据位和奇偶校验位、停止位、"1"表示一个字符的结束。

传送开始后，接收设备不断检测传输线，看是否有起始位到来。当收到一系列的"1"（空闲位或停止位）之后，检测到一个"0"，说明起始位出现，就开始接收所规定的数据位和奇偶校验位以及停止位。经过处理将停止位去掉，把数据位拼成一个并行字节，并且经校验无误才算正确地接收到一个字符。一个字符接收完毕后，接收设备又继续检测传输线，监视"0"电平的到来（下一个字符开始），依此进行，直到全部数据接收完毕。

异步通信的特点是不要求收发双方时钟的严格一致，实现容易，设备开销较小，但每个字符要附加起始位、停止位，各帧之间还有间隔，因此传输效率不高。

（2）同步通信　同步通信时要建立发送方时钟对接收方时钟的直接控制，使双方达到完全同步。此时，传输数据的位之间的距离均为"位间隔"的整数倍，同时传送的字符间不留间隙，即保持位同步关系，也保持字符同步关系。发送方对接收方的同步可以通过两种方法实现，如图 8-7 所示。

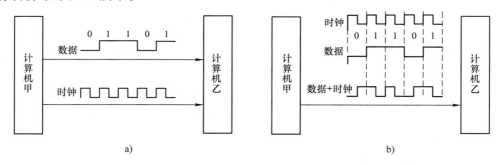

图 8-7　同步通信示意图
a）外同步　b）自同步

外同步：在发送方和接收方之间提供单独的时钟线路，发送方在每个比特周期都向接收方发送一个同步脉冲。接收方根据这些同步脉冲来完成接收过程。由于长距离传输时同步信号会发生失真，所以外同步方法仅适用于短距离的传输；

自同步：利用特殊的编码（如曼彻斯特编码），让数据信号携带时钟（同步）信号。

在比特级获得同步后，还要知道数据块的起始和结束。为此，可以在数据块的头部和尾部加上前同步信息和后同步信息。加有前后同步信息的数据块构成一帧。

前后同步信息的形式依数据块是面向字符的还是面向位的分成两种。面向字符的同步格式如图 8-8 所示。

SYN	SYN	SOH	标题	STX	数据块	ETB/ETX	块校验

图 8-8　面向字符的同步格式

面向字符时，传送的数据和控制信息都必须由规定的字符集（如 ASCII 码）中的字符组成。图 8-8 中帧头为 1 个或 2 个同步字符 SYN（ASCII 码为 16H）。SOH 为序始字符

（ASCII 码为 01H），表示标题的开始。标题中包含源地址、目标地址和路由指示等信息。STX 为文始字符（ASCII 码为 02H），表示传送的数据块开始。数据块是传送的正文内容，由多个字符组成。数据块后面是组终字符 ETB（ASCII 码为 17H）或文终字符 ETX（ASCII 码为 03H）。然后是校验码。典型的面向字符的同步规程如 IBM 的二进制同步规程 BSC。

面向位时，将数据块看做数据流，并用序列 01111110 作为开始和结束标志。为了避免在数据流中出现序列 01111110 时引起的混乱，发送方总是在其发送的数据流中每出现 5 个连续的 1 就插入一个附加的 0；接收方则每检测到 5 个连续的 1 并且其后有一个 0 时，就删除该 0。面向比特的同步协议格式如图 8-9 所示。

8位	8位	8位	≥0位	16位	8位
01111110	地址场	控制场	信息场	校验场	01111110

图 8-9　面向比特的同步协议格式

典型的面向位的同步协议如国际标准化组织（ISO）的高级数据链路控制规程 HDLC 和 IBM 的同步数据链路控制规程 SDLC。

同步通信的特点是以特定的位组合"01111110"作为帧的开始和结束标志，所传输的一帧数据可以是任意位。所以传输的效率较高，但实现的硬件设备比异步通信复杂。

2. 串行通信的传输方向

串行通信根据数据传输的方向及时间关系可分为单工、半双工和全双工。传输方向示意图如图 8-10 所示。

（1）单工　单工是指数据传输仅能沿一个方向，不能实现反向传输，如图 8-10a 所示。

（2）半双工　半双工是指数据传输可以沿两个方向，但需要分时进行，如图 8-10b 所示。

（3）全双工　全双工是指数据可以同时进行双向传输，如图 8-10c 所示。

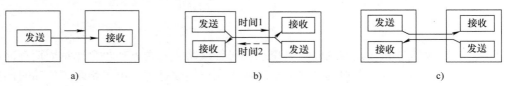

图 8-10　串行通信依数据传输方向示意图
a）单工　b）半双工　c）全双工

3. 串行通信的错误校验

在通信过程中往往要对数据传送的正确与否进行校验。校验是保证准确无误传输数据的关键。常用的校验方法有奇偶校验、代码和校验及循环冗余码校验。

（1）奇偶校验　在发送数据时，数据位尾随的 1 位为奇偶校验位（1 或 0）。当约定为奇校验时，数据位与校验位中"1"的个数之和应为奇数；当约定为偶校验时，数据位与校验位中"1"的个数之和应为偶数。接收方与发送方的校验方式应一致。接收字符时，对"1"的个数进行校验，若发现收、发双方不一致，则说明数据传输过程中出现了差错。

（2）代码和校验　代码和校验是发送方将所发数据块求和（或各字节"异或"），产生一个字节的校验字符（校验和）附加到数据块末尾。接收方接收数据同时对数据块（除校验字节外）求和（或各字节"异或"），将所得的结果与发送方的"校验和"进行比较，相符则无差错，否则即认为传送过程中出现了差错。

（3）循环冗余校验 这种校验是通过某种数学运算实现有效信息与校验位之间的循环校验，常用于对磁盘信息的传输、存储区的完整性校验等。这种校验方法纠错能力强，广泛应用于同步通信中。

4. 信号的调制与解调

计算机的通信要求传送的是数字信号。在远程数据通信时，通常要借用公用电话网。但是电话网是为 300 ~ 3400Hz 的音频模拟信号设计的，对二进制数据的传输是不合适的。为此，在发送时需要对二进制数据进行调制，使之适合在电话网上传输。在接收时，需要进行解调，以将模拟信号还原成数字信号。

利用调制器（Modulator）把数字信号转换成模拟信号，然后送到通信线路上去，再由解调器（Demodulator）把从通信线路上收到的模拟信号转换成数字信号。由于通信是双向的，调制器和解调器合并在一个装置中，这就是调制解调器 MODEM，如图 8-11 所示。

图 8-11 利用调制解调器通信的示意图

在图中，调制器和解调器是进行数据通信所需的设备，因此把它叫做数据通信设备（Data Communications Equipment，DCE）。计算机是终端设备（Data Terminal Equipment，DTE），通信线路是电话线，也可以是专用线。

5. 波特率（Baud Rate）

在异步通信中，发送方和接收方必须保持相同的波特率才能实现正确的数据传送。

波特率是指单位时间内传送的信息量，即每秒钟传送的二进制位数（也称为比特率），单位是 bit/s，即位/秒。波特率越高，数据传输速度越快，但和字符的实际传输速率不同。字符的传输速率是指每秒钟内所传输字符帧数，和字符格式有关。常用的标准波特率是：110bit/s、300bit/s、600bit/s、1200bit/s、2400bit/s、4800bit/s、9600bit/s 和 19200bit/s 等。

例如，在异步通信中使用 1 位起始位，8 位数据位，无奇偶校验位，1 位停止位，即一帧数据长度位 10bit，如果要求数据传送的速率是 1s 送 120 帧字符，则传送波特率为1200bit/s。

6. 串行通信的协议

通信协议是指单片机之间进行信息传输时的一些约定，约定的内容包括数据格式、同步方式、波特率、校验方式等。为了保证计算机之间能够准确、可靠地通信，相互之间必须遵循统一的协议，在通信之前一定要设置好。

8.1.3 串行通信接口标准

从本质说，通信是 CPU 与外围设备间交换信息的一种方式。所有的串行通信接口电路都是以并行数据形式与 CPU 连接、而以串行数据形式与外围设备进行数据传送。它们的基本功能都是从外部设备接收串行数据，转换为并行数据后传送给 CPU；或从 CPU 接收并行数据，转换成串行数据后输出给外部设备。能够实现异步通信的硬件电路称为通用异步接收器/发送器（Universal Asynchronous Receive/Transmitter，UART）。能够实现同步通信的硬件电路称为通用同步接收器/发送器（Universal Synchronous Receive/Transmitter，USRT）。

所谓接口标准，就是明确的定义若干条信号线，使接口电路标准化、通用化。采用标准接口，可以方便地把计算机、外围设备和测量仪器等有机地联系起来，并实现其间的通信。在单片机控制系统中，常用的串行通信接口标准有：RS-232C、RS-422A、RS-485 等总线接口标准。

1. RS-232C 总线

RS-232C 标准（协议）的全称是 EIA-RS-232C 标准，其中 EIA（Electronic Industry Association）代表美国电子工业协会，RS（Recommended Standard）代表推荐标准，232 是标识号，C 代表 RS232 的最早一次修改（1969）。1969 年修订为 RS-232C，1987 年修订为 EIA-232D，1991 年修订为 EIA-232E，1997 年又修订为 EIA-232F。由于修改的不多，所以人们习惯于使用早期的名字 RS-232C。

RS-232C 定义了数据终端设备（DTE）与数据通信设备（DCE）之间的物理接口标准。接口标准包括机械特性、功能特性和电气特性几方面内容。

（1）机械特性　RS-232C 接口规定使用 25 针连接器，连接器的尺寸及每个插针的排列位置都有明确的定义。一般的应用中并不一定用到 RS-232C 标准的全部信号线，所以在实际应用中常常使用 9 针连接器替代 25 针连接器。计算机的 COM1 和 COM2 使用的是 9 针连接器。连接器引脚定义如图8-12所示。

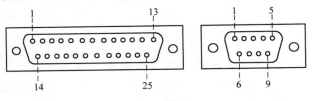

图 8-12　DB-25（阳头）和 DB-9（阳头）连接器定义

图中所示为阳头定义，通常用于计算机侧，对应的阴头用于连接线侧。

（2）功能特性　RS-232C 接口的主要信号线的功能定义见表 8-1。

表 8-1　RS-232C 接口的主要信号线的功能定义

插针信号 DB-25（DB-9）	信号名称	功　　能
1	PGND	保护接地
2（3）	TXD	发送数据（串行输出）
3（2）	RXD	接收数据（串行输入）
4（7）	RTS	请求发送（计算机要求发送数据）
5（8）	CTS	清除发送（MODEM 准备接收数据）
6（6）	DSR	数据设备准备就绪
7（5）	SG	信号地
8（1）	DCD	数据载波检测
20（4）	DTR	数据终端准备就绪（计算机）
22（9）	RI	响铃指示

（3）电气特性　RS-232C 采用负逻辑电平，规定逻辑 1 为 DC −15 ～ −3V，逻辑 0 为 DC +3 ～ +15V。−3 ～ +3V 为过渡区，不作定义。

注意：RS-232C 的逻辑电平与通常的 TTL 和 MOS 电平不兼容。为了实现与 TTL 或 MOS 电路的连接，要外加电平转换电路。

RS-232C 发送方和接收方之间的信号线采用多芯信号线，要求多芯信号线的总负载电容不能超过 2500pF。通常，RS-232C 的传输距离为几十米，传输速率小于 20kbit/s。

（4）过程特性　过程特性规定了信号之间的时序关系，以便正确地接收和发送数据。

如果通信双方均具备 RS-232C 接口，则二者可以直接连接，不必考虑电平转换问题。但是对于单片机与计算机通过 RS-232C 的连接，必须考虑电平转换问题，因为 80C51 系列单片机串行口不是标准 RS-232C 接口。

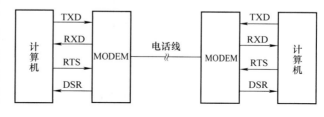

图 8-13　远程通信 RS-232C 连接方式

远程通信 RS-232C 总线连接如图 8-13 所示。

近程通信时（通信距离 <15m），可以不使用调制解调器，其连接如图 8-14 所示。

（5）RS-232C 电平与 TTL 电平转换驱动电路　如上所述，80C51 单片机串行口与 PC 的 RS-232C 接口不能直接对接，必须进行电平转换，常见的 TTL 到 RS-232C 的电平转换器有 MC1488、MC1489 和

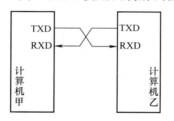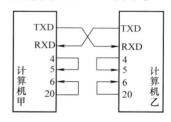

图 8-14　近程通信 RS-232C 连接方式

MAX232 等芯片。MC1488 输入为 TTL 电平，输出为 RS-232 电平；MC1489 输入为 RS-232 电平，输出为 TTL 电平。MC1488 的供电电压为 ±12V，MC1489 的供电电压为 +5V。MC1488 和 MC1489 的逻辑功能如图 8-15 所示。

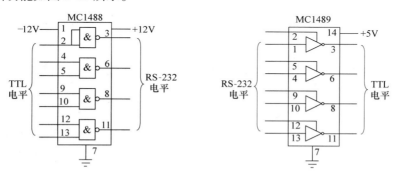

图 8-15　MC1488 和 MC1489 的逻辑功能

MC1488 和 MC1489 与 RS-232 电平转换如图 8-16 所示。

近来一些系统中，越来越多地采用了自升压电平转换电路。各厂商生产的此类芯片虽然不同，但原理类似，并可替换。其主要功能是在单 +5V 电源下，有 TTL 信号输入到 RS-232C 输出的功能，也有 RS-232C 输入到 TTL 输出的功能。如 RS-232C 双工发送器/接收

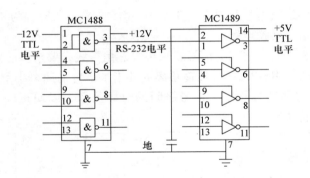

图 8-16 MC1488 和 MC1489 与 RS-232 电平转换电路

器接口电路 MAX232，它能满足 RS-232C 的电气规范，且仅需要 +5V 电源，内置电子泵电压转换器将 +5V 转换成 −10 ~ +10V。该芯片与 TTL/CMOS 电平兼容，片内有 2 个发送器，2 个接收器，使用比较方便。MAX232 芯片封装如图 8-17 所示，采用 MAX232 芯片实现 TTL 电平和 RS-232 电平转换的电路如图 8-18 所示。

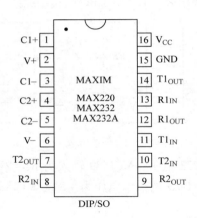

图 8-17 MAX232 芯片封装

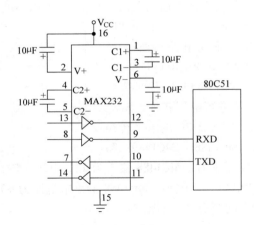

图 8-18 TTL 电平和 RS-232 电平转换的电路

（6）采用 RS-232C 接口存在的问题

1）接口的信号电平值较高，易损坏接口电路的芯片，又因为与 TTL 电平不兼容，故需使用电平转换电路方能与 TTL 电路连接。

2）传输速率较低，在异步传输时，波特率为 20kbit/s。

3）接口使用一根信号线和一根信号返回线而构成共地的传输形式，这种共地传输容易产生共模干扰，所以抗噪声干扰性弱，为了提高信噪比，RS-232C 总线标准不得不采用比较大的电压摆幅。

4）传输距离有限，最大传输距离标准值为 50m，实际上也只能在 15m 左右。

2. RS-422A 接口

针对 RS-232C 总线标准存在的问题，EIA 协会制定了新的串行通信标准 RS-422A。它是平衡型电压数字接口电路的电气标准。如图 8-19 所示。

RS-422A 电路由发送器、平衡连接电缆、电缆终端负载和接收器等部分组成。电路中规定只许有一个发送器，可有多个接收器。RS-422A 与 RS-232C 的主要区别是，收发双方的信号地不再共用。另外，每个方向用于传输数据的是两条平衡导线。

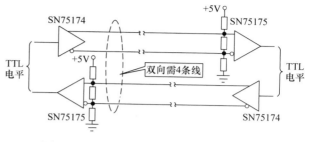

　　所谓"平衡"，是指输出驱动器为双端平衡驱动器。如果其中一条线为逻辑"1"状态，另一条线就为逻辑"0"，比采用单端不平衡驱动对电压的放大倍数大一倍。驱动器输出允许范围是 ±2 ～ ±6V。

图 8-19　RS-422A 平衡驱动差分接收电路

　　差分电路能从地线干扰中拾取有效信号，差分接收器可以分辨 200mV 以上的电位差。若传输过程中混入了干扰和噪声，由于差分放大器的作用，可使干扰和噪声相互抵消。因此可以避免或大大减弱地线干扰和电磁干扰的影响。

　　RS-422A 与 RS-232C 相比，信号传输距离远，速度快。传输距离为 120m 时，传输速率可达 10Mbit/s。降低传输速率（90kbit/s）时，传输距离可达 1200m。

　　RS-422A 与 TTL 电平转换常用的芯片为传输线驱动器 SN75174 或 MC3487 和传输线接收器 SN75175 或 MC3486。

3. RS-485 接口

　　RS-485 是 RS-422A 的变型：RS-422A 用于全双工，而 RS-485 用于半双工。RS-485 接口示意图如图 8-20 所示。

　　RS-485 是一种多发送器标准，在通信线路上最多可以使用 32 对差分驱动器接收器。如果在一个网络中连接的设备超过 32 个，还可以使用中间继电器。

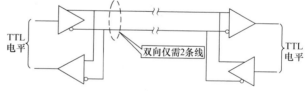

图 8-20　RS-485 接口示意图

　　RS-485 的信号传输采用两线间的电压来表示逻辑 1 和逻辑 0。由于发送方需要两根传输线，接收方也需要两根传输线。传输线采用差动信道，所以它的干扰抑制性极好。又因为它的阻抗低，无接地问题，所以传输距离可达 1200m，传输速率可达 1Mbit/s。

　　RS-485 是一点对多点的通信接口，一般采用双绞线的结构。普通的 PC 一般不带 RS-485 接口，因此要使用 RS-232C/RS-485 转换器。对于单片机可以通过芯片 MAX485 来完成 TTL/RS-485 的电平转换。在计算机和单片机组成的 RS-485 通信系统中，下位机由单片机系统组成，主要完成工业现场信号的采集和控制。上位机为普通的 PC，负责监视下位机的运行状态，并对其状态信息进行集中处理，以图文方式显示下位机的工作状态以及工业现场被控设备的工作状况。系统中各节点（包括上位机）的识别是通过设置不同的站地址来实现的，广泛使用于集散控制系统中。

　　图 8-21 和图 8-22 所示为 MAX485 的封装及实现 TTL 电平和 RS-485 电平的转换电路。

　　RS-485 采用一对双绞线，输入/输出信号不能同时进行（半双工），MAX485 芯片的发送和接收功能转换是由芯片的 $\overline{\text{RE}}$ 和 DE 端控制的。$\overline{\text{RE}} = 0$ 时，允许接收；$\overline{\text{RE}} = 1$ 时，接收

端 R 为高阻。DE = 1 时，允许发送；DE = 0 时，发送端 A 和 B 为高阻。在单片机系统中常把 $\overline{\text{RE}}$ 和 DE 接在一起用单片机的一个 I/O 线控制收发。图 8-22 中当 P1.0 = 1 时经反相器为 0，MAX485 处于接收状态，当 P1.0 = 0 时经反相器为 1，MAX485 处于发送状态。由于单片机各端口复位后处于高电平状态，图 8-22 中 P1.0 = 1 经反相器保证了上电时 MAX485 处于接收状态。

RS-232C 串口对单片机串口接收和发送是透明的，无须控制。RS-485 串口需由单片机控制收发。图 8-22 中发送数据时 P1.0 = 0，接收数据时 P1.0 = 1。

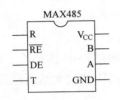

图 8-21　MAX485 封装

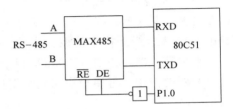

图 8-22　TTL 电平和 RS-485 电平的转换电路

8.2　80C51 单片机的串行口

80C51 单片机片内的串行通信接口是一个全双工的通用异步收发器。另外它还可以作为同步移位寄存器（用于扩展并口）使用。帧格式可以是 8 位、10 位或 11 位，可以设置多种不同的波特率。通过引脚 RXD 和 TXD 与外界进行通信。

8.2.1　串行口的结构

80C51 串行口的内部编程结构如图 8-23 所示。串行口主要由发送电路、接收电路和串行口控制寄存器 SCON 组成。

1. 发送电路

发送电路包括发送缓冲器 SBUF、发送控制器和输出门电路等。发送时，CPU 执行一条以 SBUF 为目的操作数的指令（如 MOV SBUF, A），就可以将欲发送的字符写入发送缓冲器 SBUF 中，然后发送控制器自动在发送字符的前、后分

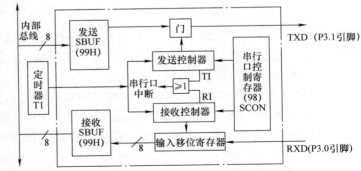

图 8-23　80C51 单片机串行口的内部编程结构

别添加起始位和停止位，并在发送脉冲控制下通过输出门电路一位一位地从 TXD 线上串行发送一帧字符。当一帧字符发送完后，发送控制器使标志位 TI 置 1，通知 CPU 可以准备发送下一帧字符。

2. 接收电路

接收电路包括接收缓冲器 SBUF、接收控制器和输入移位寄存器等。在接收时，CPU 执行一条 MOV A，SBUF 指令，于是接收控制器在接收脉冲作用下，不断对 RXD 线进行检测，当确认 RXD 线上出现了起始位后，就连续接收一帧字符并自动去掉起始位，将有效字符逐位送到输入移位寄存器中，之后将数据送入接收缓冲器 SBUF 中，最后把接收到的字符送入累加器 A 中。与此同时，接收控制器使标志位 RI 置 1，以便通知 CPU 处理收到的数据。

注意：发送缓冲器 SBUF 和接收缓冲器 SBUF 是两个独立的串行数据缓冲器，发送缓冲器 SBUF 只能写入，不能读出；接收缓冲器 SBUF 只能读出，不能写入，两个缓冲器都用符号 SBUF 表示，共用一个地址 99H。CPU 通过不同的操作命令，区别这两个寄存器，所以不会因为地址相同而产生错误。

3. 串行口控制寄存器 SCON

串行口控制寄存器 SCON 是一个可位寻址的特殊功能寄存器，用于串行通信的方式选择、接收和发送控制以及串行口的状态标志。单元地址为 98H，位地址为 9FH ~ 98H，其格式如下：

	D7	D6	D5	D4	D3	D2	D1	D0
SCON(98H)	SM0	SM1	SM2	REN	TB8	RB8	TI	RI
位地址	9FH	9EH	9DH	9CH	9BH	9AH	99H	98H

各位功能如下：

SM0 和 SM1：串行口工作方式选择位，用于设定串行口的工作方式。具体设定方法见表 8-2。

表 8-2 串行口工作方式选择（表中 f_{osc} 为晶振频率）

SM0	SM1	工作方式	说　　明	波　特　率
0	0	方式 0	同步移位寄存器	$f_{osc}/12$
0	1	方式 1	10 位异步通信	由 T1 溢出率决定
1	0	方式 2	11 位异步通信	$f_{osc}/32$ 或 $f_{osc}/64$
1	1	方式 3	11 位异步通信	由 T1 溢出率决定

SM2：多机通信控制位。因多机通信是在方式 2 和方式 3 下进行，因此 SM2 主要用于方式 2 和方式 3，仅用于接收时。若允许多机通信，则 SM2 应设置为 1，此时只有当接收到的第 9 位数据（RB8）为 1 时，才将接收到的前 8 位数据送入 SBUF，并置位 RI，否则将接收到的前 8 位数据丢弃，即从机依据接收到的第 9 位数据决定是否接收主机的信号。

REN：允许串行接收位。由软件使 REN 置 1，才能启动串行口的接收电路，开始检测 RXD 上的数据；用软件使 REN 为 0 时，禁止接收。

TB8：发送数据的第 9 位。在方式 2 和方式 3 中准备发送的第 9 位数据就存放在 TB8 位。若欲使发送第 9 位数据是 1，则使 TB8 =1；若欲使发送第 9 位数据是 0，则使 TB8 =0。

RB8：接收数据的第 9 位。在方式 2 和方式 3 中接收到的第 9 位数据就存放在 RB8 位。若 RB8 =1，则说明接收到的第 9 位数据是 1；若 RB8 =0，则说明接收到的第 9 位数据是 0。

TI：串行口发送中断标志位。在一帧字符发送完时，TI 被置位，用以通知 CPU 可以发送下一帧数据。串行口发送中断被响应后，TI 不会自动清零，必须由软件清零。

RI：串行口接收中断标志位。在接收到一帧字符后，由硬件置位，用以通知 CPU 可以读取接收到的数据。串行口接收中断被响应后，RI 不会自动清零，必须由软件清零。

4. 特殊功能寄存器 PCON

PCON 主要是为 CHMOS 型单片机的电源控制而设置的专用寄存器，单元地址为 87H，不能位寻址。其格式如下：

	D7	D6	D5	D4	D3	D2	D1	D0
PCON(87H)	SMOD	—	—	—	GF1	GF0	PD	IDL

其中，低 4 位用于电源控制，与串行接口无关。最高位 SMOD 为串行口波特率选择位，当 SMOD = 1 时，方式 1、2、3 的波特率加倍；当系统复位时，SMOD = 0。在 HMOS 单片机中，该寄存器除最高位外，其他位都是虚设的。

8.2.2 串行口的工作方式

80C51 单片机的串行口有 4 种工作方式，分别是方式 0、方式 1、方式 2 和方式 3。这些工作方式由 SCON 中的 SM0、SM1 两位编码决定。

1. 方式 0

在方式 0 下，串行口作为同步移位寄存器用，以 8 位数据为一帧，先发送或接收最低位，每个机器周期发送或接收一位数据，串行数据由 RXD 引脚输出或输入，同步移位脉冲由 TXD 引脚送出。这种方式并不是用于两个单片机之间的异步串行通信，而是用于串行口外接移位寄存器，以扩展并行 I/O 口。方式 0 的帧格式如图 8-24 所示。

图 8-24　方式 0 的帧格式

方式 0 的波特率是固定的，为晶振频率的 1/12。若 $f_{osc} = 12\text{MHz}$，则波特率 $f_{osc}/12 = 12/12 = 1\text{Mbit/s}$。

（1）方式 0 发送　当 CPU 执行一条将数据写入发送缓冲器 SBUF 的指令 MOV SBUF，A 时，产生一个脉冲，串行口开始把 SBUF 中的 8 位数据以 $f_{osc}/12$ 的固定波特率从 RXD 引脚输出，低位在前、高位在后，TXD 引脚输出同步脉冲，发送完 8 位数据，中断标志位 TI 置位。方式 0 发送的时序图如图 8-25 所示。

串行口扩展并行输出口时，要有"串入并出"的移位寄存器配合（如 74HC164 或 CD4094）。74HC164 芯片引脚如图 8-26a 所示。

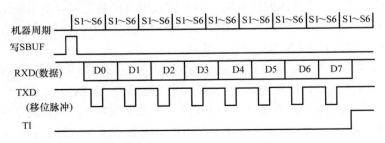

图 8-25　方式 0 发送时序图

74HC164 芯片各引脚功能如下：

Q0 ~ Q7 为并行输出引脚。

DSA、DSB 为串行输入引脚。

$\overline{CR}$为清零引脚，低电平时，使 74HC164 输出清零。

CP 为时钟脉冲输入引脚，在 CP 脉冲的上升沿作用下实现移位。在 CP = 0，$\overline{CR}$ = 1 时 74HC164 保持原来数据状态不变。

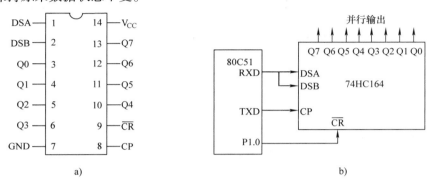

a)   b)

图 8-26 74HC164 及其与单片机串行口的配合

a) 8 位串入/并出移位寄存器 74HC164 b) 串行口与 74HC164 的连接

利用串行口与 74HC164 实现 8 位串入并出的电路连接如图 8-26b 所示，数据从串行口 RXD 端在移位时钟脉冲（TXD）的控制下逐位移入 74HC164。当 8 位数据全部移出后，SCON 寄存器的 TI 位被自动置 1。其后 74HC164 的内容即可并行输出。用 P1.0 输出低电平可将 74HC164 输出清零。

例 8-1 单片机与 74HC164 的电路连接如图 8-27 所示，在 74HC164 的并行输出引脚接了 8 只发光二极管，要求利用 74HC164 的串入并出功能，将发光二极管依次轮流点亮，并不断循环。试编程。

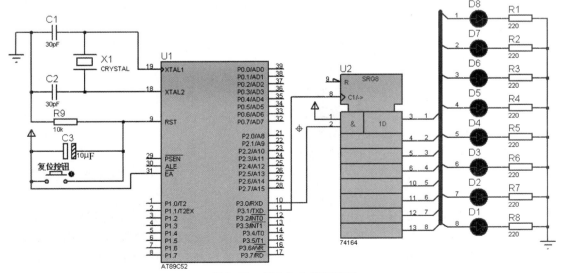

图 8-27 例 8-1 电路连接图

解：分析：将串行口设置为方式 0(SCON = 0x00)，利用移位寄存器实现串口数据发送，数据发送通过写 SBUF 寄存器完成，写入 SBUF 的 8 位数据通过 RXD 逐位发送，移位脉冲通过 TXD 发送，这些工作全部由硬件完成，而且发送完毕后，硬件会自动将 TI 置位，因此，在设置好工作模式后，将待发送的字节写入 SBUF，然后等待 TI 置位即可。在发送下一字节前，TI 要用软件清零。

设待发送的字节变量初值为 0x80，将其通过 _crol_ 函数循环移位并发送时，写入 SBUF 的字节将会是 00000001、00000010、00000100、00001000、00010000、00100000、01000000、10000000，LED 将会实现向上滚动的显示效果。

程序设计如下：

```
#include  < reg52. h >
#include  < intrins. h >
#define uint unsigned int
#define uchar unsigned char
void Delay( uint x)          //延时子程序
{
    uchar i;
    while( x -- )
    {
        for( i = 0; i < 110; i ++ );
    }
}

void main( )             //主程序
{
    uchar c = 0x80;
    SCON = 0x00;          //串口为方式 0, 即移位寄存器输入/输出方式
    while( 1 )
    {
        c = _crol_( c,1);      //循环左移一位
        SBUF = c;          //串行输出
        while( TI ==0);      //等待发送结束
        TI = 0;          //TI 清零
        Delay( 400);          //延时, 实现状态维持
    }
}
```

(2) 方式 0 接收　在 RI = 0 且满足 REN = 1 的条件时，就会启动串行口的接收过程。RXD 引脚为串行输入引脚，移位脉冲由 TXD 引脚输出。当接收完一帧数据后，内部控制逻辑自动将输入移位寄存器中的内容写入 SBUF，并使接收中断标志位 RI 置 1。如果还要再接收数据，必须用软件将 RI 清零。方式 0 接收时序图如图 8-28 所示。

如果把能实现并入串出功能的移位寄存器（如 74HC165 或 CD4014）与串行口配合使用，就可以把串行口变为并行输入口使用。

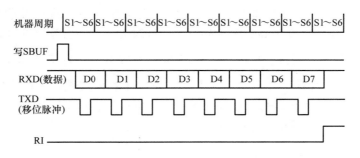

图 8-28　方式 0 接收时序图

74HC165 引脚图如图 8-29a 所示。SH/$\overline{\text{LD}}$（Shift/Load）为移位/置数引脚，当 SH/$\overline{\text{LD}}$ = 1 时，允许串行移位；SH/$\overline{\text{LD}}$ = 0 时，允许并行输入。QH 为串行移位输出引脚，SER 为串行移位输入引脚（用于 2 个 165 输入 16 位并行数据）。当 CPINH = 1 时，从 CP 引脚输入的每个正脉冲使 QH 输出移位一次。$\overline{\text{QH}}$为补码输出引脚。

串行口与 74HC165 的连接图如图 8-29b 所示。74HC165 移出的串行数据 QH 经由 RXD 端串行输入，同时由 TXD 端提供移位时钟脉冲 CP。8 位数据串行接收需要有允许接收的控制，具体由 SCON 寄存器的 REN 位实现。REN = 0，禁止接收；REN = 1，允许接收。当软件置位 REN 时，开始从 RXD 端以 f_{osc} 波特率输入数据（低位在前），当接收到 8 位数据时，置位中断标识 RI，在中断处理程序中将 REN 清零，停止接收数据，并用 P1.0 引脚将 SH/$\overline{\text{LD}}$清零，停止串行输出，转而并行输入。当 SBUF 中的数据取走后，再将 REN 置 1 准备接收数据，并利用 P1.0 将 SH/$\overline{\text{LD}}$置 1，停止并行输入，转为串行输出。

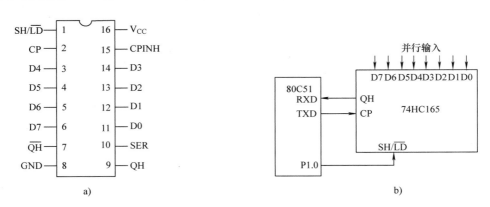

图 8-29　74HC165 及其与单片机串行口的配合
a）8 位并入/串出移位寄存器 74HC165　b）串行口与 74HC165 的连接

例 8-2　电路连接如图 8-30 所示，在 AT89C51 单片机串行口外接了一片 8 位并入/串出移位寄存器 74HC165，P2 口外接了 8 只发光二极管，74HC165 并行输入端连接 8 位拨码开关，要求编写程序将拨码开关的动作用发光二极管表示出来，开关打在 ON 位置时二极管亮，打在 OFF 位置时二极管不亮。

解：分析：单片机的 TXD 负责发送移位脉冲，它与 74HC165 的 CLK 引脚相连。$\overline{SH/LD}$ 与单片机的 P1.0 相连，P1.0 为高时表示移位，为低时表示装载数据。在开始移位之前，需要先从并行输入端口读入数据，这时应该将 $\overline{SH/LD}$ 置 0，并行口的 8 位数据将被置入 74HC165 内部的 8 个触发器，在 $\overline{SH/LD}$ 为 1 时，并行输入被封锁，移位操作开始，在 TXD 引脚移位脉冲的控制下，8 位并行数据逐位串行发送到 9 号引脚 SO。在方式 0 时，移位时钟由单片机硬件完成，而 $\overline{SH/LD}$ 引脚由程序控制。

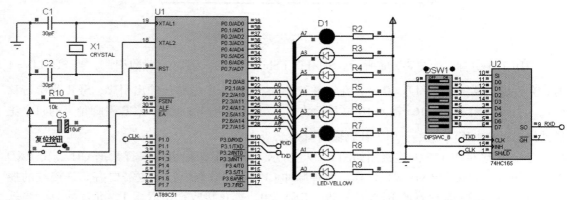

图 8-30   例 8-2 电路连接图

程序设计如下：

```
#include <reg51.h>
sbit clk = P1^0;
void delay(int N)                    //延时子程序
    {
        int i,j;
        for(i =0;i < N;i ++)
          for(j =0;j < i;j ++);
    }
void main()
    {
        int xx;
        while(1)
        {
        clk =0;
        clk =1;                      //发送移位脉冲
        SCON =0x10;                  //允许串行口接收数据
        while(RI ==0)                //等待接收
```

```
        {;}
    xx = SBUF;                      //读取数据
    RI = 0;                         //清除接收中断标志
    P2 = xx;
    delay(200);
        }
    }
```

2. 方式 1

当 SM1、SM0 为 01 时，串行口设置为方式 1。方式 1 为双机串行通信方式，TXD 引脚和 RXD 引脚分别用于发送和接收数据。方式 1 收发一帧数据为 10 位，1 个起始位（0），8 个数据位，1 个停止位（1），发送和接收都是最低位在前、最高位在后。方式 1 的字符帧格式如图 8-31 所示。

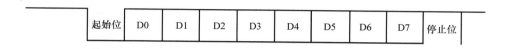

图 8-31　方式 1 字符帧格式

方式 1 时，发送移位脉冲和接收移位脉冲的频率（即波特率）由定时器 T1 的溢出信号经过 16 分频或 32 分频获得，即方式 1 时串行口为波特率可变的 8 位异步通信接口。方式 1 的波特率为

$$方式 1\ 波特率 = \frac{2^{\text{SMOD}}}{32} \times 定时器\ T1\ 的溢出率$$

式中，SMOD 为 PCON 寄存器最高位（0 或 1）。定时器 T1 的溢出率就是溢出周期的倒数，和所采用的定时器工作方式有关。当定时器 T1 作为波特率发生器使用时，通常选用工作方式 2，这是由于方式 2 可以自动装入定时时间常数（也即计数初值），可避免通过程序反复装入初值所引起的定时误差，使波特率更加稳定，因此，这是一种最常用的方法。

设计数的预置值（初始值）为 x，那么每过 256 − x 个机器周期，定时器溢出一次。为了避免因溢出而产生不必要的中断，此时应禁止 T1 中断。溢出周期为

$$\frac{12}{f_{\text{osc}}} \times (256 - x)$$

溢出率为溢出周期的倒数，所以

$$波特率 = \frac{2^{\text{SMOD}}}{32} \frac{f_{\text{osc}}}{12(256 - x)}$$

在实际使用时，总是先确定波特率，再计算定时器 T1 的计数初值（在这种场合称为时间常数），然后进行定时器的初始化。表 8-3 给出了定时器 T1 工作于方式 2 时常用的波特率及计数初值。

表 8-3　定时器 T1 工作于方式 2 时常用的波特率及计数初值

常用波特率/（bit/s）	f_{osc}/MHz	SMOD	TH1 初值
19200	11. 0592	1	FDH
9600	11. 0592	0	FDH
4800	11. 0592	0	FAH
2400	11. 0592	0	F4H
1200	11. 0592	0	E8H
1200	11. 0592	1	CCH

（1）方式 1 发送　串行口以方式 1 输出时，数据位由 TXD 端输出，发送一帧信息为 10 位。当 CPU 执行一条写发送缓冲器 SBUF 的指令 MOV SBUF，A，就启动了发送。方式 1 发送时序图如图 8-32 所示。

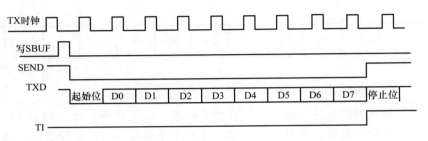

图 8-32　方式 1 发送时序图

其中，TX 就是发送的波特率。发送开始时，内部发送控制信号$\overline{SEND}$变为有效，将起始位向 TXD 引脚输出，此后每经过一个 TX 移位脉冲就由 TXD 输出一位数据。8 位数据位全部发送完毕后，中断标志位 TI 置 1。然后$\overline{SEND}$信号失效。

（2）方式 1 接收　在 RI = 0 的条件下，用软件置 REN 为 1 时，接收器以所选择波特率的 16 倍速率采样 RXD 引脚电平，当检测到 RXD 引脚输入电平产生负跳变时，说明起始位有效，将其移入移位寄存器，并开始接收这一帧信息的位。接收过程中，数据从输入移位寄存器右边移入，起始位移至输入移位寄存器最左边时，控制电路进行最后一次移位。方式 1 时接收到的第 9 位信息是停止位，它将进入 RB8，而数据的 8 位信息会进入 SBUF，这时内部的控制逻辑电路使 RI = 1。该位的状态可供查询或请求中断，在再次发送数据之前，必须用软件将 RI 清零。方式 1 接收的时序图如图 8-33 所示。

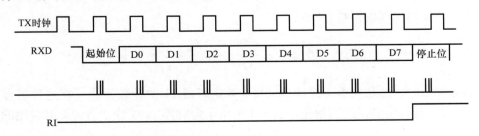

图 8-33　方式 1 接收时序图

例 8-3　电路连接如图 8-34 所示，有两片 AT89C51 单片机，要求甲单片机的 S1 按键次数可向乙单片机发送，并在乙单片机 P0 口所接的数码管上显示出来，显示的数字范围从 0 到 9 循环。试编程。

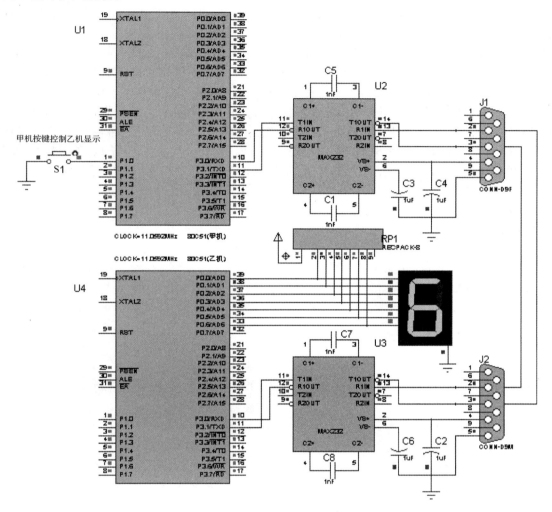

图 8-34　例 8-3 电路连接图

解：分析：两单片机的串行口都工作在方式 1。甲机负责对按键次数计数，并将计数的次数通过串口发送给乙机；乙机则负责接收甲机送来的数据，并将其在数码管上显示出来，因此两片单片机的程序要分别编写。

本例中两单片机均工作在串口方式 1（即 10 位异步通信模式）下，程序需要首先进行串口初始化，主要任务是设置产生波特率的定时器 1、串口控制和中断控制，具体步骤如下：

1）设置串口模式（SCON）。

2）设置定时器 1 的工作方式（TMOD）。

3）计算定时器 1 的初值（TH1/TL1）。

4）启动定时器 1（TR1）。

5）如果串口工作在中断方式，还必须设置 IE 允许 ES 中断，并编写中断例程。

本例甲机程序中设 SCON = 0x40 （即 01000000），乙机程序则设 SCON = 0x50 （即 01010000），两者都将串口设为方式 1，但后者还需将 REN （允许接收）位设置为 1，因为乙机要接收串口数据，而甲机不需要接收数据。

方式 1 下波特率由定时器 1 控制，让定时器 1 工作在自动重装初值的方式 2，波特率计算公式为

$$波特率 = 2^{SMOD} \times 晶振频率 / [12 \times (256 - TH1) \times 32]$$

设波特率为 9600bit/s，若 f_{osc} = 11.0592MHz，波特率不倍增，即 SMOD = 0，PCON = 0x00 （SMOD 为 PCON 的最高位）。由波特率计算公式可求得 TH1 = TL1 = 0xFD （即 253）。

本例中两片单片机的串口均不工作在中断方式，而是使用查询方式，发送方通过循环查询 TI 标志判断是否发送完成，接收方通过循环查询 RI 标志判断是否接收到字节。因此发送前要将 TI 清零，接收前要将 RI 清零，如果发送成功，硬件会自动将 TI 置 1，如果接收到新字节，硬件也会将 RI 置 1。在每一次收/发时都要注意通过程序将 TI 和 RI 再次清零。

程序设计如下：

甲机程序：

```
#include <reg52.h>
#define uint unsigned int
#define uchar unsigned char
sbit S1 = P1^0;
uchar NumX = 0x0a;
void main()
{
    SCON = 0x40;                     //串口工作在方式1
    TMOD = 0x20;                     //T1 工作在方式2，8 位自动重装载方式
    PCON = 0x00;                     //波特率不倍增
    TH1 = 0xfd;                      // 波特率为 9600bit/s
    TL1 = 0xfd;
    TI = 0;
    TR1 = 1;                         //启动定时器1
    while(1)
    {
        if(S1 ==0)                   //按键按下，计数次数加1
        {
            while(S1 ==0);
            NumX = (NumX + 1)% 11;
            SBUF = NumX;             //发送计数次数
            while(TI == 0);
            TI = 0;
        }
    }
}
```

乙机程序:
```
#include  <reg52. h>
#define uint unsigned int
#define uchar unsigned char
uchar code DSY_CODE[ ] = {0x3f,0x06,0x5b,0x4f,0x66,0x6d,0x7d,0x07,0x7f,0x6f};
void main( )
{
    P0  = 0x00;
    SCON  = 0x50;                 //串口工作在方式 1,允许接收数据
    TMOD  = 0x20;                 //T1 工作在方式 2,8 位自动重装载方式
    PCON  = 0x00;                 //波特率不倍增
    TH1  = 0xfd;                  //波特率为 9600bit/s
    TL1  = 0xfd;
    RI  = 0;
    TR1  = 1;                     //启动定时器 1
    while(1)
    {
        if(RI)
        {
            RI  = 0;
            if(SBUF > =0&&SBUF < =9)
            P0  = DSY_CODE[SBUF];   //显示接收的数据
            else
            P0  = 0x00;
        }
    }
}
```

3. 方式 2

方式 2 是 11 位为一帧的串行通信方式,即 1 位起始位(0),8 位数据位,1 位附加位(发送时为 SCON 中的 TB8 位,接收时为 SCON 中的 RB8 位),1 位停止位。其字符帧格式如图 8-35 所示。

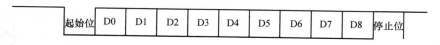

| 起始位 | D0 | D1 | D2 | D3 | D4 | D5 | D6 | D7 | D8 | 停止位 |

图 8-35　方式 2 字符帧格式

在方式 2 下,字符还是 8 个数据位,而第 9 数据位 D8 既可作为奇偶校验位使用,也可作为控制位使用,其功能由用户确定,发送之前应先将 SCON 中的 TB8 准备好。可使用如下语句完成:
```
TB8 =1;        //TB8 位置 1
TB8 =0;        //TB8 位清零
```

准备好第 9 数据位之后，再向 SBUF 写入字符的 8 个数据位，并以此来启动串行发送。一个字符帧发送完毕后，将 TI 位置 1，其过程与方式 1 相同。

方式 2 的接收过程也与方式 1 类似，所不同的在于第 9 数据位上，串行口把接收到的 8 位数据送入 SBUF，而把第 9 数据位送入 RB8。

方式 2 的波特率由下式确定：

$$方式 2\ 波特率 = \frac{2^{\text{SMOD}}}{64} \times f_{\text{osc}}。$$

即方式 2 的波特率是固定的，根据 SMOD 的取值不同有两种：当 SMOD = 0 时是晶振频率的 1/32，当 SMOD = 1 时是晶振频率的 1/64。

4. 方式 3

在方式 3 下，串行口也为 11 位异步通信方式，收发数据的过程与方式 2 相同，只是方式 3 的波特率是受定时器 T1 控制的，方式 3 的波特率计算方法同方式 1，即通过设置定时器 1 的初值来设定波特率。

8.3　串行口的应用

在计算机分布式测控系统中，经常要利用串行通信方式进行数据传输。80C51 单片机的串行口为计算机间的通信提供了极为便利的条件。

串行口的应用编程，可依据串行发送/接收标志位（TI/RI）的状态完成，方法有查询与中断两种方式。

例 8-4　单片机 A 的片内 RAM 中存有从 0 开始的 15 个十六进制数，将它们发送给单片机 B，并在单片机 B 中用数码管显示。

解： 分析：这是双机通信，也称为点对点通信，如果两个 8051 单片机应用系统相距很近，可将其串口直接相连，就可实现双机通信。Proteus 仿真电路如图 8-36 所示。

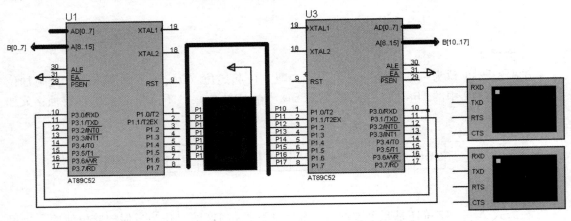

图 8-36　双机通信硬件原理图

两台单片机采用方式 1 进行通信，每帧信息为 10 位，波特率为 2400bit/s，用 T1 作为波特率发生器，单片机振荡器频率为 11.0592MHz。

通信协议设定：通信时首先 A 机发送 "E1" 信号，请求传送数据，B 机收到请求信号后

回答一个 "A1" 作为应答，表示同意接收。当 A 机收到应答 "A1" 后开始发送数据。每发送一个数据字节都要计算 "校验和"，假定要发送的数据块长度为 15 个字节，起始地址在片内 RAM 的 40H 单元。先发送数据块长度，然后发送数据，最后发送 "校验和"。B 机接收数据并转存到片内数据缓冲区，起始地址也为 40H，每接到一个数据字节便计算一次 "校验和"，当接收完数据块后，再接收 A 机发来的 "校验和"，并将它与 B 机求出的校验和比较，若两者相等，说明接收正确，B 机回答 "00H"，若两者不相等，说明接收不正确 B 机回答 "0FFH"，请求重发，A 机收到答复为 "00H" 时，则结束发送，若答复非零，则重新发送。

程序设计如下：

A 机发送程序：

```
#include  < reg51. h >
#define    uchar unsigned char
uchar code tab[16] = {0xc0,0xf9,0xa4,0xb0,0x99,0x92,0x82,0xf8,0x80,0x90,0x88,
0x83,0xc6,0xa1,0x86, 0x8e};
uchar idata send_tab[16] _at_ 0x40,che_data _at_ 0x20 ;
/ * * * * * * * 发送子程序 * * * * * * * * * * */
void tdd(uchar dat)
        {
              SBUF = dat;
              while( ! TI);
              TI = 0;
        }
/ * * * * * * * 接收子程序 * * * * * * * * * * */
uchar rdd(void)
        {
              RI = 0;
              while( ! RI);
              RI = 0;
              return SBUF;
        }
/ * * * * * * * 校验和子程序 * * * * * * * * * * * */
void che(uchar dat)
        {
              che_data + = dat;
        }
/ * * * * * * * 主程序 * * * * * * * * * * * */
int main(void)
        {
              uchar i,length = 15 ;
              for( i = 0;i < 16;i ++ )
```

```
            {
                send_tab[i] = tab[i];
            }
        SCON = 0x40;
        TMOD = 0x20;
        TL1 = 0xF3;
        TH1 = 0xF3;
        TR1 = 1;
        do
            {
                REN = 0;
                tdd(0xe1);
                REN = 1;
            }
        while(0xa1! = rdd());
        REN = 0;
        tdd(length);
        che(length);
        for(i = 0;i < length;i ++)
            {
                REN = 0;
                tdd(send_tab[i]);
                che(send_tab[i]);
            }
    do
        {
        REN = 0;
        tdd(che_data);
        REN = 1;
        }
        while(0x00! = rdd());
        while(1);
        return 0;
    }
```

B 机接收程序:

```
#include  <reg51. h>
#define uchar unsigned char
#define uint unsigned int
#define LED_OUT P1                        //P1 口控制 LED
```

```
uchar idata rec_tab[16] _at_ 0x40,che_data _at_ 0x20 ;
uchar length ;
/* * * * * * *发送子程序* * * * * * * * * */
void tdd(uchar dat)
{
        SBUF = dat ;
        while( ! TI) ;
        TI = 0 ;
}
/* * * * * * *接收子程序* * * * * * * * * */
uchar rdd(void)
{
        RI = 0 ;
        while( ! RI) ;
        RI = 0 ;
        return SBUF ;
}
/* * * * * * *校验和子程序* * * * * * * * * * */
void che(uchar dat)
{
        che_data + = dat ;
}
/* * * * * * *延时子程序* * * * * * * * * */
void delay_ms(uint ms)                //延时毫秒,最大值为255ms
    {
        uchar i ;
        while(ms -- )
        for(i = 0 ;i < 124 ; i ++ ) ;
    }
/* * * * * * *显示子程序* * * * * * * * * */
void disp(void)
    {
        uchar i ;
        for( i = 0 ;i < length ;i ++
    )
    {
        LED_OUT = rec_tab[i] ;
        delay_ms(400) ;
    }
    }
```

```
/* * * * * * 主程序 * * * * * * * * * */
int main(void)
{
        uchar i;
        bit error = 0;
        TMOD = 0x20;TL1 = 0xF3;TH1 = 0xF3;SCON = 0x50;TR1 = 1;
        Do
        {
        while(0xe1! = rdd());              //若不是"0e1h"，重新接收
        REN = 0;
        tdd(0xa1);
        REN = 1;
        length = rdd();
        che(length);
        REN = 1;
        for(i = 0;i < length;i ++)
        {
            rec_tab[i] = rdd();
            che(rec_tab[i]);}
        REN = 1;
        if(che_data! = rdd())
            {
            REN = 0;
            tdd(0xff);
            error = 1;
            }                              //准备出错信号
        else
            {
            REN = 0;
            tdd(0x00);
            error = 0;
            while(1)
            {
                disp();
            }
            }                              //正确则循环显示内存数据
        } while(error);
return 0;
}
```

例 8-5 电路原理图如图 8-37 所示，要求单片机通过其串行口 TXD 端向计算机发送数据。

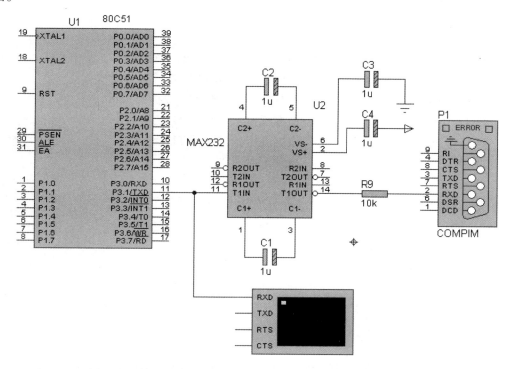

图 8-37 单片机通过串行口 TXD 端向计算机发送数据的原理图

解：（1）**分析** 要实现单片机和计算机的通信，首先需要解决单片机和计算机之间的电平转换问题，单片机逻辑 1 为 "+5V"，而计算机逻辑 1 为 "−15V"。电平转换由 MAX232 完成，图 8-37 中 MAX232 将单片机输出的信号转化成了计算机能识别的信号。

（2）程序设计如下

```
#include < reg51. h >          //包含单片机寄存器的头文件
unsigned char code Tab[ ] = {0xFE,0xFD,0xFB,0xF7,0xEF,0xDF,0xBF,0x7F};
//流水灯控制码,该数组被定义为全局变量
void Send(unsigned char dat)//向 PC 发送一个字节数据
{
    SBUF = dat;//将待发送数据写入发送缓冲器
    while(TI ==0); //若发送中断标志位没有置"1"(正在发送),则等待
    TI =0; //用软件将 TI 清 0
}
void delay(void)//延时约 150ms
{
    unsigned char m,n;
        for( m =0;m <200;m ++ )
            for( n =0;n <250;n ++ );
```

```
  }
  void main(void)                      //主函数
  {
     unsigned char i;
     TMOD = 0x20;                       //TMOD = 0010 0000B,定时器 T1 工作于方式 2
     SCON = 0x40;                       //SCON = 0100 0000B,串口工作方式 1
     PCON = 0x00;                       //PCON = 0000 0000B,波特率 9600
     TH1 = 0xfd;                        //根据规定给定时器 T1 赋初值
     TL1 = 0xfd;                        //根据规定给定时器 T1 赋初值
     TR1 = 1;                           //启动定时器 T1
     while(1)
     {
         for(i = 0;i < 8;i ++ )         //模拟检测数据
         {
             Send(Tab[i]);              //发送数据 i
                delay();                //每 150ms 发送一次数据
         }
     }
  }
```

（3）实物演示　为了通过实验板运行程序能够在计算机端看到单片机发出的数据，需要借助于调试软件"串口调试助手"（啸峰工作室设计，该软件可免费从网上下载），其运行界面如图 8-38 所示，可设定串口、波特率、校验位等参数，非常方便。

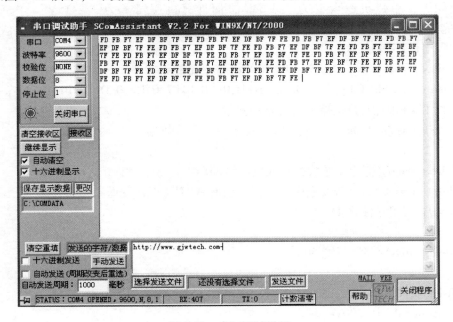

图 8-38　串口调试界面

例 8-6 电路如图 8-37 所示，要求在 PC 上发送一个字符 x，单片机收到字符后返回给上位机 "I get x"，实现单片机与 PC 之间的双向通信。请编写相应的程序。

解：（1）程序设计如下

```
#include < reg52. h >
#define uchar unsigned char
#define uint unsigned int
uchar a,flag,i;
uchar code table[ ] = "I get ";   //定义一个字符类型的编码数组
void init( )
{
    TMOD = 0x20;              //设定 T1 定时器工作方式 2
    TH1 = 0xfd;               //T1 定时器装初值
    TL1 = 0xfd;               //T1 定时器装初值
    TR1 = 1;                  //启动 T1 定时器
    REN = 1;                  //允许串口接收
    SM0 = 0;                  //设定串口工作方式 1
    SM1 = 1;
    EA = 1;                   //开总中断
    ES = 1;                   //开串口中断
}
void main( )
{
init( );
    while(1)
    {
        if(flag == 1)         // 检测标志位 flag 是否为 1
                              //若为 1，说明程序已经执行过串口中断服务程序，即收
                                 到了数据
        {
        ES = 0;               //收到数据后，先关闭串口中断，防止再次进入中断，
                                 flag 又被置 1 而形成死循环
        for( i = 0;i < 6;i ++ )  //发送 table 数组的 6 个数据
        {
         SBUF = table[i];
            while(! TI);
            TI = 0;
        }
            SBUF = a;         //发送从串口接收到的数据
            while(! TI);
```

```
        TI = 0；
        ES = 1；    //开串口中断，
        flag = 0；   //标志位置 0，为下一次接收做准备
      }
    }
}
void serial( ) interrupt 4  //串口中断服务程序
{
    RI = 0；           //接收中断标志位 RI 清零
    a = SBUF；         //将 SBUF 中的数据读走，送给变量 a
    flag = 1；         //将标志位 flag 置 1，以方便在主程序中查询判断是否已经收到数据
}
```

（2）实物演示　实物演示结果如图 8-39 所示。

图 8-39　单片机和 PC 之间的双向通信显示结果

本 章 小 结

由于串行通信方式具有传输距离远、抗干扰能力强和成本低等优点，是现代控制系统中信息交换的首选方式。

串行通信有异步通信和同步通信两种方式。异步通信就是发送方和接收方使用各自的时钟频率控制接收和发送过程，以字符为单位传输，用字符帧的格式来实现再同步，每传输一个字符，就用起始位进行收发双方的同步。异步通信不要求收发双方时钟严格一致，实现容易、设备开销较小，但每个字符要加起止位、停止位，各帧之间还有间隔，传输效率不高。同步串行通信进行数据传送时，发送和接收双方要保持完全的同步，因此要求接收和发送设备必须使用同一时钟。同步通信的优点是可以提高传送的速率，但硬件比较复杂，成本高。

串行通信中，按照数据传输方向可分为单工、半双工和全双工等通信模式。80C51 单片机内部的串行口是全双工的通用异步收发（UART）串行口。

RS-232C 通信接口是一种广泛使用的标准的串行接口，有多种可供选择的信息传送速率，但信号传输距离只有几十米。

RS-485 通信接口采用两根线之间的电压来表示逻辑 0 和逻辑 1，发送方与接收方仅需要两根传输线。传输线采用差动信道，所以它的干扰抑制性极好，又因为它的阻抗低，无接地问题，所以传输距离可达 1200m。

80C51 单片机串行口有四种工作方式：同步移位寄存器输入/输出方式、8 位数据的异步通信方式及波特率不同的两组 9 位数据的异步通信方式。

方式 0 和方式 2 的波特率是固定的，但方式 1 和方式 3 的波特率是可变的，由定时器 T1 的溢出率来决定。

习 题 8

1. 异步通信和同步通信的主要区别是什么，8051 单片机串行口有没有同步通信的功能？

2. 在异步通信中，接收方是如何知道发送方发送数据的？

3. 为什么 80C51 单片机串行口的方式 0 帧格式没有起始位 0 和停止位 1？

4. 为什么定时器/计数器 T1 用做串行口波特率发生器时，常采用方式 2？若已知时钟频率、串行通信的波特率，如何计算装入的 T1 的初值？

5. 直接以 TTL 电平串行传输数据的方式有什么缺点？为什么在串行传输距离较远时，常采用 RS-232C、RS-422A、RS-485 标准串行接口来进行串行数据传输？比较 RS-232C、RS-422A、RS-485 标准串行接口各自优缺点。

6. 假定串行口串行发送的字符格式为 1 位起始位、8 位数据位、1 位校验位和 1 位停止位，请画出传送字符 "B" 的帧格式。

7. 某 AT89C51 单片机串行口，传送数据的帧格式由 1 个起始位（0）、7 个数据位、1 个偶校验位和 1 个停止位（1）组成。当该串行口每分钟传送 1800 个字符时，试计算它的波特率。

8. 若晶体振荡器为 11.0592MHz，串行口工作于方式 1，波特率为 4800bit/s，写出用 T1 作为波特率发生器的方式控制字和计数初值。

9. 使用 AT89C51 的串行口按工作方式 1 进行串行数据通信，假定波特率为 2400bit/s，以查询方式传送数据，请编写发送程序。

10. 请用中断法编写串行口方式 1 下的接收程序。设 80C51 单片机主频为 11.0592MHz，波特率为 1200bit/s，接收数据缓冲区在片外 RAM 起始地址为 BLACK 单元，接收数据长度为 30，采用偶校验（数据长度不发送）。

11. 请用中断法编写串行口方式 2 下的发送程序。设 80C51 单片机主频为 11.0592MHz，波特率为 9600bit/s，发送数据缓冲区在片外 RAM 起始地址为 BLACK 单元，接收数据长度为 30，采用偶校验，放在发送数据第 9 位上（数据长度不发送）。

第 9 章　80C51 单片机系统扩展技术

单片机内部具有一定容量的程序存储器 ROM、数据存储器 RAM 及必要的接口，如果给单片机接上工作时所需要的电源、复位电路和晶体振荡电路，利用集成在单片机芯片内部的中断系统、定时器/计数器、并行接口、串行接口就可以对外设进行控制，组成完整的单片机应用系统。这种能使单片机工作的最少器件构成的系统，称为单片机最小应用系统。

单片机最小应用系统具有结构简单、成本低、并行口线都可供输入/输出使用的优点。随着单片机内部存储容量的不断扩大和内部功能的不断完善，单片机"单片"应用的情况更加普遍，这是单片机发展的一种趋势。但是由于控制对象的多样性和复杂性，常常会出现单片机内部的存储器、定时器/计数器、中断、并行 I/O 口及串行口等资源不够用的情况，而且多数单片机内部没有集成 A/D 和 D/A 等芯片，对模拟量的处理非常不方便，另外在单片机应用系统硬件设计中往往还需要考虑人机接口、参数检测、系统监控、超限报警等应用需求，此时单片机最小应用系统就不能满足要求了，在进行系统设计时首先要解决系统扩展问题。

9.1　单片机系统扩展概述

9.1.1　单片机系统扩展资源分类

单片机的扩展包括片外 ROM、片外 RAM、并行 I/O 口、键盘、显示器等资源的扩展，它们是大多数单片机应用系统必不可少的组成部分。

1. 片外程序存储器 ROM

当单片机片内程序存储器 ROM 容量无法满足应用系统要求时，需要在片外进行扩展。片外扩展的程序存储器种类有 EPROM、EEPROM 和 Flash EEPROM。目前大多数单片机生产厂家都提供大容量 Flash EEPROM 型号的单片机，其存储单元数量已达到了 64KB，能满足绝大多数用户的需要，且价格与片内无 ROM 的单片机不相上下，因此用户在大多数情况下没有必要再扩展片外程序存储器。

2. 片外数据存储器 RAM

由于单片机的片内数据存储器容量较小，在需要大量数据缓冲的单片机应用系统中（如语音系统、商场收费 POS）仍然需要在片外扩展数据存储器。常用的片外数据存储器有静态随机存储器 RAM6264、RAM62256 和 RAM62512，但随机存储器不具备数据掉电保护特性，许多单片机应用系统采用 Flash EEPROM 作为数据存储器。

3. 并行 I/O 口资源扩展

并行 I/O 口是单片机系统最宝贵的资源之一，单片机的外部扩展将占用大量 I/O 口资源。80C51 单片机如果要扩展片外程序或数据存储器，要占用 P0、P2 口中的 16 个 I/O 口作为地址和数据总线，另外扩展片外数据存储器时，还要占用 P3 口中的部分引脚作为读/写控制线，这样至少有 18 个 I/O 口不能作为输入/输出口使用。在较为复杂的控制系统（尤其是工业控制系统，如可编程序控制器）中，经常需要扩展 I/O 口。常用的 I/O 接口芯片有 74HC 系列锁存器/寄存器、8255 和 8155 等。

4. 键盘和显示器

键盘和显示器提供了用户与单片机应用系统之间的人机界面，用户通过键盘向单片机系统输入数据或程序，而通过显示器用户可以了解单片机系统的运行状态。

9.1.2　单片机系统扩展结构

80C51 单片机系统扩展采用三总线结构，即地址总线、数据总线和控制总线。AT89C51 单片机扩展时系统总线结构图如图 9-1 所示。

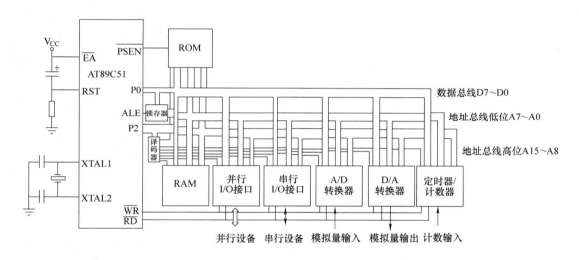

图 9-1　AT89C51 单片机扩展时三总线

1. 地址总线（AB）

地址总线用于传送单片机送出的地址信息，以便进行片外存储单元和 I/O 接口的选择。地址总线为单向总线。

地址总线的宽度为 16 位（A15 ~ A0），分别由 P0 口和 P2 口提供。其中 P0 口提供低 8 位地址 A7 ~ A0，P2 口提供高 8 位地址 A15 ~ A8。

地址总线的位数决定了单片机可扩展存储容量的大小，因此 80C51 单片机最大可扩展的片外存储器容量为 $2^{16}B = 64KB$。

2. 数据总线（DB）

数据总线用于单片机与扩展的外部芯片之间交换数据，为双向总线。

数据总线的宽度为 8 位（D7 ~ D0），与单片机处理数据的字长一致，由 P0 口提供。由于 P0 口既作地址总线又作数据总线，因此需要分时复用，以便区分地址信息和数据信息。为保证在数据传输过程中地址信息不丢失，用锁存器将低 8 位地址进行锁存，锁存使能信号由 ALE 引脚提供。图 9-1 中，由 P0 口直接引出的是数据总线，而通过锁存器引出的是低 8 位地址总线。

3. 控制总线（CB）

控制总线传输的是各种控制信号。每条控制信号都是单向的，既可以是输出的控制信号（读、写等），又可以是输入的控制信号（中断请求、准备就绪等），因此由多条不同的控制信号组合而成的控制总线是双向的。

涉及系统扩展的控制信号有片外数据存储器读选通信号$\overline{RD}$（P3.7）和写选通信号$\overline{WR}$（P3.6）、片外程序存储器读选通信号$\overline{PSEN}$、地址锁存允许信号 ALE 和片外程序存储器选通信号$\overline{EA}$。

图 9-1 中，单片机采用三总线扩展 ROM、RAM、并行 I/O 口和 A/D、D/A、定时器/计数器等接口电路，ROM 处于程序存储器空间，当取指控制信号$\overline{PSEN}$有效时从 ROM 读出程序指令，图 9-1 中 AT89C51 的$\overline{EA}$接 V_{CC}，表示从 0000H ~ 0FFFH（4KB）取指令操作均在片内进行，片外程序存储器地址从 1000H 开始，如果$\overline{EA}$接 GND，则从 0000H ~ FFFFH（64KB）取指令操作均在片外进行。RAM、I/O 口和 A/D、D/A、定时器/计数器都处于数据存储空间，通过读写控制信号$\overline{RD}$和$\overline{WR}$对其进行读写和输入/输出操作。译码器产生地址译码信号，在任一时刻其输出的有效片选信号使得单片机只能访问 RAM、并行 I/O 口和 A/D、D/A、定时器/计数器其中之一，避免了总线竞争现象。

由图 9-1 可知，单片机系统进行扩展时，占用了 P0、P2 和 P3 口部分口线，因此这三个 I/O 口都不能再作为通用 I/O 口使用。此时，只有 P1 口可以直接连接外围设备。

9.2　数据存储器的扩展

目前大多数单片机都含有大容量 Flash EEPROM，其存储单元数量都达到了 64KB，能满足绝大多数用户程序存储的需要，故很少再进行片外程序存储器的扩展。但单片机的片内数据存储器容量较小，其中一些已作为工作寄存器、堆栈和数据缓冲器使用，当控制系统需要暂存的数据量较大时，片内 RAM 常常不够用，常需进行数据存储器的扩展。扩展片外程序存储器的方法与数据存储器扩展相类似，不同之处仅在于控制信号的接法不一样，扩展数据存储器用单片机的$\overline{RD}$和$\overline{WR}$信号直接与数据存储器的$\overline{OE}$端和$\overline{WE}$端相连，发送读、写控制信号，扩展程序存储器则用单片机的$\overline{PSEN}$信号与程序存储器的$\overline{OE}$端相连，发送读控制信号。下面介绍数据存储器的扩展。

9.2.1　数据存储器芯片

常用的数据存储器芯片有静态 RAM6116、6264、62128、62256，型号后的数字表示其存储容量。存储器芯片的存储容量常常用芯片上有多少个存储单元，每个存储单元可以存储多少个二进制位来表示。6116、6264、62128、62256 的存储容量分别为 2K × 8 位、8K × 8 位、16K × 8 位、32K × 8 位。

6116 为 24 脚双列直插封装，6264、62128、62256 为 28 脚双列直插封装，都采用 + 5V 电源供电。常用 SRAM 的引脚图如图 9-2 所示。

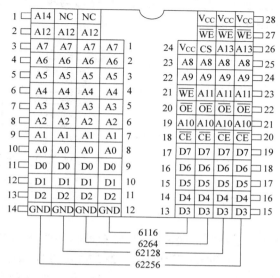

图 9-2　常用 SRAM 的引脚图

9.2.2　地址锁存器芯片

根据图 9-1 可知，P0 口既作地址总线又作数据总线，需要分时复用，为保证在数据传输过程中地址信息不丢失，要用锁存器将低 8 位地址进行锁存。常用的地址锁存器芯片有下面三种：

1. 锁存器 74LS373

74LS373 是一种带有三态门的 8D 锁存器，其引脚及内部结构如图 9-3 所示。引脚功能说明如下：

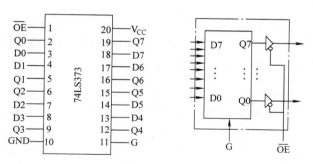

图 9-3　74LS373 的引脚及内部结构

D7 ~ D0：8 位数据输入线。

Q7 ~ Q0：8 位数据输出线。

G：数据输入锁存选通引脚，高电平有效。当该信号为高电平时，外部数据选通到内部锁存器，负跳变时，数据锁存到锁存器中。

$\overline{\text{OE}}$：数据输出允许引脚，低电平有效。当该信号为低电平时，三态门打开，锁存器中数据输出到数据输出线。当该信号为高电平时，输出线为高阻态。

表 9-1 为 74LS373 功能表。74LS373 作为地址锁存器与单片机 P0 口及存储器芯片地址线 A0 ~ A7 的连线方法如图 9-4 所示。

表 9-1　74LS373 功能表

$\overline{OE}$	G	D	Q
0	1	1	1
0	1	0	0
0	0	×	不变
1	×	×	高阻态

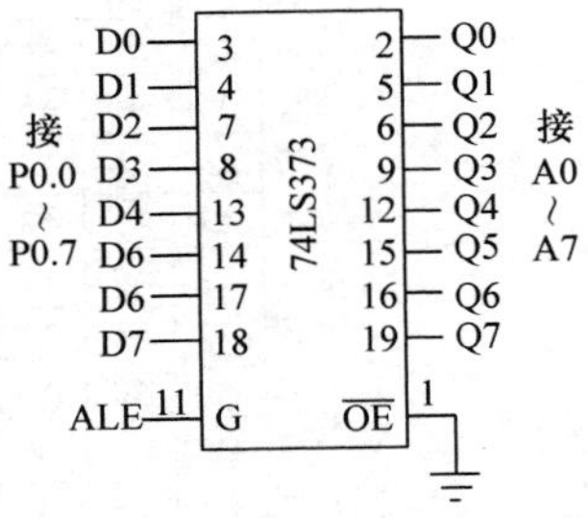

图 9-4　74LS373 作为地址锁存器的连接

2. 锁存器 8282

Intel 8282 也是一种带有三态输出缓冲的 8D 锁存器,功能及内部结构与 74LS373 完全一样,图 9-5a 为 8282 的引脚。与 74LS373 相比,8282 输入的 D 端和输出的 Q 端各依次排在两侧,这为绘制印制电路板时的布线提供了方便。8282 作为地址锁存器与单片机 P0 口及存储器芯片地址线 A0 ~ A7 的连线方法如图 9-5b 所示。

8282 各引脚的功能说明如下:

D7 ~ D0:8 位数据输入线。

Q7 ~ Q0:8 位数据输出线。

STB:数据输入锁存选通引脚,高电平有效。当该信号为高电平时,外部数据选通到内部锁存器,负跳变时,数据锁存。该引脚相当于 74LS373 的 G 端。

$\overline{OE}$:数据输出允许引脚,低电平有效。当该信号为低电平时,锁存器中数据输出到数据输出线。当该信号为高电平时,输出线为高阻态。

3. 锁存器 74LS573

锁存器 74LS573 引脚的排列与 8282 类似,输入的 D 端和输出的 Q 端也是依次排在芯片的两侧,为绘制印制电路板时的布线提供了方便。74LS573 的引脚如图 9-6 所示。74LS573 的功能与 74LS373 相同,可用来替代 74LS373。

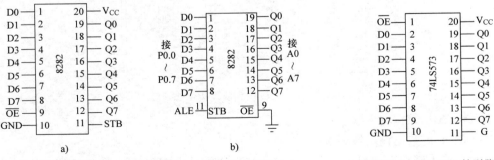

图 9-5　8282 的引脚及其与单片机的连接
a) 引脚图　b) 8282 与 80C51 单片机的连接方法

图 9-6　74LS573 的引脚

74LS573 各引脚的功能如下:

D7 ~ D0:8 位数据输入线。

Q7～Q0：8 位数据输出线。

G：数据输入锁存选通引脚，该引脚与 74LS373 G 端的功能相同。

$\overline{OE}$：数据输出允许引脚，低电平有效。当该信号为低电平时，锁存器中数据输出到数据输出线。当该信号为高电平时，输出线为高阻态。

9.2.3　数据存储器扩展电路

进行单片机片外数据存储器的扩展，就是将单片机引脚所提供的地址、数据与控制总线与存储器芯片的相应引脚连接。引脚之间的对应连接关系如下：

1. 地址线的连接

将单片机地址总线的低 8 位 P0.7～P0.0 连接到锁存器 74LS373 的 D7～D0，74LS373 的 Q7～Q0 连接到存储器芯片的地址线低 8 位 A7～A0 上。

将单片机地址总线的高 n-8 位 P2.（n-9）～P2.0 连接到存储器芯片地址线的高 n-8 位 A（n-9）～A8。

2. 数据线的连接

将单片机的数据总线 P0.7～P0.0 直接连接到存储器芯片的数据线 D7～D0 上。

3. 控制线的连接

1）因为未扩展程序存储器，直接选用片内程序存储器，所以单片机的$\overline{EA}$引脚要接高电平。

2）将单片机的控制信号$\overline{RD}$、$\overline{WR}$分别与存储器芯片的$\overline{OE}$、$\overline{WE}$引脚相连。

3）如果仅扩展一片存储器芯片，将该存储器芯片的$\overline{CE}$接地，如果扩展多片存储器芯片，片选信号用译码法或线选法产生。

4）将单片机地址锁存允许信号 ALE 接锁存器 74LS373 的 G 端。

下面举例说明存储器的扩展方法。

例 9-1　对 AT89C51 单片机外扩展一片 8KB 的 RAM 6264 芯片。

解：扩展的电路连接如图 9-7 所示。由于只有一片存储器芯片，所以将 6264 的片选$\overline{CE}$直接接地。

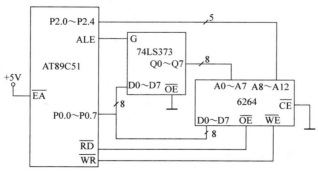

图 9-7　AT89C51 外扩一片 6264 的电路连接

6264 芯片中存储单元的地址变化范围为：xxx0 0000 0000 0000B ～ xxx1 1111 1111 1111B，即单片机地址线的 P2.4～P2.0 与 P0.7～P0.0 发出的信号可以从全 0 变化到全 1，

P2.7 ~ P2.5 因为没有与 6264 相连，所以状态任意。如果将任意状态 x 都看成 0，则 6264 的地址范围为：0000 0000 0000 0000B ~ 0001 1111 1111 1111B，即 0000H ~ 1FFFH。

9.2.4　存储器的编址

存储器扩展的核心问题是存储器的编址问题。所谓编址，就是利用单片机系统提供的地址总线，通过适当的连接，使系统中每一个外扩芯片的每一个单元都有一个唯一的地址，以便保证同一时刻只能有一个外设使用数据总线与 CPU 交换数据，保证系统有条不紊地工作。

存储器芯片内部有多个可寻址单元，因此编址涉及两方面问题：一个是片内单元的编址，称为片内寻址，由芯片内部的地址译码电路完成，只需将存储器芯片自身的地址线与单片机的地址线按位号对应相连；另一个是存储器芯片的片选/使能信号产生问题，称为芯片寻址，由单片机剩余的地址线通过片外译码电路完成。

编址技术就是研究系统地址空间的分配问题，即如何产生芯片片选/使能信号的问题。存储器存在编址问题，本章后面所讲的各种外扩芯片也都存在编址问题。

通常，产生外扩芯片片选信号的方法有两种：线选法和译码法。

1. 线选法

线选法是指直接将单片机高位地址线作为外扩芯片的片选信号，即把单片机选定的高位地址线与外扩芯片的片选/使能端（$\overline{CE}$ 或 $\overline{CS}$）直接连接。

例 9-2　设计两片 RAM 6264 芯片与 AT89C51 单片机的连接电路，两片 6264 芯片的片选信号采用线选法产生，计算存储器的地址范围。

解： 6264 地址线有 13 条（A12 ~ A0），因此低位地址线为 A12 ~ A0，高位地址线为 A15 ~ A13。片内地址范围均为 0000H ~ 1FFFH。6264（1）的片选线接 P2.5，6264（2）的片选线接 P2.6，单片机与存储器的连接电路如图 9-8 所示。

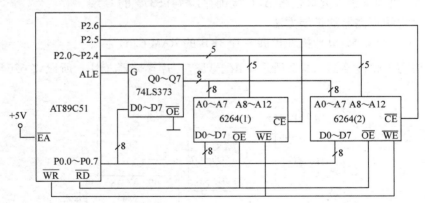

图 9-8　采用线选法扩展两片 6264 的电路连接

芯片的地址计算过程及地址范围如图 9-9 所示。

图 9-9 中，高位未用的地址线 P2.7 取为 1，实际上也可以为 0。当 P2.7 为 0 时，6264（1）的地址范围为 4000H ~ 5FFFH；6264（2）的地址范围为 2000H ~ 3FFFH。

可见，芯片上的一个单元可以有多个地址，即地址不唯一，通常称为地址重叠。原因是因为有的高位线没有参与片选信号的产生，可以是 1 也可以是 0。

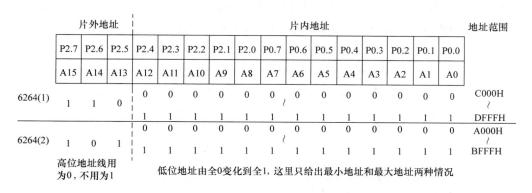

图 9-9　例 9-2 中线选法扩展芯片地址计算图

由例 9-2 可知，线选法的特点是电路简单，不需外加地址译码电路；但芯片占用的存储空间不紧凑，寻址范围不唯一，且地址空间利用率低，可扩展的芯片个数少。适用于小规模单片机应用系统的简单扩展。

2. 译码法

译码法是利用片外译码电路对系统高位地址线进行译码，产生外围芯片的片选信号，低位地址线仍用于片内寻址。其中，当所有高位地址线都参与译码时称为全译码法，只有部分高位地址线参与译码时称为部分译码法。

译码电路可用专用的译码器芯片实现，单片机应用系统常用的译码器有以下 3 种：

2-4 译码器（如双 2-4 译码器 74LS139），可对 2 位高位地址进行译码，产生 4 个片选信号，最多可外接 4 个芯片。

3-8 译码器（如 74LS138），可对 3 位高位地址进行译码，产生 8 个片选信号，最多可外接 8 个芯片。

4-16 译码器（如 74LS154），可对 4 位高位地址进行译码，产生 16 个片选信号，最多可外接 16 个芯片。

译码法的地址计算方法同线选法类似，不同之处在于片外地址的形成与译码电路有关，需要进行简单计算。

例 9-3　在 AT89C51 单片机外扩 4 片 6264 芯片，设计单片机与存储器的连接电路，要求 6264 芯片的片选信号采用译码法产生，计算存储器的地址范围。

解： 4 片 6264 的地址线均有 13 条，因此低位地址线为 A12～A0，高位地址线为 A15～A13。4 个芯片的片选线采用 3-8 译码器译码后获得，电路连接如图 9-10 所示。

3-8 译码器 74LS138 的引脚图如图 9-11 所示，表 9-2 为其功能表。由表可得，当 C、B、A 的输入为 000 时选中 6264（1），即当 P2.7、P2.6、P2.5（A15、A14、A13）为 000 时，选中 6264（1），由此可确定 6264（1）的片外地址只能是 000。以此类推，6264（2）～6264（4）的片外地址分别是 001、010、011。片内的地址范围仍按照例 9-2 计算，因此 4 个存储器芯片的地址范围如图 9-12 所示。

由于高位地址线全部参与产生片选信号，因此芯片上的单元与地址一一对应，地址不重叠，且 4 个芯片的地址连续。

本题也可以利用 2-4 译码器实现，这样只有两条高位地址线参与译码，为部分译码法。由于剩余的一条地址线可 0 可 1，因此也会出现地址重叠现象。

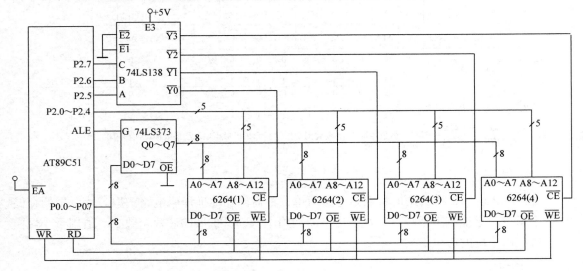

图 9-10　采用 AT89C51 单片机外扩 4 片 6264 的电路连接

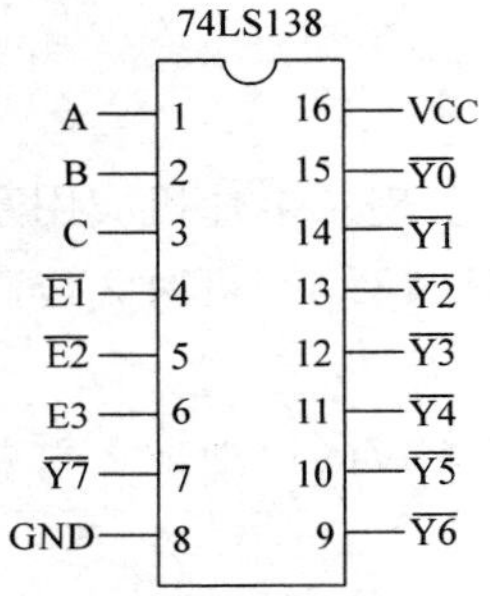

图 9-11　74LS138 译码器引脚图

	片外地址			片内地址													地址范围
	P2.7	P2.6	P2.5	P2.4	P2.3	P2.2	P2.1	P2.0	P0.7	P0.6	P0.5	P0.4	P0.3	P0.2	P0.1	P0.0	
	A15	A14	A13	A12	A11	A10	A9	A8	A7	A6	A5	A4	A3	A2	A1	A0	
6264(1)	0	0	0	0	0	0	0	0	0	0	0	0	0	0	0	0	0000H
				1	1	1	1	1	1	1	1	1	1	1	1	1	1FFFH
6264(2)	0	0	1	0	0	0	0	0	0	0	0	0	0	0	0	0	2000H
				1	1	1	1	1	1	1	1	1	1	1	1	1	3FFFH
6264(3)	0	1	0	0	0	0	0	0	0	0	0	0	0	0	0	0	4000H
				1	1	1	1	1	1	1	1	1	1	1	1	1	5FFFH
6264(4)	0	1	1	0	0	0	0	0	0	0	0	0	0	0	0	0	6000H
				1	1	1	1	1	1	1	1	1	1	1	1	1	7FFFH

图 9-12　例 9-3 中扩展芯片的地址范围

表 9-2　74LS138 的功能表

输　入						输　出							
使能			选择			$\overline{Y0}$	$\overline{Y1}$	$\overline{Y2}$	$\overline{Y3}$	$\overline{Y4}$	$\overline{Y5}$	$\overline{Y6}$	$\overline{Y7}$
E3	$\overline{E2}$	$\overline{E1}$	C	B	A								
1	0	0	0	0	0	0	1	1	1	1	1	1	1
1	0	0	0	0	1	1	0	1	1	1	1	1	1
1	0	0	0	1	0	1	1	0	1	1	1	1	1
1	0	0	0	1	1	1	1	1	0	1	1	1	1
1	0	0	1	0	0	1	1	1	1	0	1	1	1
1	0	0	1	0	1	1	1	1	1	1	0	1	1
1	0	0	1	1	0	1	1	1	1	1	1	0	1
1	0	0	1	1	1	1	1	1	1	1	1	1	0
0	X	X	X	X	X	1	1	1	1	1	1	1	1
X	1	X	X	X	X	1	1	1	1	1	1	1	1
X	X	1	X	X	X	1	1	1	1	1	1	1	1

　　由例 9-3 可知，译码法的特点是对系统地址空间的利用率高，各芯片的地址连续，特别是全译码法，每个芯片上每个单元只有一个唯一的系统地址，不存在地址重叠现象，利用相同位数的高位地址线，全译码法产生的片选信号线比线选法多，可扩展更多的外围芯片。部分译码法虽然存在地址重叠现象，但译码电路更简单。译码法适用于较复杂的单片机系统的扩展。

9.3　并行 I/O 口的扩展

　　单片机系统内部具有 4 个 8 位并行 I/O 口，均可用于双向并行 I/O 接口，与外围设备相连。但在实际应用中，只有在单片机的最小应用系统下，这 4 个 I/O 口才作为通用 I/O 口使用。在系统进行外部扩展时，P0 口作为数据总线和低 8 位地址总线，P2 口作为高 8 位地址总线，P3 口用于第二功能提供部分控制总线，因此用户只能使用 P1 口，这在外设较多的情况往往不够用，必须进行并行 I/O 口的扩展。

9.3.1　并行 I/O 口扩展概述

1. 并行 I/O 口的扩展方法

　　并行 I/O 口的扩展方法主要有并行总线扩展和串行口扩展。

　　（1）并行总线扩展　方法是将待扩展的 I/O 接口芯片的数据线与单片机的数据总线（P0 口）并接，需要一根片选信号线，并分时占用 P0 口。由于不影响其他芯片的连接与操作，也不给单片机硬件带来额外开支，因此在应用系统的并行 I/O 口扩展中被广泛采用。

　　（2）串行口扩展方法　单片机串行口的工作方式 0 为移位寄存器方式，对于不使用串行口的单片机应用系统，可在串行口外接一串入/并出移位寄存器以实现并行 I/O 口的扩展。通过移位寄存器的级联，还可扩展大量的并行 I/O 口线。但是，这种扩展方法数据传输速度较慢。

本节只介绍被广泛使用的并行总线扩展法。

2. I/O 口的编址方式

CPU 要想对 I/O 接口进行读写操作，必须知道它的地址，因此需要对 I/O 接口中的每个端口（即存放地址、数据、控制信息的寄存器）进行编址。计算机中 I/O 端口的编址方式有独立编址和统一编址两种方式。

（1）独立编址方式　独立编址是指 I/O 端口的地址空间与存储器地址空间相互独立，完全分开。其优点是有专门的输入/输出指令，程序清晰；存储器和 I/O 端口的控制结构相互独立。缺点是要求 CPU 设置专门的引脚信号，I/O 指令的功能不丰富，程序设计的灵活性差。80x86 系列的 CPU 采用此种编址方式。

（2）统一编址方式　统一编址是指 I/O 端口与数据存储器共用一个地址空间。其优点是不需要专门的输入/输出指令，编程灵活；I/O 端口的数目不受限制。缺点是占去数据存储器地址空间，使存储器可寻址空间减小。80C51 单片机采用此种编址方式。

由于采用统一编址，故 80C51 单片机的 I/O 端口与片外数据存储单元使用共同的地址空间，范围是 0000H ~ FFFFH，也不需要专门的输入/输出指令，单片机对扩展 I/O 端口的访问方法同访问片外 RAM 一样，用汇编语言编程时使用的指令相同，如果用 C51 编程，数据类型应定义为 xdata 或 pdata。

9.3.2　简单并行 I/O 口的扩展

简单并行 I/O 口扩展方法的特点是电路结构简单、成本低、传送控制方式简单、配置灵活使用方便，但电路连接后，功能难以改变。因此适用于扩展单个 8 位的输入/输出口。

一般要求作为输入接口的芯片应具有三态特性，作为输出接口的芯片应具有锁存功能。因此可以选用 TTL 或 CMOS 电路的三态缓冲器、寄存器或数据锁存器等芯片作为 I/O 口扩展芯片。这些电路具有数据缓冲或锁存功能，但自身只有数据的输入或输出、选通端或时钟信号端，没有地址线和读/写控制线，故在进行扩展时往往需要将地址线和读/写等控制线经逻辑组合后再输出至选通端或时钟信号端。因此编址通常采用的是线选法，芯片地址由使用的地址线决定，往往有重叠。

常使用缓冲器作为输入接口芯片，经常使用的芯片有：

1）74HC244/74LS244—正相三态缓冲器（单向驱动）。

2）74HC240/74LS240—反相三态缓冲器。

3）74HC245/74LS245—8 总线接收器（双向驱动）。

常使用寄存器、锁存器作为输出接口芯片，经常使用的芯片有：

1）74HC273/74LS273—8D 触发器（共时钟，带清除）。

2）74HC373/74LS373—8D 锁存器/触发器（三态输出）。

3）74HC374/74LS374—8D 触发器（三态输出）。

4）74HC377/74LS377—8D 锁存器。

输入/输出接口芯片的工作原理都类似，图 9-3 和表 9-1 已给出了 74LS373 的引脚及功能表，这里再给出 74LS244 的引脚图及功能表，如图 9-13 所示，其他芯片读者可以去查看相应的手册。

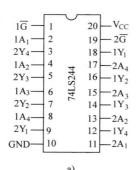

图 9-13　74LS244 引脚图和功能表
a）引脚图　b）功能表

例 9-4　AT89C51 单片机利用 74HC373 和 74HC244 进行扩展的开关与指示灯接口电路如图 9-14 所示，编写程序实现当开关 DSW1 打在"ON"位置时对应的 LED 亮，打在"OFF"位置时对应的 LED 暗，即用 LED 指示开关的状态。

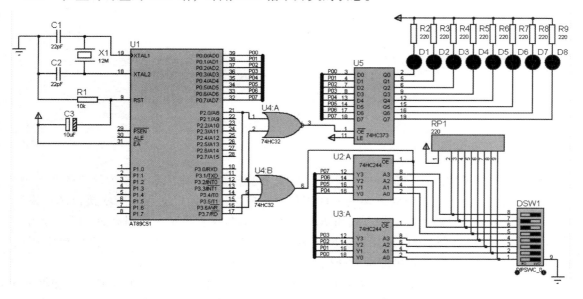

图 9-14　例 9-4Proteus 仿真电路

解：74HC373 和 74HC244 分别作为输出接口和输入接口。P2.0 与 $\overline{RD}$ 相"或"后作为 74HC244 的片选信号，与 $\overline{WR}$ 相"或"后作为 74HC373 的片选信号。74HC373 和 74HC244 芯片的地址计算如图 9-15 所示，两个芯片的地址相同，但是 74HC244 只有读操作（$\overline{RD}=0$，

P2.7	P2.6	P2.5	P2.4	P2.3	P2.2	P2.1	P2.0	P0.7	P0.6	P0.5	P0.4	P0.3	P0.2	P0.1	P0.0	
A15	A14	A13	A12	A11	A10	A9	A8	A7	A6	A5	A4	A3	A2	A1	A0	
1	1	1	1	1	1	1	0	1	1	1	1	1	1	1	1	FEFFH

图 9-15　74HC373 和 74HC244 芯片的地址计算

$\overline{WR}=1$），而74HC373只有写操作（$\overline{RD}=1$，$\overline{WR}=0$），因此依然可以使用P0口与CPU交换数据而不会产生冲突。

当开关打在"ON"位置时，从74HC244读入的对应位为0，通过74HC373输出时，刚好使对应的LED点亮。

程序设计如下：

```
#include <reg52. h>
#include <absacc. h>
#define uchar unsigned char
#define HC373 XBYTE[0xFEFF]          // 74HC373 的地址为 0xFEFF
#define HC244 XBYTE[0xFEFF]          // 74HC244 的地址为 0xFEFF
uchar status;
void main( )
{
    while(1)
    {
        status = HC244;              //从 74HC245 输入数据
        HC373 = status;              //从 74HC373 输出数据
    }
}
```

9.3.3　可编程并行 I/O 口的扩展

采用 TTL 或 CMOS 电路扩展的 I/O 口，只能用于对输入/输出要求较为简单的系统中，当单片机应用系统中需要较为复杂的 I/O 接口时，应选用通用可编程的 I/O 接口芯片来扩展。可编程 I/O 接口芯片的工作方式和功能均可通过软件编程设定，使用灵活，既可作为输入口使用，又可作为输出口使用，适应多种功能需求，应用非常广泛。下面以最常用的 8255A 芯片为例，介绍通过可编程 I/O 接口芯片扩展并行 I/O 口的方法。

8255A 是 Intel 公司生产的可编程并行 I/O 接口芯片，有 3 个 8 位并行 I/O 口，即具有 3 个通道，有 3 种工作方式。其各口功能可由软件选择，使用灵活，通用性强。8255A 可作为单片机与多种外设连接的接口电路。

1. 8255A 的内部结构和功能

8255A 内部结构如图 9-16 所示，其内部结构分成 3 部分：

（1）与外设相关的外部接口　它包含 3 个 8 位的可编程双向 I/O 接口，分别称为 A 口、B 口、C 口，外设通过这些端口与单片机交换信息。它们的结构和功能稍有不同：A 口具有一个 8 位数据输出锁存/缓冲器和一个 8 位输入锁存器，是最灵活的输入/输出寄存器，它可以编程为输入/输出或双向寄存器；B 口具有一个 8 位数据输出锁存/缓冲器和一个 8 位输入缓冲器（但不锁存），它可以编程为输入/输出寄存器，但不能双向输入/输出；C 口具有一个 8 位数据输出锁存/缓冲器和一个 8 位输入缓冲器（但不锁存）。

（2）与内部工作方式相关的内部控制逻辑　它包含有两组控制电路，称为 A 组和 B 组的控制电路，其内设有控制寄存器，控制寄存器的内容由单片机写入，它决定了 8255A 的工作方式。

（3）与单片机有关的 CPU 接口　它包括数据总线缓冲器和读/写控制逻辑，这是任何一个可编程接口芯片都具有的组成部分。数据总线缓冲器是 8255A 与系统总线连接的通道，它可以输入或输出各种数据，如外设送给单片机的信息、单片机送给 8255A 的命令和单片机送给外设的信息等。读/写控制逻辑电路负责管理 8255A 的数据传输过程，它接收片选信号CS及系统读信号RD、写信号WR、复位信号 RESET、口地址选择信号（一般用地址线的最低位 A1 和 A0），用于控制对 8255A 内部的 4 个寄存器进行读/写操作。

2. 8255A 的引脚功能

8255A 采用 DIP40 封装，其引脚如图 9-17 所示。

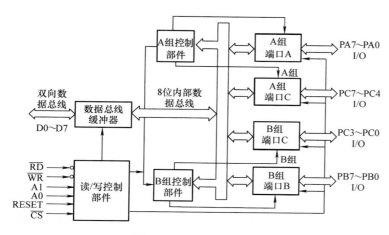

图 9-16　8255A 内部结构

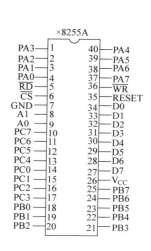

图 9-17　8255A 的引脚图

这些引脚信号可以分为三组：第一组是面向 CPU 的信号；第二组是面向外设的信号；第三组是电源和地线。

（1）面向 CPU 的引脚信号及功能

D0 ~ D7：8 位双向三态数据线，可以与系统数据总线直接相连，用于在 CPU 与 8255A 之间传送数据信息、控制信息及状态信息。

RESET：复位信号，高电平有效，输入，用来清除 8255A 的内部寄存器，并置 A 口、B 口、C 口均为输入方式。注意：8255A 工作之前，硬件上必须先复位，使 8255A 内部的各个部件处于待命状态。

CS：片选，输入，低电平有效，用来决定芯片是否被选中。只有该信号有效时，才允许 CPU 与 8255A 交换信息。

RD：读信号，输入，低电平有效，当CS有效且 RD 为低电平时，将被选中的端口数据或状态信息送至数据总线。

WR：写信号，输入，低电平有效，当CS有效且WR为低电平时，CPU 将数据线上的数据或控制信息写入被选中的端口。

A1、A0：内部口地址选择信号，输入。这两个引脚上的信号组合决定对 8255A 内部的哪一个口或寄存器进行操作。8255A 内部共有 4 个端口：端口 A、端口 B、端口 C 和控制口。引脚 A1、A0 与 $\overline{CS}$、$\overline{RD}$、$\overline{WR}$ 组合，可用来选中端口，并对其进行读或写操作，8255A 的操作功能见表 9-3。

表 9-3　8255A 的操作功能

$\overline{CS}$	$\overline{RD}$	$\overline{WR}$	A1	A0	操　作	数据传送方式
0	0	1	0	0	读 A 口	A 口数据→数据总线
0	0	1	0	1	读 B 口	B 口数据→数据总线
0	0	1	1	0	读 C 口	C 口数据→数据总线
0	1	0	0	0	写 A 口	数据总线数据→A 口
0	1	0	0	1	写 B 口	数据总线数据→B 口
0	1	0	1	0	写 C 口	数据总线数据→C 口
0	1	0	1	1	写控制口	数据总线数据→控制口

（2）面向外设的引脚信号及功能

PA0 ~ PA7：A 口数据信号，用来连接外设。

PB0 ~ PB7：B 口数据信号，用来连接外设。

PC0 ~ PC7：C 口数据信号，其作用由软件设定，可连接外设，在 CPU 与外设之间传送数据；也可以作为 A 口或 B 口输入/输出操作的联络线和控制线。

3. 8255A 与单片机的接口电路

8255A 与 CPU 的连接方式是多种多样的，本节以 AT89C52 与 8255A 的连接为例说明 8255A 与单片机的连接方法。8255A 与 AT89C52 的连接图如图 9-18 所示，单片机与 8255A 的连接就是 3 组总线的连接。

（1）数据总线的连接　将 8255A 的 8 根数据总线 D0 ~ D7 与 AT89C52 的 P0.0 ~ P0.7 相连。

（2）地址总线的连接　将 8255A 的地址线 A0、A1 通过 74HC573 锁存器与 AT89C52 的 P0.0、P0.1 连接。A1、A0 取值 00 ~ 11，分别对应选择 A、B、C 口与控制寄存器。

（3）控制总线的连接　8255A 的片选信号 $\overline{CS}$ 由单片机 P2.5 ~ P2.7 经 74HC138 译码器的 Y7 产生。若要选中

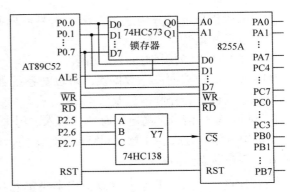

图 9-18　8255A 与 AT89C52 的连接图

8255A，则 Y7 必须有效，此时 P2.7P2.6P2.5 = 111。8255A 各端口地址见表 9-4。

说明：表 9-4 中 x 表示可以取 0 也可以取 1，所以各端口地址不唯一，为了后面叙述方便，此处将 x 全部取为 0，所以 A 口的地址为 E000H，B 口的地址为 E001H，C 口的地址为 E002H，控制口的地址为 E003H。

表 9-4　图 9-18 中各端口的地址

端口	A15 A14 A13 P2.7 P2.6 P2.5	A12 A11 A10 A9 A8 P2.4 ~ P2.0	A7 ~ A2 P0.7 ~ P0.2	A1 P0.1	A0 P0.0	端口地址
A 口	111	xxxxx	xxxxxx	0	0	111xxxxx xxxxxx00（E000H）
B 口	111	xxxxx	xxxxxx	0	1	111xxxxx xxxxxx01（E001H）
C 口	111	xxxxx	xxxxxx	1	0	111xxxxx xxxxxx10（E002H）
控制口	111	xxxxx	xxxxxx	1	1	111xxxxx xxxxxx11（E003H）

4. 8255A 的工作方式

8255A 共有 3 种工作方式：方式 0、方式 1 和方式 2。不同方式下三个端口的输入、输出功能不同，各端口线的含义也不同，分别用于实现 3 种数据传送方式：无条件传送方式、查询传送方式和中断方式。

（1）方式 0　又称为基本输入/输出方式。这种方式下，8255A 可分成单向的、独立的两个 8 位端口（A，B）和两个 4 位端口（C 口的高 4 位和低 4 位），共 4 个端口，任何端口都可以由编程设置作为输入或输出使用，因此 4 个端口的输入输出可以有 16 种不同的组合。作为输出口使用时，输出的数据可被锁存；作为输入口时，A 口输入的数据可被锁存；B 口、C 口输入的数据不锁存（因此要求外设输入的数据必须维持到有效读取为止）。

方式 0 的应用场合有两种：一种是无条件传送；另一种是查询式传送。在利用查询传送方式传送数据时，可用 A 口、B 口、C 口这三个口的任一位充当查询信号，其余 I/O 口仍作为独立的端口和外设相连。

（2）方式 1　又称为选通输入/输出方式。这种工作方式下，三个端口分为 A、B 两组。A、B 口仍作为两个独立的 8 位 I/O 数据通道，可单独连接外设，通过编程设置它们为输入或输出，C 口则要由 6 位（分成两个 3 位）分别作为 A 口和 B 口的应答信号线，其余两位分别仍可工作在方式 0。因此 A 组包括 A 口和 C 口的上半部（PC7 ~ PC4），C 口的高 4 位用于提供输入/输出操作的控制和同步信号；B 组包括 B 口和 C 口的下半部（PC3 ~ PC0），C 口的低 4 位用于提供 B 口的操作控制和同步信号。A 口和 B 口作输入口或输出口使用时，数据均被锁存。

选通输入/输出方式主要用于中断方式数据传送，也可用于连续查询式数据传送。

（3）方式 2　又称为双向选通输入/输出方式。仅 A 口有这种工作方式，B 口无此工作方式。工作时，A 口为 8 位双向数据口，C 口中的 5 位 PC7 ~ PC3 用于提供 A 口的输入/输出的控制和同步信号。当 A 口为方式 2 时，B 口可以工作在方式 0 或方式 1。

A 口按照方式 2 工作时，既可工作于查询方式，也可工作于中断方式。

当 8255A 工作于方式 1 或方式 2 时，C 口的 PC0 ~ PC7 功能也完全不同，表 9-5 为 C 口在不同的工作方式，且 A 口、B 口分别设定为输入或输出时，PC0 ~ PC7 各位所承担的功能。

各种联络信号的含义如下：

$\overline{STB}$ 为外设向 8255A 提供的输入选通信号，当外设数据准备好，并稳定在数据线后，向 $\overline{STB}$ 输入低电平信号，8255A 必须在收到 $\overline{STB}$ 的下降沿后，才把数据线上外部设备的信息输入端口锁存器。

表 9-5　8255A 在方式 1 和方式 2 下 C 口的联络信号

C 口的位	方式 1		方式 2
	输入	输出	
PC7	I/O	$\overline{OBF_A}$	$\overline{OBF_A}$
PC6	I/O	$\overline{ACK_A}$	$\overline{ACK_A}$
PC5	IBF_A	I/O	IBF_A
PC4	$\overline{STB_A}$	I/O	$\overline{STB_A}$
PC3	$INTR_A$	$INTR_A$	$INTR_A$
PC2	$\overline{STB_B}$	$\overline{ACK_B}$	I/O
PC1	IBF_B	$\overline{OBF_B}$	I/O
PC0	$INTR_B$	$INTR_B$	I/O

IBF 为端口锁存器满/空标志线。IBF 有效，表明输入缓冲器已满。IBF 是 8255A 向外设输出的信号，高电平表示端口缓冲器已满，等待 CPU 读取，只有在 CPU 读取之后，$\overline{RD}$ 上升沿使 IBF 为低电平，表示数据已读完，才允许外设继续送新数据。

INTR 为中断请求信号。高电平有效，由 8255A 发出。在中断允许的条件下，当 $\overline{STB}=1$ 和 IBF = 1 时，INTR 被置 1，发出中断请求。

以上联络信号用于输入。输入操作过程是这样的：当外设的数据准备好时发出 $\overline{STB}=0$ 的信号，输入数据装入 8255A，并使 IBF = 1，CPU 可以查询这个状态信号，以决定是否可以输入数据。或者当 STB 重新变高时，INTR 有效，向 CPU 发出中断申请，CPU 在中断服务程序中从 8255A 读入数据并使 INTR 恢复低电位（无效），也使 IBF 变低，可以用来通知外设再一次输入数据。

$\overline{OBF}$ 为输出缓冲器已满标志，$\overline{OBF}$ 也是 8255A 向外设输出的信号，低电平有效，表示 CPU 已将数据装入 8255A 端口的输出缓冲器中，通知外设可以取数。CPU 向 8255A 写入数据后，在 $\overline{WR}$ 的上升沿时使 $\overline{OBF}$ 为低电平。

$\overline{ACK}$ 为外设向 8255A 提供的输入应答信号，外设把端口数据取走之后，$\overline{ACK}$ 为低电平，表示外设已取走数据，CPU 可以再送新的数据。

INTR 为中断请求信号。高电平有效，由 8255A 发出，在外设处理完一组数据（如打印完毕），发出脉冲后，使 $\overline{OBF}$ 变高，然后在 ACK 变高后使 INTR 有效，申请中断，进入下一次输出过程。CPU 在中断服务中，把数据写入 8255A，写入以后使 $\overline{OBF}$ 有效，启动外设。

以上联络信号用于输出。但注意 $\overline{OBF}$ 是一个电平信号，有的外设需要一个负脉冲才能开始工作，这时就不能直接利用 $\overline{OBF}$。外设工作开始后，取走并处理 8255A 中的数据直到处理完毕，发出 $\overline{ACK}$ 响应脉冲。$\overline{ACK}$ 信号的下降沿使 $\overline{OBF}$ 变高，表示输出缓冲器空，实际上是表示缓冲器中的数据不必再保留了。在 $\overline{ACK}$ 的上升沿还使 INTR 有效，向 CPU 申请中断。因此，要求外设发出的 ACK 信号也是一个负脉冲信号。

如果需要，可以通过软件使 C 口对应于 $\overline{STB}$ 或 $\overline{OBF}$ 的相应位置位/复位，来实现 8255A 对外联络信号的置位和复位。

5. 8255A 的控制字和初始化编程

8255A 芯片的初始化编程是通过对控制口写入控制字的方式实现的，控制字有两个，一是方式控制字，另一个是 C 口按位置位/复位控制字，用 D7 位来区分，故 D7 位称为特征位。

方式控制字用于设置 8255A 芯片三个端口的工作方式以及输入/输出状态，用 D7 位为 1 来标识，如图 9-19 所示。

例如，设定 A 口为方式 1 输入，B 口为方式 0 输出，PC7 ~ PC4 为输入，PC3 ~ PC0 为输出的方式控制字为 10111000B。

C 口的按位置位/复位控制字用于对 C 口的某一位进行置位或复位，用 D7 位为 0 来标识，如图 9-20 所示。

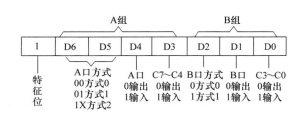

图 9-19　8255A 的方式控制字

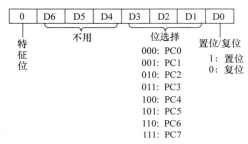

图 9-20　8255A 的 C 口按位置位/复位控制字

C 口具有位操作能力，每一位都可以通过向控制口写入置位/复位控制字设置为 1 或 0 而不影响其他位的状态。例如 PC5 置 1 的置位控制字为 00001011B。

8255A 的初始化就是通过编程设置其工作方式。注意：将 C 口的某位置位或复位时，置位/复位控制字一定要写入控制口，即所写入的地址应为控制口的地址而不是 C 口的地址，这一点常被疏忽。

例 9-5　电路连接如图 9-18 所示，对 8255A 芯片进行初始化，要求 A 口工作在方式 0 输入，B 口为方式 1 输出，C 口高 4 位 PC4 ~ PC7 为输入，C 口低 4 位 PC3 ~ PC0 为输出。编写实现上述功能的初始化程序段。

解：首先根据$\overline{CS}$、A1 和 A0 的接线计算 8255A 控制口的地址，当$\overline{CS}$ = 0，A1 = 1，A0 = 1 时选择控制口，即 P2.7 = 1，P2.6 = 1，P2.5 = 1，P0.1 = 1，P0.0 = 1，P2 口和 P0 口的其他各位都为 0，则控制口的地址为 1110 0000 0000 0011B = E003H。

方式控制字为：10011100B = 0x9C。

初始化程序如下：

```
#include < reg52. h >
#include < absacc. h >
#define COM8255 XBYTE[0xe003]
#define uchar unsigned char
void init8255(void)
    {
    COM8255 = 0x9C;
    }
```

例 9-6　电路连接如图 9-18，编写程序将 C 口的 PC3 置 0，PC5 置 1。

解： 控制口的地址计算和例 9-5 一样，为 1110 0000 0000 0011B = E003H。

PC3 复位的控制字为：0000 0110B = 0x06。

PC5 置位的控制字为：0000 1011B = 0x0B。

初始化程序如下：

```
#include < reg51. h >
#include < absacc. h >
#define COM8255 XBYTE[0xe003]
#define uchar unsigned char
Void init8255(void){
        COM8255 = 0x06;
        COM8255 = 0x0B;
                        }
```

6. 8255A 的应用举例

例 9-7　对 AT89C51 单片机外扩一片 8255A 芯片，8255A 的地址线 A1、A0 由单片机 P0. 1、P0. 0 经 74LS373 锁存后获得，片选信号 $\overline{CS}$ 接单片机的 P2.7，8255A 的 PA、PB、PC 口各接 8 个发光二极管，仿真电路如图 9-21 所示。试编写程序使三行发光二极管逐行从左往右循环点亮。

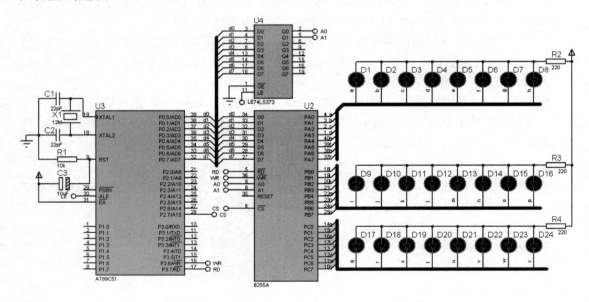

图 9-21　例 9-7 仿真电路

解： 根据图中的连接，PA、PB、PC 与控制口的端口地址分别为 0x0000、0x0001、0x0002、0x0003。

8255A 的控制字为：0x80。

程序设计如下：

```c
#include  < reg52. h >
#include  < absacc. h >
#include  < intrins. h >
#define uint unsigned int
#define uchar unsigned char
#define PA XBYTE[0x0000]               //PA、PB、PC 及命令端口地址定义
#define PB XBYTE[0x0001]
#define PC XBYTE[0x0002]
#define COM XBYTE[0x0003]
void Delay(uint x)                     //延时子程序
{
    uchar i;
    while(x -- )
    {
    for(i = 0;i < 120;i ++ );
    }
}
void main( )
{
    uchar k,m = 0x7f;
    COM = 0x80;                        //控制字
    while(1)
    {
    for(k = 0;k < 8;k ++ )             //轮流点亮第一排小灯
        {
            m = _crol_(m,1);
            PA  = m;
            Delay(100);
        }
    PA  = 0xff;                        //关闭第一排小灯
    for(k = 0;k < 8;k ++ )             //轮流点亮第二排小灯
        {
            m = _crol_(m,1);
            PB  = m;
            Delay(100);
        }
    PB  = 0xff;                        //关闭第二排小灯
    for(k = 0;k < 8;k ++ )             //轮流点亮第三排小灯
        {
```

```
            m = _crol_(m,1);
            PC = m;
            Delay(100);
        }
    PC = 0xff;                        //关闭第三排小灯
        }
    }
```

例9-8 仿真电路如图9-22所示，对 AT89C51 单片机外扩一片 8255A 芯片，8255A 的地址线 A1、A0 由单片机 P0.1、P0.0 经 74LS373 锁存后获得，片选信号$\overline{\text{CS}}$接单片机的 P2.7，8255A 的 PA 口接 8 只集成式 7 段共阳数码管的位选，PB 口接 7 段数码管的段选（PB7 ~ PB0 分别接 a ~ dp 段），试编写程序使数码管从高到低显示 7 ~ 0 字符。

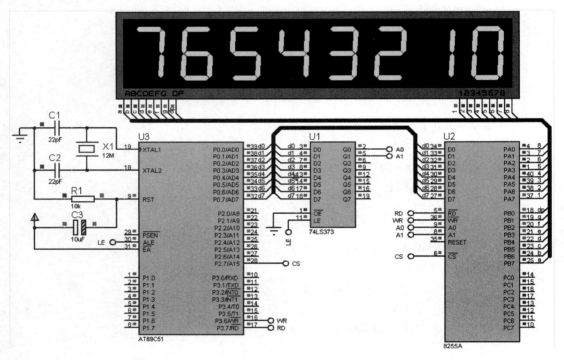

图9-22 例9-8仿真电路

解：根据图中的连接，PA、PB、PC 与控制口的端口地址分别为 0x0000、0x0001、0x0002、0x0003。8255 的控制字为：0x80。

程序设计如下：

```
#include <reg51.h>
#include <absacc.h>
#include <intrins.h>
#define uint unsigned int
#define uchar unsigned char
```

```
#define PA XBYTE[0x0000]                    //PA、PB、PC 及命令端口地址定义
#define PB XBYTE[0x0001]
#define PC XBYTE[0x0002]
#define COM XBYTE[0x0003]
uchar code DSY_CODE[] =
{0x03,0x9f,0x25,0x0d,0x99,0x49,0x41,0x1f,0x01,0x09};//0~9 的显示字符
void DelayMS(uint x)
{
    uchar t;
    while(x--)
    {
        for(t=120;t>0;t--);
    }
}
void main()
{
    uchar k,m=0x01;
    COM = 0x80;                             //8255A 工作方式选择: PA、PB 均工作于方
                                            //  式 0, 输出
    PB = 0xff;                              //关闭数码管的段选
    PA = 0x00;                              //关闭数码管的位选
    while(1)
    {
        for(k=8;k>0;k--)
        {
            m=_cror_(m,1);
            PA = m;                         //选通某个数码管的位选
            PB = DSY_CODE[k-1];             //将段码送给上面数码管对应的段
            DelayMS(2);
        }
    }
}
```

9.4　键盘接口技术

　　键盘用于实现单片机应用系统中的数据和控制命令的输入，键盘接口的主要功能是对键盘上所按下的键进行识别，常用的键盘有全编码键盘和非编码键盘两种。

　　全编码键盘使用专用的硬件逻辑自动识别按键，还具有去抖动和多键、窜键保护电路。这种键盘使用方便，但价格较高，常用于 PC 中，一般的单片机系统很少使用。

非编码键盘使用软件对按键进行识别，可分为独立式键盘和矩阵式键盘。这种键盘结构简单、成本低，在单片机系统中广泛使用。

本节主要研究非编码键盘的工作原理、接口技术、单片机系统常用的按键识别方法和程序设计方法。

9.4.1　按键开关

单片机中的键盘通常由按键开关组成，按键开关的外形和参数如图 9-23 所示，它是一种常开型按键开关，为了便于安装固定，它有 4 个管脚，其管脚说明如图 9-23 中的文字所示，在常态时开关触点（1 和 2）处于断开状态，只有按下按键时开关触点才闭合短路，所以可以用万用表检测开关的管脚排列、好坏和质量。

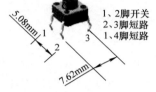

图 9-23　按键开关外形

9.4.2　键盘工作原理

1. 按键消抖问题

按键是利用机械触点的合、断来实现键的闭合与释放，由于弹性作用，机械触点在闭合及断开瞬间会有抖动的过程，从而使键输入电压的信号也存在抖动现象。若键盘接口电路如图 9-24 所示，当开关 S 未被按下（即断开）时，P1.1 输入为高电平，S 闭合后，P1.1 输入为低电平，实际由于有按键抖动，P1.1 引脚输入的波形如图 9-25 所示。分别将键的闭合和断开过程中的抖动期称为前沿抖动和后沿抖动。

抖动时间的长短与开关的机械特性有关，一般为 5 ~ 10ms，稳定闭合期时间的长短由按键的动作决定，一般为几百毫秒 ~ 几秒。为了保证按键按动一次，CPU 对键闭合仅作一次按键处理，必须去除抖动的影响。

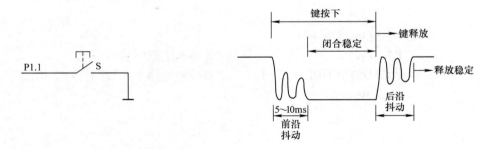

图 9-24　键盘接口电路　　　　　　　　　　　图 9-25　按键抖动波形

去除抖动的方法一般有硬件和软件两种。硬件方法就是在按键输出通道上添加去抖动电路，从根本上避免电压抖动的产生，去抖动电路可以是单稳态电路或者滤波电路。软件方法通常是在检测到有键按下时延迟 10 ~ 20ms 的时间，待抖动期过去后，再次检测按键的状态，如果仍然为闭合状态，才认为是有键按下，否则认为是一个扰动信号。按键释放的过程与此相同，都要利用延时进行消抖处理。由于人的按键速度与单片机的运行速度相比要慢很多，所以，软件延时的方法简单可行，而且不需要增加硬件电路，成本低，因而被广泛采用。

2. 键输入原理

键盘中的每个按键都是一个常开的开关电路，按下时则处于闭合状态。无论是一组独立式按键还是一个矩阵式键盘，都需要通过接口电路与单片机相连，以便将键的开关状态通知单片机。单片机检测键状态的方式有以下几种：

1）编程扫描方式，利用程序对键盘进行随机扫描，通常在 CPU 空闲时安排扫描键盘的指令。

2）定时器中断方式，利用定时器进行定时，每间隔一段时间，对键盘扫描一次，CPU 可以定时响应按键的请求。

3）外部中断方式，当键盘上有键闭合时，向 CPU 请求中断，CPU 响应中断后对键盘进行扫描，以识别按下的按键。

3. 键输入程序的设计

非编码键盘需要软件对按键进行识别，因此需要编制相应的键输入程序，实现对键盘输入内容的识别。键输入处理的一般流程如图 9-26 所示。需要指出的是，图中的处理步骤可以由一个程序完成，也可以分别由多个子程序模块整合完成。

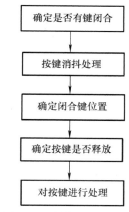

图 9-26　键输入处理流程

9.4.3　独立式键盘

独立式按键是一种最简单的按键结构，每个键独立地占有一根数据输入线，且不会影响其他数据线的工作状态。每根数据线可单独与单片机的一条 I/O 口线相连，如图 9-27 所示。按键断开时，上拉电阻使对应数据输入线为高电平；按键闭合时，对应数据输入线变为低电平。只需在程序中检测对应 I/O 口线的状态就可以判断是否有键按下。独立式按键的优点是电路配置灵活，软件结构简单，使用方便，但随着按键个数的增加，被占用的 I/O 口线也将增加，因此，适用于对按键个数要求不多的单片机应用系统。

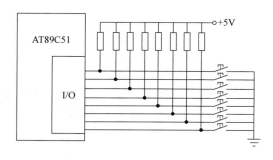

图 9-27　独立式按键结构原理

例 9-9　仿真电路如图 9-28 所示，P3.0 ~ P3.3 上接了 4 个按键，P2 口上接了共阳极 LED 显示器。试编写程序，在 LED 显示器上将按下的键值显示出来。

解： 将按键的状态用查询方式读入，如 P3 口的值为 0xFF，表示键盘无键按下，如不为 0xFF，表示键盘有键按下，采用软件消抖。

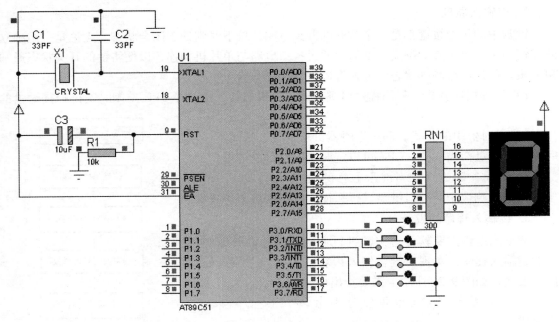

图 9-28　独立式按键与单片机的接口（采用查询方式）

程序设计如下：

```c
#include < reg51. h >
#define uchar unsigned char
#define uint unsigned int
int xx;
void delay( int k)                    //延时函数
{
    int i;
    for( i = 0;i < k;i ++ );
}
void main( )
{
    P2 = 0xFF;                        //数码管为共阳极,开始时所有管都不亮
    P3 = 0xFF;                        //为输入键值做准备
    while( 1 )
      { while( P3 ==0xFF)             //若无键按下,循环等待
          { ;}
        if( P3 !  =0xFF)              //有键按下,延时去抖动
        delay( 10) ;
        if( P3 !  =0xFF)
      {
      xx = P3;                        //有键按下,根据键值进行显示
```

```
switch(xx)
{
 case 0xFE：    P2 = 0xC0;break;
 case 0xFD：    P2 = 0xF9;break;
 case 0xFB：    P2 = 0xA4;break;
 case 0xF7：    P2 = 0xB0;break;
 default：      P2 = 0xFF;break;
 }
 }
 while(P3! = 0xFF)          //等待按键松开
 {;}
 }
 }
```

　　仿真效果如图 9-28 所示。将上述程序下载到实验板中，可以在实验板上获得与仿真一样的效果。

　　例 9-10　仿真电路如图 9-29 所示，P1.0 ~ P1.2 引脚接了三个按键，在 P2 口接了一只共阳极显示器，采用中断方式读取键值，要求当 P1.0 ~ P1.2 上的键按下时，在显示器上分别显示 1、2、3。试编程实现。

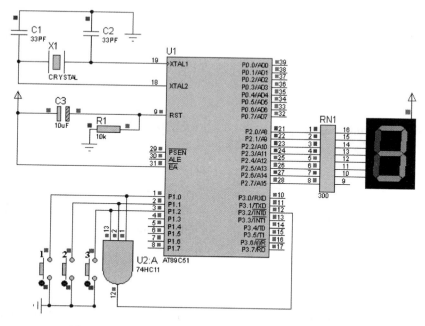

图 9-29　独立式按键与单片机的接口（采用中断方式）

　　解： 图 9-29 中，使用了外部中断 0，在外部中断 0 中断服务程序中读取键值。
程序设计如下：

```
#include  <reg52. h >
#define uchar unsigned char
```

```
#define uint unsigned int
#define key_port    P1            //按键接在 P1 口
uchar key_Value;                  //存放键值
bit    int0_flag;                 //中断标记
void main ( void )                //主程序
{
    int0_flag = 0;                //设置中断 0 标记
    IT0 = 0;                      //电平触发外部中断
    IE = 0x81;                    //打开外中断 int0
    P2 = 0xff;                    //数码管为共阳极,开始时所有管都不亮
    do {
        if ( int0_flag )          //如果有中断,根据中断源分支
    {
            switch ( key_Value )
    {
                case 1 : P2 = 0xf9 ; break ;
                case 2 : P2 = 0xa4 ; break ;
                case 4 : P2 = 0xb0 ; break ;
                default : break ;
            }
            int0_flag = 0;                        //清中断 0 标记
        }
    } while( 1 ) ;
}
void exint0 ( void ) interrupt 0                  //外部中断 0 服务程序
{
    EA = 0 ;                                      //关总中断
    int0_flag = 1 ;                               //设置中断 0 标记
    key_Value =  ~ key_port & 0x07 ;              //读取外部中断源输入,并屏蔽高 5 位
    EA = 1 ;                                      //开总中断
}
```

9.4.4　矩阵式键盘

当单片机系统需要的按键较多时,为节约 I/O 接口资源,通常把按键排列成矩阵形式,故称为矩阵式键盘。采用这种结构可以更合理地利用系统的硬件资源。矩阵式键盘由按键、行线和列线组成,按键位于行列的交叉点上,图 9-30 所示为一个 4×4 矩阵式键盘的结构,16 个按键只用了 8 条 I/O 口线。因此这种键盘的优点是节省系统的 I/O 口资源,适用于按键较多的单片机应用系统。

矩阵式键盘采用动态扫描法识别闭合的按键。识别过程分两步:首先识别有无按键闭

合，然后再确定是哪个键闭合。

识别有无按键闭合：以图 9-30 所示电路为例，列线为输入，行线为输出，即行扫描，读列值。没有键按下时，列线行线之间断开，列线端口输入全为高电平。有键按下时，键所在列线与行线短路，故列线输入的电平为行线输出的状态，若行线输出低电平，则按键所在列线的输入也为低电平。因此，通过检测列线的状态是否全为"1"，就可以判断是否有键按下。

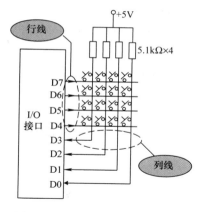

图 9-30　4×4 矩阵式键盘的结构

确定闭合的按键：以图 9-30 所示电路为例，可以采用逐行扫描法，原理同上，此时逐个给每行输出 0，读取列线的状态，若列值全为 1，则说明此行无键闭合，继续扫描下一行，即使下一行输出为 0；若列值中某位为 0，则说明此列、行交叉点处的按键被闭合。

图 9-30 中所示的电路也可使列线作为输出，行线作为输入，即列扫描，读行值，则电路改为行线通过电阻接 +5V 电源，扫描时应改为逐列扫描。

例 9-11　图 9-31 所示的仿真电路中，使用 8 位 P1 口作 4×4 矩阵键盘的行线和列线，键号分配如图 9-31 所示。要求当按键按下时程序可以根据键号在 P2 口所接的共阳极 LED 显示器上将键号显示出来。编写实现上述功能的程序。

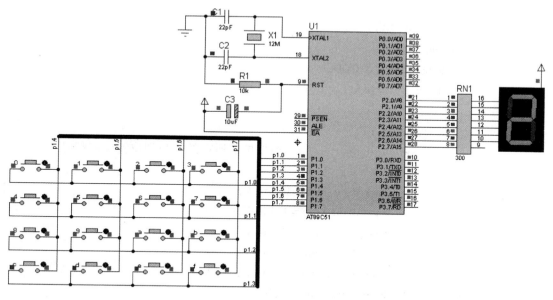

图 9-31　矩阵式键盘与单片机的接口仿真电路

解： 程序设计如下：

```
#include  < reg51. h >
#include  < intrins. h >
#define uchar unsigned char
#define uint unsigned int
```

```
uchar num,temp;
void DelayM(uint x)                    //延时子程序
{
    uchar t;
    while(x--)
    {
        for(t=0;t<120;t++);
    }
}
kscan(void)                            //键盘扫描子程序
{
    uchar i,temp,num=16;
    for(i=0;i<4;i++)
    {
        P1 = _crol_(0xfe,i);           //逐行扫描
        temp = P1;                     //读取键值
        temp = temp & 0xf0;            //屏蔽低 4 位行值
        if(temp! =0xf0)                //高 4 位列值不全为 1，说明有键按下，延时去抖动
        {
            DelayM(20);
            temp = P1;
            temp = temp & 0xf0;
            if(temp! =0xf0)
            {
                temp = P1;
                switch(temp)           //根据按键所在的行与列位置确定键号
                {
                    case 0xee:num=0;break;
                    case 0xde:num=1;break;
                    case 0xbe:num=2;break;
                    case 0x7e:num=3;break;
                    case 0xed:num=4;break;
                    case 0xdd:num=5;break;
                    case 0xbd:num=6;break;
                    case 0x7d:num=7;break;
                    case 0xeb:num=8;break;
                    case 0xdb:num=9;break;
                    case 0xbb:num=10;break;
                    case 0x7b:num=11;break;
```

```
                    case 0xe7:num = 12;break;
                    case 0xd7:num = 13;break;
                    case 0xb7:num = 14;break;
                    case 0x77:num = 15;break;
                    default:break;
                }
            while((temp & 0xf0)! = 0xf0)          // 等待按键释放
                {
                    temp = P1;temp = temp & 0xf0;
                }
            }
        }
    }
    return num;
}
void main()
{
    int num;
    P2 = 0xFF;                                  //关闭数码管的段选
     while(1)
    {
    num = kscan();
    switch(num)                                 //根据按键号进行显示
        {
    case 0：    P2 = 0xC0;break;
    case 1：    P2 = 0xF9;break;
    case 2：    P2 = 0xA4;break;
    case 3：    P2 = 0xB0;break;
    case 4：    P2 = 0x99;break;
    case 5：    P2 = 0x92;break;
    case 6：    P2 = 0x82;break;
    case 7：    P2 = 0xF8;break;
    case 8：    P2 = 0x80;break;
    case 9：    P2 = 0x90;break;
    case 10：   P2 = 0x88;break;
    case 11：   P2 = 0x83;break;
    case 12：   P2 = 0xC6;break;
    case 13：   P2 = 0xA1;break;
    case 14：   P2 = 0x86;break;
```

```
        case 15：  P2 = 0x8E；break；
        default：break；
      }
    }
}
```

将上述程序下载到实验板中，可以在实验板上获得与仿真一样的效果。

9.5　LCD 液晶显示器与单片机的接口

单片机的主要输出方式有发光二极管、数码管和液晶显示三种。液晶显示是通过液晶显示模块来实现的。液晶显示模块（Liquid Crystal Display Module）是一种将液晶显示器件、连接件、集成电路、PCB 线路板、背光源、结构件装配在一起的组件。

在单片机系统中使用液晶显示模块作为输出器件具有以下优点：

1）显示质量高。由于液晶显示器每一个点在收到信号后就一直保持色彩和亮度，恒定发光，而不像阴极射线管显示器（CRT）那样需要不断刷新亮点。因此，液晶显示器品质高而且不会闪烁。

2）数字接口。液晶显示器都是数字式的，和单片机系统的接口更简单，操作也更加方便。

3）体积小，重量轻。液晶显示器通过显示屏上的电极控制液晶分子状态来达到显示目的，在重量上比相同显示面积的传统显示器件要轻很多。

4）功率消耗小。相比而言，液晶显示器的功耗主要消耗在其内部的电极和驱动 IC 上，因而耗电量比其他显示器件也要小很多。

根据显示方式和内容的不同，液晶显示模块可以分为数显液晶模块、点阵字符液晶模块和图形液晶模块三种。

数显液晶模块是一种由段型液晶显示器件与专用的集成电路组装成一体的功能部件，只能显示数字和一些标识符号；点阵字符液晶模块是由点阵字符液晶显示器件和专用的行列驱动器、控制器及必要的连接件、结构件装配而成的，可以显示数字和西文字符，但不能显示图形；点阵图形液晶模块的点阵像素连续排列，行和列在排列中均没有空格，不仅可以显示字符，而且也可以显示连续、完整的图形。

显然，点阵图形液晶模块是三种液晶显示模块中功能最全面也最为复杂的一种。点阵图形液晶模块按其驱动方式不同可分为三种类型：行列驱动型、行列驱动控制型和行列控制型。

1）行列驱动型模块需要外接专用控制器的模块，模块只装配有通用的行列驱动器，这种驱动器实际上只有对像素的一般驱动输出端。

2）行列驱动控制型模块是依靠计算机直接驱动控制的，模块所用的列驱动器具有 I/O 总线数据接口，可以将模块直接挂在单片机的总线上，这种模块在使用时可以省去专用的控制器。

3）行列控制型模块采用内藏控制器的驱动方式，控制器是液晶驱动器与单片机的接口，它以最简单的方式受控于单片机，接收并反馈单片机的各种信息，具有自己一套专用的指令，并具有自己的字符发生器。

实际应用中常采用内含控制器的液晶显示模块，有了控制器，可以使单片机对显示模块的控制和操作更方便。

本节主要介绍点阵字符液晶显示模块及其应用。

9.5.1　点阵字符型液晶显示模块的组成和基本特点

点阵字符型液晶显示模块是专门用于显示字母、数字、符号等的点阵型液晶显示模块。分 4 位和 8 位数据传输方式，提供 5×7 点阵 + 光标和 5×10 点阵 + 光标的显示模式，提供显示数据的数据缓冲区 DDRAM、字符发生器 CGROM 和字符发生器 CGRAM，可以使用 CGRAM 来存储自己定义的最多 8 个 5×8 点阵的图形字符的字模数据；提供丰富的指令设置：清显示、光标回原点、光标开/关、显示字符闪烁、光标移位、显示移位等；提供内部上电自动复位电路，当外加电源电压超过 +4.5V 时，自动对模块进行初始化操作，将模块设置为默认的显示工作状态。

点阵字符型液晶显示模块由 LCD 显示屏（LCD Panel）、控制器（Controller）、驱动器（Driver）、少量阻容元件、结构件等装配在一块 PCB 板上构成。字符型液晶显示模块组成如图 9-32 所示。

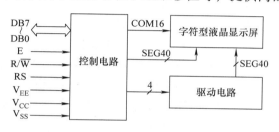

图 9-32　字符型液晶显示模块组成框图

字符型液晶显示模块目前已规范化，无论显示屏规格如何变化，其电特性和接口形式都是统一的，只要设计出一种型号的接口电路，在指令设置上稍加改动即可使用各种规格的字符型液晶显示模块。

9.5.2　点阵字符型液晶显示器 LCD1602

字符型 LCD 专门用于显示数字、字母、图形符号及少量自定义符号。LCD1602 液晶模块每行可以显示 16 个字符，一共可以显示两行。目前字符型 LCD 常用的有 16 字 ×1 行、16 字 ×2 行、20 字 ×2 行和 20 字 ×4 行等模块，其型号通常称为 1602、1604、2002、2004 等。以 1602 为例，16 代表 LCD 每行可显示 16 个字符；02 表示共有 2 行，即这种显示器一共可以显示 32 个字符。

1. 模块接口引脚功能

LCD1602 共有 16 个引脚，其引脚接口如图 9-33 所示。LCD1602 液晶接口信号说明见表 9-6。

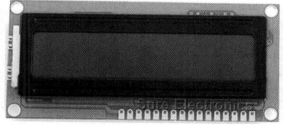

a）

b）

图 9-33　LCD1602 液晶显示器接口图

a）正面　b）反面

表 9-6　LCD1602 液晶接口信号

编号	符号	引脚说明	编号	符号	引脚说明
1	V_{SS}	电源地	9	D2	数据口
2	V_{DD}	电源正极	10	D3	数据口
3	VO	液晶显示对比度调节端	11	D4	数据口
4	RS	数据/命令选择端（H/L）	12	D5	数据口
5	R/$\overline{W}$	读/写选择端（H/L）	13	D6	数据口
6	E	使能信号	14	D7	数据口
7	D0	数据口	15	BLA	背光电源正极
8	D1	数据口	16	BLK	背光电源负极

各引脚详细说明如下：

第 1 引脚：V_{SS} 为电源地。

第 2 引脚：V_{DD} 接 +5V 电源正端。

第 3 引脚：VO 为液晶显示器对比度调整端，接正电源时对比度最弱，接地时对比度最高，对比度过高时会产生"鬼影"，使用时可以通过一个 $10k\Omega$ 的电位器调整对比度。

第 4 引脚：RS 为寄存器选择。高电平时选择数据寄存器，低电平时选择指令寄存器。

第 5 引脚：R/$\overline{W}$ 为读/写信号线。高电平时进行读操作，低电平时进行写操作。当 RS 和 R/$\overline{W}$ 同为低电平时可以写入指令或者显示地址，当 RS 为低电平且 R/$\overline{W}$ 为高电平时可以读忙信号。当 RS 为高电平且 R/$\overline{W}$ 为低电平时可以写入数据。

第 6 引脚：E 端为使能端。当 E 端由高电平跳变成低电平时，液晶模块执行命令。

第 7～14 引脚：D0～D7 为 8 位双向数据线。

第 15、16 引脚用于带背光模块，用于不带背光的模块时这两个引脚悬空不接。

2. LCD1602 模块的操作

（1）主要技术参数

LCD1602 液晶的主要技术参数见表 9-7。

表 9-7　LCD1602 液晶的主要技术参数

显示容量	16×2 个字符	模块最佳工作电压	5.0V
芯片工作电压	4.5～5.5V	字符尺寸	2.95×4.35（W×H）mm
工作电流	2.0mA（5.0V）		

（2）并行基本操作时序

读状态　输入：RS = L，R/$\overline{W}$ = H，E = H，输出：D0～D7 = 状态字。

读数据　输入：RS = H，R/$\overline{W}$ = H，E = H，输出：无。

写指令　输入：RS = L，R/$\overline{W}$ = L，D0～D7 = 指令码，E = 高脉冲，输出 D0～D7 = 数据

写数据　输入：RS = H，R/$\overline{W}$ = L，D0～D7 = 数据，E = 高脉冲，输出无。

（3）RAM 地址映射图

控制器内部带有 80B 的 RAM 缓冲区，对应关系如图 9-34 所示。

当向图 9-34 中的 00～0FH、40～4FH 地址中的任一处写入显示数据时，液晶都可立即

显示出来，当写入到 10 ~ 27H 或 50 ~ 67H 地址处时，必须通过移屏指令将它们移入可显示区域方可正常显示。

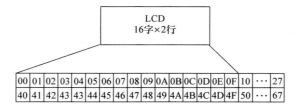

图 9-34　LCD1602 内部 RAM 地址映射图

（4）状态字说明

状态字说明见表 9-8。

表 9-8　状态字说明

STA7	STA6	STA5	STA4	STA3	STA2	STA1	STA0
D7	D6	D5	D4	D3	D2	D1	D0
STA0-6			当前数据地址指针的数值				
STA7			读/写操作使能		1：禁止，0：允许		

说明：原则上每次对控制器进行读/写操作之前，都必须进行读/写检测，确保 STA7 为 0。实际上，由于单片机的操作速度慢于液晶显示器的反应速度，因此可以不进行读/写检测，或只进行简短延时即可。

（5）数据指针设置

控制器内部设有一个数据地址指针，用户可以通过它们访问内部的全部 80 字节 RAM。数据指针设置见表 9-9。

表 9-9　数据指针设置

指　令　码	功　　能
80H + 地址码（0 ~ 27H，40 ~ 67H）	设置数据地址指针

（6）其他设置

其他设置见表 9-10。

表 9-10　其他设置

指　令　码	功　　能
01H	显示清屏：1. 数据指针清零
	2. 所有显示清零
02H	显示回车：数据指针清零

（7）初始化设置

显示模式设置见表 9-11。

表 9-11　显示模式设置

指　令　码								功　　能
0	0	1	1	1	0	0	0	设置 16 × 2 显示，5 × 7 点阵，8 位数据接口

显示开关及光标设置见表 9-12。

表 9-12　显示开关及光标设置

指　令　码								功　　能
0	0	0	0	1	D	C	B	D = 1 开显示；D = 0 关显示 C = 1 显示光标；C = 0 不显示光标 B = 1 光标闪烁；B = 0 光标不闪烁
0	0	0	0	0	1	N	S	N = 1 当读或写一个字符后地址指针加 1，且光标加 1 N = 0 当读或写一个字符后地址指针减 1，且光标减 1 S = 0 当写一个字符时，整屏显示左移（N = 1）或右移 （N = 0），以得到光标不移动而屏幕移动的效果 S = 1 当写一个字符时，整屏显示不移动
0	0	0	1	0	0	0	0	光标左移
0	0	0	1	0	1	0	0	光标右移
0	0	0	1	1	0	0	0	整屏左移，同时光标跟随移动
0	0	0	1	1	1	0	0	整屏右移，同时光标跟随移动

（8）写操作时序

写操作时序图如图 9-35 所示。

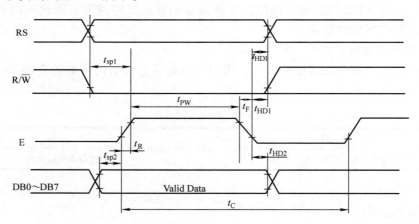

图 9-35　1602 液晶写操作时序图

分析时序图可知操作 1602 液晶的流程如下：

1）通过 RS 确定是写数据还是写命令。写命令包括使液晶的光标显示/不显示，光标闪烁/不闪烁，需/不需移屏，在液晶的什么位置显示等；写数据是指要显示什么内容。

2）读/写控制端设置为写模式，即低电平。

3）将数据或命令送达数据线上。

4）给 E 一个高脉冲将数据送入液晶控制器，完成写操作。

关于时序图中的各个延时，不同厂家生产的液晶其延时不同，大多数为纳秒级，单片机操作最小单位为微秒级，因此在写程序时可不做延时，不过为了使液晶运行稳定，最好做简短延时，这需自行测试以选定最佳延时。

3. LCD1602 与 AT89C52 单片机的接口与编程

LCD1602 适配 M6800 系列 MPU 的操作时序，可直接与该系列 MPU 连接。由于 80C51 系列单片机的操作时序与 M6800 系列不同，可采用 80C51 的 I/O 模拟 LCD1602 的操作时序。

例 9-12　LCD1602 与 AT89C52 单片机连接的仿真电路如图 9-36 所示。用 C 语言编程，实现在 LCD1602 液晶的第一行显示"Hello everyone"，第二行显示"Welcome to here！"。

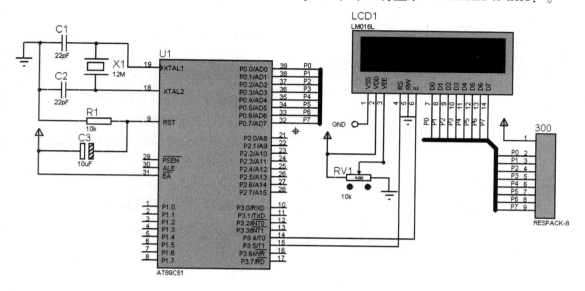

图 9-36　LCD1602 与 AT89C52 单片机连接的仿真电路

解：接口说明如下：

1）液晶 1，2 端为电源，15、16 为背光电源，但仿真模型上没有背光电源。实际电路中为防止直接加 5V 电压烧坏背光电源，15 脚通过一个 10kΩ 的限流电阻接 +5V 电源。

2）液晶 3 端为对比度调节端，通过一个 10kΩ 的电位器接地来调节液晶显示对比度，首次使用时，在液晶上电状态下，调节至液晶显示器上面一行显示出黑色小格为止。

3）液晶 4 端为向液晶控制器写数据/写命令选择端，接单片机的 P3.5 口。

4）液晶 5 端为读/写选择端，因为不从液晶读取任何数据，只向其写入命令和数据，因此此端始终选择为写状态，即低电平接地。

5）液晶 6 端为使能信号，接单片机的 P3.4 口。

程序设计如下：

```c
#include < reg52. h >
#define uchar unsigned char
#define uint unsigned int
uchar code table[ ] = "Hello everyone" ;
uchar code table1[ ] = "Welcome to here!" ;
sbit lcden = P3^4 ;                    //液晶使能端
sbit lcdrs = P3^5 ;                    //液晶数据命令选择端
uchar num ;
```

```
    void delay(uint z)                      //延时子程序
    {
        uint x,y;
        for(x = z;x > 0;x --)
          for(y = 110;y > 0;y --);
    }
    void write_com(uchar com)              //写命令函数
    {
        lcdrs = 0;                         //选择写命令模式
        P0 = com;                          //将要写的命令字送到数据总线上
        delay(5);                          //稍微延时以待数据稳定
        lcden = 1;                         //使能端给一个高脉冲,因为初始化函数中
                                             已将 lcden 置 0
        delay(5);                          //稍微延时
        lcden = 0;                         //将使能端置 0 以完成高脉冲
    }
    void write_data(uchar date)
    {
        lcdrs = 1;
        P0 = date;
        delay(5);
        lcden = 1;
        delay(5);
        lcden = 0;
    }
    void init()
    {

        lcden = 0;
        write_com(0x38);                   //设置 16 ×2 显示,5 ×7 点阵,8 位数据接口
        write_com(0x0f);                   //设置开显示,不显示光标
        write_com(0x06);                   //写一个字符后地址指针加 1
        write_com(0x01);                   //显示清零,数据指针清零
    }
    void main()
    {
        init();
        write_com(0x80);                   //先将数据指针定位到第一行第一个字处
```

```
    for( num = 0;num < 15;num ++ )      //做简短延时
    {
        write_data( table[ num] );
        delay(5);
    }
    write_com( 0x80 + 0x40);        //写第二行时重新定位数据指针
    for( num = 0;num < 16;num ++ )
    {
        write_data( table1[ num] );
        delay(20);
    }
    while(1);
}
```

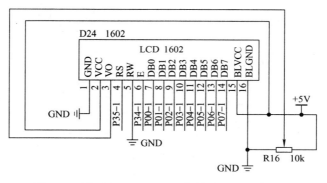

图 9-37 显示效果图

显示效果如图 9-37 所示。

实验板上 LCD1602 与单片机的连接电路如图 9-38 所示。将上述程序下载到实验板中，可以在实验板上获得与仿真一样的效果。

图 9-38 实验板上 LCD1602 与单片机的连接电路

9.5.3 点阵图形液晶显示器 LCD12864

许多单片机应用系统常需要显示中文字符。此时，LED 数码管、1602 字符型 LCD 就不能满足要求了，而点阵图形液晶模块则是较好的选择。点阵图形液晶显示器既可以显示 ASCII 字符，又可以显示汉字和图形。本节介绍一种市面上常见的 128 × 64 点阵图形液晶显示器 LCD12864 的使用。

LCD12864 点阵图形液晶显示器分为带汉字库和不带汉字库两种类型。带汉字库的使用起来简单方便，可以工作在汉字字符方式和图形点阵方式下。如果需要显示的汉字较多，可以使用这类显示器，但使用字库只能显示几种规定的字体。在显示汉字数量较少的场合，也可以使用不带字库的点阵显示器，这类点阵显示器硬件成本稍低。目前多采用带汉字字库的图形点阵液晶模块，但是 Proteus 仿真软件中还没有带汉字字库的 LCD12864。

12864 汉字图形点阵液晶显示模块具有 4 位/8 位并行、2 线/3 线串行多种接口方式，可显示汉字及图形，内置 8192 个中文汉字（16 × 16 点阵）、128 个字符（8 × 16 点阵）及 64 ×

256 点阵显示 RAM（GDRAM），可以显示 8×4 行 16×16 点阵的汉字，也可完成图形显示。低电压、低功耗是其又一显著特点。

1. 模块接口引脚功能

LCD12864 共有 20 个引脚，其引脚接口如图 9-39 所示。LCD12864 液晶接口信号说明如表 9-13 所示。

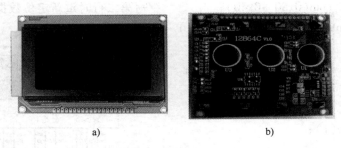

图 9-39　LCD12864 液晶显示器接口图

a）正面　b）反面

表 9-13　LCD12864 引脚定义

编　号	符　号	功　能	编　号	符　号	功　能
1	Vss	电源地	11	DB4	数据口
2	V_{DD}	电源（+5V）	12	DB5	
3	VO	液晶显示对比度调节端	13	DB6	
4	RS	数据/命令选择端（H/L）	14	DB7	
5	R/$\overline{W}$	读/写选择端（H/L）	15	PSB	并/串选择，H 并行，L 串行
6	E	使能信号	16	NC	空脚
7	DB0	数据口	17	RST	复位、低电平有效
8	DB1		18	NC	空脚
9	DB2		19	LED +	背光电源正极
10	DB3		20	LED −	背光电源负极

2. LCD12864 模块的操作

（1）主要技术参数　LCD12864 液晶的主要技术参数如表 9-14 所示。

表 9-14　LCD12864 液晶的主要技术参数

显示容量	128×64
芯片工作电压	3.3~5.5V
模块最佳工作电压	5.0V
与 MCU 接口	8 位或 4 位并行/3 位并行
工作温度（常温型）	−10~+60℃
工作温度（宽温型）	−20~+70℃

（2）并行基本操作时序

读状态 输入：RS = L，R/$\overline{W}$ = H，E = H，输出：D0~D7 = 状态字。

读数据 输入：RS = H，R/$\overline{\text{W}}$ = H，E = H，输出：无。

写指令 输入：RS = L，R/$\overline{\text{W}}$ = L，D0 ~ D7 = 指令码，E = 高脉冲，输出 D0 ~ D7 = 数据

写数据 输入：RS = H，R/$\overline{\text{W}}$ = L，D0 ~ D7 = 数据，E = 高脉冲，输出无。

（3）状态字说明　状态字说明如表 9-15 所示。

表 9-15　状态字说明

STA7 D7	STA6 D6	STA5 D5	STA4 D4	STA3 D3	STA2 D2	STA1 D1	STA0 D0
STA0 - 6			当前数据地址指针的数值				
STA7			读写操作使能			1：禁止，0：允许	

说明：原则上每次对控制器进行读/写操作之前，都必须进行读/写检测，确保 STA7 为 0。实际上，由于单片机的操作速度慢于液晶显示器的反应速度，因此可以不进行读/写检测，或只进行简短延时即可。

（4）指令说明　12864 指令如表 9-16 所示。当 RE = 1 时，还有一些扩充指令，可以设定液晶功能，如待机模式，卷动地址开关开启，反白显示，睡眠、控制功能设定、绘图模式、设定绘图 RAM 地址等。

表 9-16　12864 指令

指　令	指　令　码										说　明
	RS	RW	DB7	DB6	DB5	DB4	DB3	DB2	DB1	DB0	
清除显示	0	0	0	0	0	0	0	0	0	1	将 DDRAM 填满 "20H"，并且设定 DDRAM 的地址计数器（AC）为 "00H"
地址归位	0	0	0	0	0	0	0	0	1	X	设定 DDRAM 的地址计数器（AC）为 "00H"，并且将游标移到开头原点位置
进入点设定	0	0	0	0	0	0	0	1	I/D	S	指定在资料的读取与写入时，设定游标移动方向及指定显示的移位
显示状态开/关	0	0	0	0	0	0	1	D	C	B	D = 1：整体显示开 C = 1：游标开 B = 1：游标位置反白允许
游标或显示移位控制	0	0	0	0	0	1	S/C	R/L	X	X	设定游标的移动与显示的移位控制位元；这个指令并不改变 DDRAM 的内容
功能设定	0	0	0	0	1	DL	X	0 RE	X	X	DL = 0/1：4/8 位数据 RE = 1：扩充指令集动作 RE = 0：基本指令集动作
设定 CGRAM 地址	0	0	0	1	AC5	AC4	AC3	AC2	AC1	AC0	设定 CGRAM 地址到地址计数器（AC）

（续）

指　令	指　令　码										说　明
	RS	RW	DB7	DB6	DB5	DB4	DB3	DB2	DB1	DB0	
设定 DDRAM 地址	0	0	1	AC6	AC5	AC4	AC3	AC2	AC1	AC0	设定 DDRAM 地址到地址计数器（AC）
读取忙标志（BF）和地址	0	1	BF	AC6	AC5	AC4	AC3	AC2	AC1	AC0	读取忙碌标志（BF）可以确认内部动作是否完成，同时可以读出地址计数器（AC）的值
写资料到 RAM	1	0	D7	D6	D5	D4	D3	D2	D1	D0	写入资料到内部的 RAM（DDRAM/CGRAM/IRAM/GDRAM）
读出 RAM 的值	1	1	D7	D6	D5	D4	D3	D2	D1	D0	从内部 RAM 读取资料（DDRAM/CGRAM/IRAM/GDRAM）

（5）显示坐标关系　图形显示坐标水平方向 X 以字节单位，垂直方向 Y 以位为单位，12864 液晶绘图显示坐标如图 9-40 所示。汉字显示坐标如表 9-17 所示。

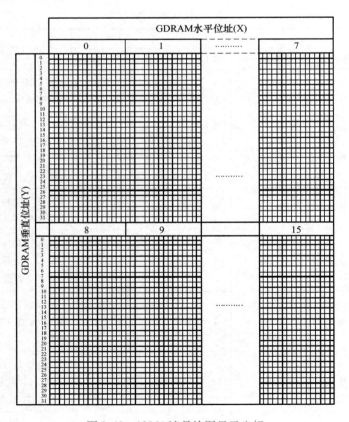

图 9-40　12864 液晶绘图显示坐标

表 9-17　汉字显示坐标

Y 坐标	X 坐标						
Line1	80H	81H	82H	83H	84H	85H	86H	87H
Line2	90H	91H	92H	93H	94H	95H	96H	97H
Line3	88H	89H	8AH	8BH	8CH	8DH	8EH	8FH
Line4	98H	99H	9AH	9BH	9CH	9DH	9EH	9FH

（6）并行写操作时序　12864 读状态与读数据很少使用，用得较多的是写命令与写数据两种操作。并行写操作的时序图如图 9-41 所示。

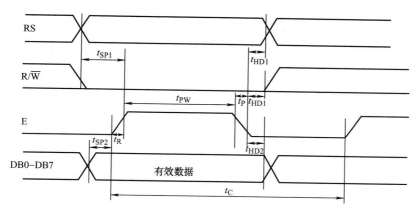

图 9-41　12864 液晶并行写操作时序图

比较图 9-35 与图 9-41 可见，12864 的写操作时序与 1602 的时序是相同的，因此在程序设计中对引脚时序进行控制的编程思路相同。

3. LCD12864 与 80C51 单片机的接口与编程

例 9-13　LCD12864 与 80C51 单片机连接的电路如图 9-42 所示。用 C 语言编程，实现在 LCD12864 液晶的第一行显示"好好学习"，第二行显示"天天向上"，第三行显示"单片机学习很有趣"，第四行显示"我喜欢学习单片机"。

解：电路连接如图 9-42 所示，其中 P0 口要接上拉电阻，见附图 B-2a 中的 R21。

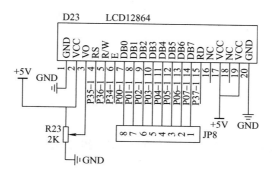

图 9-42　LCD12864 与 80C51 单片机的接口电路

程序设计如下：

```
#include < reg52. h >
#include < intrins. h >
#include < stdlib. h >
#define uchar unsigned char
#define uint unsigned int

#define LCD_data P0              //数据口
sbit LCD_RS = P3^5;              //寄存器选择输入
sbit LCD_RW = P3^6;             //液晶读/写控制
sbit LCD_EN = P3^4;             //液晶使能控制
sbit LCD_PSB = P3^7;            //串/并方式控制

uchar code dis1[ ] = {"好好学习"};
uchar code dis2[ ] = {"天天向上"};
uchar code dis3[ ] = {"单片机学习很有趣"};
uchar code dis4[ ] = {"我喜欢学习单片机!"};

void delay(uint z)              //延时函数
{
    uint x,y;
    for( x = z;x >0;x -- )
        for( y = 110;y >0;y -- );
}

void write_cmd(uchar cmd)       //写命令到 LCD 的函数
{
    LCD_RS =0;
    LCD_RW =0;
    LCD_EN =0;
    P0 = cmd;
    delay(5);
    LCD_EN =1;
    delay(5);
    LCD_EN =0;
}
void write_dat(uchar dat)       //写数据到 LCD 的函数
{
    LCD_RS =1;
    LCD_RW =0;
```

```
        LCD_EN = 0;
        P0 = dat;
        delay(5);
        LCD_EN = 1;
        delay(5);
        LCD_EN = 0;
}
void lcd_pos(uchar X, uchar Y)    //设定显示位置函数
{
    uchar pos;
    if(X == 0)
    {X = 0x80;}
    if(X == 1)
    {X = 0x90;}
    if(X == 2)
    {X = 0x88;}
    if(X == 3)
    {X = 0x98;}
    pos = X + Y;
    write_cmd(pos);              //显示地址
}
void lcd_init()                  //LCD 初始化设定
{
    LCD_PSB = 1;
    write_cmd(0x30);
    delay(5);
    write_cmd(0x0c);
    delay(5);
    write_cmd(0x01);
    delay(5);
}

main()                           //主程序
{
    uchar i;
    delay(5);
    lcd_init();                  //初始化 LCD
    lcd_pos(0,0);                //设置显示位置为第一行的第1个字符
    i = 0;
    while(dis1[i] != '\0')
```

```
    {                           //显示字符
    write_dat(dis1[i]);
      i ++;
    }
    lcd_pos(1,0);               //设置显示位置为第二行的第 1 个字符
    i = 0;
    while(dis2[i] ! = '\0')
    {
    write_dat(dis2[i]);         //显示字符
      i ++;
    }
    lcd_pos(2,0);               //设置显示位置为第三行的第 1 个字符
    i = 0;
    while(dis3[i] ! = '\0')
    {
    write_dat(dis3[i]);         //显示字符
      i ++;
    }
    lcd_pos(3,0);               //设置显示位置为第四行的第 1 个字符
    i = 0;
    while(dis4[i] ! = '\0')
    {
      write_dat(dis4[i]);       //显示字符
      i ++;
    }
    while(1);
}
```

将上述程序下载到实验板单片机中，LCD12864 的显示结果如图 9-43 所示。

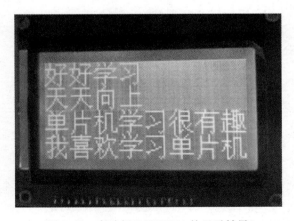

图 9-43　实验板 LCD12864 的显示结果

9.6 并行接口日历时钟芯片 DS12C887 与 80C51 的接口

在许多电子设备中，通常会进行一些与时间有关的控制，若用系统的定时器来设计时钟，偶然的掉电或晶振的误差都会造成时间的错乱，若完全用软件延时设计时钟，会占用大量的系统资源，从而严重影响系统的其他功能。为此，很多芯片制造公司都设计出了各种各样的实时时钟芯片。常见的时钟芯片有如下两种：

一种是体积非常小的表贴式元件，如 DALLAS 公司的串行实时时钟芯片 DS1302、DS1337、DS1338、DS1390 和并行的 DS1558 等，这类时钟芯片通常用在高端小型手持式仪器或设备中，如手机、播放器、GPS 导航仪等，这种芯片在使用时需要外接备份电池和外部晶振，外部晶振的标准频率为 32.768kHz。

另一种体积相对较大，一般为直插式，它的内部集成有可充电锂电池，同时内部还集成了 32.768kHz 的标准晶振，一旦设定好时间，即使系统的主电源掉电，该时钟芯片仍然可以靠它内部集成的锂电池走数年，当系统重新上电时，又可为锂电池重新充电，这样一来可以保持时间的连续性，使用非常方便。这类芯片如 DALLAS 公司生产的 DS12887、DS12887A、DS12B887、DS12C887 等。本节讲解综合性能较高的 DS12C887 实时时钟芯片。

9.6.1 DS12C887 主要功能特性

DS12C887 可为系统提供年、月、日、星期、小时、分钟和秒等信息，其主要功能特性如下：

1）带有内部晶体振荡器并内置锂电池，可以在无外部供电的情况下保持数据时间长达 10 年以上。

2）具有秒、分、时、星期、日、月、年计数，并有闰年修正功能。

3）时间显示可以选择 24 小时模式或者带有 AM 和 PM 指示的 12 小时模式。

4）时间、日历和闹钟均具有二进制和 BCD 码两种形式。

5）可选择 Motorola 和 Intel 总线时序。

6）内部具有闹钟中断、周期性中断、时钟更新周期结束中断，这三个中断源可通过软件屏蔽。

7）内部有 128B 的 RAM，其中 15B 为时间和控制寄存器，113B 为通用 RAM，所有 RAM 单元都具有掉电保护功能，因此被称为非易失性 RAM。

8）输出可编程的方波信号。

9.6.2 DS12C887 日历时钟芯片的引脚说明

DS12C887 内部可看成由电源、日历时钟信息、寄存器和存储器及总线接口四部分组成，四部分相互配合，共同实现时钟信息的获取。

DS12C887 共有 24 个引脚，其引脚排列如图 9-44 所示，引脚功能如下：

MOT（1 引脚）：总线时序模式选择端。DS12C887 有两种总线工作模式：当 MOT 为高电平时，选择 Motorola 总线时序；当 MOT 为低电平或者悬空时，选择 Intel 总线时序。

NC（2、3、16、20、21、22 引脚）：空引脚。

AD0 ~ AD7（4 ~ 11 引脚）：地址/数据复用总线。该总线采用分时复用，总线周期的前半部分，AD0 ~ AD7 传送的是地址信息，用以选通 DS12C887 内的某个 RAM 区，总线周期的后半部分，AD0 ~ AD7 传送的是数据信息。

GND（12 引脚）：接地端。

$\overline{CS}$（13 引脚）：片选端。低电平选中 DS12C887 芯片。

AS（14 引脚）：地址选通输入端。在进行读/写操作时，AS 的下降沿将 AD0 ~ AD7 上的地址信息锁存到 DS12C887 里，而下一个上升沿清除 AD0 ~ AD7 上的地址信息。

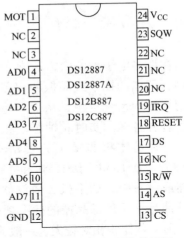

图 9-44　DS12887 引脚排列图

R/$\overline{W}$（15 引脚）：读/写输入端。在选择 Motorola 总线时序模式时，此引脚用于指示当前是读操作还是写操作，R/$\overline{W}$ 高电平时为读操作，R/$\overline{W}$ 低电平时为写操作；在选择 Intel 总线时序模式时，此引脚为低电平有效的写输入引脚，相当于外部 RAM 或 I/O 口时的写使能信号（$\overline{WE}$）。

DS（17 引脚）：数据选择或读输入引脚。在选择 Motorola 总线时序模式时，此引脚为数据锁存引脚；在选择 Intel 总线时序模式时，此引脚为低电平有效的读输入引脚，相当于外部 RAM 或 I/O 口时的输出使能信号（$\overline{OE}$）。

$\overline{RESET}$（18 引脚）：复位引脚，低电平有效。复位不会影响到时钟、日历和 RAM，通常将该引脚接高电平。

$\overline{IRQ}$（19 引脚）：中断请求输出信号，低电平有效，可作为微处理器的中断请求输入。

SQW（23 引脚）：方波信号输出引脚。可通过设置寄存器位 SQWE 使能或者禁止此信号输出，该信号的输出频率也可通过对芯片内的寄存器编程来改变。

V_{CC}（24 引脚）：+5V 电源端。当 V_{CC} 输入为 +5V 时，用户可以访问 DS12C887 内 RAM 中的数据，并可对其进行读/写操作；当 V_{CC} 输入小于 +4.25V 时，禁止用户对内部 RAW 进行读/写操作，此时用户不能正确获取芯片内的时间信息；当 V_{CC} 的输入小于 +3V 时，DS12C887 会自动将电源切换到内部自带的锂电池上，以保证内部电路能够正常工作。

9.6.3　DS12C887 内部 RAM 和寄存器

DS12C887 的内存空间共 128B，其中 11B 专门用于存储时间、星期、日历和闹钟信息；4B 专门用于控制和存放状态信息；其余 113B 为用户可以使用的普通 RAM 空间。日历时钟芯片 DS12C887 的内存空间映射关系及各位的定义如表 9-18 所示（选择 DM = 1 的二进制模式）。如果选择 DM = 0 的 BCD 模式，请读者查阅 DS12C887 的芯片资料。

表 9-18　日历时钟芯片 DS12C887 的内存空间映射关系及各位的定义

地址	D7	D6	D5	D4	D3	D2	D1	D0	功　能	范围（H）
00H	0	0	秒						秒	00~3B
01H	0	0	秒						秒闹钟	00~3B
02H	0	0	分						分	00~3B
03H	0	0	分						分闹钟	00~3B
04H	AM/PM	0	0	0	小时				小时	01~0C+AM/PM
	0			小时						00~17
05H	AM/PM	0	0	0	小时				小时闹钟	01~0C+AM/PM
	0			小时						00~17
06H	0	0	0	0	0	0	星期		星期	01~07
07H	0	0	0	0	日				日	01~1F
08H	0	0	0	0	0	月			月	01~0C
09H	0	年							年	00~63
0AH	UIP	DV2	DV1	DV0	RS3	RS2	RS1	RS0	控制寄存器 A	—
0BH	SET	PIE	AIE	UIE	SQWE	DM	24/12	DSE	控制寄存器 B	—
0CH	IRQF	PF	AF	UF	0	0	0	0	控制寄存器 C	—
0DH	VRT	0	0	0	0	0	0	0	控制寄存器 D	—
0E~31H	×	×	×	×	×	×	×	×	RAM	—
32H	N/A				N/A				世纪	—
33H~7FH	×	×	×	×	×	×	×	×	—	—

1. 控制寄存器 A 的内容

UIP：更新标志位，为只读位，用来标志芯片是否即将更新，并且不受复位操作的影响。UIP=1 表示即将发生数据更新，UIP=0 表示至少在 244μs 内芯片不会更新数据。UIP=0 可以获得所有时钟、日历和闹钟信息。将寄存器 B 中的 SET 位置 1 可以限制任何数据更新操作，并且清除 UIP 位。

DV2、DV1、DV0：这 3 位为 010 时将打开晶振且时钟运行。

RS3、RS2、RS1、RS0：速率选择位。这 4 个速率选择位用来选择 15 级分频器的 13 种分频之一，或禁止分频器输出。按照所选择的频率产生方波输出（SQW 引脚）和/或一个周期性中断。用户可进行如下操作：

1）设置周期中断允许位（PIE）。

2）设置方波输出允许位（SQWE）。

3）两位同时设置为有效，并且设置频率。

4）两者都禁止。

表 9-19 为周期性中断率和方波中断频率表，该表列出了可通过 RS 寄存器选择的周期中断的频率和方波的频率。这 4 个可读/写位不受复位信号的影响。

表 9-19 周期性中断率和方波中断频率

寄存器 A 中的控制位				周期性中断周期	SQW 输出频率
RS3	RS2	RS1	RS0		
0	0	0	0	无	无
0	0	0	1	3.90625ms	256Hz
0	0	1	0	7.8125ms	128Hz
0	0	1	1	122.07μs	8.192kHz
0	1	0	0	244.141μs	4.096kHz
0	1	0	1	488.281μs	2.048kHz
0	1	1	0	976.5625μs	1.024kHz
0	1	1	1	1.953125ms	512Hz
1	0	0	0	3.90625ms	256Hz
1	0	0	1	7.8125ms	128Hz
1	0	1	0	15.625ms	64Hz
1	0	1	1	31.25ms	32Hz
1	1	0	0	62.5ms	16Hz
1	1	0	1	125ms	8Hz
1	1	1	0	250ms	4Hz
1	1	1	1	500ms	2Hz

2. 控制寄存器 B 的内容

SET：设置位，可读写，不受复位操作影响。SET = 0，不处于设置状态，芯片进行正常的时间数据更新；SET = 1，数据更新被禁止，可以通过程序设置时间和日历信息。

PIE：周期性中断使能位，可读/写，复位时清除此位。PIE = 0，禁止周期中断输出到 $\overline{\text{IRQ}}$；PIE = 1，允许周期中断输出到 $\overline{\text{IRQ}}$。中断信号产生的周期由 RS3 ~ RS0 决定。

AIE：闹钟中断使能位，可读写。AIE = 0，禁止闹钟中断输出到 $\overline{\text{IRQ}}$；AIE = 1，允许闹钟中断输出到 $\overline{\text{IRQ}}$。

UIE：数据更新结束中断使能位，可读写，复位或者 SET = 1 时清除此位。UIE = 0，禁止更新结束中断输出到 $\overline{\text{IRQ}}$；UIE = 1，允许更新结束中断输出到 $\overline{\text{IRQ}}$。

SQWE：方波使能位，可读/写，复位时清除此位。SQWE = 0 时，SQW 引脚保持低电平；SQWE = 1 时，SQW 引脚输出设定频率的方波，其频率由 RS3 ~ RS0 决定。

DM：数据模式位，可读写，不受复位操作影响。DM = 0 时，设置时间、日历信息为二进制数据；DM = 1 时，设置时间、日历信息为 BCD 码数据。

24/12：时间模式设置位，可读写，不受复位操作影响。为 0 时，设置为 12h 模式；为 1 时，设置为 24h 模式。

DSE：夏令时允许标志位，可读/写，不受复位操作影响。DSE = 1 时，会引起两次特殊的时间更新，4 月的第一个星期日凌晨 1：59：59 会直接更新到 3：00：00，以及 10 月的最后一个星期日凌晨 1：59：59 会直接更新到 1：00：00；DSE = 0 时，时间信息正常更新。

3. 控制寄存器 C 的内容

IRQF：中断请求标志位。当 IRQF = 1 时，$\overline{\text{IRQ}}$引脚输出低电平，产生中断申请。当 PF = PIE = 1 或者 AF = AIE = 1 或者 UF = UIE = 1 时，IRQF 置 1，否则 IRQF 置 0。

PF：周期中断标志位。由复位操作或读寄存器 C 操作清除。

AF：闹钟中断标志位。由复位操作或读寄存器 C 操作清除。

UF：数据更新结束中断标志位。由复位操作或读寄存器 C 操作清除。

4. 控制寄存器 D 的内容

VRT：RAM 和时间有效位。此位不可写，也不受复位操作影响，正常情况下读取时总为 1。如果出现读取为 0 的情况，则表示电池耗尽。时间数据和 RAM 中的数据出现问题，数据的正确性就不能得到保证。

5. 操作时序

Motorola 和 Intel 模式总线读/写时序图如图 9-45 ~ 图 9-47 所示。

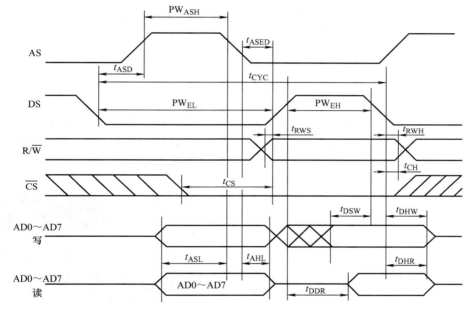

图 9-45　Motorola 模式总线读/写时序图

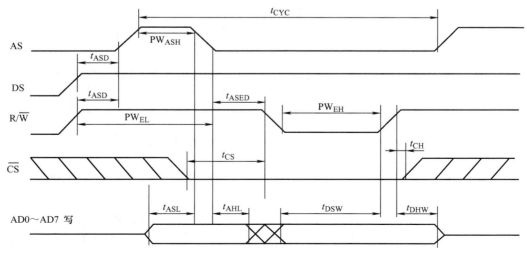

图 9-46　Intel 模式总线写时序图

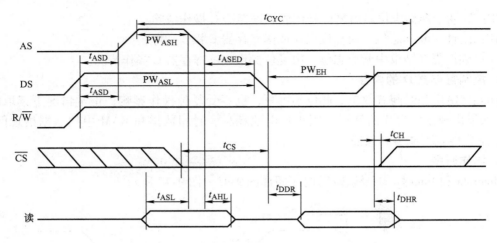

图 9-47　Intel 模式总线读时序图

9.6.4　DS12C887 与 80C51 单片机的接口设计

例 9-14　DS12C887、LCD1602 与 AT89C51 单片机连接的仿真电路如图 9-48 所示，用 C 语言编程，实现在 LCD1602 液晶的第一行显示"年 月 日 星期"，第二行显示"时 分 秒"。

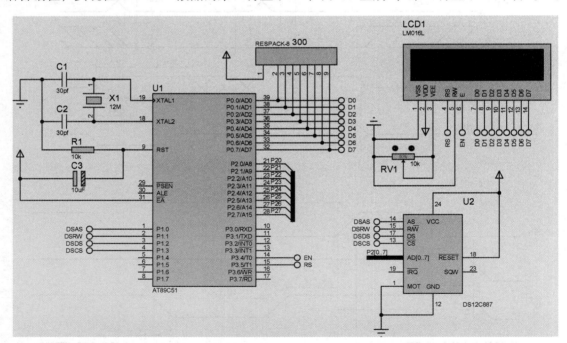

图 9-48　DS12C887 时钟芯片、液晶 LCD1602 与单片机连接的仿真电路

解：接口说明如下：

1）液晶的 4 端为向液晶控制器写数据/命令选择端，接单片机的 P3.5 口。

2）液晶的 5 端为读/写选择端，不从液晶读取任何数据，只向其写入数据和命令，因此此端始终选择为写状态，接地。

3）液晶的 6 端为使能端，接单片机的 P3. 4 口。

4）液晶的 D0 ~ D7 端为数据/指令输入端，与单片机 P0 口相连。

5）DS12C887 的 AS 端与单片机的 P1. 0 端相连。

6）DS12C887 的 R/$\overline{W}$ 端与单片机的 P1. 1 端相连。

7）DS12C887 的 DS 端与单片机的 P1. 2 端相连。

8）DS12C887 的 CS 端与单片机的 P1. 3 端相连。

9）DS12C887 的 AD0 ~ AD7 与单片机的 P2 相连。

程序设计如下：

```
#include < reg52. h >
#define uchar unsigned char
#define uint unsigned int
sbit lcdrs = P3^5 ;              //液晶数据/命令选择端与单片机的 P3. 5 端相连
sbit lcden = P3^4 ;              //液晶使能端与单片机的 P3. 4 端相连
sbit dsas = P1^0 ;               //DS12C887 的 DS 端与单片机的 P1. 2 端相连
sbit dsrw = P1^1 ;               //DS12C887 的 R/W 端与单片机的 P1. 1 端相连
sbit dsds = P1^2 ;               //DS12C887 的 DS 端与单片机的 P1. 2 端相连
sbit dscs = P1^3 ;               //DS12C887 的 CS 端与单片机的 P1. 3 端相连
char miao,shi,fen,num ;
uchar code table[ ] = "   2017 - 4 - 16 SUN";
uchar code table1[ ] = "        :   :   ";
void write_ds( uchar, uchar) ;
uchar read_ds( uchar) ;
void set_time( ) ;
void delay( uint z) ;
void delay( uint z)               //延时函数
{
    uint x,y ;
    for( x = z;x > 0;x -- )
        for( y = 110;y > 0;y -- );
}
void write_com( uchar com)        //LCD1602 写命令函数
{
    lcdrs = 0 ;
    lcden = 0 ;
    P0 = com ;
    delay( 5) ;
    lcden = 1 ;
    delay( 5) ;
    lcden = 0 ;
```

```
    }
    void write_date(uchar date)              //LCD1602 写数据函数
    {
        lcdrs = 1;
        lcden = 0;
        P0 = date;
        delay(5);
        lcden = 1;
        delay(5);
        lcden = 0;
    }
    void init()                              //初始化函数
    {
        lcden = 0;
        write_ds(0x0A,0x20);                 //打开振荡器
        write_ds(0x0B,0x26);                 //设置 24h 模式,数据采用二进制模式
        set_time();                          //设置上电默认值
        write_com(0x38);                     //LCD1602 初始化
        write_com(0x0c);
        write_com(0x06);
        write_com(0x01);
        write_com(0x80);
        for(num =0;num <15;num ++)           //写入液晶初始显示值
            {
                write_date(table[num]);
                delay(5);
            }
        write_com(0x80 +0x40);
        for(num =0;num <12;num ++)
            {
                write_date(table1[num]);
                delay(5);
            }
    }
    void write_sfm(uchar add,uchar date)
    {
                                             //LCD1602 刷新时,时分秒在液晶的位置是第 4、
                                             7、10 位
        uchar shi,ge;
        shi = date/10;
```

```
        ge = date%10;
        write_com(0x80 + 0x40 + add);
        write_date(0x30 + shi);
        write_date(0x30 + ge);
    }
    void write_ds(uchar add, uchar date)        //写 12C887 函数
    {
        dscs = 0;
        dsas = 1;
        dsds = 1;
        dsrw = 1;
        P2 = add;                                //先写地址
        dsas = 0;
        dsrw = 0;
        P2 = date;                               //再写数据
        dsrw = 1;
        dsas = 1;
        dscs = 1;
    }
    uchar read_ds(uchar add)                     //读 12C887 函数
    {
        uchar ds_date;
        dsas = 1;
        dsds = 1;
        dsrw = 1;
        dscs = 0;
        P2 = add;                                //先写地址
        dsas = 0;
        dsds = 0;
        P2 = 0xff;
        ds_date = P2;                            //再读数据
        dsds = 1;
        dsas = 1;
        dscs = 1;
        return ds_date;
    }
    void set_time()                              //设置首次上电初始化时间
    {
        write_ds(0,45);
```

```
            write_ds(1,0);
            write_ds(2,21);
            write_ds(3,0);
            write_ds(4,23);
            write_ds(5,0);
            write_ds(6,7);
            write_ds(7,15);
            write_ds(8,4);
            write_ds(9,17);
        }
    void main()
        {
            init();
            while(1)
                {
                    miao = read_ds(0);
                    fen = read_ds(2);
                    shi = read_ds(4);
                    write_sfm(10,miao);
                    write_sfm(7,fen);
                    write_sfm(4,shi);
                }
        }
```

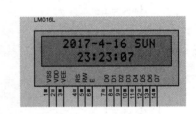

时钟显示效果如图 9-49 所示。

图 9-49　时钟显示效果图

9.7　I^2C 总线接口的 E^2PROM 芯片 AT24C02 与 80C51 的接口

具有 I^2C 总线接口的 E^2PROM 有多个厂家的多种类型产品。在此仅介绍 ATMEL 公司生产的 AT24C 系列 E^2PROM，主要型号有 AT24C01/02/04/08/16 等，其对应的存储容量分别为 $128 \times 8/256 \times 8/512 \times 8/1024 \times 8/2048 \times 8$。采用这类芯片可解决掉电数据保存问题，可对所存数据保存 100 年，并可多次擦写，擦写次数可达 10 万次以上。

在一些应用系统设计中，有时需要对工作数据进行掉电保护，如电子式电能表等智能化产品。若采用普通存储器，在掉电时需要备用电池供电，并需要在硬件上增加掉电检测电路，但存在电池不可靠及扩展存储芯片占用单片机过多口线的缺点。采用具有 I^2C 总线接口的串行 E^2PROM 器件可很好地解决掉电数据保存问题，且硬件电路简单。

9.7.1　串行 E^2PROM 芯片 AT24C02 概述

AT24C02 具有工作电压宽、擦写次数多、写入速度快、抗干扰能力强、数据不易失、体积小等特点。采用 I^2C 总线的形式与单片机进行连接，只需要占用很少的单片机资源。AT24C02 在操作时有两种寻址方式，分别是芯片寻址与片内子空间寻址。

芯片寻址：AT24C02 的芯片地址为 1010，它的地址格式为 1010A2A1A0R/$\overline{W}$。可以通过对 A2A1A0 这三位分别进行赋值，就可以与 1010 组合得到 7 位地址码，对该码寻址就能访问 AT24C02。R/$\overline{W}$ 是读写控制位。当 R/$\overline{W}$ 为 1 时，读取芯片中的数据，当 R/$\overline{W}$ 为 0 时，向芯片中写入数据。

片内子空间寻址：对芯片内部全部 256B 空间进行寻址，并进行读写操作，寻址范围是 00 ~ FFH。AT24C02 共有 8 个引脚，常见的封装形式有 DIP（直插）和 SOP（贴片式），分别如图 9-50a 和 b 所示。但是，不论是 DIP 还是 SOP 封装，其引脚功能与序号都是一样的，引脚图如图 9-51 所示。

图 9-50　AT24C02 两种封装图
a) DIP 封装　b) SOP 封装

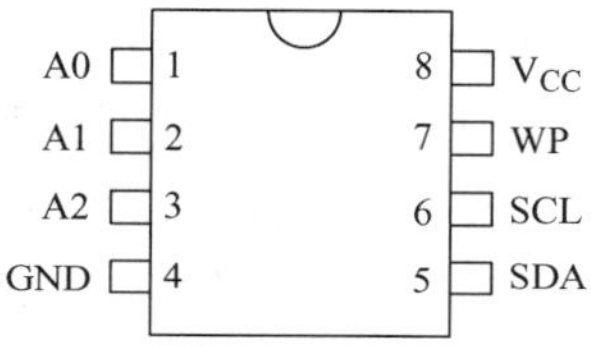

图 9-51　AT24C02 引脚图

图 9-51 引脚图中，各个引脚的功能如下：

A0、A1、A2（1 脚、2 脚、3 脚）：地址输入端；

GND（4 脚）：电源地；

SDA（5 脚）：串行数据输入/输出端；

SCL（6 脚）：时钟信号输入端；

WP（7 脚）：写保护输入端，保护硬件数据。当 WP 为高电平时，只能从芯片中读出数据，禁止写动作，当 WP 为低电平时，读写不受影响；

V_{CC}（8 脚）：电源正极。

9.7.2　AT24C02 芯片的操作

AT24C02 芯片采用 I^2C 总线进行数据传输。

1. I^2C 总线介绍

I^2C（Inter-Integrated Circuit）总线是 PHILIPS（飞利浦）公司所开发的两线串行总线，用于连接微控制器与外围设备，是近年来微电子通信控制领域广泛采用的一种新的总线标准。它是一种特殊的同步通信形式，由于其接口线少、控制方式简单、器件封装小、通信速率高的特点，得到了广泛的应用。

I^2C 总线支持任何 IC 生产工艺（CMOS 型、双极型），通过串行数据（SDA）线和串行时钟（SCL）线在连接到总线的器件间传递信息。每个器件都有一个唯一的地址识别，而且都可以作为一个发送器或接收器（由器件的功能决定）。除了发送器和接收器外，器件在执行数据传输时也可以被看作是主机或从机。主机是指初始化发送、产生时钟信号和终止发送的器件，从机是指被主机寻址的器件。在主从通信中，可以有多个支持 I^2C 总线协议的器件同时连接到 I^2C 总线上。但是每个器件的地址唯一，相互独立。

2. I^2C 总线的硬件结构

I^2C 总线的硬件结构如图 9-52 所示。SDA 是 I^2C 总线中的数据线，SCL 是 I^2C 总线中的时钟信号线。从图中可以看出，具有 I^2C 总线的器件是直接连接到 SDA 与 SCL 线上的。由于各个器件都是采用漏极开路的结构与总线相连，所以 SDA 与 SCL 均要接上拉电阻。总线在空闲状态下保持高电平，连接到

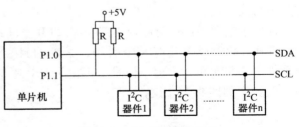

图 9-52　I^2C 总线硬件结构

总线上的任意器件输出低电平，都会使总线上的电压被拉低。各器件的 SDA 与 SCL 都是线"与"的关系。

I^2C 总线支持主从通信和多主机通信两种工作方式。通常，采用的是主从通信的工作方式。在该工作方式下，系统只具有一个主机（在单片机系统中，该主机为单片机），其他具有 I^2C 总线的器件都是从机，主机发出启动信号、产生时钟信号和发出停止信号。

3. I^2C 总线的时序分析

I^2C 总线的时序图如图 9-53 所示。

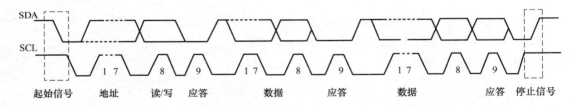

图 9-53　I^2C 总线时序图

在利用 I^2C 总线进行数据传输时，首先由主机发出起始信号，启动 I^2C 总线，在 SCL 信号为高电平的期间 SDA 出现下降沿就是起始信号。I^2C 总线起始信号如图 9-54 所示。

发送起始信号后，就要传输地址数据等。传输这些内容时，必须要在时钟信号 SCL 为高电平期间保持数据的稳定，只有在 SCL 信号为低电平时，才能进行高低电平的转换。数据位的有效性规定如图 9-55 所示。

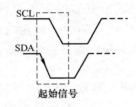

图 9-54　I^2C 总线起始信号

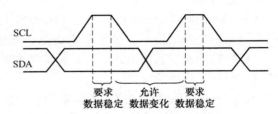

图 9-55　I^2C 总线数据有效性

主机发送起始信号后，会发出寻址信号。器件的地址信号一般有两种，分别是 10 位地址和 7 位地址，本书中只介绍 7 位地址。寻址信号如表 9-20 所示，由 8 位组成，高 7 位是地址信号，最后一位是读写信号，为 0 表示主机接下来对从器件进行写操作，为 1 表示主机接下来对从器件进行读操作。主机发送寻址信号时，I^2C 总线上的每一个器件就会将该寻址信号中的地址码与自己的地址信号相比较，若相同，认为自己正被主机寻址，然后根据 $R/\overline{W}$ 的值来进行读/写操作。

表 9-20　寻址信号组成

位	7	6	5	4	3	2	1	0
	从机地址							$R/\overline{W}$

I^2C 总线中，主机每传输一个字节数据（包括寻址信号与数据）后，从器件都要产生一个应答信号，来向主机汇报是否收到该字节数据。应答信号由从器件产生。在 SCL 信号为高电平期间从器件将 SDA 线拉低，产生应答信号，这就表明数据传输成功。时序图如图 9-56 所示。

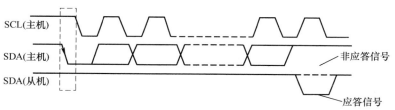

图 9-56　I^2C 总线应答时序图

主机发送寻址信号得到应答后会发送数据，与发送寻址信号类似，每传输完一个字节的数据收到应答后才会进行下一个字节传输。若主机为接收设备，主机对最后一个数据不应答，以向发送设备表示数据传输完成。

当所有的数据传输完成后，主机发送停止信号来结束传输。停止信号是主机在 SCL 高电平期间，SDA 产生一个上升沿信号。如图 9-57 所示。

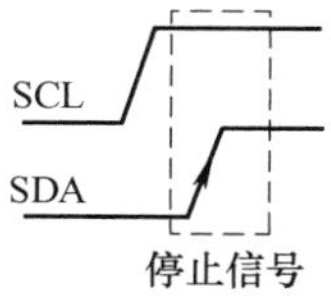

4. 单片机模拟 I^2C 总线通信

由于 I^2C 总线的广泛应用，目前市面上很多电子元器件已经

图 9-57　I^2C 总线停止信号

拥有了 I^2C 总线模块，这些模块是通过硬件操作，免去了用户的操作，使用方便。但是本书所介绍的 51 单片机并不具有 I^2C 总线功能，因此，可以通过编程，使用软件来模拟 I^2C 总线的工作过程。

在主从通信过程中，有以下几种方式：

1）主机向从机单向发送信号，整个过程中，数据方向不变。

2）主机发送寻址信号后，向从机中读取信号。

3）传输过程中双向传递数据，即主机向从机传输数据、从机向主机传输数据，这时，需要将起始信号和寻址信号各重复一次，而两次读/写方向相反。

标准的 I^2C 总线的时序十分严格，所以，为了使数据能够正常传输，在使用软件模拟 I^2C 总线时也应该严格遵守时序。

51 单片机在模拟 I²C 总线通信时，必须要写出的程序有：总线初始化程序、起始信号程序、应答信号程序、停止信号程序、写一个字节程序、读一个字节程序。下面给出相关函数代码，供读者学习参考。

（1）总线初始化程序

```
void IIC_Init( )
{
    SCL = 1 ;            //使用 SCL 前需要定义
    Delay( ) ;          //使用 Delay( ) 前需要定义
    SDA = 1 ;
    Delay( ) ;
}                       //拉高并且释放总线
```

（2）起始信号程序

```
void IIC_Start( )
{
    SDA = 1 ;
    Delay( ) ;
    SCL = 1 ;
    Delay( ) ;
    SDA = 0 ;
    Delay( ) ;
}                       //SCL 高电平期间使得 SDA 产生下降沿
```

（3）应答信号程序

```
void IIC_Respons( )
{
    uchar i = 0 ;
    SCL = 1 ;
    Delay( ) ;
    while( ( SDA == 1 )&&( i < 255 ) )
        i ++ ;
    SCL = 0 ;
    Delay( ) ;
}                       //通过 while( ( SDA == 1 )来判断 SDA 是否被从机拉低
```

（4）停止信号程序

```
void IIC_Stop( )
{
    SDA = 0 ;
    Delay( ) ;
    SCL = 1 ;
    Delay( ) ;
```

```
    SDA = 1;
    Delay( );
}                    //在 SCL 高电平期间使得 SDA 产生上升沿
```

（5）写一个字节程序

```
void IIC_WriteByte( uchar date)
{
    uchar i,temp;
    temp = date
    for( i = 0;i < 8;i ++ )
    {
        temp = temp << 1;
        SCL = 0;
        Delay( );
        SDA = CY;
        Delay( );
        SCL = 1;
        Delay( );
    }
    SCL = 0;
    Delay( );
    SDA = 1;
    Delay( );
}            // temp = temp << 1 是将 temp 的最高位移动到寄存器 PSW 的 CY
             中，将 CY 的值给 SDA，然后在 SCL 为高电平的期间发送出去，
             值得注意的是这里的数据传输是从高位到低位开始传输
```

（6）读一个字节程序

```
uchar IIC_ReadByte( )
{
    uchar i,Data;
    SCL = 0;
    Delay( );
    SDA = 1;
    for( i = 0;i < 8;i ++ )
    {
        SCL = 1;
        Delay( );
        Data = ( Data << 1) | SDA;
        SCL = 0;
        Delay( );
```

```
        }
    Delay( );
    return Data;
}                        //Data 左移一位后将 SDA 传来的数据相组合，依次循环 8 次后一
                          个字节读取完成
```

5. AT24C02 操作时序

AT24C02 是使用 I²C 总线协议的串行芯片，在进行数据传输时，应该使用上述（4）中的时序。其有两种写入方式：一是单个字节写入方式，二是页写入方式。页写入方式是指在一个写入周期内一个字节到一页内的若干字节进行写入。使用页写入可以提高写入速度，但是也极易出现问题。AT24C 系列芯片的片内地址每接收到一个数据后地址自动加 1，所以写入一页字节时，只需要输入该页的首地址。若该页写完后继续写入，则会重新从该页首地址写入，覆盖之前写入的数据，造成数据丢失，这就是"上卷"。解决这种上卷的办法就是每写完一页后用软件对地址加 1。

（1）单字节写入　单字节写入是指一个写入周期内只对 AT24C02 内部的一个字节进行写入，写入格式如图 9-58 所示。

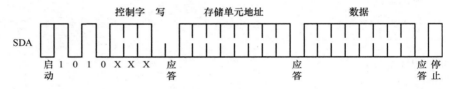

图 9-58　字节写入方式格式

主机先发出启动信号，然后发出寻址信号，得到应答后发出存储单元地址，得到应答后再发出数据，得到应答后发出停止信号。

（2）页写入　页写入是一个写入周期内对 AT24C02 内部某一页进行数据写入，写入格式如图 9-59 所示。

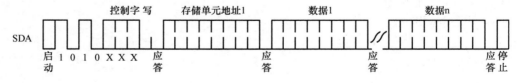

图 9-59　页写入方式格式

同单字节写入类似，写入前都要寻址和发送存储单元地址，然后发送数据，数据发送完成后，存储单元地址自动加 1，发送下一个数据，直到数据发送完成，收到应答信号，发送停止信号。

（3）指定地址读操作　指定地址读是将指向 AT24C02 内部空间的某一地址的字节数据读出来，其读取格式如图 9-60 所示。

主机先发送启动信号，然后发送含有写操作的地址码对器件寻址，再对器件内部的存储单元寻址，应答后再对发送含有读地址码的器件寻址，应答后该地址空间中的数据就会出现在 SDA 线上。

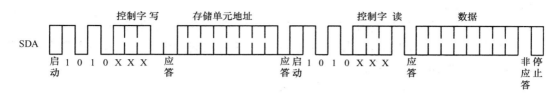

图 9-60　指定地址数据读格式

（4）指定地址连续读操作　指定地址连续读与（3）中指定地址读类似，只不过读取的不是一个数据，而是一连串的数据，其读取格式如图 9-61 所示。

图 9-61　指定地址数据连续读格式

当读取一个数据后，存储单元地址自动加 1，接着读取下一个单元的数据。当要结束读时，只需要加一个非应答信号，然后发送一个停止信号即可。

9.7.3　AT24C02 芯片与 80C51 单片机的接口设计

例 9-15　AT24C02、LCD1602 与 AT89C52 单片机连接的仿真图如图 9-62 所示，用 C51 编程，实现将按键次数写入 AT24C02，然后读出，通过 LCD1602 显示出来。

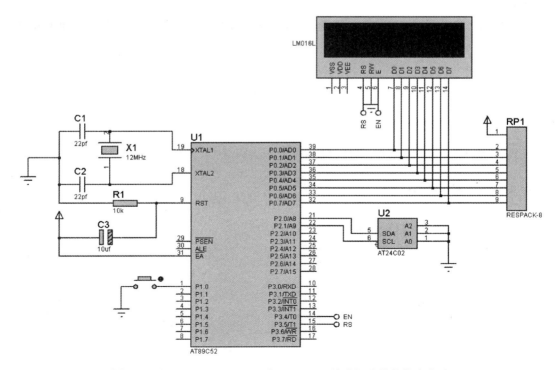

图 9-62　AT24C02、LCD1602 与 AT89C52 单片机连接的仿真电路

解：接口说明如下：

1）液晶的 4 端为向液晶控制器写数据/命令选择端，接单片机的 P3.5 口。

2）液晶的 5 端为读/写选择端，不从液晶读取任何数据，只向其写入数据和命令，因此此端始终选择为写状态，接地。

3）液晶的 6 端为使能端，接单片机的 P3.4 口。

4）液晶的 D0 ~ D7 为数据/指令输入端，与单片机 P0 口通过排阻相连。

5）AT24C02 的 SDA 端与单片机的 P2.0 端相连。

6）AT24C02 的 SCL 端与单片机的 P2.1 相连。

7）AT24C02 的 A2、A1、A0 直接接地，因此 AT24C02 的地址为 1010 000 R/$\overline{W}$。

8）按键与单片机的 P1.0 端相连。

程序设计如下：

```c
#include < reg52. h >
#include < intrins. h >
#define uchar unsigned char
#define uint unsigned int
uchar code dis_table[ ] = "0123456789";
sbit lcden = P3^4;
sbit lcdrs = P3^5;
sbit SDA = P2^0;                 //定义 SDA 线端口
sbit SCL = P2^1;                 //定义 SCL 线端口
sbit Button = P1^0;
void Delay( )                    //I²C 延时函数，延时必须精确，不然无法准确传输数据
{
    _nop_( );
    _nop_( );
    _nop_( );
    _nop_( );
    _nop_( );
}
void DelayMs( uint ms)
{
    uint i;
    while( ms -- )
    for( i = 110; i > 0; i -- );
}
void Write_Com( uchar com)
{
    lcdrs = 0;
    P0 = com;
```

```
        DelayMs(5);
        lcden = 1;
        DelayMs(5);
        lcden = 0;
    }
    void Write_Data(uchar date)
    {
        lcdrs = 1;
        P0 = date;
        DelayMs(5);
        lcden = 1;
        DelayMs(5);
        lcden = 0;
    }
    void init()
    {
        lcden = 0;
        Write_Com(0x38);
        Write_Com(0x0c);
        Write_Com(0x06);
        Write_Com(0x01);
    }
    void IIC_Init()              //定义总线初始化程序
    {
        SCL = 1;                 //使用 SCL 前需要定义
        Delay();                 //使用 Delay()前需要定义
        SDA = 1;
        Delay();
    }
    void IIC_Start()             //定义起始信号程序
    {
        SDA = 1;
        Delay();
        SCL = 1;
        Delay();
        SDA = 0;
        Delay();
    }
    void IIC_Respons()           //定义应答信号程序
```

```
{
    uchar i = 0;
    SCL = 1;
    Delay();
    while((SDA == 1)&&(i < 255))
        i ++;
    SCL = 0;
    Delay();
}
void IIC_Stop()                    //定义停止信号程序
{
    SDA = 0;
    Delay();
    SCL = 1;
    Delay();
    SDA = 1;
    Delay();
}
void IIC_WriteByte(uchar date)  //定义写一个字节程序
{
    uchar i, temp;
    temp = date;
    for(i = 0; i < 8; i ++)
    {
        temp = temp << 1;
        SCL = 0;
        Delay();
        SDA = CY;
        Delay();
        SCL = 1;
        Delay();
    }
    SCL = 0;
    Delay();
    SDA = 1;
    Delay();
}
uchar IIC_ReadByte()               //定义读一个字节程序
{
```

```
        uchar i,Data;
        SCL = 0;
        Delay();
        SDA = 1;
        for(i = 0;i < 8;i ++)
        {
            SCL = 1;
            Delay();
            Data = (Data << 1)|SDA;
            SCL = 0;
            Delay();
        }
        Delay();
        return Data;
}
void Write_add(uchar date,uchar address)    //向 AT24C02 的地址中写数据
{
        IIC_Start();                        //起始信号
        IIC_WriteByte(0xa0);                //寻址信号,AT24C02 的地址为 1010 0000 是写入
        IIC_Respons();                      //应答信号
        IIC_WriteByte(address);             //写入地址
        IIC_Respons();                      //应答信号
        IIC_WriteByte(date);                //写入数据
        IIC_Respons();                      //应答信号
        IIC_Stop();                         //停止信号
}
uchar Read_add(uchar address)               //从 AT24C02 的地址中读取信号
{
        uchar date;
        IIC_Start();                        //开始信号
        IIC_WriteByte(0xa0);                //寻址信号,AT24C02 的地址为 1010 0000 是写入
        IIC_Respons();                      //应答信号
        IIC_WriteByte(address);             //写入地址
        IIC_Respons();                      //应答信号
        IIC_Start();                        //开始信号
        IIC_WriteByte(0xa1);                //寻址信号,AT24C02 的地址为 1010 0001 是读
        IIC_Respons();                      //应答信号
        date = IIC_ReadByte();              //将数据读入到 date 中
        IIC_Stop();                         //停止信号
```

```
        return date;                        //返回 date 的值
    }
    void display(uchar date)
    {
        Write_Com(0x80);
        Write_Data(dis_table[date/100]);
        Write_Data(dis_table[date%100/10]);
        Write_Data(dis_table[date%10]);

    }
    void main()
    {
        uchar num,NUM;
        init();
        IIC_Init();

        while(1)
        {
            if(Button==0)
            {
                DelayMs(10);
                if(Button==0)
                {
                    num=Read_add(0x00);
                    num++;
                    Write_add(num,0x00);
                }
                while(Button==0);
            }
            NUM=Read_add(0x00);
            display(NUM);
        }
    }
```

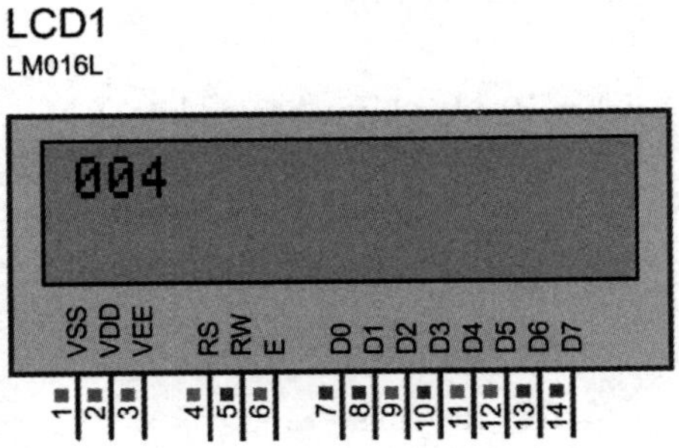

图 9-63　显示效果图

显示效果如图 9-63 所示。

本 章 小 结

　　虽然单片机芯片内部集成了计算机的基本功能部件，但对于规模较大的应用系统，往往还需要扩展一些外围芯片，以增加单片机的硬件资源。

　　单片机外部资源扩展包括片外 ROM/RAM、并行 I/O 口、键盘、显示等的扩展，它们是大多数单片机应用系统必不可少的关键部分。

　　80C51 单片机系统扩展采用三总线结构，即地址总线、数据总线和控制总线，所有片外扩展的器件均是通过这三组总线和单片机相连的，单片机的外部引脚提供了所需的全部三组总线。

　　目前大多数单片机内含的 Flash E^2PROM 数量都达到了 64KB，因此用户很少再进行片外程序存储器的扩展。但单片机的片内数据存储器容量较小，常常要进行数据存储器的扩展。存储器扩展的核心问题是存储器的编址问题。存储器编址涉及两方面问题：一个是存储器片内单元的编址，由芯片内部的地址译码电路完成，用户只需将存储器芯片自身的地址线与单片机的地址线按位号对应相连；另一个是存储器芯片的片选/使能信号产生问题，由单片机剩余的地址线产生。产生存储器芯片片选信号的方法有两种：线选法和译码法。

　　线选法是指直接将高位地址线作为芯片的片选信号，把选定的地址线与芯片的片选/使能端直接连接即可。线选法的特点是电路简单，不需外加逻辑电路，但芯片占用的存储空间不紧凑，而且寻址范围不唯一，可扩展的芯片个数少，适用于小规模单片机应用系统的简单扩展。译码法是利用片外译码电路对系统高位地址线进行译码，产生外围芯片的片选信号。当所有高位地址线都参与译码时称为全译码法，只有部分高位地址线参与译码时称为部分译码法。译码法的特点是对系统地址空间的利用率高，各芯片的地址连续，全译码法中每个芯片上每个单元只有一个唯一的系统地址，不存在地址重叠现象，可扩展较多的外围芯片，但需译码电路。部分译码法也存在地址重叠现象，但地址译码电路简单。译码法适用于较复杂的单片机系统的扩展。

　　单片机系统内部有 4 个 8 位并行 I/O 口，但在系统进行外部扩展时，P0 口与 P2 口作为地址与数据总线使用，P3 口用于第二功能提供部分控制总线，真正的 I/O 口只有 P1 口，不够用，必须进行并行 I/O 口的扩展。

　　并行 I/O 口采用 TTL 或 CMOS 电路进行扩展时，只能用于对输入/输出要求较为简单的系统中。当单片机应用系统中需要较为复杂的 I/O 接口时，应选用专用的由编程设定工作方式的可编程 I/O 接口芯片来扩展。可编程 I/O 接口 8255A 可作为单片机与多种外设连接时的中间接口电路。

　　键盘是单片机应用系统最常用的输入设备，常用的键盘有独立式键盘和行列式键盘。当键数较少时，使用独立式键盘；当键数较多时，使用行列式键盘。这两种键盘的硬件都可以直接由单片机 I/O 口构成，要增加软件或硬件防抖动处理。

　　显示器常作为单片机系统中的输出设备，用以显示单片机系统的运行结果与运行状态等。常用的显示器主要有 LED 数码显示器、LCD 液晶显示器和 CRT 显示器。常见的液晶显示器有七段式 LCD 显示器、点阵字符型 LCD 显示器和点阵图形 LCD 显示器。本章介绍了点阵字符型液晶显示模块 LCD1602、点阵图形液晶显示模块 LCD12864 及其应用。

　　在许多电子设备中，通常会进行一些与时间有关的控制，为节约单片机资源，提高定时功能，很多芯片制造公司都设计出了各种各样的实时时钟芯片，本章介绍了 DALLAS 公司生产的综合性能较高的 DS12C887 实时时钟芯片及其应用。

　　采用具有 I^2C 总线接口的串行 E^2PROM 器件可以很好地解决掉电数据保存问题，且硬件电路简单。本章介绍了 ATMEL 公司生产的 AT24C02 串行 E^2PROM 及其应用。

习　题　9

1. 某系统片外 RAM 的片选电路如图 9-64 所示：RAM 共 7 路，有 2K×8 位和 1K×8 位两种芯片，其片选信号都是低电平有效。请为各路 RAM 芯片注明它的容量和地址范围。

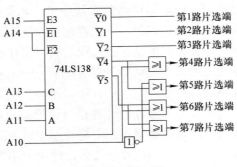

图 9-64　题 1 图

2. 对 AT89C51 单片机外扩 4 片静态 RAM62128 芯片，请画出硬件电路图，写出每片芯片的地址。

3. 8255A 有几种工作方式？如何进行选择？

4. 现有一片 AT89C51 单片机，扩展了一片 8255A，若把 8255A 的 B 口用作输入，每一位接一个开关，A 口用作输出，每一位接一个发光二极管，请用 Proteus 软件画出电路原理图，并编写出 B 口某一位开关接低电平时，A 口相应位发光二极管被点亮的程序。

5. 按照图 9-18 所示 8255A 与 AT89C52 的连接图，用 8255C 口的 PC3 引脚向外输出连续的方波信号，频率为 500Hz。试编程，并用 Proteus 仿真验证。

6. 为什么要进行按键消抖？按键消抖的方法有几种？

7. 按键输入程序应具备哪些功能？

8. 利用 LED 显示器设计一个统计按键次数的系统，能够实时将当前按键次数以十进制形式显示在 2 位 LED 显示器上。

9. LCD1602 与 AT89C52 单片机连接的仿真电路如图 9-36 所示。用 C 语言编程，实现第一行从右侧移入"Hello everyone"，同时第二行从右侧移入"Welcome to here!"，移入速度自定，然后停留在屏幕上。

第 10 章　80C51 单片机的测控接口

单片机用于智能仪表和测控系统时，需要处理大量的外部信息，这些信息除包含数字量外，还可能包含模拟量与开关量信息。

工程实践中经常遇到被测对象的一些物理参数，如温度、流量、压力、位移、速度等，这些参数均是模拟量。虽然这些模拟量已经由传感器、变送器变换成标准的电压或电流信号，但还需要通过模拟量/数字量（A/D）转换器，将其转换成计算机能够处理的相应的数字信号。同样，计算机对模拟量设备进行控制时，如控制电动调节阀、模拟调速系统、模拟记录仪等，就需要将计算机输出的数字信号通过数字量/模拟量（D/A）转换器，转换成外设能够接收的相应的模拟信号。

另一类常见的信号是开关信号，它们来自开关类器件的输入，如拨盘开关、扳键开关、继电器的触点等。当计算机输出控制对象是具有开关状态的设备时，计算机的输出就应该为开关量。

单片机与模拟信号的输入/输出通道接口技术，以及与开关量输入/输出接口技术是构成单片机测控系统的重要内容。

10.1　D/A 转换接口技术

数字量到模拟量的转换称为数/模转换，完成数/模转换的器件称为 D/A 转换器（Digital to Analog Converter），通常用 DAC 表示。DAC 能够将数字量转换成与之成正比的电压或电流信号。

10.1.1　D/A 转换器的基本原理与主要技术指标

1. D/A 转换器的基本原理及分类

数字量是二进制代码的位组合，每一位数字代码都有一定的"权"，并对应一定大小的模拟量。为了将数字量转换成模拟量，应将每一位都转换为相应的模拟量，然后将其求和即可得到与该数字量成正比的模拟量。

目前常用的数/模转换器是由 T 形电阻网络构成的，一般称其为 T 形电阻网络 D/A 转换器，其原理图如图 10-1 所示。计算机输出的数字信号首先传送到数据锁存器（或寄存器）中，然后由模拟电子开关把数字信号的高低电平变成对应的电子开关状态。当数字量某位为 1 时，电子开关就将基准电压源 V_{REF} 接入电阻网络的相应支路；若为 0 时，则将该支路接地。各支路的电流信号经过电阻网络加权后，由运算放大器求和并变换成电压信号，作为 D/A 转换器的输出。

图 10-1 中，V_{REF} 为外加基准电源，R_{fb} 为外接运算放大器的反馈电阻。D7 ~ D0 为控制电流开关的数据。由图可以得到：

$$I = V_{REF}/R$$

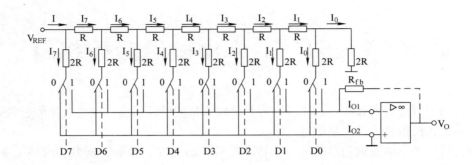

图 10-1　T 形电阻网络 D/A 转换器的原理图

$I_7 = I/2^1$，$I_6 = I/2^2$，$I_5 = I/2^3$，$I_4 = I/2^4$，$I_3 = I/2^5$，$I_2 = I/2^6$，$I_1 = I/2^7$，$I_0 = I/2^8$

当输入数据 D7 ~ D0 为 1111 1111B 时，有

$$I_{O1} = I_7 + I_6 + I_5 + I_4 + I_3 + I_2 + I_1 + I_0 = (I/2^8) \times (2^7 + 2^6 + 2^5 + 2^4 + 2^3 + 2^2 + 2^1 + 2^0)$$

$$I_{O2} = 0$$

若 $R_{fb} = R$，则

$$V_O = -I_{O1} \times R_{fb} = -I_{O1} \times R = -(V_{REF}/(R \times 2^8)) \times (2^7 + 2^6 + 2^5 + 2^4 + 2^3 + 2^2 + 2^1 + 2^0)R$$

$$= -(V_{REF}/2^8) \times (2^7 + 2^6 + 2^5 + 2^4 + 2^3 + 2^2 + 2^1 + 2^0)$$

由此可见，输出电压 V_O 的大小与数字量具有对应的关系。这样就完成了数字量到模拟量的转换。

D/A 转换器的种类很多，依数字量的位数分，有 8 位、10 位、12 位与 16 位 D/A 转换器；依数字量的数码形式分，有二进制码和 BCD 码 D/A 转换器；按信号输入方式可分为并行总线 D/A 转换器和串行总线 D/A 转换器。并行 D/A 转换器通过并行总线接收数据。串行 D/A 转换器通过 I²C 总线、SPI 总线等串行总线接收数据。串行方式占用接口资源少，用于转换速度要求不高的系统。并行方式占用接口资源多，用于转换数据量大，转换速度高的系统。按输出信号的形式可分为电压输出型和电流输出型。电压输出型 D/A 转换器可以直接从电阻阵列输出电压，常作为高速 D/A 转换器使用。电流输出型 D/A 转换器通常需要在其输出端接入一个反相输入的运算放大器，将其转换为电压输出。

早期的 D/A 转换芯片只具有电流输出型的，且不具有输入寄存器。所以在单片机应用系统中使用这种芯片必须外加数字输入锁存器、基准电压源以及输出电压转换电路。这一类芯片主要有 DAC0800 系列（美国 National Semiconductor 公司生产）、AD7520 系列（美国 Analog Devices 公司生产）等。

中期的 D/A 转换芯片在芯片内增加了一些与计算机接口相关的电路及控制引脚，具有数字输入寄存器，能和 CPU 数据总线直接相连。通过控制端，CPU 可直接控制数字量的输入和转换，并且可以采用与 CPU 相同的 +5V 电源供电。这类芯片特别适用于单片机应用系统的 D/A 转换接口。这类芯片有 DAC0830 系列、AD7524 等。

近期的 D/A 转换器将一些 D/A 转换外围器件集成到了芯片的内部，简化了接口逻辑，提高了芯片的可靠性及稳定性。如芯片内部集成有基准电压源、输出放大器及可实现模拟电压的单极性或双极性输出等。这类芯片有 AD558、DAC82、DAC811 等。

2. D/A 转换器的主要技术指标

D/A 转换器的主要技术指标有：

（1）分辨率　分辨率是指 D/A 转换器模拟输出电压可能被分离的等级数。输入数字量位数越多，输出电压可分离的等级越多，在实际应用中往往用输入数字量的位数表示 D/A 转换器的分辨率。此外，D/A 转换器也可以用能分辨的最小输出电压（此时输入的数字代码只有最低有效位为 1，其余各位都是 0）与最大输出电压（此时输入的数字代码各有效位全为 1）之比给出。n 位 D/A 转换器的分辨率为 $\dfrac{1}{2^n - 1}$，表示 D/A 转换器在理论上可以达到的精度。

（2）转换误差　表示 D/A 转换器实际输出的模拟量与理论输出模拟量之间的差别。转换误差的来源很多，如转换器中各元件参数值的误差、基准电源不够稳定和运算放大器零漂的影响等。D/A 转换器的绝对误差（或绝对精度）是指输入端加入最大数字量（全 1）时，D/A 转换器的理论值与实际值之差。该误差值应低于 LSB/2（LSB 即 Least Significant Bit，最低有效位）。

例如，一个 8 位的 D/A 转换器，对应最大数字量的模拟理论输出值为 $\dfrac{255}{256} V_{REF}$，$\dfrac{1}{2} LSB = \dfrac{1}{512} V_{REF}$，所以实际值不应超过 $\left(\dfrac{255}{256} \pm \dfrac{1}{512} \right) V_{REF}$。

（3）建立时间　指输入数字量变化时，输出电压变化到相应稳定电压值所需时间。一般用 D/A 转换器输入的数字量从全 0 变为全 1 时，输出电压达到规定的误差范围（±LSB/2）时所需时间表示。D/A 转换器的建立时间较快，单片集成 D/A 转换器建立时间最短可达 0.1μs 以内。

（4）线性度　也称非线性误差，是实际转换特性曲线与理想直线特性之间的最大偏差。常以相对于满量程的百分数表示。如 ±1% 是指实际输出值与理论值之差在满刻度的 ±1% 之内。

（5）温度系数　指在输入不变的情况下，输出模拟电压随温度变化产生的变化量。一般用满刻度输出条件下温度每升高 1℃，输出电压变化的百分数作为温度系数。

除上述各参数外，在使用 D/A 转换器时还应注意它的输出电压特性。由于输出电压事实上是一串离散的瞬时信号，要恢复信号原来的时域连续波形，还必须采用保持电路对离散输出进行波形复原。

此外还应注意 D/A 的工作电压、输出方式、输出范围和逻辑电平等。

10.1.2　DAC0832 芯片及其与单片机的接口

DAC0832 是美国 National Semiconductor 生产的 DAC0830 系列产品中的一种，该系列芯片具有以下特点：

1）并行 D/A 转换。

2）分辨率 8 位。

3）电流建立时间 1μs。

4）片内二级数据锁存，提供数据输入双缓冲、单缓冲和直通三种工作方式。

5）电流输出型芯片，通过外接一个运算放大器，可以很方便地提供电压输出。

6）输出电流线性度可在满量程下调节。

7）逻辑电平输入与 TTL 兼容，与 80C51 单片机连接方便。

8）单一电源供电（ +5 ~ +15V ）。

9）低功耗，20mW。

1. DAC0832 的结构

DAC0832 的结构如图 10-2 所示。DAC0832 主要由 8 位输入锁存器、8 位 DAC 寄存器和 8 位 D/A 转换器构成，其中输入锁存器和 DAC 寄存器构成了二级输入锁存缓冲，且有各自的控制信号。由图 10-2 可推导出两级锁存控制信号的逻辑关系，第一级：$\overline{LE1} = \overline{CS} + \overline{WR1} \cdot I_{LE}$，第二级：$\overline{LE2} = \overline{WR2} + \overline{XFER}$。当锁存控制信号为 1 时，相应的锁存器处于跟随状态，当锁存控制信号出现负跳变时，将输入信息锁存到相应的锁存器中。

2. DAC0832 的引脚

DAC0832 的引脚如图 10-3 所示，功能如下：

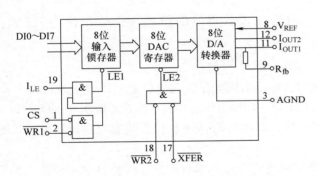

图 10-2　DAC0832 的结构

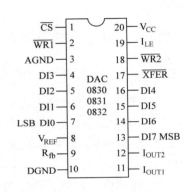

图 10-3　DAC0832 的引脚

DI0 ~ DI7：并行数字量输入端。

$\overline{CS}$：片选信号输入端，低电平有效。

I_{LE}：允许数据锁存输入信号，高电平有效。

$\overline{WR1}$：输入锁存器写选通信号，低电平有效。

$\overline{WR2}$：8 位 DAC 寄存器写选通信号，低电平有效。

$\overline{XFER}$：传送控制信号，低电平有效。

I_{OUT1}：DAC 电流输出 1 端。DAC 锁存的数据位为 "1" 的位电流均流出此端；当 8 位数字量全为 1 时，此电流最大；全为 0 时，此电流为 0。

I_{OUT2}：DAC 电流输出 2 端，与 I_{OUT1} 互补，$I_{OUT1} + I_{OUT2} =$ 常数。

R_{fb}：反馈电阻端，芯片内部此端与 I_{OUT1} 之间接有电阻，当需要电压输出时，I_{OUT1} 接运算放大器的负端，I_{OUT2} 接运算放大器正端，R_{fb} 接运算放大器输出端。

V_{REF}：基准电压输入端，可在 -10 ~ +10V 范围内选择，决定了输出电压的范围。

V_{CC}：数字电源输入（ +5 ~ +15V ）。

AGND：模拟地。

DGND：数字地。

结合两级锁存控制信号的逻辑关系，可分析出当$\overline{CS}$、$\overline{WR1}$、I_{LE} 为 0、0、1 时，数据写入 DAC0832 的第一级锁存，即 8 位的输入锁存器；当$\overline{WR2}$、$\overline{XFER}$ 为 0、0 时，数据由输入锁存器进入第二级锁存，即 DAC 寄存器，并输出给 D/A 转换器，开始 D/A 转换。

3. DAC0832 的工作方式

DAC0832 是电流输出型，需要电压输出时，可以通过连接运算放大器获得电压输出。一般有两种连接方法，一种是连接一个运算放大器，构成单极性输出形式，如图 10-4 所示。

单极性输出电压为：$V_{OUT} = -DV_{REF}/2^n$，D 为数字输入量，V_{REF} 为基准电压。可见，单极性输出 V_{OUT} 的正负极性由 V_{REF} 的极性确定，当 V_{REF} 的极性为正时，V_{OUT} 为负，当 V_{REF} 的极性为负时，V_{OUT} 为正。

在有些应用场合，还需要双极性输出电压，此时需要在输出端连接二级运算放大器，电路连接如图 10-5 所示，同时需要在编码方面进行改变。

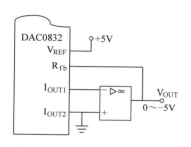

图 10-4　DAC0832 单极性输出电路

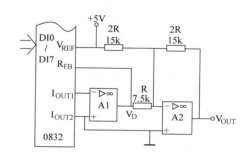

图 10-5　DAC0832 双极性输出电路

在图 10-5 中输入 DI0 ~ DI7 采用偏移二进制代码。所谓偏移二进制代码，就是将 2 的补码的符号位取反，就得到偏移二进制代码。图 10-5 中，输出 V_{OUT} 是两部分的代数和，一部分是由 V_D 引起的 V_{OUTD}，另一部分是由 V_{REF} 经运放 A2 放大得到的 V_{OUTR}，于是可得

$$V_{OUT} = -(V_{OUTD} + V_{OUTR}) = -(2RV_D/R + 2RV_{REF}/2R)$$
$$= -2V_D - V_{REF} = 2DV_{REF}/2^n - V_{REF} = (D/2^{n-1} - 1)V_{REF}$$
$$= (D - 2^{n-1})V_{REF}/2^{n-1}$$

将待转换的数字量的偏移二进制码代替上式中的 D，可求出双极性 V_{OUT}。若 V_{REF} 由正改为负，那么 V_{OUT} 也反相。例如数字量 D 的十进制为 + 127，对应的带符号二进制为 01111111B，偏移二进制代码则为 1111 1111B，此时输出 V_{OUT}（假设 V_{REF} 为正）为

$$V_{OUT} = (255 - 2^7)V_{REF}/2^7 = (127/128)V_{REF} = V_{REF} - 1LSB$$

同理，当数字量 D 的十进制为 -127，对应的带符号二进制数为 1111 1111B，偏移二进制代码则为 0000 0001B，此时输出 OUT 为

$$V_{OUT} = (1 - 2^7)V_{REF}/2^7 = (-127/128)V_{REF} = -(V_{REF} - 1LSB)$$

在双极性输出中，$1LSB = V_{REF}/2^{n-1} = V_{REF}/128$，而单极性输出中，$1LSB = V_{REF}/2^n = V_{REF}/256$。可见双极性输出时的分辨率比单极性输出时降低了 1/2，这是由于对双极性输出而言，最高位作为符号位，只有 7 位数值位。

4. DAC0832 与 80C51 单片机的接口方式

DAC0832 与 80C51 单片机的接口有三种连接方式：直通方式、单缓冲方式和双缓冲方式，可根据需要选择使用。

（1）直通方式　两个锁存器都处于跟随状态，不对数据进行锁存，即控制信号$\overline{CS}$、$\overline{WR1}$、I_{LE}、$\overline{WR2}$和$\overline{XFER}$都预先设置为有效状态，使$\overline{LE_1}$和$\overline{LE_2}$都为 1。这样，D/A 转换不受控制，一旦有数字量输入就立即进行 D/A 转换。因此，DAC0832 的输出随时跟随输入的数字量变化而变化。

（2）单缓冲方式　单缓冲方式有两种实现方法，其一是令两个数据缓冲器一个处于直通方式，另一个处于受控方式，如图 10-6 所示；其二是将两级数据缓冲器的控制信号并联相接，使其同时受控，如图 10-7 所示。

图 10-6 中，第二级数据缓冲（DAC 寄存器）处于直通方式，第一级数据缓冲（输入锁存器）处于受控方式，其中 I_{LE} 接高电平，片选信号$\overline{CS}$与单片机地址线 P2.7 相连，$\overline{WR1}$与单片机的写控制信号$\overline{WR}$相连，这样当 P2.7 = 0，选择好 DAC0832 后，只要 CPU 执行写操作，就会使$\overline{WR1}$ = 0，$\overline{WR2}$ = 0，DAC0832 就能一次完成数字量的输入锁存和 D/A 转换输出。

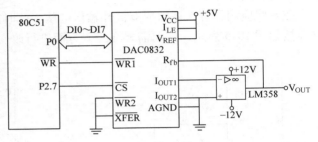

图 10-6　DAC0832 单缓冲方式（一个受控，一个直通）

图 10-7 中，I_{LE}接 +5V，片选信号$\overline{CS}$与$\overline{XFER}$都与地址线 P2.7 相连，两级寄存器的写信号都与单片机的写控制信号$\overline{WR}$相连，这样当 P2.7 = 0，选择好 DAC0832 后，只要 CPU 执行写操作，就会使$\overline{WR1}$ = $\overline{WR2}$ = 0，DAC0832 就能一次完成数字量的输入锁存和 D/A 转换输出。

以上两种方式，由于 DAC0832 具有数字量的输入锁存功能，因此数字量

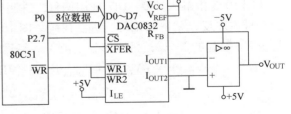

图 10-7　DAC0832 单缓冲方式（两个同时受控）

可以直接从单片机的 P0 口送入 DAC0832。另外，由于都只需要一条地址线用于片选，因此单缓冲方式下，DAC0832 的端口地址只有一个。图 10-6 和图 10-7 中，使用的都是 P2.7，端口地址都为 7FFFH。

单缓冲方式易于实现、编程简单，适用于只有一路模拟量输出，或者多路模拟量不要求同步输出的应用系统。

（3）双缓冲方式　双缓冲方式是指二级数据缓冲分别受控，如图 10-8 所示。1# DAC 和 2#DAC 的片选信号$\overline{CS}$分别接单片机的地址线 P2.5 和 P2.6，2 片 DAC 的传送控制信号$\overline{XFER}$并接与单片机的地址线 P2.7 相连，故 2 片 DAC 的第一级数据锁存是分别受控的，而第二级数据锁存是同时受控的，才能实现 2 片 DAC 同步输出模拟量。因此，数字量输入锁存和 D/A

转换输出分两步完成。首先，将数字量分别送入各路 DAC 的输入寄存器；然后，控制各路 DAC 将各自输入寄存器中的数据，同时送入 DAC 寄存器，进行 D/A 转换输出。

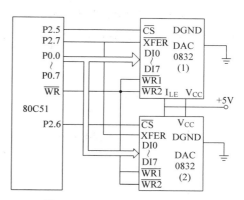

对于 1 片 DAC 来说，由于 $\overline{CS}$ 和 $\overline{XFER}$ 分别接单片机的地址线，因此占用两个 I/O 端口地址，输入寄存器和 DAC 寄存器各占一个，分别对应于两步完成 D/A 转换所需的地址。根据图 10-8 的接线，1 # DAC 和 2 #DAC 的输入锁存器的地址分别为 DFFFH 和 BFFFH，2 片 DAC 的 DAC 寄存器的地址同为 7FFFH。

图 10-8　DAC0832 双缓冲方式

双缓冲方式适用于多路 D/A 转换器接口，控制多路 DAC 同步输出不同模拟电压的单片机系统。

5. 应用举例

例 10-1　设计 DAC0832 与 AT89C52 单片机连接的仿真电路，编写程序用 DAC0832 芯片生成三角波。

解： DAC0832 与 AT89C52 单片机连接的仿真电路如图 10-9 所示，为了输出电压信号生成所需要的三角波，采用 μA741 运算放大器将电流信号转换为电压信号。转换后输出的电压值为 $-D \times V_{REF}/255$，其中 D 为输出的数据字节，将输出的字节值先从 0 ~ 255 递增，再从 255 ~ 0 递减，如此循环，输出电压值先由 0 ~ -5V 递减，再从 -5 ~ 0V 递增，依次循环，就可以形成三角波。

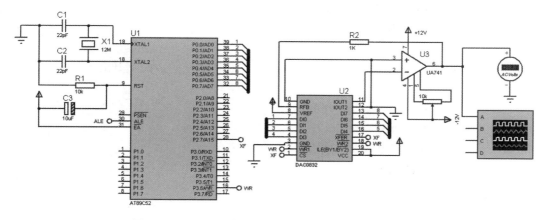

图 10-9　DAC0832 与 AT89C52 单片机连接的仿真电路

程序设计如下：

```
/ * 用 DAC0832 生成三角波 * /
#include  < reg52. h >
#include  < absacc. h >
#define uint unsigned int
#define uchar unsigned char
```

```
#define DAC0832 XBYTE[0x7fff]
void DelayMS(uint ms)                              //延时程序
{
    uchar i;
    while(ms --)
    {
        for(i = 0;i < 120;i ++);
    }
}
void main()                                        //主程序
{
            uchar i;
            uchar k;
            k = 0;                                 //k 为三角波上升和下降的标志位
            i = 0;
    while(1)                                        //循环输出三角波
    {
        if(k == 0)                                 //输出三角波的下降沿
        {
            i ++;
            DAC0832 = i;
            if(i == 255)k = ~k;
            DelayMS(1);
        }
        else                                        //输出三角波的上升沿
        {
            i --;
            DAC0832 = i;
            if(i == 0)k = ~k;
            DelayMS(1);
        }
    }
}
```

例 10-2　针对图 10-8 所示电路，设计使 DAC0832（1）输出锯齿波、DAC0832（2）输出三角波的程序，并用 Proteus 仿真验证。

解： 根据图 10-8 设计的 Proteus 仿真电路如图 10-10 所示。

程序设计如下：

／＊采用两片 DAC0832 同时生成三角波与锯齿波的程序 ＊／

#include ＜reg52.h＞

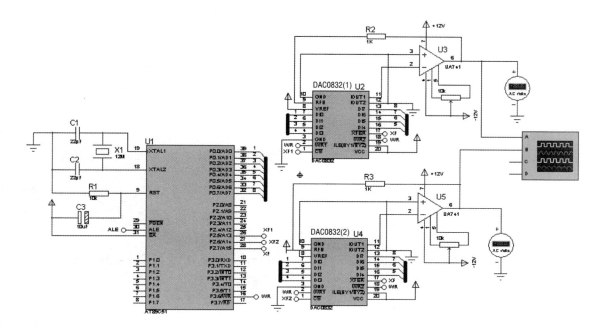

图 10-10　DAC0832 双缓冲方式 Proteus 仿真电路

```
#include  < absacc. h >
#define uint unsigned int
#define uchar unsigned char
uchar xdata  * DAC0832;
void DelayMS( uint ms)                    //延时程序
{
    uchar i;
    while( ms -- )
    {
        for( i = 0; i < 120; i ++ );
    }
}
void main( )                              //主程序
{
    uchar i,k,l;
    k = 0, i = 0, l = 0;
    while( 1 )
    {
    DAC0832 = 0xDFFF;                     //指向(1)号 DAC 的第一级锁存器
    if( k == 0)                           //输出三角波
        {
```

```
        i ++;                          //数字量递增
        * DAC0832 = i;
        if( i ==255) k = ~ k;
        DelayMS(1);
        }
    else
    {
        i --;                          //数字量递减
        * DAC0832 = i;
        if( i ==0) k = ~ k;
        DelayMS(1);
    }
        DAC0832 = 0xBFFF;              //指向(2)号 DAC 的第一级锁存器
        * DAC0832 = l;                //输出锯齿波
          l ++;
        DelayMS(1);
        DAC0832 = 0x7FFF;             //指向(1)号和(2)号的 DAC 锁存器地址
        * DAC0832 = 0x00;            //2 个数据同时由第一级向第二级传送
    }
    }
```

输出的仿真波形如图 10-11 所示。

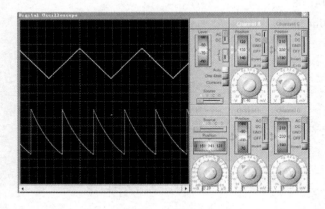

图 10-11　DAC0832 双缓冲方式同时输出三角波与锯齿波的仿真波形图

10.2　A/D 转换接口技术

模拟量到数字量的转换称为模/数转换，完成模/数转换的器件称为 A/D 转换器（Analog to Digital Converter），通常用 ADC 表示。ADC 能够将电压信号转换为与之成比例的数字量。

按照转换原理，A/D 转换器可分为逐次逼近式 A/D 转换器、双积分式 A/D 转换器、计数式 A/D 转换器和并行式 A/D 转换器。其中常用的是逐次逼近式 A/D 转换器和双积分式 A/D 转换器。逐次逼近式 A/D 转换器的精度、速度和价格比较适中，是最常用的 A/D 转换器件。双积分式 A/D 转换器转换精度高、抗干扰性好、价格便宜，但转换速度较慢，在转换速度要求不高的场合应用较为广泛。本节介绍最常用的逐次逼近式 A/D 转换器。

10.2.1　A/D 转换器原理与技术指标

1. A/D 转换器的原理

逐次逼近型 A/D 转换器的原理是"逐位比较"，其过程与用砝码在天平上称物体质量类似。用砝码在天平上称物体质量的示意图如图 10-12 所示，当被测物体放入左面的盘中后，我们就按从大到小的顺序先将最大砝码放入右面的盘中进行称量，如果此时天平向右倾斜，则从盘子中取出这个砝码，换成比它小一点的砝码重新称量，如此反复地称量下去，最后盘中所装砝码的总重量就是物体重量的近似值。

逐次比较型的 A/D 转换器主要是由 D/A 转换器、逐次逼近寄存器和比较器构成的，如图 10-13 所示。当模拟量 V_{IN} 送入比较器后，启动 A/D 转换器开始进行转换。首先，由控制逻辑将逐次逼近寄存器最高位 D_{n-1} 置为 1，其他位清零（相当于先放一个最重的砝码）。经 D/A 转换后得到满量程一半的模拟电压 V_N，V_{IN} 与 V_N 经比较器进行比较，若 $V_{IN} \geq V_N$，则保留 D_{n-1} 为 1；若 $V_{IN} < V_N$，则 D_{n-1} 清零。最高位确定后，控制逻辑使寄存器次高位 D_{n-2} 置 1，与最高位的结果一起经 D/A 转换后再与 V_{IN} 比较，根据比较结果确定次高位。接下来是 D_{n-3}、D_{n-4} 等，不断重复上述过程，直至确定最低位 D_0 为止。这时，控制逻辑电路就可以发出转换结束信号了。转换后的数字量经输出锁存缓冲器读出。整个转换过程就是一个由高到低逐位比较、逐次逼近的过程。

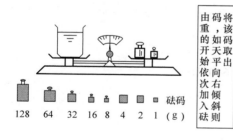

图 10-12　用砝码在天平上称物体质量的示意图

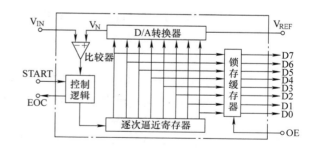

图 10-13　逐次比较型的 A/D 转换器原理图

2. A/D 转换器的技术指标

（1）分辨率　分辨率是指输出数字量变化一个最低有效位 LSB 时，所对应的输入模拟量的最小变化量。A/D 转换器的分辨率定义为满刻度电压与 2^n 之比值，其中 n 为 ADC 的位数，即 $\Delta = V_{NFS} \times \dfrac{1}{2^n}$，其中 V_{NFS} 为满刻度值。分辨率衡量的是 ADC 对输入电压微小变化的响应能力，分辨率越高，对输入量的微小变化反应越灵敏。

（2）量化误差　ADC 把模拟量变为数字量，用数字量近似表示模拟量，这个过程称为量化。量化误差是 ADC 的有限位数对模拟量进行量化而引起的误差。实际上，要准确表示模拟量，ADC 的位数需很大甚至无穷大。一个分辨率有限的 ADC 的阶梯状转换特性曲线与具有无限分辨率的 ADC 转换特性曲线（直线）之间的最大偏差即是量化误差。如图 10-14 所示。

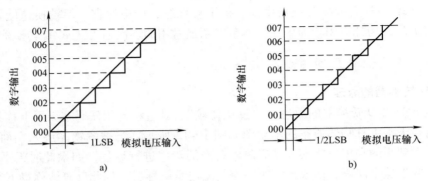

图 10-14　ADC 的转换特性
a）未偏移时　b）偏移后

（3）转换时间与转换速率　转换时间是指完成一次 A/D 转换所需的时间，即从启动转换开始到得到稳定的数字输出量为止所需的时间。转换速率是转换时间的倒数，即每秒钟转换的次数。

（4）转换精度　转换精度反映 A/D 转换器实际输出数字量与理论输出值的接近程度。可以表示成绝对精度或相对精度，但是转换精度所对应的误差不包括量化误差。

（5）量程　量程是指 A/D 能够转换的电压范围，如 $0 \sim +5\mathrm{V}$，$-10 \sim +10\mathrm{V}$ 等。

10.2.2　ADC0809 芯片及其与单片机的接口

ADC0809 是典型的逐次逼近式 8 位 A/D 转换器，有 8 个模拟量输入通道，可对 8 路模拟信号轮流进行 A/D 转换，特点如下：

1）分辨率为 8 位。

2）转换时间为 $100\mu\mathrm{s}$（当外部时钟输入频率 $f_c = 640\mathrm{kHz}$ 时）。

3）单一 +5V 电源供电，模拟输入电压范围为 $0 \sim +5\mathrm{V}$。

4）具有锁存控制的 8 通道多路输入模拟开关。

5）可锁存三态输出，输出与 TTL 电平兼容。

6）功耗为 15mW。

7）不必进行零点和满度调整。

转换速度取决于芯片外接的时钟频率。时钟频率范围：$10 \sim 1280\mathrm{kHz}$。典型值为：时钟频率 640kHz，转换时间约为 $100\mu\mathrm{s}$。

1. ADC0809 的内部结构

ADC0809 的内部结构如图 10-15 所示。主要由 8 位 A/D 转换器、8 路模拟量选择开关、通道地址锁存与译码电路和三态输出锁存器构成。8 路模拟量受选择开关的控制，同一时刻只有一路可以进入 A/D 转换器，通道号由地址译码电路根据 A、B、C 的值给出，转换成 8 位数字量后经输出锁存器并行输出。改变 A、B、C 三位的值，就可以选择不同的模拟量输入通道。

2. ADC0809 的引脚功能

ADC0809 的引脚如图 10-16 所示，功能如下：

1）IN7～IN0：8 路模拟量的输入端，8 路模拟量分时共用一个 A/D 转换器，由 C、B、A 决定当前的其中一路模拟量。

2）C、B、A：多路开关选择输入端，选通 IN7～IN0 中的一路模拟量。三位地址与所选通道的对应关系见表 10-1。

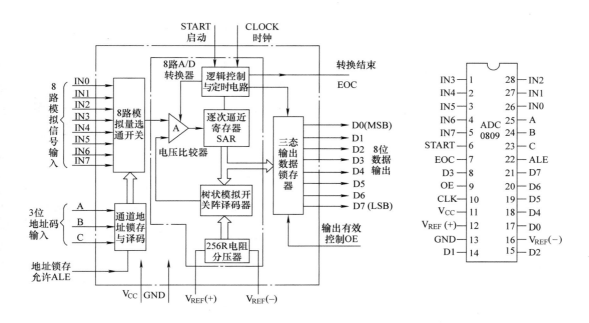

图 10-15　ADC0809 的内部结构　　　　　　图 10-16　ADC0809 的引脚

表 10-1　地址和通道的对应关系

C	B	A	所选通道
0	0	0	IN0
0	0	1	IN1
0	1	0	IN2
0	1	1	IN3
1	0	0	IN4
1	0	1	IN5
1	1	0	IN6
1	1	1	IN7

3）ALE：地址锁存允许信号输入端，上升沿锁存 C、B、A 三位地址信息，并据此选通 IN7～IN0 中的一路模拟量进行 A/D 转换。

4）D7～D0：8 位数字量输出端，D7 为最高有效位，D0 为最低有效位。可直接与单片机数据总线相连。

5）START：启动转换信号输入端，正脉冲有效。脉冲上升沿清除逐次逼近寄存器；下降沿启动 A/D 转换。

6）EOC：转换结束信号输出端，在 START 信号上升沿之后 1～8 个时钟周期内，EOC 信号变为低电平，当转换结束后，EOC 变为高电平。常作为查询方式下的状态信号或中断方式下的请求信号，此时，该引脚可经反相后与单片机的$\overline{INT0}$或$\overline{INT1}$引脚相连。

7）OE：输出允许信号输入端，高电平有效。有效时，打开输出锁存器的三态门，允许转换结果输出。

8）CLOCK：时钟输入端，时钟频率允许范围为 10～1280kHz，典型频率 640kHz。

9）V_{CC}：工作电源输入端，典型值为 +5V。

10）V_{REF}（＋）：基准电压（＋）输入，一般与 V_{CC} 相连。

　　　V_{REF}（－）基准电压（－）输入，一般与 GND 相连。

11）GND：模拟和数字地。

3. ADC0809 与单片机的接口

ADC0809 与单片机的典型接口如图 10-17 所示。

通常用单片机的地址线作为 ADC0809 的模拟量通道选择输入端 C、B、A 的输入信号，可以用低 8 位地址（P0.7～P0.0），也可以用高 8 位地址（P2.7～P2.0），如果接口比较空闲，P1 口或 P3 口也可以作为 C、B、A 的输入信号。

转换结束后，根据 EOC 的连接可以有三种方式读取转换结果：与 I/O 线相连时，可以采用查询方式；反相后与$\overline{INT0}$或$\overline{INT1}$引脚

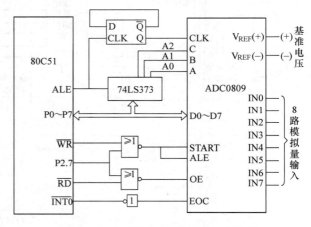

图 10-17　ADC0809 与单片机的接线图

相连时，可以采用中断方式；悬空不接时，可以采用定时方式（只要保证定时的时间大于转换时间即可）。

CLK 时钟输入信号频率的典型值为 640kHz。由于 640kHz 频率的获取比较复杂，因此在实际应用中多是由单片机的 ALE 提供，当 f_{osc} = 6MHz 时，ALE 引脚的频率为 1MHz，再经 2 分频后为 500kHz，可用作 CLK 时钟信号。

由于 ADC0809 输出具有三态锁存，所以其数据输出端可以直接与单片机的各并行口相连。

START 与 ALE 信号连在一起，这样，在 START 端加上高电平启动信号的同时，将通道号进行锁存。START 与 ALE 信号一起作为$\overline{WR}$与 P2.7 经"或非"后的输出，这样，当对 P2.7 进行写操作时，会在"或非"门的输出端形成脉冲，脉冲的上升沿使 ALE 信号有效，将通道地址进行锁存，由此选通 IN0～IN7 中的一路模拟量进行转换，紧接着在脉冲的下降沿启动 A/D 转换。

$\overline{RD}$与 P2.7 经"或非"后与 OE 相连，因此对 P2.7 进行读操作时，OE 信号有效，将输出三态锁存器打开，输出转换后的结果。注意，只有在 EOC 信号有效后，读 P2.7 才有意义。

4. 应用举例

例 10-3 以 AT89C51 单片机作为控制核心，用 ADC0809 作为 A/D 转换器对电位器上在 0 ~ 5V 范围变化的电压进行测量，用数码管显示测量结果，实现数字电压表的功能。设计数字电压表的 Proteus 仿真电路与相应的软件程序。

解： 根据题目要求，设计的数字电压表仿真电路如图 10-18 所示。由于电路比较简单，所以 ADC0809 的数据输出直接接单片机的 P1 口，用单片机的定时器 0 在 P3.3 引脚输出方波，以此方波作为时钟信号。转换结束信号可以使用查询方式，也可以使用中断方式，本题中将 EOC 接 P3.1，准备采用查询方式检测转换结束信号。ADC0809 转换器的转换结果显示在 4 位七段共阳数码显示电路上，七段码的段选信号接单片机的 P0 口，位选信号的后三位接 P2 口的 P2.5、P2.6、P2.7。电位器输入电压信号接于 ADC0809 的 IN1 端。

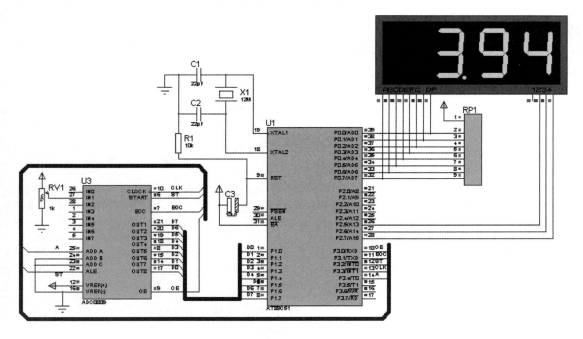

图 10-18　用 ADC0809 作为 A/D 转换器进行电压测量的电路

程序设计如下：

```
/ * 用 ADC0809 进行电压测量 * /
#include  < reg51. h >
#define uint unsigned int
#define uchar unsigned char
sbit dp = P0^0;
uchar code LEDData[ ] = {0x03,0x9f,0x25,0x0d,0x99,0x49,0x41,0x1f,0x01,0x09};
                        //0 ~ 9 的字符编码
sbit OE  = P3^0;
```

```c
sbit EOC = P3^1;
sbit START = P3^2;
sbit CLK = P3^3;                    //P3.3 引脚输出时钟信号
void DelayMS(uint ms)
{
    uchar i;
    while(ms --)
    {
        for(i = 0;i < 120;i ++);
    }
}
void Display_Result(uint d)
{
    P2 = 0x80;                      //显示个位数
    P0 = LEDData[d%10];
    DelayMS(5);
    P2 = 0x40;
    P0 = LEDData[d%100/10];         //显示十位数
    DelayMS(5);
    P2 = 0x20;                      //显示百位数
    P0 = LEDData[d/100];
    dp = 0;                         //点亮百位的小数点
    DelayMS(5);
}
void main()
{
    uint v;
    TMOD = 0x02;                    //定时器 0 工作于方式 2
    TH0 = 0x14;                     //初值位 20
    TL0 = 0x14;
    IE = 0x82;
    TR0 = 1;
    P3 = 0x1f;                      //选中通道 1, CLK = 1, START = 1, EOC = 1, OE = 1
    while(1)
    {
        START = 0;
        START = 1;
        START = 0;                  //启动 A/D 转换, 锁存通道地址
        while(EOC == 0);            //等待转换结束
```

```
        OE = 1;                    //允许转换结束输出
        v = P1 * 1.9607843;        //5V 时输出的数字量为 2.55, 为了使 5V 时输出
                                   5.00, 要乘以比例系数

        Display_Result(v);
        OE = 0;
    }
}
    void Timer0_INT( ) interrupt 1
{
    CLK = ! CLK;
}
```

10.3　串行 A/D 转换器 TLC2543 与 80C51 单片机的接口

10.3.1　TLC2543 的性能及引脚说明

　　TLC2543 是 TI 公司生产的一款 12 位串行 A/D 转换器, 采用了开关电容逐次逼近的技术, 同时采用了串行接口技术, 与 ADC0809 相比, 大大节省了单片机的 I/O 接口资源, 并且价格适中, 有着广泛的应用。

　　TLC2543 有以下的特点:

　　1) 精度高, 是 12 位分辨率的 A/D 转换器。

　　2) 转换速度快, 在工作温度范围内, 转换时间为 $10\mu s$。

　　3) 11 个模拟输入通道。

　　4) 3 路内置自测试方式。

　　5) 采样率为 66kbit/s。

　　6) 最大线性误差为 +1LSB。

　　7) 有转换结束输出 EOC。

　　8) 具有单、双极性输出。

　　9) 可编程的 MSB 或 LSB 前导。

　　10) 可编程的输出数据长度。

　　TLC2543 的引脚排列图如图 10-19 所示。图中 AIN0 ~ AIN8 (1 ~ 9 脚) 为模拟信号输入 0 ~ 8 端; AIN9 ~ AIN10 (11 ~ 12 脚) 为模拟信号输入 9 端和 10 端; DATA INPUT (17 脚) 为串行数据输入端; DATA OUT (16 脚) 为 A/D 转换结果串行输出端; REF - (13 脚) 为负基准电源; REF + (14 脚) 为正基准电源; I/O CLOCK (18 脚) 为 I/O 时钟; EOC (19 脚) 为转换结束端; $\overline{CS}$ (15 脚) 为片选端; GND (10 脚) 为电源地; V_{CC} (20 脚) 为电源正极。

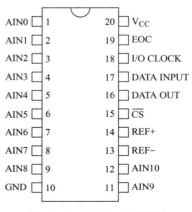

图 10-19　TLC2543 引脚图

10.3.2　TLC2543 的工作过程

TLC 的工作过程分为两个部分，分别是 I/O 周期和 A/D 转换周期。

1. I/O 周期

I/O 周期是通过外部提供的 I/O CLOCK 所定义的，分为 8、12 和 16 个时钟周期，这三种不同的周期决定了输出数据的长度。TLC2543 在进入 I/O 周期后，会进行两种操作，分别是读取 DATA INPUT 输入的控制字与在 DATA OUT 输出上一次的 A/D 转换值。

（1）读取 DATA INPUT 输入的控制字　想要正确地使用 TLC2543，对 TLC2543 的设置是非常重要的。TLC2543 的设置是通过控制字来实现的，控制字决定了 TLC2543 要转换的模拟通道号、转换后的输出数据长度和输出数据格式。

控制字的高 4 位（[D7..D4]）决定了 A/D 转换的通道号。例如，0000 对应的是 AIN0 通道，1000 对应的是 AIN8 通道。由于 TLC2543 一共有 11 条模拟输入通道 AIN0 ~ AIN10，其分别对应的控制字为 0000 ~ 1010。当控制字的高 4 位为 1011 ~ 1101 时，不再对应选择模拟通道号，而是对 TLC2543 进行自检，当通道号为 1110 时，TLC2543 就进入休眠模式，降低系统能耗。

控制字的低 4 位（[D3..D0]）决定了输出数据的长度与格式。D3、D2 这两位决定了数据的输出长度。TLC2543 一共可以输出 3 种长度的数据，分别是 8 位、12 位、16 位。其中，8 位输出是取 12 位输出数据的高 8 位，16 位输出是在 12 位数据输出前补 4 个 0。因此，12 位输出和 16 位输出精度相同。D3D2 取值与长度见表 10-2 所示。

表 10-2　D3D2 取值与数据输出长度

控制字 [D3 D2]	数据长度
00	12 位
01	8 位
10	12 位
11	16 位

D1 决定了数据先输出高位还是低位。D1 = 1 时，表示先输出低位（LSB）；D1 = 0 时，表示先输出高位（MSB）。

D0 决定了数据输出的极性。D0 = 0，数据输出单极性（无符号二进制）；D0 = 1，数据输出双极性（有符号二进制）。

综上所述，如果想要对模拟通道 2 采样，并且输出 12 位单极性无符号、高位在前的数据时，[D7..D0] 可以设置为：0010 0000 或者是 0010 1000。

（2）在 DATA OUT 输出上一次的 A/D 转换值　当 $\overline{CS}$ 保持为低电平时，第一个数据出现在 EOC 的上升沿；若 TLC2543 由 $\overline{CS}$ 控制，那么第一个数据输出在 $\overline{CS}$ 的下降沿，这个数据是前一次 A/D 转换的结果。输出数据的第一位后，其余的每个数据都在 I/O CLOCK 的下降沿输出。

2. A/D 转换周期

在 I/O 周期的最后一个 I/O CLOCK 脉冲的下降沿后，EOC 变为低电平，采样值不变，开始 A/D 转换周期。通过片内转换器对采样值进行逐次逼近式转换。转换完成后 EOC 变为高电平，转换结果保存在寄存器中，等待下一个 I/O 周期输出。

10.3.3 TLC2543 与 80C51 单片机的接口设计

TLC2543 所使用的串行总线为 SPI，由于本书介绍的 80C51 单片机并不具有 SPI 串行总线，只能采用软件模拟的方式来进行数据传输。TLC2543 的时序图如图 10-20 所示。

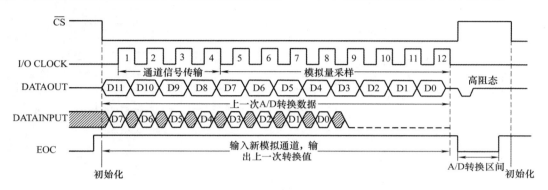

图 10-20 TLC2543 的 12 位工作时序图

从时序图可以看出，TLC2543 上电后，$\overline{CS}$ 必须先从高到低，才能开始工作。初始化后，EOC 是高电平，表示输出寄存器内存储的是上一次转换完成的数据。在 I/O CLOCK 的脉冲作用下，DATA INPUT 开始输入控制字，并且输出上一次的 A/D 转换值。同时第 4 个脉冲完成后，对当前模拟通道模拟量采样。当第 12 个脉冲完成后，EOC 变为低电平，对采样的模拟量开始 A/D 转换，转换时间约为 $10\mu s$，A/D 转换完成后，EOC 变为高电平，将本次转换值保存到输出寄存器，等待下一次输出。

TLC2543 输出的 12 位二进制数据 N 和模拟电压 U 之间的关系为：

$$N = \frac{U - V_{ref}^-}{V_{ref}^+ - V_{ref}^-} \left(2^{12} - 1\right)$$

当 V_{ref}^+ 为 5V，V_{ref}^- 接地时，公式化简为：

$$N = \frac{U}{5} \times 4095$$

即 $U = N/819$。

例 10-4 仿真电路如图 10-21 所示，以 80C51 单片机为核心，TLC2543 作为 A/D 转换器对电位器上 0~5V 范围变化的电压进行检测，用 LCD1602 显示检测结果，实现数字电压表功能。

解：接口说明如下：

1）液晶的 4 端为向液晶控制器写数据/命令选择端，接单片机的 P3.5 口。

2）液晶的 5 端为读/写选择端，不从液晶读取任何数据，只向其写入数据和命令，因此此端始终选择为写状态，接地。

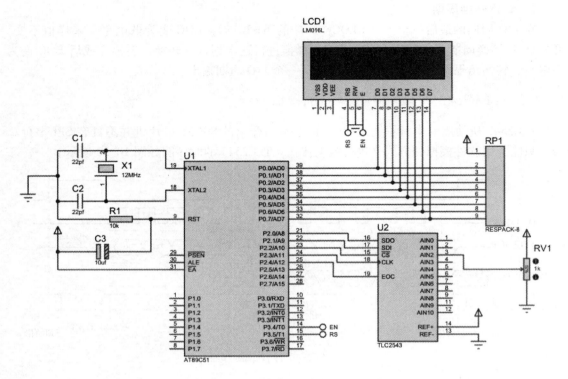

图 10-21 TLC2543 与 AT89C51 单片机连接仿真电路

3）液晶的 6 端为使能端，接单片机的 P3. 4 口。

4）液晶的 D0 ~ D7 端为数据/指令输入端，与单片机 P0 口通过排阻相连。

5）TLC2543 的 16 脚为数据输出端，和单片机的 P2. 0 口相连。

6）TLC2543 的 17 脚为数据输入端，和单片机的 P2. 1 口相连。

7）TLC2543 的 15 脚为选通端，和单片机的 P2. 2 口相连。

8）TLC2543 的 18 脚为时钟信号端，和单片机的 P2. 3 口相连。

9）TLC2543 的 19 脚为 A/D 转换完成端，和单片机的 P2. 4 口相连。

10）TLC2543 的 13 脚为负参考电压端，直接接地。

11）TLC2543 的 14 脚为正参考电压端，接 5V 电源。

12）TLC2543 的 3 脚为模拟电压输入端，接电位器中间抽头。

程序设计如下：

```
#include < reg52. h >
#include < intrins. h >
#define uchar unsigned char
#define uint unsigned int
uchar code dis_table0[ ] = "0123456789" ;
uchar code dis_table1[ ] = " Voltage : " ;
sbit lcden = P3^4 ;
sbit lcdrs = P3^5 ;
```

```
sbit SDO = P2^0;
sbit SDI = P2^1;
sbit CS = P2^2;
sbit CLK = P2^3;
sbit EOC = P2^4;
/ * * * * 延时程序 * * * */
void DelayMs( uint ms)
{
    uint i;
    while( ms -- )
    for( i = 110;i > 0;i -- );
}
/ * * * * LCD1602 程序 * * * */
void Write_Com( uchar com)
{
    lcdrs = 0;
    P0 = com;
    DelayMs( 5);
    lcden = 1;
    DelayMs( 5);
    lcden = 0;
}
void Write_Data( uchar date)
{
    lcdrs = 1;
    P0 = date;
    DelayMs( 5);
    lcden = 1;
    DelayMs( 5);
    lcden = 0;
}
void init( )
{
    lcden = 0;
    Write_Com( 0x38);
    Write_Com( 0x0C);
    Write_Com( 0x06);
    Write_Com( 0x01);
}
```

```
void display(uint date)
{
    uchar i = 0;
    Write_Com(0x80);
    for(i = 0;i < 8;i++)
    {
        Write_Data(dis_table1[i]);
    }
    Write_Data(dis_table0[date/1000]);
    Write_Data('.');
    Write_Data(dis_table0[date%1000/100]);
    Write_Data(dis_table0[date%1000%100/10]);
    Write_Data(dis_table0[date%10]);
    Write_Data('V');
}
/* * * * TLC2543 程序 * * * */
uint ADC_Convert(uchar Channel)    //CH_i,通道值
{
    uint AD_Val;              //储存 12 位的 A/D 转换结果
    uchar i;
    AD_Val = 0;
    CS = 1;                   //一个转换周期开始
    EOC = 0;
    CLK = 0;                  //为第一个脉冲作准备
    _nop_();
    _nop_();
    CS = 0;                   //CS 置 0,片选有效
    EOC = 1;                  //EOC 开始应设为高电平
    Channel <<= 4;            //将通道值(D7,D6,D5,D4)移入高四位,转换通道设置
    Channel| = 0x02;          //D3,D2,D1,D0 = 0,0,1,0,输出数据为 12 位,先输出低位
    for(i = 0;i < 8;i++)      //将 A/D 转换方式控制字写入 TLC2543,并读取低 8 位
                              //  转换结果
    {
        AD_Val >>= 1;         //将读取结果逐位右移(先输出的是低位)
        CLK = 0;
        _nop_();
        if((Channel&0x80) == 0x80)
        SDI = 1;
        else
```

```
    SDI = 0;
    Channel << = 1;           //在脉冲上升沿,从高位至低位依次将控制字写入 TLC2543
    CLK = 1;
    _nop_();
    if(SDO == 1)              //在脉冲下降沿,TLC2543 输出数据,写入 AD_Val 的
                              //  第 12 位
    {
        AD_Val| = 0x800;
    }
    else
    {
        AD_Val| = 0x000;
    }
}
SDI = 0;                      //8 个数据流输入后,SDI 端必须保持在一个固定的电
                             //  平上,指引 EOC 变高
for(i = 8;i < 12;i ++)       //读取转换值的第 8 至第 11 位
{
    AD_Val >> = 1;
    CLK = 0;
    _nop_();
    CLK = 1;
    _nop_();
    if(SDO == 1)
    {
        AD_Val| = 0x800;     //在脉冲下降沿,TLC2543 输出数据,写入 AD_Val 的
                            //  第 12 位
    }
    else
    {
    AD_Val| = 0x000;        //第 12 位写 '0'
    }
}
CLK = 0;                     //在第 12 个时钟下降沿来临时,EOC 开始变低,对本次
                           //  采样的模拟量进行 A/D 转换
_nop_();                    //给硬件一点转换时间
_nop_();
_nop_();
_nop_();
```

```
        _nop_();
        _nop_();
        CS = 1;                          //停止转换,高电平无效
        EOC = 0;
        return AD_Val;
    }
void main()
{
        uint num,V;
        init();
        while(1)
        {
            num = ADC_Convert(2);
            V = num/819.0 * 1000;        //将取得的数扩大1000倍,方便取各位数
            display(V);
        }
}
```

仿真显示效果图如图 10-22 所示。

图 10-22　TLC2543 仿真显示效果图

10.4　开关量的接口技术

　　开关信号是一种常见的信号,它们来自开关器件的输入,如拨盘开关、扳键开关、继电器的触点等。当计算机输出的对象是具有开关状态的设备时,计算机的输出就应为开关量。一个开关只需 1 位二进制数(0 或 1)就可以表示其两个状态(开或关),所以 8 位字长的计算机一次就可以读入或输出 8 个开关量。开关量的输入与输出,从原理上讲十分简单。CPU 只要通过对输入信息分析是"1"还是"0",即可知开关是合上还是断开。如果控制某个执行器的工作状态,只需送出"0"或"1",即可由操作机构执行。但是由于工业现场存在着电、磁、振动、温度等各种干扰及各类执行器所要求的开关电压量级及功率不同,所以在接口电路中除根据需要选用不同的元器件外,还需要采用各种缓冲、隔离与驱动措施。

10. 4. 1　开关量输入接口

1. 扳键开关与单片机的接口

扳键开关（或钮子开关类器件）可将高电平或低电平经单片机的 I/O 引脚置入单片机，以实现操作分档、参数设定等人机联系的功能。第 4 章例 4-17 就是扳键开关的典型应用。

2. 拨盘开关与单片机的接口

拨盘开关有很多种，常见的是 BCD 码拨盘开关，如图 10-23 所示。拨动正面的拨盘，可置定一个十进制数（在开关正面有该数的数码指示），并转换成 BCD 码（呈现在背面 8、4、2、1 四个引脚上）而输入计算机。拨盘开关用于参数设定，非常直观方便。

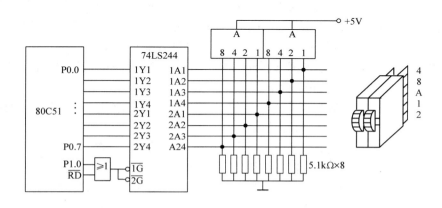

图 10-23　两片拨盘开关与 80C51 的接口

若引脚 A 接高电平，当置定某十进制数时，拨动拨盘会使引脚 A 与 8、4、2、1 四个引脚有一定的接通关系，与引脚 A 接通的将输出高电平，不与引脚 A 接通的输出低电平，从而转换成与该十进制数相当的 BCD 码（8421 码）。例如，拨置数字 5 时，8、4、2、1 脚输出数字编码为 0101，其他依此类推。

当然也可反过来接，即引脚 A 接低电平，这时得到的是与十进制数相当的 BCD 码的反码。将所得的码取反后可以获得相应的 BCD 码。这种接法也比较多见，如要将 n 位十进制数置入计算机，组合成一个拨盘开关组。

10. 4. 2　开关量输出接口

1. 输出接口的隔离

在单片机应用系统中，为防止现场强电磁的干扰或工频电压通过输出通道反串到测控系统，一般采用通道隔离技术。输出通道的隔离最常用的是光耦合器。

光耦合器是以光为媒介传输信号的器件，它把一个发光二极管和一个光敏晶体管封装在一个管壳内，发光二极管加上正向输入电压信号（ > 1.1V）就会发光。光信号作用在光敏晶体管基极，产生基极光电流，使晶体管导通，输出电信号，如图 10-24 所示。

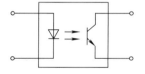

图 10-24　光耦合器的内部结构

　　光耦合器的输入电路与输出电路是绝缘的。一个光耦合器可以完成一路开关量的隔离，如果将光耦合器8个或16个一起使用，就能实现8位数据或16位数据的隔离。

　　光耦合器的输入侧都是发光二极管，但是输出侧有多种结构，如光敏晶体管、达林顿型晶体管、TTL逻辑电路以及光敏晶闸管等。光耦合器的具体参数可查阅有关的产品手册，其主要特性参数有以下几个方面：

　　1）导通电流和截止电流：对于开关量输出场合，光电隔离主要用其非线性输出特性。当发光二极管端通以一定电流时，光耦合器输出端处于导通状态。当流过发光二极管的电流小于某一值时，光耦合器输出端截止。不同的光耦合器通常有不同的导通电流，一般典型值为10mA量级。

　　2）频率响应：由于受发光二极管和光敏晶体管响应时间的影响，开关信号传输速度和频率受光电耦合器频率特性的影响。因此，在高频信号传输中要考虑其频率特性。在开关量输出通道中，输出开关信号频率一般较低，不会受光耦合器频率特性影响。

　　3）输出端工作电流：是指光耦合器导通时，流过光敏晶体管的额定电流。该值表示了光耦合器的驱动能力，一般为mA量级。

　　4）输出端暗电流：是指光耦合器处于截止状态时输出端流过的电流。对光耦合器来说，此值越小越好，以防止输出端的误触发。

　　5）输入输出压降：分别指发光二极管和光敏晶体管的导通压降。

　　6）隔离电压：表示了光耦合器对电压的隔离能力。

　　光耦合器二极管侧的驱动可直接用门电路去驱动。一般的门电路驱动能力有限，常用带OC门的电路（如7406、7407）进行驱动。

2. 继电器输出接口

　　继电器方式的开关量输出，是目前最常用的一种输出方式。在驱动大型设备时，往往利用继电器作为测控系统输出至输出驱动级之间的第一级执行机构。通过该级继电器输出，可完成从低压直流到高压交流的过渡。

　　继电器输出接口如图10-25所示，在经光耦合器光电隔离后，直流部分给继电器控制线圈供电，而其输出触点则可直接与220V市电相接。由于继电器的控制线圈有一定的电感，在关断瞬间会产生较大的反电势，因此在继电器的线圈上常常反向并联一个二极管用于电感反向放电，以保护驱动晶体管不被击穿。不同的继电器，允许驱动电流也不一样。

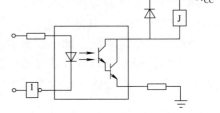

图10-25　继电器输出接口

对于需要较大驱动电流的继电器，可以采用达林顿晶体管输出的光耦直接驱动，也可以在光耦与继电器之间再加一级晶体管驱动。

3. 双向晶闸管输出接口

　　双向晶闸管具有双向导通功能，能在交流、大电流场合使用，且开关无触点。因此在工业控制领域中有着极为广泛的应用。传统的双向晶闸管隔离驱动电路的设计，是采用一般的光隔离器和晶体管驱动电路。现在已有与之配套的光隔离器产品，这种器件称为光耦合双向晶闸管驱动器。与一般的光耦不同，其输出部分是一硅光敏双向晶闸管，有的还带有过零触发检测器，以保证在电压接近为零时触发晶闸管。常用的有 MOC3000 系列等，在不同负载电压下使用，如 MOC3011 用于 110V 交流，而 MOC3041 等可适用于 220V 交流使用。用 MOC3000 系列光耦合器直接驱动双向晶闸管，大大简化了传统晶闸管隔离驱动电路的设计。图 10-26 为 MOC3041 与双向晶闸管的接线图。

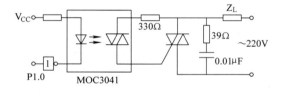

图 10-26　MOC3041 与双向晶闸管的接线图

4. 固态继电器输出接口

固态继电器（SSR）是近些年发展起来的一种新型电子继电器，其输入控制电流小，用 TTL、HTL、COMS 等集成电路或加简单的辅助电路就可直接驱动，因此适宜于在微机测控系统中作为输出通道的控制元件。其输出利用晶体管或晶闸管驱动，无触点。与普通的电磁式继电器和磁力开关相比，具有无机械噪声、无抖动和回跳、开关速度快、体积小、重量轻、寿命长和工作可靠等特点，并且耐冲力、抗潮湿、抗腐蚀，因此在微机测控等领域中，已逐步取代传统的电磁式继电器和磁力开关作为开关量输出控制元件。

图 10-27 是固态继电器的内部逻辑框图。它由光耦合电路、触发电路、开关电路、过零控制电路和吸收电路五部分构成。这五部分被封装在一个六面体外壳内，成为一个整体，外面有四个引脚（图中的 A、B、C、D）。如果是过零型 SSR 就包括"过零控制电路"部分，而非过零型 SSR 则没有这部分电路。

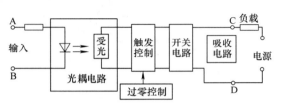

图 10-27　固态继电器内部逻辑框图

固态继电器按其负载类型分类，可分为直流型和交流型两类。

（1）直流型固态继电器　直流型固态继电器主要用于直流大功率控制场合：其输入端为光耦合电路，因此可用 OC 门或晶体管直接驱动，驱动电流一般为 3～30mA，输入电压为 5～30V。因此，在电路设计时可选用适当的电压和限流电阻 R。其输出端为晶体管输出，输出电压为 30～180V。注意在输出端为感性负载时，要接保护二极管，用于防止直流固态继电器由于突然截止所引起的高电压。

（2）交流型固态继电器　交流型固态继电器分为非过零型和过零型，二者都是用双向晶闸管作为开关器件，用于交流大功率驱动场合。图 10-28 为交流型固态继电器的控制波形图。

对于非过零型 SSR，在输入信号时，不管负载电源电压相位如何，负载端立即导通，而过零型必须在负载电源电压接近零且输入控制信号有效时，输出端负载电源才导通，可以抑制射频干扰。当输入端的控制电压撤销后，流过双向晶闸管的负载电流为零时才关断。

对于交流型 SSR，其输入电压为 3～32V，输入电流为 3～32mA，输出工作电压为交流 140～400V。几种交流型 SSR 的接口电路如图 10-29 所示，其中图 10-29a 为基本控制方式，图 10-29b 为 TTL 逻辑控制方式。对于 CMOS 控制要再加一级晶体管电路进行驱动。

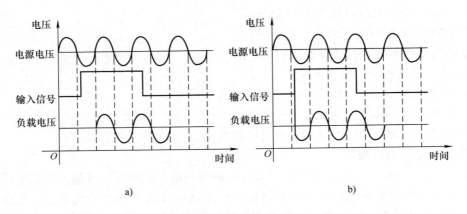

图 10-28　交流型固态继电器的控制波形图

a）过零型　b）非过零型

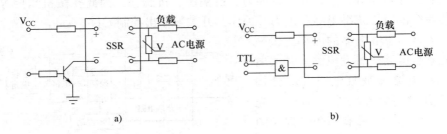

图 10-29　SSR 的驱动方式

a）基本控制　b）TTL 逻辑控制

本 章 小 结

D/A 转换器可以把数字信号转换成模拟信号输出到外围设备，A/D 转换器可以把模拟信号转换成数字信号输入到计算机，它们均是计算机测控系统中常用的芯片。

D/A 转换器主要由基准电压、模拟电子开关、电阻解码网络和运算放大器组成。从分辨率来说，有 8 位、10 位、12 位、16 位之分。位数越多，分辨率越高。DAC0832 是一种常用的 8 位 D/A 转换器，输出为电流型，如要求转换结果为电压，则需外接电流—电压转换电路。DAC0832 有三种工作方式，改变引脚 I_{LE}、$\overline{WR1}$、$\overline{WR2}$、$\overline{XFER}$ 的连接方式，可使 DAC0832 工作于单缓冲器、双缓冲器及直通方式。

A/D 转换器有逐次逼近式、双积分式、计数比较式等。逐次逼近式 ADC 由比较器、D/A转换器、逐次逼近寄存器和控制逻辑组成。ADC0809 为最常用的逐次逼近 A/D 转换器。ADC0809 片内带有三态输出缓冲器，其数据输出线可与单片机的数据总线直接相连。单片机读取 A/D 转换结果，可以采用中断方式或查询方式。

TLC2543 是 12 位串行 A/D 转换器，使用该 A/D 转换器，可以节省单片机的接口资源。

开关量是测控系统中常见的另一类信号，它只具有 "0" 或 "1" 两个状态，即对应着开关的开或合。开关量可以直接输入 80C51 到并行接口，或通过光耦合器输入到并行接口，或由 I/O 扩展芯片输入。

开关量的输出控制着开关类器件，如继电器、电磁阀、晶闸管开关、固态继电器等。考虑到电磁干扰和功率驱动问题，开关量的输出接口要采用隔离技术和驱动技术，常用的隔离技术是光隔离，驱动器件常用 OC 门、集成驱动芯片、晶体管等。

习 题 10

1. D/A 转换器的主要技术指标有哪些? 设某 DAC 为 12 位，满量程输出电压为 5V，它的分辨率是多少?

2. 80C51 单片机与 DAC0832 接口时，有哪三种连接方式? 各有什么特点? 各适合在什么场合使用?

3. A/D 转换器两个最重要的指标是什么?

4. 分析 A/D 转换器产生量化误差的原因，一个 8 位的 A/D 转换器，当输入电压为 0 ~ 5V 时，其最大的量化误差是多少?

5. DAC 和 ADC 的主要技术指标中，"量化误差""分辨率"和"精度"有何区别?

6. 设计 DAC0832 与 AT89C52 单片机连接的仿真电路，编写程序用 DAC0832 芯片生成锯齿波。

7. DAC0832 和 80C51 单片机连接的仿真电路如图 10-30 所示，试编程，使按键 S 按下时，在虚拟示波器上输出正弦波，按键 S 抬起时，在虚拟示波器上输出锯齿波。

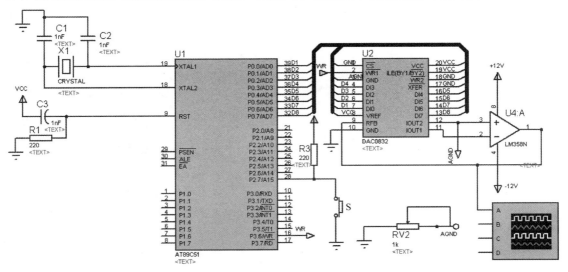

图 10-30 题 7 图

8. ADC0808 是 8 位逐次逼近式 A/D 转换器，它和 AT89C51 单片机的连接如图 10-31 所示，编写程序，调节连接在 ADC0808 模数转换芯片 0 通道的可变电阻器以改变输出脉冲的占空比。

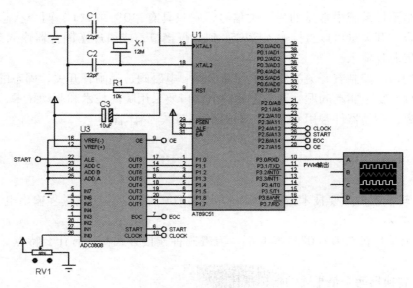

图 10-31　题 8 图

9. 常用的开关型器件输出接口有哪些类型?

10. 固态继电器分为哪几类? 各具有哪些优点?

第11章 单片机应用系统的开发与设计

单片机由于体积小、价格低廉、功能强、使用灵活等优点，在工业控制、智能仪表、航天航空设备、机器人、家电产品等领域得到了广泛应用，尤其在新产品研制、设备的更新改造中具有广泛的应用前景。单片机的应用领域广泛，技术要求各不相同，因此单片机应用系统的设计一般是不同的，但总体设计方法和研制步骤基本相同。

本章首先讲解单片机应用系统的开发过程，接着举几个综合性较强的单片机应用系统设计实例，介绍其硬件与软件设计，同时给出仿真与实验结果。设计实例在不同程度上涵盖了定时器、中断、显示器和键盘等知识点，是前面所讲理论知识和基本技能的综合。读者可以根据本章所提供的技术资料，动手制作这些单片机应用系统，以此来深刻体会单片机应用系统硬件与软件的设计方法，锻炼开发单片机应用系统的能力。

11.1 单片机应用系统的开发过程

单片机应用系统的开发过程包括总体设计、硬件设计、软件设计、在线仿真调试、程序固化等几个阶段。

11.1.1 总体设计

1. 确定技术指标

在开始设计前，必须明确应用系统的功能和技术要求，综合考虑系统的先进性、可靠性、可维护性、成本及经济效益等。再参考国内外同类产品的资料，提出合理可行的技术指标，以达到最高的性能/价格比。

2. 机型选择

机型选择可根据市场情况，挑选成熟、稳定、货源充足的机型产品。同时还应根据应用系统的要求，考虑所选的单片机应具有较高的性能价格比。另一方面为提高经济效益，缩短研制周期，最好选用最熟悉的机种和器件，采用性能优良的单片机开发工具也能加快系统的研制过程。

3. 器件选择

应用系统除单片机以外，通常还有传感器、模拟电路、输入/输出电路等器件和设备。这些器件的选择应符合系统的精度、速度和可靠性等方面的要求。

4. 软、硬件功能划分

系统硬件和软件的设计是紧密联系在一起的，在某些场合硬件和软件具有一定的互换性。为了降低成本、简化硬件结构，某些可由软件来完成的工作尽量采用软件；若为了提高工作速度、精度、减少软件研制的工作量、提高可靠性，也可采用硬件来完成。总之硬、软件两者是相辅相成的，可根据实际应用情况来合理选择。

11.1.2　硬件设计

硬件设计的主要任务是根据总体设计要求，以及在所选机型的基础上，确定系统扩展所要用的存储器、I/O 电路、A/D 及有关外围电路等，然后设计出系统的电路原理图。在硬件设计的各个环节所进行的工作为：

1. 程序存储器的设计

外部扩展的程序存储器种类主要有 EPROM、EEPROM 和 Flash EEPROM。目前大多数单片机生产厂家都提供大容量 Flash EEPROM 型号的单片机，其存储单元数量都达到了 64KB，能满足绝大多数用户的需要，且价格与片内无 ROM 的单片机不相上下，因此用户在大多数情况下没有必要再扩展片外程序存储器。

2. 数据存储器和输入/输出接口的设计

对于数据存储器的容量要求，各个系统之间差别比较大。若要求的容量不大可以选用多功能的 RAM、I/O 扩展芯片，如 8155 等。若要求较大容量的 RAM，原则上应选用容量较大的芯片，以减少 RAM 芯片数量而简化硬件电路。在选择 I/O 接口电路时应从体积、价格、功能、负载等几个方面来考虑。标准的可编程接口电路 8255A 及 8155 接口简单、使用方便、功能强、对总线负载小，因而应用很广泛。但对于有些要求口线很少的应用系统，则可采用 TTL 电路，这样可提高口线的利用率，且驱动能力较大。总之，应根据应用系统总的输入/输出要求来合理选择接口电路。对于 A/D、D/A 电路芯片的选择原则应根据系统对它的速度、精度和价格的要求而确定。除此之外还应考虑和系统中的传感器、放大器相匹配问题。

3. 地址译码电路的设计

80C51 系统有充足的存储器空间，包括 64KB 程序存储器和 64KB 数据存储器，在应用系统中一般不需要这么大的容量。为了简化硬件线路，同时还要使所用到的存储器空间地址连续，通常采用译码法和线选法相结合的办法进行设计。

4. 总线驱动器的设计

80C51 系列单片机扩展功能比较强，但扩展总线负载能力有限。若所扩展的电路负载超过总线负载能力时，系统便不能可靠地工作。此情况下必须在总线上加驱动器。总线驱动器不仅能提高位口总线的驱动能力，而且可提高系统抗干扰性。常用的总线驱动器为单向 8 路三态缓冲器 74LS244、双向 8 路三态缓冲器 74LS245 等。

5. 其他外围电路的设计

单片机主要用于实时控制，应用系统具有一般计算机控制系统的典型特征，系统硬件设计包括与测量、控制有关的外围电路。例如键盘、显示器、打印机、开关量输入/输出设备、模拟量/数字量的转换设备、采样、放大等外围电路。

6. 可靠性设计

单片机应用系统的可靠性是一项最重要、最基本的技术指标，这是硬件设计时必须考虑的一个指标。

可靠性是指在规定的条件下、规定的时间内完成规定功能的能力。规定的条件包括环境条件（如温度、湿度、振动等）、供电条件等；规定的时间一般指平均无故障时间、连续正常运转时间等；规定的功能随单片机的应用系统不同而不同。

单片机应用系统在实际工作中，可能会受到各种外部和内部的干扰，使系统工作产生错误或故障，为了减少这种错误和故障，就要采取各种提高可靠性的措施。常用的措施有：

1）提高元器件的可靠性：在系统硬件设计和加工时应注意选用质量好的电子元器件、接插件，要进行严格的测试、筛选和老化，同时设计的技术参数应留有余量。

2）提高印制电路板和组装的质量，设计电路板时布线及接地方法要符合要求。

3）对供电电源采取抗干扰措施：例如用带屏蔽层的电源变压器，加电源低通滤波器，电源变压器的容量应留有余地等措施。

4）输入/输出通道抗干扰措施：可采用光电隔离电路、双绞线等提高抗干扰能力。

11.1.3　软件设计

在应用系统研制中，软件设计是工作量最大而且也是最重要的一环，其设计的一般方法和步骤如下：

1. 系统定义

系统定义是指在软件设计前，首先要进一步明确软件所要完成的任务，然后结合硬件结构，确定软件承担的任务细节。软件定义内容有：

1）定义各输入/输出接口的功能、信号的类别、电平范围、与系统接口方式、占用端口地址、读取的输入方式等。

2）定义并分配存储器空间，如系统主程序、功能子程序块的划分、常数表格、入口地址表等。

3）若有断电保护措施，应定义数据暂存区标志单元等。

4）面板开关、按键等控制输入量的定义、系统运行过程的显示、运算结果的显示、正常运行和出错显示的定义。

2. 软件结构设计

合理的软件结构是设计出一个性能优良的单片机应用系统软件的基础。可依据系统的定义，把整个工作分解为若干相对独立的操作，再考虑各操作之间的相互联系及时间关系，从而设计出一个合理的软件结构。

对于简单的单片机应用系统，可采用顺序结构设计方法，其系统软件由主程序和若干个中断服务程序构成，明确主程序和中断服务程序完成的操作，指定各中断的优先级。

对于复杂的实时控制系统，可采用实时多任务操作系统，此操作系统应具备任务调度、实时控制、实时时钟、输入/输出和中断控制、系统调用、多个任务并行运行等功能，以提高系统的实时性和并行性。

在程序设计方法上，模块化程序设计是单片机应用中最常用的程序设计方法。这种模块化程序便于设计和调试、容易完成并可供多个程序共享，但各模块之间的连接有一定的难度。根据需要也可采用自上而下的程序设计方法，此方法是先从主程序开始设计，然后再编制各从属的程序和子程序。这种方法比较符合人们的日常思维。缺点是上一级的程序错误会对整个程序产生影响。软件结构设计和程序设计方法确定后，根据系统功能定义，可先画出程序粗框图，再对粗框图进行扩充和具体化，即对存储器、寄存器、标志位等工作单元作具体的分配和说明，再绘制出详细的程序流程图。

程序流程图设计出以后，便可着手编写程序，再经仿真调试，正常运行后，固化到EPROM 中去，便完成了整个应用系统的设计。

11.2　LED 点阵显示屏设计

LED 点阵显示屏通过编程控制可以显示中英文字符、图形及视频动态图形，广泛用于指示、广告、宣传等领域，如车站、机场的运行时刻报告牌；商店的广告牌；证券、运动场馆的指示牌等。

11.2.1　项目任务

使用 80C51 单片机与两片 8×8 点阵显示器，设计一个点阵显示屏，能显示汉字及简单的图形。

项目要求：

1）显示稳定无闪烁。

2）程序设计中，要使文字或图形运动。

11.2.2　项目分析

LED 点阵显示器有多个品种可供选择，按显示的颜色可分为单色、双色、三色等；按发光亮度可分为普通亮度、高亮度、超高亮度等。一块 LED 点阵块的 LED 数量可有 4×4（即4列4行）、5×7、5×8、8×8 等规格；点阵中单个 LED 的直径常用的有 1.9mm、3mm、3.7mm、4.8mm、5mm、7.62mm、10mm、20mm 等。

图 11-1 为 8×8 LED 点阵显示器外观及排列示意图，共有 64 个 LED 发光二极管排列在一起。若需更大规模的 LED 点阵，只需将多个点阵块拼在一起即可。

在 LED 点阵中，LED 发光二极管按照行和列分别将阳极和阴极连接在一起，内部接线及引脚编号如图11-2所示，行、列编号中，括号中的内容为引脚编号（图中 LED 点阵型号为 ZS ＊ 11288）。

在图 11-2 中，列输入引脚（Y1～Y8）接至内部 LED 的阴极端，行输入引脚接至内部 LED 的阳极端，若阳极

a)

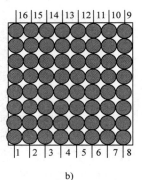

b)

图 11-1　8×8 LED 点阵显示器外观及排列示意图

a）外观　b）排列示意图

端输入为高电平，阴极端输入低电平，则该 LED 点亮；如 X5 为高电平、Y3 为低电平，两条线交叉点上的那个 LED 被点亮。若将 8 位二进制数送给行输入端 X1～X8；列输入端只有 Y1 为低电平，其他为高电平，结果使得图 11-2 中最左侧的一列发光二极管按照行输入端的输入状态亮灭，其他列的 LED 均不亮。

如果使列输入线快速依次变为低电平，同时改变行输入端的内容，即列扫描，视觉上感觉一幅图案完整的显示在 LED 点阵上。

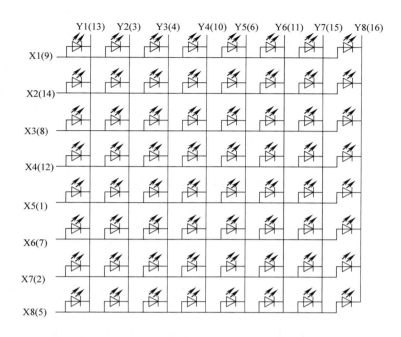

图 11-2　LED 点阵内部接线与引脚编号

11.2.3　项目硬件设计

1. 电路设计

设计的点阵显示屏的电路如图 11-3 所示。图中除单片机、显示屏、晶振与复位电路外，还使用了 3 片串行输入/输出的 74HC595 芯片。

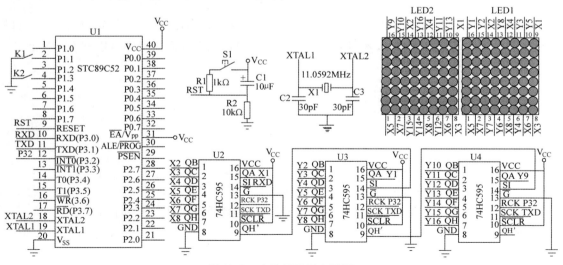

图 11-3　点阵显示屏电路图

2. 74HC595 介绍

74HC595 是 8 位串行输入/输出或者并行移位寄存器，具有高阻关断状态。包括一个 8 位移位寄存器、一个 8 位 D 型锁存器和三态并行输出。移位寄存器接收串行数据并提供串行输出，也提供并行数据输出和 8 位锁存器。移位寄存器和锁存器都有独立的时钟输入，同时还具有异步复位的功能。74HC595 的引脚如图 11-4 所示，引脚说明如下：

QA ~ QH：八位并行输出端，可以直接控制数码管的 8 个段。

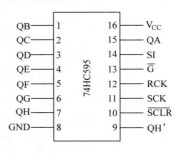

QH′（9 脚）：级联输出端。

SI（14 脚）：串行数据输入端。

$\overline{SCLR}$（10 脚）：低电平时将移位寄存器的数据清零，通常将它接 V_{CC}。

SCK（11 脚）：上升沿时数据寄存器的数据移位，QA→QB→QC→…→QH；下降沿移位寄存器数据不变。

图 11-4 74HC595 的引脚

RCK（12 脚）：上升沿时移位寄存器的数据进入数据存储寄存器，下降沿时存储寄存器数据不变。通常 RCK 置为低电平，当移位结束后，在 RCK 端产生一个正脉冲，更新显示数据。

$\overline{G}$（13 脚）：高电平时禁止输出（高阻态）。如果单片机的引脚不紧张，用一个引脚控制它，可以方便地产生闪烁和熄灭效果，比通过数据端移位控制要省时。

74HC164 和 74HC595 功能相仿，都是 8 位串行输入、并行输出的移位寄存器。74HC164 的驱动电流（25mA）比 74HC595（35mA）的要小，14 脚封装，体积也小一些。74HC595 的主要优点是具有数据存储寄存器，在移位的过程中，输出端的数据可以保持不变。这在串行速度慢的场合很有用处，数码管没有闪烁感。与 74HC164 只有数据清零端相比，74HC595 尚有输出的使能/禁止控制端，可使输出为高阻态。

11.2.4 项目程序设计

通过单片机的串口向 74HC595 发送数据到 2 片 8 × 8 点阵显示屏，滚动显示，显示的内容包括一个 "→" 图形和 "天天向上" 四个汉字，通过按键控制，显示可以向左方向移动，也可以向右方向移动。

设计的程序如下：

```
#include < reg51. h >
#include < intrins. h >
#include < stdio. h >
#define uchar unsigned char
#define uint unsigned int
sbit RCK_Pin = P3^2;              //74HC595 输出锁存器控制
sbit S1 = P1^1;
sbit S2 = P1^3;
uchar flag = 1;
uchar code DSY_CONTENT_8x8_0[ ] =      //向左移动的图形点阵
{
  0xFF,0xFF,0xFF,0xFF,0xFF,0xFF,0xFF,0xFF,
```

```
        0xFF,0xFF,0xFF,0xFF,0xFF,0xFF,0xFF,0xFF,
        0xFF,0xFF,0xF7,0xE3,0x81,0x00,0xC3,0xC3,
        0xC3,0xC3,0xC3,0xC3,0xC3,0xE7,0xE7,0xFF,
        0xEE,0xAD,0xAB,0x87,0xA3,0xAD,0xEE,0xFF,/*"天"*/
        0xEE,0xAD,0xAB,0x87,0xA3,0xAD,0xEE,0xFF,/*"天"*/
        0xFF,0xC0,0xB7,0xD3,0xD3,0xDF,0xC0,0xFF,/*"向"*/
        0xFF,0xFD,0xFD,0x81,0xED,0xED,0xFD,0xFF,/*"上"*/
        0xFF,0xFF,0xFF,0xFF,0xFF,0xFF,0xFF,0xFF,
        0xFF,0xFF,0xFF,0xFF,0xFF,0xFF,0xFF,0xFF,
};
uchar code DSY_CONTENT_8x8_1[] =          //向右移动的图形点阵
{
        0xFF,0xFF,0xFF,0xFF,0xFF,0xFF,0xFF,0xFF,
        0xFF,0xFF,0xFF,0xFF,0xFF,0xFF,0xFF,0xFF,
        0xFF,0xFF,0xF7,0xE3,0x81,0x00,0xC3,0xC3,
        0xC3,0xC3,0xC3,0xC3,0xC3,0xE7,0xE7,0xFF,
        0xEE,0xAD,0xAB,0x87,0xA3,0xAD,0xEE,0xFF,/*"天"*/
        0xEE,0xAD,0xAB,0x87,0xA3,0xAD,0xEE,0xFF,/*"天"*/
        0xFF,0xC0,0xDF,0xD3,0xD3,0xB7,0xC0,0xFF,/*"向"*/
        0xFF,0xFD,0xED,0xED,0x81,0xFD,0xFD,0xFF,/*"上"*/
        0xFF,0xFF,0xFF,0xFF,0xFF,0xFF,0xFF,0xFF,
        0xFF,0xFF,0xFF,0xFF,0xFF,0xFF,0xFF,0xFF,
};
uchar Scan_BIT = 0x01, Scan_BIT1 = 0x80;
uchar Offset,Data_Index = 0, Offset1,Data_Index1 = 0;
void Delay(uint t)                        //延时程序
{
  uchar i;
  while(t--)for(i=0;i<120;i++);
}
/*********T0定时器中断控制点阵显示******************/
void T0_Led_Display_Control() interrupt 1
{
  TH0 = (65536-1000)/256;                 //重新装入定时时间常数
  TL0 = (65536-1000)%256;
if(flag ==0)                              //左移
{
Scan_BIT1 = 0x80;
Data_Index1 = 0;
```

```
    Scan_BIT = _cror_(Scan_BIT,1);              //先通过串口发送列选通码
    putchar(Scan_BIT);
    while(TI == 0);
    putchar(DSY_CONTENT_8x8_0[Offset + Data_Index + 8]);
                                                //发送两字节的点阵编码
    while (TI ==0);
    putchar(DSY_CONTENT_8x8_0[Offset + Data_Index]);
    while(TI == 0);
    Data_Index = (Data_Index + 1)%8;
    RCK_Pin = 1;                                //上升沿将数据送到输出锁存器
    RCK_Pin = 0;                                //锁存显示数据
    }
    if(flag ==1)                                //右移
    {
    Scan_BIT =0x01;
    Data_Index = 0;
    Scan_BIT1 = _crol_(Scan_BIT1,1);
    putchar(Scan_BIT1);
    while(TI == 0);
    putchar(DSY_CONTENT_8x8_1[Offset1 + Data_Index1]);
    while (TI ==0);
    putchar(DSY_CONTENT_8x8_1[Offset1 + Data_Index1 + 8]);
    while(TI == 0);
    Data_Index1 = (Data_Index1 + 1)% 8;
    RCK_Pin = 1;
    RCK_Pin = 0;
    }
    }
/*****************主程序************************/
void main()
{
    uchar i;
    TMOD = 0x01;
    TH0 = (65536 - 1000)/256;
    TL0 = (65536 - 1000)%256;
    IE = 0x82;
    TCON =0x00;
    TI = 1;
    while(1)
```

```
    {
    for( i = 0 ; i < 64 ; i ++ )
      {
        if( S1 == 0 ){ flag = 1 ; }        //S1 开关合上，图形向右边移动
        if( S2 == 0 ){ flag = 0 ; }        //S2 开关合上，图形向左边移动
        Offset = i ; Offset1 = i ;
        TR0 = 1 ;
        Delay( 50 ) ;
        TR0 = 0 ;
      }
    }
  }
```

11.2.5　仿真与实验结果

设计的点阵显示屏的 Proteus 仿真电路如图 11-5 所示，图中显示的是向右的箭头"→"。

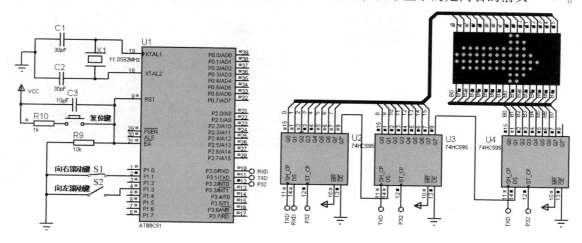

图 11-5　点阵显示屏仿真电路

在电路板上焊接的点阵显示屏实物如图 11-6 所示，将程序下载到单片机中运行，就可以实现点阵显示屏的功能。图中显示的是向右的"→"。

图 11-6　点阵显示屏仿真电路

显示"天天"与"向上"的仿真与实验结果如图11-7与图11-8所示。所设计的系统满足项目要求的功能。

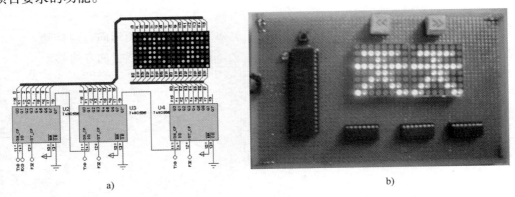

图 11-7　显示"天天"的仿真与实验结果

a）仿真结果　b）实验结果

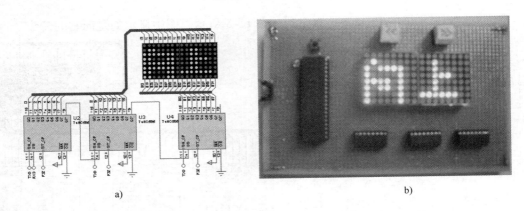

图 11-8　显示"向上"的仿真与实验结果

a）仿真结果　b）实验结果

11.3　使用 DS18B20 温度传感器设计的温控系统

11.3.1　项目任务

使用 80C51 单片机与 DS18B20 温度传感器设计温控系统，要求如下：

1）项目实现功能：在三位数码管上显示当前采集到的环境温度（ −20 ~ 99.9℃）。

2）当环境温度低于 27℃时，蜂鸣器开始以"滴"声报警，并且伴随 P1.0 口发光二极管闪烁（模拟开启制热设备）；当环境温度继续降低并低于 25℃时，蜂鸣器以"滴"声报警，并且伴随 P1.0 和 P1.1 口发光二极管一起闪烁（模拟加大制热设备功率）。

3）当环境温度高于 30℃时，蜂鸣器开始以"滴"声报警，并且伴随 P1.2 口发光二极管闪烁（模拟开启制冷设备）；当环境温度继续升高并高于 32℃时，蜂鸣器以"滴"声报警，并且伴随 P1.2 和 P1.3 口发光二极管一起闪烁（模拟加大制冷设备功率）。

11.3.2　项目分析

　　单片机温度测量系统，除单片机外，最重要的器件之一就是传感器。对于温度测量来说要使用温度传感器。常用的温度传感器有：金属热敏电阻、半导体热敏电阻、热电偶以及光纤温度传感器等。这些温度传感器将温度转变为电量，被测温度变化引起相应电量变化。单片机不能直接读取这种电量，需要与传感器相适应的信号调理电路，将这种电量先转换为电压量，如温度变化引起热敏电阻的电阻值变化转变为电压变化，再由 A/D 转换电路将电压变化转换为十六进制数供单片机读取。典型温度测量系统如图 11-9 所示。

图 11-9　典型温度测量系统

　　上述温度系统方案的特征是，从传感器到 A/D 转换器前均为模拟量，经过 A/D 转换器后变换为十六进制数字量。

　　除上述系统结构外，目前一些半导体公司还开发生产出一体化温度传感器，将传感器、变换电路和 A/D 转换器集成在一个器件中，直接输出数字量，使得应用电路大为简化、降低了成本、提高了系统的可靠性。典型的一体化温度传感器如 DALLAS 公司的 DS18B20 数字温度传感器，它具有数字输出的特点，可以与单片机直接接口，外围器件少，不需要变换电路和 A/D 转换器；只有一条数据线，占用单片机资源少。所以用 DS18B20 与单片机组合的温度计具有结构简单的优点。本项目就采用 DS18B20 作为温度传感器。

11.3.3　DS18B20 简介

1. DS18B20 温度传感器特性

　　1）适应电压范围宽，电压范围在 3.0 ~ 5.5V，在寄生电源方式下可由数据线供电。

　　2）独特的单线接口方式，它与微处理器连接时仅需要一条口线即可实现微处理器与 DS18B20 的双向通信。

　　3）支持多点组网功能，多个 DS18B20 可以并联在唯一的三线上，实现组网多点测温。

　　4）在使用中不需要任何外围元件，全部传感元件及信号调理电路集成在形如一只晶体管的集成电路内。

　　5）测温范围 −55 ~ +125℃，在 −10 ~ +85℃时精度为 ±0.5℃。

　　6）可编程分辨率为 9 ~ 12 位，对应的可分辨温度分别为 0.5℃、0.25℃、0.125℃、0.0625℃，可实现高精度测温。

　　7）在 9 位分辨率时，最多在 93.75ms 内把温度值转换为数字；12 位分辨率时，最多在 750ms 内把温度转换为数字。

　　8）测量结果直接输出数字温度信号，以“一线总线”串行传送给 CPU，同时可传送 CRC 校验码，具有极强的抗干扰纠错能力。

　　9）负压特性。电源极性接反时，芯片不会因发热而烧毁，但不能正常工作。

2. 应用范围

　　1）冷冻库、粮仓、储罐、电信机房、电力机房、电缆线槽等测温和控制领域。

2）轴瓦、缸体、纺机、空调等狭小空间工业设备测温和控制。

3）汽车空调、冰箱、冷柜以及中低温干燥箱等。

4）供热、制冷管道热量计量、中央空调分户热能计量等。

3. 引脚介绍

DS18B20 有两种封装：三脚 TO—92 直插式（用得最多、最普遍的封装）和八脚 SOIC 贴片式，引脚封装见图 11-10。表 11-1 列出了 DS18B20 的引脚定义。

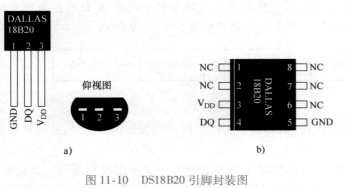

图 11-10　DS18B20 引脚封装图

a）DS18B20 三脚 TO—92　b）DS18B20 八脚 SOIC

表 11-1　DS18B20 引脚定义

引脚	定义
GND	电源负极
DQ	信号输入/输出
V_{DD}	电源正极
NC	空

4. 内部结构

DS18B20 内部主要由 64 位 ROM、温度传感器、非易失性温度报警触发器 TH 和 TL、高速缓存 4 个数据部分组成。64 位 ROM 用于存储序列号。开始 8 位是产品的类型号；接着是每个器件唯一的序列号，共有 6 个字节 48 位，在出厂时已写入片内 ROM 中；最后 8 位是前面 56 位的 CRC 校验码。非易失性温度报警触发器 TH 和 TL，可以由用户通过软件写入报警上下限值。高速缓存由 9 个字节组成。DS18B20 的内部结构框图如图 11-11 所示。主机在进入操作程序前必须逐一读入 DS18B20，用读 ROM 指令将该 DS18B20 的序列号读出并登录该主机。需要对众多在线 DS18B20 的某一个进行操作时要发出匹配 ROM 命令，紧接着主机提供 64 位序列（包括该 DS18B20 的 48 位序列号）。

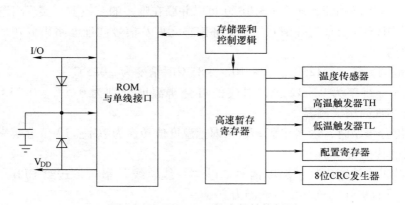

图 11-11　DS18B20 的内部结构框图

DS18B20 暂存器见表 11-2。暂存器由一个暂存 RAM 和一个存储高低温报警触发值 TH 和 TL 的非易失性电可擦除 E^2RAM 组成。当在单总线上通信时，暂存器帮助确保数据的完整性。数据先被写入暂存器，这里的数据可被读回。数据经过校验后，用一个复制暂存器命令会把数据传到非易失性 E²RAM 中。这一过程确保更改存储器时数据的完整性。

表 11-2　暂存器

温度值低位字节 LSB（50H）	保留（FFH）
温度值高位字节 MSB（05H）	保留
TH 用户字节 1	保留（10H）
TL 用户字节 2	CRC
配置寄存器	—

　　暂存器的结构为 8 个字节的存储器。头两个字节包含测得的温度信息。第 3 和第 4 字节是 TH 和 TL 的复制，是易失性的，每次上电复位时被刷新。第 5 字节为配置寄存器。下面两个字节没有使用，但是在读回数据时，它们全部为逻辑 1。还有一个第 9 字节，可以用读暂存器命令读出。这个字节是以上 8 个字节的 CRC 码。

　　暂存器第 5 字节是配置寄存器，用于确定温度值转换为数字值的分辨率。该配置寄存器字节各位的定义见表 11-3。TM 是测试模式位。R0、R1 决定温度计转换的分辨率位数，其定义见表 11-4。DS18B20 ROM 的操作命令见表 11-5。

表 11-3　配置寄存器各位的定义

TM	R1	R0	1	1	1	1	1

表 11-4　DS18B20 的分辨率

R1	R0	分辨率/bit	温度最大转换时间/ms
0	0	9	93.75
0	1	10	187.5
1	0	11	375
1	1	12	750

表 11-5　ROM 的操作命令

指令功能	代　　码	说　　明
Search ROM	0F0H	对总线上的 DS18B20 进行搜索
Read ROM	33H	读系列编码、序列号和 CRC 校验码
Match ROM	55H	后续 64 位 ROM 序列对总线上 DS18B20 寻址
Skip ROM	CCH	跳过对 ROM 编码的搜索
Alarm Search	ECH	搜索有报警的 DS18B20

　　（1）ROM 操作命令　一旦总线控制器探测到一个存在脉冲，它就可以发出 5 个 ROM 命令中的任一个。所有 ROM 操作命令都是 8 位长度。下面是这些命令：

　　1）Search ROM（0F0H）：当一个系统初始化时，总线控制器可能并不知道总线上挂接有多少个器件，也不知道其 64 位 ROM 编码。总线控制器利用 Search ROM 命令识别总线上所有从器件的 64 位编码。

2）Read ROM（33H）：允许总线控制器用该命令来读取 DS18B20 的 8 位系列编码、唯一的序列号和 8 位 CRC 校验码。该命令适用于总线上只存在一个 DS18B20 的情况。当总线上挂接有多个从器件时，那么当所有从器件都试图同时传送信号时就会发生数据冲突（漏极开路连在一起形成相"与"的效果），将会导致主机读取的系列编码和序列号与 CRC 不匹配。

3）Match ROM（55H）：发出 Match ROM 命令后紧跟着 64 位 ROM 序列，允许总线控制器在多点总线上定位一只特定的 DS18B20。只有内部 ROM 码与主机发出的 64 位 ROM 序列完全匹配的 DS18B20 才能响应随后的存储器功能命令。而其他与 64 位 ROM 序列不匹配的从机都将等待复位脉冲。这条命令在总线上有单个或多个器件时都可以使用。

4）Skip ROM（CCH）：在单总线系统中，该命令允许总线控制器不用提供 64 位 ROM 编码就直接执行存储器功能。从而可以节省时间。如果总线上挂接多个从器件，在 Skip ROM 命令之后跟着发出一条读命令，由于多个从器件同时传送信号，总线上就会发生数据冲突（漏极开路下拉效果相当于相"与"）。

5）Alarm Search（ECH）：这条命令的流程和 Search ROM 相同。然而，只有在最近一次测温后遇到符合报警条件的情况，DS18 B20 才会响应这条命令。报警条件定义为温度高于 TH 或低于 TL。只要 DS18B20 不掉电，报警状态将一直保持，直到再一次测得的温度值达不到报警条件。

（2）DS18B20 功能命令　DS18B20 功能命令见表 11-6。

表 11-6　DS18B20 功能命令

指令功能	代码	说　　明
Convert T	44H	启动温度转换
Read Scratchpad	BEH	读暂存器的值
Write Scratchpad	4EH	写寄存器的值到暂存器
Copy Scratchpad	48H	复制寄存器的值到 EEPROM 中
Recall EEPROM	B8H	将 E^2PROM 的值回调到暂存器中
Read Power Supply	B4H	检测供电方式

1）Convert T（44H）：这条命令启动一次温度转换，无须其他数据。温度转换命令被执行，而后 DS18B20 保持等待状态。如果总线控制器在这条命令之后跟着发出时间隙，而 DS18B20 又忙于做温度转换的话，DS18B20 将在总线上输出 0；若温度转换完成，则输出 1。转换后的数据将保存在暂存器的温度寄存器中。如果使用寄生电源，总线控制器必须在发出这条命令后立即启动强上拉。

2）Write Scratchpad（4EH）：这个命令向 DS18B20 的暂存器进行写操作。包括向 TH 寄存器、TL 寄存器和配置寄存器中写入数据。输出复位命令将中止当前正在进行的写操作。

3）Read Scratchpad（BEH）：这个命令读取暂存器的内容。读取将从第 1 个字节开始，一直进行下去，直到第 9 个（CRC）字节读完。如果不想读完所有字节，控制器可以在任何时间发出复位命令来中止读取。

4）Copy Scratchpad（48H）：这个命令把暂存器的内容复制到 DS18B20 的 EEPROM 存储

器里，即把温度报警触发寄存器 TH 、TL 和配置寄存器中数据存入非易失性存储器里。如果总线控制器在这条命令之后跟着发出读时间隙，而 DS18B20 又忙于把暂存器复制到 EEP-ROM，DS18B20 就会输出 0 表示正在进行复制操作；如果复制结束，DS18B20 则输出 1。如果使用寄生电源，总线控制器必须在这条命令发出后立即启动强上拉并最少保持10ms。

5）Recall E^{2}PROM（B8H）：这条命令把温度报警触发器里的值复制回暂存器。这种复制操作在 DS18B20 上电时自动执行，这样，器件一上电暂存器里马上就存在有效的数据了。若在这条命令发出之后发出读时间隙，器件会输出温度转换忙的标识：0 为忙，1 为完成。

6）Read Power Supply（B4H）：若把这条命令发给 DS18B20 后发出读时间隙，器件会返回其电源模式：0 为寄生电源，1 为外部电源。

5. 典型电路连接

目前常用的单片机与外设之间进行数据传输的串行总线主要有 I^{2}C、SPI 和 SCI 总线。其中 I^{2}C 总线以同步串行二线方式进行通信（一条时钟线，一条数据线），SPI 总线则以同步串行三线方式进行通信（一条时钟线，一条数据输入线，一条数据输出线），而 SCI 总线是以异步方式进行通信（一条数据输入线，一条数据输出线）。这些总线至少需要两条或两条以上的信号线，而 DS18B20 使用的单总线技术与上述总线不同，它采用单条信号线，既可传输时钟，又可传输数据，而且数据传输是双向的，因而这种单总线技术具有线路简单、硬件开销少、成本低廉、便于总线扩展和维护等优点。单总线适用于单主机系统，能够控制一个或多个从机设备。

主机可以是微控制器，从机可以是单总线器件，它们之间的数据交换只通过一条信号线。当只有一个从机设备时，系统可按单节点系统操作；当有多个从机设备时，系统则按多节点系统操作。设备（主机或从机）通过一个漏极开路或三态端口连至该数据线，以允许设备在不发送数据时能够释放总线，而让其他设备使用总线。单总线通常要求外接一个约为5kΩ 的上拉电阻。芯片手册上的典型连接如图 11-12 所示。

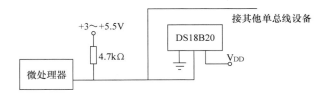

图 11-12　DS18B20 典型电路

11.3.4　项目硬件设计

DS18B20 温控系统电路原理图如图 11-13 所示。

1. 温度显示

温度显示连同符号位总共需要 6 位 LED 数码管，系统采用两个 4 位一体的共阴极 LED 数码管作为温度显示，显示采用动态扫描方式。数码管的 a ~ g 引脚通过 74LS245 驱动芯片接到 P0 口，74LS245 的作用是提高 P0 口总线的驱动能力。

显示位控由 P2 口担任，P2.0 口作为数码管最高位的位选，P2.7 作为数码管最低位的位选。

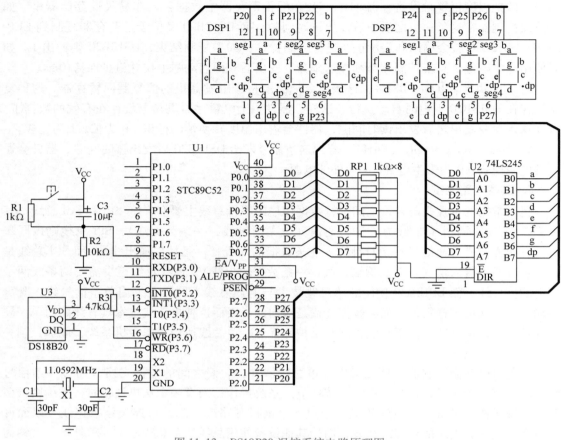

图 11-13　DS18B20 温控系统电路原理图

2. DS18B20 与单片机的电路连接

DS18B20 与单片机的连接很简单，DQ 引脚接单片机的一个 I/O 口，并通过 4.7kΩ 电阻连接到电源 V_{cc} 上。

11.3.5　项目程序设计

本项目中为了便于在常温下有演示效果，将温度的高低限范围设置为 25～32℃，实际生产现场的温度控制值可能为负值，所以要涉及零下温度的处理问题。在定义有关温度变量时采用带符号类型。

DS18B20 的读写时序比较复杂。而且比较严格，对 DS18B20 的操作必须严格按照厂商提供的数据手册执行，若操作时序误差较大会导致操作失败。此处给出基本操作子程序，读者在编程时可以直接调用。若要进一步地了解，请参阅 DS18B20 的数据手册。项目程序设计如下：

```
#include <reg51.h>
#include <intrins.h>
#define uchar unsigned char
#define uint unsigned int
```

```
sbit DQ = P3^6;
sbit BEEP = P3^7;
sbit HI_LED0 = P1^0;
sbit HI_LED1 = P1^1;
sbit LO_LED0 = P1^2;
sbit LO_LED1 = P1^3;
uchar code DSY_CODE[ ] =
{0x3F,0x06,0x5B,0x4F,0x66,0x6D,0x7D,0x07,0x7F,0x6F,0x00};
                        //共阴数码管段码及空白显示
uchar code df_Table[ ] = {0,1,1,2,3,3,4,4,5,6,6,7,8,8,9,9};
                        //温度小数位对照表
char Alarm_Temp_HL[4] = {32,30,27,25};
                        //报警温度上下限, 为进行正负数比较, 注意设为 char 类型
uchar CurrentT = 0;
uchar Temp_Value[ ] = {0x00,0x00};
uchar Display_Digit[ ] = {0,0,0,0};
bit HI_Alarm0 = 0, HI_Alarm1 =0, LO_Alarm0 = 0,LO_Alarm1 =1;
bit DS18B20_Is_OK = 1;
uint Time0_Count = 0;
/ * * * * * * * * * * * * * * * * * 延时 * * * * * * * * * * * * * * * * * * * /
void Delay(uint x)
{
while( -- x);
}
/ * * * * * * * * * * * * 初始化 DS18B20 * * * * * * * * * * * * * * * * * * * * /
uchar Init_DS18B20( )
{
 uchar status;
 DQ = 1; Delay(8);
 DQ = 0; Delay(90);
 DQ = 1; Delay(8);
 status = DQ;
 Delay(100);
 DQ = 1;
 return status;
}
/ * * * * * * * * * * * * * * 读一字节 * * * * * * * * * * * * * * * * * * * * * /
uchar ReadOneByte( )
{
```

```
    uchar i,dat = 0;
    DQ = 1; _nop_( );
    for ( i = 0; i < 8; i ++ )
    {
    DQ = 0; dat >> = 1; DQ = 1; _nop_( ); _nop_( );
    if( DQ )dat | = 0x80; Delay( 30 ); DQ = 1;
    }
    return dat;
    }
/ * * * * * * * * * * * * * * * * *写一字节* * * * * * * * * * * * * * * * * * * /
    void WriteOneByte( uchar dat)
    {
    uchar i;
    for( i = 0; i < 8; i ++ )
    {
    DQ = 0; DQ = dat & 0x01; Delay( 5 ); DQ = 1; dat >> = 1;
    }
}
/ * * * * * * * * * * * * * * * * * * *读取温度值* * * * * * * * * * * * * * * * * * * * * /
void Read_Temperature( )
{
  if ( Init_DS18B20( ) == 1)
    DS18B20_Is_OK = 0;
  else
    {
    WriteOneByte( 0xCC );
    WriteOneByte( 0x44 );
    Init_DS18B20( );
    WriteOneByte( 0xCC );
    WriteOneByte( 0xBE );
    Temp_Value[ 0 ] = ReadOneByte( );
    Temp_Value[ 1 ] = ReadOneByte( );
    Alarm_Temp_HL[ 0 ] = ReadOneByte( );
    Alarm_Temp_HL[ 1 ] = ReadOneByte( );
    DS18B20_Is_OK = 1;
    }
}
/ * * * * * * * * * * * * *设置 DS18B20 温度报警值* * * * * * * * * * * * * * * /
void Set_Alarm_Temp_Value( )
```

```
{
    Init_DS18B20();
    WriteOneByte(0xCC);
    WriteOneByte(0x4E);
    WriteOneByte(Alarm_Temp_HL[0]);
    WriteOneByte(Alarm_Temp_HL[1]);
    WriteOneByte(0x7F);
    Init_DS18B20();
    WriteOneByte(0xCC);
    WriteOneByte(0x48);
}
/**************在数码管上显示温度****************/
void Display_Temperature()
{
    uchar i;
    uchar t = 150;
    uchar ng = 0, np = 0;
    char Signed_Current_Temp;
    if((Temp_Value[1] & 0xF8) == 0xF8)        //如果为负数则取反,并设置负号标识及符
                                              //   号显示位置
    {
        Temp_Value[1] = ~Temp_Value[1];
        Temp_Value[0] = ~Temp_Value[0] + 1;
        if(Temp_Value[0] == 0x00)Temp_Value[1]++;
        ng = 1; np = 0xFD;
    }
    Display_Digit[0] = df_Table[Temp_Value[0] & 0x0F]; //查表得到温度小数部分
    CurrentT = ((Temp_Value[0] & 0xF0) >>4)|((Temp_Value[1] & 0x07) <<4);
                                              //获取温度整数部分(无符号)
    //有符号的当前温度值,注意定义为 char,其值可以为 -128 ~ 127
    Signed_Current_Temp = ng? - CurrentT : CurrentT;
    //高低温报警设置(与定义为 char 类型的 Alarm_Temp_HL 比较,这样可以区分正负比较)
    HI_Alarm0 = Signed_Current_Temp >= Alarm_Temp_HL[0] ? 1 : 0;
    HI_Alarm1 = Signed_Current_Temp >= Alarm_Temp_HL[1] ? 1 : 0;
    LO_Alarm0 = Signed_Current_Temp <= Alarm_Temp_HL[2] ? 1 : 0;
    LO_Alarm1 = Signed_Current_Temp <= Alarm_Temp_HL[3] ? 1 : 0;
    //将整数部分分解为三位待显数字
    Display_Digit[3] = CurrentT / 100;
    Display_Digit[2] = CurrentT % 100 / 10;
```

```
    Display_Digit[1]  =  CurrentT % 10;
    if( Display_Digit[3]  ==  0)
    {
     Display_Digit[3]  =  10;
     np  =  0xFB;
     if( Display_Digit[2]  ==  0)
     {
       Display_Digit[2]  =  10;
       np  =  0xF7;
     }
    }
```

//刷屏显示若干时间

```
    for (i  =  0; i  <  30; i ++)
    {
    P0  =  0x39; P2  =  0x7F; Delay(t); P2  =  0xFF;
    P0  =  0x63; P2  =  0xBF; Delay(t); P2  =  0xFF;
    P0  =  DSY_CODE[ Display_Digit[0]];
    P2  =  0xDF; Delay(t); P2  =  0xFF;
    P0  =  (DSY_CODE[ Display_Digit[1]]) | 0x80;
    P2  =  0xEF; Delay(t);P2  =  0xFF;
    P0  =  DSY_CODE[ Display_Digit[2]];
    P2  =  0xF7; Delay(t); P2  =  0xFF;
    P0  =  DSY_CODE[ Display_Digit[3]];
    P2  =  0xFB; Delay(t); P2  =  0xFF;
    if( ng)
    {
    P0  =  0x40; P2  =  np; Delay(t); P2  =  0xFF;
    }
    }
}
/* * * * * * * * * * * * * 定时器中断,控制报警声音 * * * * * * * * * * * * * * */
void T0_INT() interrupt 1
{
 TH0 =  - 500 / 256;
 TL0 =  - 500 % 256;
 BEEP = ! BEEP;
 if( ++ Time0_Count  == 400)
 {
  Time0_Count  = 0;
```

```
    if ( HI_Alarm0 ) HI_LED0  =  ～ HI_LED0; else HI_LED0  =  1;
    if ( HI_Alarm1 ) HI_LED1  =  ～ HI_LED1; else HI_LED1  =  1;
    if ( LO_Alarm0 ) LO_LED0  =  ～ LO_LED0; else LO_LED0  =  1;
    if ( LO_Alarm1 ) LO_LED1  =  ～ LO_LED1; else LO_LED1 = 1;
  }
}
/ * * * * * * * * * * * * * * * * * * * *主程序* * * * * * * * * * * * * * * * * * * * /
void main( void )
  {
  IE  =  0x82;
  TMOD  =  0x01;
  TH0  =  - 500 / 256;
  TL0  =  - 500 % 256;
  TR0  =  0;
  HI_LED0  =  1;
  HI_LED1  =  1;
  LO_LED0  =  1;
  LO_LED1  =  1;
  Set_Alarm_Temp_Value( );
  Read_Temperature( );
  Delay( 50000 );
  Delay( 50000 );
  while( 1 )
    {
    Read_Temperature( );
    if ( DS18B20_Is_OK )
      {
      if ( HI_Alarm0  ==  1 || HI_Alarm1 == 1 || LO_Alarm0 == 1 || LO_Alarm1 == 1 )
      TR0  =  1;
      else TR0  =  0;
      Display_Temperature( );
      }
    else
      {
      P0  =  P2  =  0x00;
      }
    }
  }
```

11. 3. 6　仿真与实验结果

使用 DS18B20 设计的温控系统 Proteus 仿真与实验结果如图 11-14 ~ 图 11-16 所示，所设计的系统满足项目要求的功能。

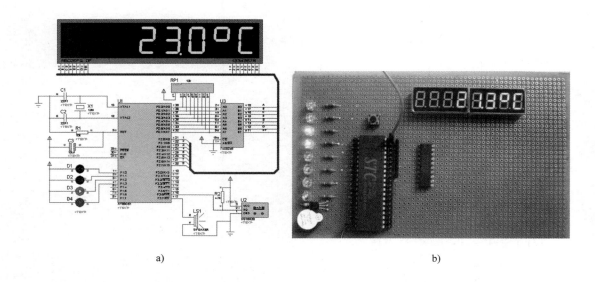

a)　　　　　　　　　　　　　　　　　　b)

图 11-14　温度低于 25℃时的仿真与实验结果（P1. 2、P1. 3 上所接的二极管在闪烁）
a）仿真结果　b）实验结果

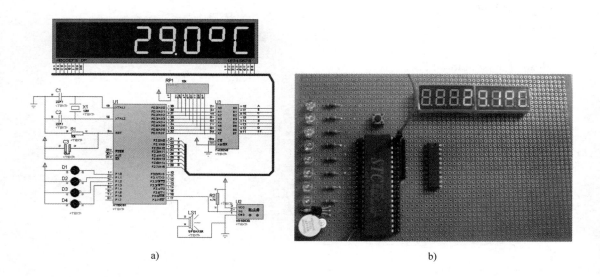

a)　　　　　　　　　　　　　　　　　　b)

图 11-15　温度高于 27℃、低于 30℃时的仿真与实验结果（P1. 0 ~ P1. 3 上所接的二极管均不亮）
a）仿真结果　b）实验结果

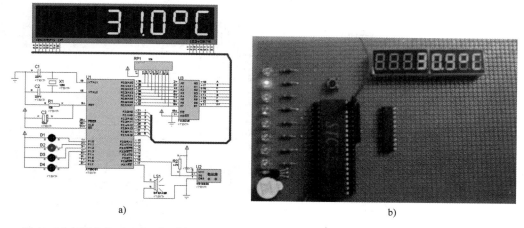

图 11-16　温度高于30℃时，低于32℃时的仿真与实验结果（P1.1 上所接的二极管在闪烁）

a）仿真结果　b）实验结果

11.4　步进电动机控制系统设计

步进电动机是工业过程中一种能够快速启动、反转和制动的执行机构，其功能是将电脉冲转换为相应的角位移或直线位移。作为一种数字伺服执行机构，它具有结构简单、运行可靠、控制方便、控制性能好等优点，广泛应用在数控机床、机器人、自动化仪表等领域。

11.4.1　项目任务

使用 80C51 单片机对四相步进电动机进行控制，使其能够顺时针或逆时针旋转。

项目要求：

1）电动机运行平稳，正反转控制自如。

2）根据要求改变运行圈数和运行速度。

11.4.2　项目分析

步进电动机驱动原理如下：单片机发出脉冲信号，控制步进电动机定子的各相绕组以适当的时序通、断电，使其作步进式旋转。四相步进电动机各相绕组的通电顺序可以单 4 拍（A→B→C→D）、双 4 拍（AB→BC→CD→DA）和单双八拍（A→AB→B→BC→C→CD→D→DA）的方式进行。按上述顺序切换，步进电动机转子按顺时针方向旋转。若通电顺序相反，则电动机转子按逆时针方向旋转。

11.4.3　项目硬件设计

1. 电路设计

步进电动机控制系统电路原理图如图 11-17 所示。图中除单片机、晶振电路、复位电路外，还包括步进电动机驱动电路，另外使用了 3 个按键 S1～S3 与三个发光二极管 D1～D3，用来控制与指示电动机的正转、反转与停止，还使用了四个发光二极管 D4～D7，作为步进电动机转动步数的指示。

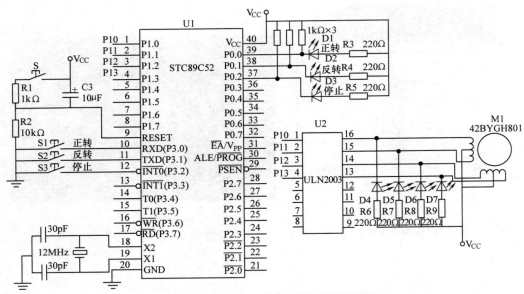

图 11-17　步进电机控制系统电路原理图

2. 步进电动机驱动电路

普通电动玩具内的小电动机只需 1.5V 的电池就能驱动，而单片机的数字信号即使有 5V 的电位差也不能驱动小电动机，原因是单片机 I/O 口输出的电流太小，不足以使电动机动作，因此单片机 I/O 口必须接驱动电路才能驱动步进电动机。一般步进电动机的驱动电路如图 11-18 所示。在实际应用中驱动路数一般有多路，用图 11-18 所示的分立电路体积大，很多场合用现成的集成电路作为多路驱动电路。

常用的小型步进电动机集成驱动电路为 ULN2003。ULN2003 是高压大电流达林顿晶体管阵列产品，具有电流增益高、工作电压高、温度范围宽、带负载能力强等特点，可用于采用单片机控制的各类小型电动机的驱动。

ULN2003 内部结构及等效电路如图 11-19 所示。引脚 1～7 作为输入，引脚 16～10 作为输出，8 脚接地，9 脚接 +5V 电源，如果 1 脚接高电平 1，则 16 脚输出低电平 0。ULN2003 的驱动电流可达 500mA。

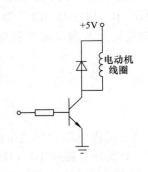

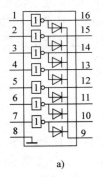

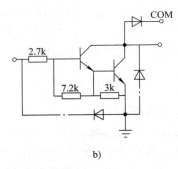

a)

图 11-18　一般步进电动机的
驱动电路

图 11-19　ULN2003 的内部结构及等效电路
a) 内部结构　b) 等效电路

图 11-17 中用 P1.0 ~ P1.3 作为步进电动机驱动信号输出口，输出信号经 ULN2003 达林顿管进行电流放大后，驱动步进电动机运行。

3. 按键与指示电路

P3.0 ~ P3.2 作为按键 S1 ~ S3 的输入接口，S1 ~ S3 分别是正转、反转和停止按键。

P0.0 ~ P0.2 接了三个 LED 发光二极管 D1 ~ D3，用来指示当前步进电动机的正转、反转和停止运行状况。

11.4.4   项目程序设计

本项目的关键在于步进电动机通电序列的控制，表 11-7 给出了四相步进电动机的单四拍、双四拍与八拍三种通电模式。

表 11-7   四相步进电动机的三种通电模式

单四拍					双四拍					八拍				
STEP	A	B	C	D	STEP	A	B	C	D	STEP	A	B	C	D
1	1	0	0	0	1	1	1	0	0	1	1	0	0	0
2	0	1	0	0	2	0	1	1	0	2	1	1	0	0
3	0	0	1	0	3	0	0	1	1	3	0	1	0	0
4	0	0	0	1	4	1	0	0	1	4	0	1	1	0
5	1	0	0	0	5	1	1	0	0	5	0	0	1	0
6	0	1	0	0	6	0	1	1	0	6	0	0	1	1
7	0	0	1	0	7	0	0	1	1	7	0	0	0	1
8	0	0	0	1	8	1	0	0	1	8	1	0	0	1

选择让四相步进电动机工作于单双八拍方式，按下正转键实现正转三圈，按下反转键实现反转三圈，按下停止键，立即停止。设步进电动机的步进角为每拍 9°，程序设计如下：

```
#include  < reg52. h >
#define uint unsigned int
#define uchar unsigned char
uchar code FFW[ ] =
{
    0x01,0x03,0x02,0x06,0x04,0x0c,0x08,0x09   //步进电动机正转八拍 A—AB—B—
                                              BC—C—CD—D—DA
};
uchar code REV[ ] =
{
    0x09,0x08,0x0c,0x04,0x06,0x02,0x03,0x01   //步进电动机反转八拍 AD—D—
                                              DC—C—CB—B—BA—A
};
sbit S1  =  P3^0;                            //正转按键
sbit S2  =  P3^1;                            //反转按键
```

```
    sbit S3  =  P3^2;                    //停止按键
    void DelayMS( uint ms)               //延时程序
    {
        uchar i;
        while( ms -- )
        {   for( i = 0;i < 120;i ++ );}
    }
    void SETP_MOTOR_FFW( uchar n)        //步进电动机正转
    {
        uchar i,j;
        for( i = 0;i < 5 * n;i ++ )      //步进电动机的步距角为每拍 9°, 八拍为 72°,
                                           转一圈需要 5 个八拍
        {
          for( j = 0;j < 8;j ++ )
          {
            if( S3  == 0)   break;       //按下停止按键则跳出循环
            P1  =  FFW[ j];
            DelayMS( 25);
          }
        }
    }
    void SETP_MOTOR_REV( uchar n)        //步进电动机反转
    {
        uchar i,j;
        for( i = 0;i < 5 * n;i ++ )      //步进电动机的步距角为每拍 9°, 八拍为 72°,
                                           转一圈需要 5 个八拍
        {
          for( j = 0;j < 8;j ++ )
          {
            if( S3 ==0)   break;         //按下停止按键, 则跳出循环
            P1 = REV[ j];
            DelayMS( 25);
          }
        }
    }
    void main( )
    {
        uchar N  = 3;
        while( 1)
```

```
    {
        if( S1 == 0 )                    //当按键 S1 按下时,步进电动机开始正转三圈
        {
            P0 = 0xfe;
            SETP_MOTOR_FFW( N );
            if( S3 == 0 ) break;
        }
        else if( S2 == 0 )               //当按键 S2 按下时,步进电动机开始反转三圈
        {
            P0 = 0xfd;
            SETP_MOTOR_REV( N );
            if( S3 == 0 ) break;         //当按键 S3 按下时,步进电动机停转
        }
        else
        {
            P0 = 0xfb;                    //待机状态时,停止指示灯亮
            P1 = 0x03;                    //P1.0 和 P1.1 口处于高电平
        }
    }
}
```

11.4.5　仿真与实验结果

步进电动机控制系统 Proteus 仿真电路如图 11-20 所示,图中步进电动机在正转。

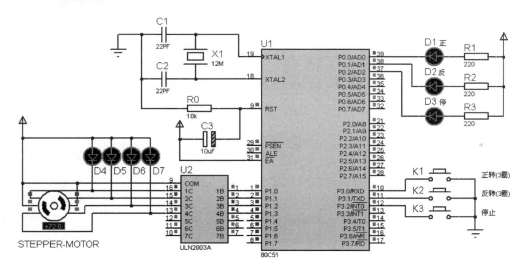

图 11-20　步进电动机控制系统 Proteus 仿真电路

在电路板上焊接的步进电动机控制系统实物如图 11-21 所示。

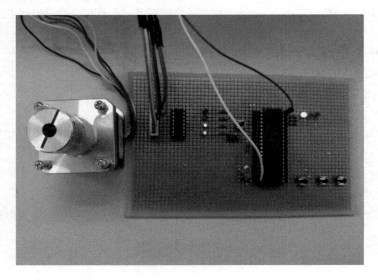

图 11-21　步进电动机控制系统实物

本 章 小 结

单片机应用系统的开发过程包括总体设计、硬件设计、软件设计、在线仿真调试、程序固化等几个阶段。

总体设计包括确定技术指标、机型选择、器件选择、软硬件功能划分；硬件设计包括程序存储器的设计、数据存储器和输入/输出接口的设计、地址译码电路的设计、总线驱动器的设计、其他外围电路的设计与可靠性设计。软件设计包括系统定义与软件结构设计等。

本章举了几个综合性较强的单片机应用系统设计实例，给出其软、硬件设计过程，同时给出仿真与实验结果。设计实例在不同程度上涵盖了定时器、中断、显示器和键盘等知识点，是前面所讲理论知识和基本技能的综合。读者可以根据所提供的软、硬件设计资料动手制作这些单片机应用系统，以此来深刻体会单片机应用系统硬件与软件的设计方法，锻炼开发单片机应用系统的能力。

习 题 11

1. 写出单片机应用系统的一般研制步骤和方法。
2. 单片机总体设计要考虑哪些主要因素？
3. 单片机应用系统软、硬件分工要考虑哪些因素？
4. 采用 80C51 单片机为核心，设计一个八路抢答器，要求进行硬件与软件设计，用 Proteus 仿真验证，并制作实物。
5. 以 80C51 单片机为核心，用 Proteus 仿真软件设计一个点阵显示屏，显示"我爱您中国！"。

附　　录

附录 A　80C51 单片机指令集

1. 数据传送类指令

数据传送类指令如表 A-1 所示。

表 A-1　数据传送类指令一览表

助 记 符	功 能 说 明	字　节　数	机器周期数
MOV A，#data	立即数送累加器	2	1
MOV A，Rn	寄存器内容送累加器	1	1
MOV A，@Ri	间接寻址的片内 RAM 内容送累加器	1	1
MOV A，direct	直接寻址字节内容送累加器	2	1
MOV Rn，#data	立即数送寄存器	2	1
MOV Rn，direct	直接寻址字节内容送寄存器	2	2
MOV Rn，A	累加器内容送寄存器	1	1
MOV direct，#data	立即数送寻址字节	3	2
MOV direct，A	累加器内容送直接寻址字节	2	1
MOV direct，Rn	寄存器内容送直接寻址字节	2	1
MOV direct，@Ri	间接寻址的片内 RAM 内容送直接寻址字节	2	2
MOV direct1，direct2	直接寻址字节内容送另一直接寻址字节	3	2
MOV @Ri，#data	立即数送间接寻址的片内 RAM	2	2
MOV @Ri，direct	直接寻址字节内容送间接寻址的片内 RAM	2	1
MOV @Ri，A	累加器内容送间接寻址的片内 RAM	1	2
MOV DPTR，#data16	16 位常数送数据指针寄存器	3	1
MOVX A，@DPTR	间接寻址的片外 RAM（16 位地址）内容送累加器	1	2
MOVX A，@Ri	间接寻址的片外 RAM（8 位地址）内容送累加器	1	2
MOVX @DPTR，A	累加器内容送间接寻址的片外 RAM（16 位地址）	1	2
MOVX @Ri，A	累加器内容送间接寻址的片外 RAM（8 位地址）	1	2
MOVC A，@A+DPTR	ROM 内容送累加器（以 DPTR 内容为基址）	1	2
MOVC A，@A+PC	ROM 内容送累加器（以 PC 内容为基址）	1	2
PUSH direct	直接寻址字节内容压入堆栈	2	2
POP direct	堆栈栈顶内容弹出到直接寻址字节	2	2
XCH A，Rn	寄存器和累加器交换内容	1	1
XCH A，direct	直接寻址字节和累加器交换内容	2	1
XCH A，@Ri	间接寻址的片内 RAM 和累加器交换内容	1	1
XCHD A，@Ri	间接寻址的片内 RAM 和累加器交换低 4 位内容	1	1
SWAP A	累加器高、低 4 位交换内容	1	1

2. 算术运算类指令

算术运算类指令如表 A-2 所示。

表 A-2　算术运算类指令一览表

助　记　符	功　能　说　明	字　节　数	机器周期数
ADD A, #data	立即数与累加器内容求和	2	1
ADD A, Rn	寄存器与累加器内容求和	1	1
ADD A, @Ri	间接寻址的片内 RAM 单元与累加器内容求和	1	1
ADD A, direct	直接寻址字节与累加器内容求和	2	1
ADDC A, #data	立即数与累加器内容求和（带进位）	2	1
ADDC A, Rn	寄存器与累加器内容求和（带进位）	1	1
ADDC A, @Ri	间接寻址的片内 RAM 单元与累加器内容求和（带进位）	1	1
ADDC A, direct	直接寻址字节与累加器内容求和（带进位）	2	1
INC A	累加器内容加 1	1	1
INC Rn	寄存器内容加 1	1	1
INC @Ri	片内 RAM 内容加 1	1	1
INC direct	直接寻址字节内容加 1	2	1
INC DPTR	数据指针 DPTR 内容加 1	1	2
DA A	累加器内容十进制调整	1	1
SUBB A, #data	累加器内容减去立即数（带借位）	2	1
SUBB A, Rn	累加器内容减去寄存器内容（带借位）	1	1
SUBB A, @Ri	累加器内容减去间接寻址的片内 RAM 单元内容（带借位）	1	1
SUBB A, direct	累加器内容减去直接寻址字节内容（带借位）	2	1
DEC A	累加器内容减 1	1	1
DEC Rn	寄存器内容减 1	1	1
DEC @Ri	间接寻址的片内 RAM 单元内容减 1	1	1
DEC direct	直接寻址字节内容减 1	2	2
MUL AB	累加器内容乘 B 寄存器内容	1	4
DIV AB	累加器内容除 B 寄存器内容	1	4

3. 逻辑运算类指令

逻辑运算类指令如表 A-3 所示。

表 A-3　逻辑运算类指令一览表

助　记　符	功　能　说　明	字　节　数	机器周期数
CLR A	累加器内容清零	1	2
CPL A	累加器内容求反	1	1
RL A	累加器内容循环左移	1	1
RLC A	累加器内容带进位循环左移	1	1
RR A	累加器内容循环右移	1	1
RRC A	累加器内容带进位循环右移	1	1
ANL A, Rn	寄存器内容"与"累加器内容	1	1
ANL A, direct	直接寻址字节内容"与"累加器内容	2	1

（续）

助　记　符	功　能　说　明	字　节　数	机器周期数
ANL A，@Ri	间接寻址片内 RAM 内容"与"累加器内容	1	1
ANL A，#data	立即数"与"累加器内容	2	1
ANL direct，A	累加器内容"与"直接寻址字节内容	2	1
ANL direct，#data	立即数"与"直接寻址字节内容	3	2
ORL A，Rn	寄存器内容"或"累加器内容	1	2
ORL A，direct	直接寻址字节内容"或"累加器内容	2	1
ORL A，@Ri	片内 RAM 内容"或"累加器内容	1	1
ORL A，#data	立即数"或"累加器内容	2	1
ORL direct，A	累加器内容"或"直接寻址字节内容	2	1
ORL direct，#data	立即数"或"直接寻址字节内容	3	1
XRL A，Rn	寄存器内容"异或"累加器内容	1	2
XRL A，direct	直接寻址字节内容"异或"累加器内容	2	1
XRL A，@Ri	间接寻址片内 RAM 内容"异或"累加器内容	1	1
XRL A，#data	立即数"异或"累加器内容	2	1
XRL direct，A	累加器内容"异或"直接寻址字节内容	2	1
XRL direct，#data	立即数"异或"直接寻址字节内容	3	1

4. 控制转移类指令

控制转移类指令如表 A-4 所示。

表 A-4　控制转移类指令一览表

助　记　符	功　能　说　明	字　节　数	机器周期数
AJMP　Add11	2KB 范围内无条件绝对转移	2	2
SJMP　rel	无条件相对短转移	2	2
LJMP　Add16	64KB 范围内无条件长转移	3	2
JMP @A + DPTR	64KB 范围内变址方式的转移指令	1	2
JZ　rel	累加器内容为 0 转移	2	2
JNZ　rel	累加器内容为 1 转移	2	2
CJNE A，#data，rel	比较立即数和累加器内容，不等则转移	3	2
CJNE A，direct，rel	比较直接寻址字节和累加器内容，不等则转移	3	2
CJNE Rn，#data，rel	比较寄存器内容和立即数，不等则转移	3	2
CJNE @Ri，#data，rel	比较立即数和片内 RAM 内容，不等则转移	3	2
DJNZ　Rn，rel	寄存器内容减 1，不为 0 则转移	3	2
DJNZ　direct，rel	直接寻址字节内容减 1，不为 0 则转移	3	2
ACALL　Add11	2KB 内绝对调用子程序	2	2
LCALL　Add16	64KB 内长调用子程序	3	2
RET	从子程序返回	1	2
RETI	从中断服务子程序返回	1	2
NOP	空操作	1	1

5. 位操作类指令

位操作类指令如表 A-5 所示。

表 A-5 位操作类指令一览表

助 记 符	功 能 说 明	字 节 数	机器周期数
MOV C, bit	直接寻址位内容送进位位	2	1
MOV bit, C	进位位内容送直接寻址位	2	2
CLR C	进位位清零清零	1	1
CLR bit	直接寻址位清零	2	1
SETB C	进位位置位	1	1
SETB bit	直接寻址位置位	2	1
ANL C, bit	直接寻址位内容 "与" 进位位内容	2	2
ANL C, /bit	直接寻址位内容的反码 "与" 进位位内容	2	2
ORL C, bit	直接寻址位内容 "或" 进位位内容	2	2
ORL C, /bit	直接寻址位内容的反码 "或" 进位位内容	2	2
CPL C	进位位取反	1	1
CPL bit	直接寻址位取反	2	1
JC rel	进位位为 1 转移	2	2
JNC rel	进位位为 0 转移	2	2
JB bit, rel	直接寻址位内容为 1 转移	3	2
JNB bit, rel	直接寻址位内容为 0 转移	3	2
JBC bit, rel	直接寻址位内容为 1 转移并清零该位	2	2

附录 B　实验板资料

1. 实验板电路原理图

实验板电路原理图如图 B-1 所示。

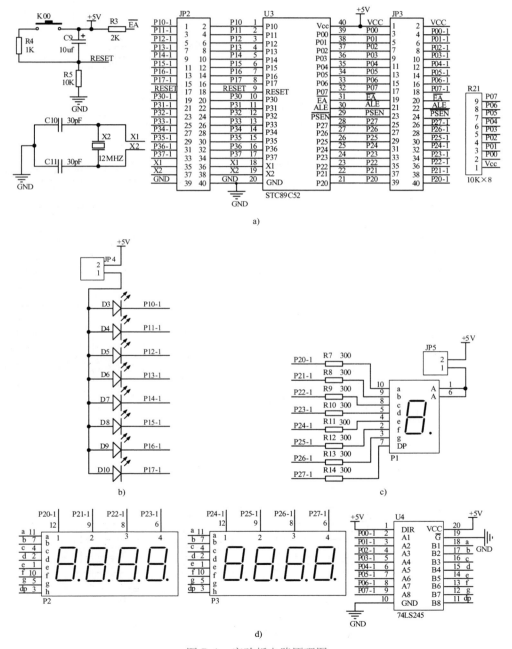

图 B-1　实验板电路原理图

a）单片机最小系统模块　b）流水灯模块　c）单个数码管模块　d）八位数码管模块

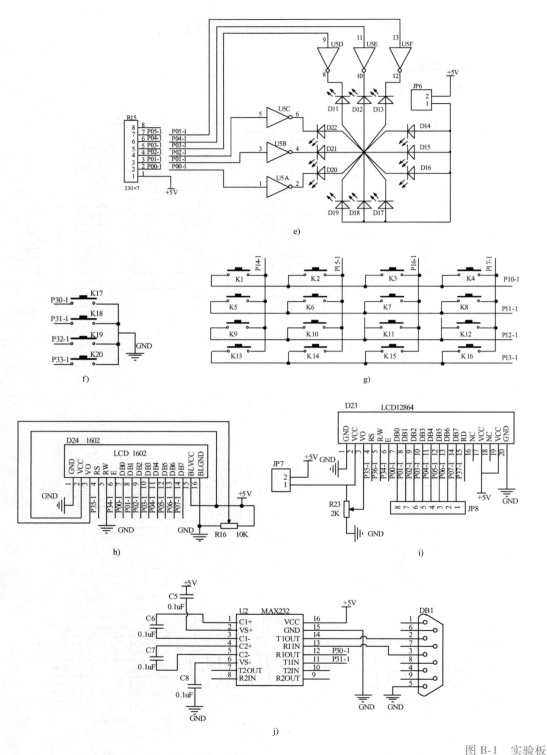

图 B-1　实验板

e）交通灯模块　f）独立式键盘模块　g）矩阵式键盘模块　h）LCD1602 模块　i）LCD12864 模块

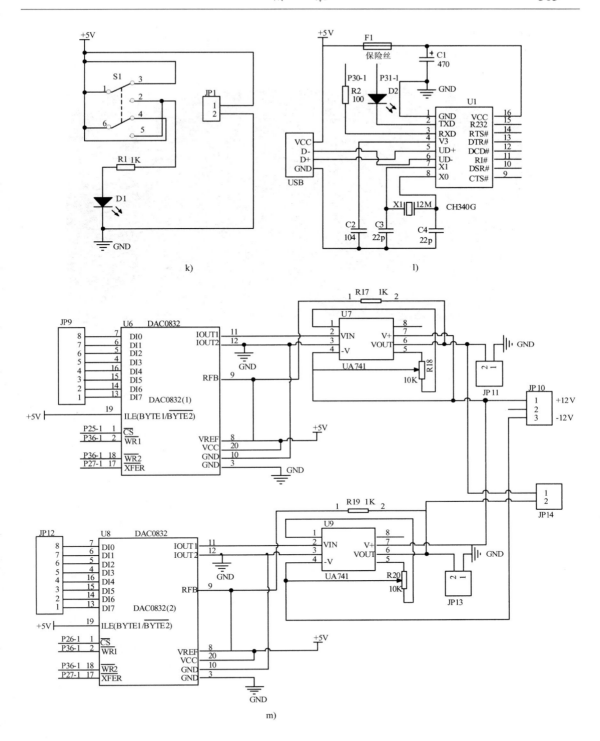

电路原理图（续）

j）max232 模块　k）电源供电模块　l）USB 转串口模块　m）D/A 转换模块

2. 实验板实物

实验板实物如图 B-2 所示。

图 B-2 实验板实物图

参 考 文 献

［1］郭天祥．新概念51单片机C语言教程 ——入门、提高、开发、拓展全攻略［M］．北京：电子工业出版社，2010．

［2］杨欣，张延强，张铠麟．实例解读51单片机完全学习与应用［M］．北京：电子工业出版社，2012．

［3］王东峰，陈圆圆，郭向阳．单片机C语言应用100例［M］．2版．北京：电子工业出版社，2016．

［4］彭伟．单片机C语言程序设计实训100例——基于8051 + Proteus 仿真［M］．2版．北京：电子工业出版社，2012．

［5］宋雪松，李冬明，崔长胜．手把手教你学51单片机（C语言版）［M］．北京：清华大学出版社，2017．

［6］赵全利．单片机原理及应用教程［M］．3版．北京：机械工业出版社，2017．

［7］张毅刚．单片机原理及接口技术（C51编程）［M］．2版．北京：人民邮电出版社，2016．

［8］蒋辉平，周国雄．基于Proteus的单片机系统设计与仿真实例［M］．北京：机械工业出版社，2009．

［9］张 齐，朱宁西．单片机应用系统设计技术——基于C51的Proteus仿真［M］．3版．北京：电子工业出版社，2013．

［10］楼然苗．51系列单片机原理及设计实例［M］．北京：北京航空航天大学出版社，2013．